高等学校电子信息类专业系列教材

电子制作基础

（第二版）

张建强　鲁　昀
陈丹亚　马静囡　编著

西安电子科技大学出版社

内 容 简 介

本书以电子设计制作流程为主线，从元器件的选用方法、常用仪器仪表及工具的使用、电子电路识图、电路的计算机仿真、印刷电路板的设计与制作、电路的组装与调试等方面，通过以图代文的编写形式，让初学者从实践的角度掌握电子作品的设计、制作、调试全过程。

本书内容充实，注重制作方法和经验，以大量实例照片为读者直观、真实、生动地展现了电子制作的过程，使热爱电子制作的初学者"一看就懂，一看就会"，极大地提高了电子制作的兴趣。

本书可作为广大爱好电子制作的初学者的入门指导书，也可作为高等院校（高职高专院校）计算机、电子、控制及信息等相关专业的在校大学生科技创新、电子技能大赛和第二课堂活动培训用书或参考书。

图书在版编目（CIP）数据

电子制作基础 / 张建强等编著. —2 版.
—西安：西安电子科技大学出版社，2016.5(2024.5 重印)
ISBN 978–7–5606–4069–3

Ⅰ. ① 电…　　Ⅱ. ① 张…　　Ⅲ. ① 电子器件—制作—高等学校—教材　　Ⅳ. ① TN

中国版本图书馆 CIP 数据核字（2016）第 087725 号

策　　划　戚文艳
责任编辑　戚文艳
出版发行　西安电子科技大学出版社（西安市太白南路 2 号）
电　　话　(029)88202421　88201467　邮　　编　710071
网　　址　www.xduph.com　　　　　电子邮箱　xdupfxb001@163.com
经　　销　新华书店
印刷单位　陕西天意印务有限责任公司
版　　次　2016 年 5 月第 2 版　　2024 年 5 月第 6 次印刷
开　　本　787 毫米×1092 毫米　1/16　印张 25.5
字　　数　608 千字
定　　价　59.00 元

ISBN 978 – 7 – 5606 – 4069 – 3/TN

XDUP 4361002−6

*** 如有印装问题可调换 ***

前　言

随着近年来电子技术的飞速发展，各种电子产品层出不穷，它们产生的种种效果及神奇魅力强烈地吸引着广大电子爱好者。越来越多的电子爱好者希望通过亲手制作这些电子作品来体验电子制作的乐趣。

电子制作过程一般包括元器件选取、印刷电路板设计、元件焊接、组装调试等环节，每一个环节都是至关重要的，并且都将影响最终作品的质量。对于热爱电子制作的初学者而言，要完成一个完整的电子作品，不仅要有完善的电路设计，更要掌握电子产品制作的相关技能，这些技能都是成功制作的有力保障。为了给广大爱好电子制作的初学者一个了解、实践电子制作技术的机会，我们编写了此书。

本书在编写中力求体现以下特点：

紧扣电子制作流程。 本书按照电子制作流程，以章节为单元给出了电子作品制作的整个过程，内容包括：常用电子元器件、常用仪器与工具的使用、电子电路识图基础、电路设计与仿真软件、印制电路板的设计与制作、焊接技术、电子产品的组装与调试以及电子制作实例。

以图代文直观易懂。 本书紧扣电子制作各个环节，着重于对电子制作方法和要点的阐述，编者拍摄了大量数码照片，以图代文的编写形式，给予读者直观、真实、生动的细节描述，使热爱电子制作的初学者"一看就懂，一看就会"，极大地提高了电子制作的兴趣。

内容充实结合实践。 全书选材合理，内容详实，通俗易懂，在内容的编排上注意由浅入深，循序渐进。内容与实际紧密结合，突出系统性、实用性、新颖性，注重电子制作初学者基本能力的培养。

本书编写过程中融入了编者多年指导高校电子技能大赛及第二课堂活动的实践经验，对电子制作过程中容易出现的一些问题以图表的形式进行说明，力图使初学者在电子制作过程中少走弯路。

本书既可作为广大爱好电子制作的初学者的入门指导书，也可以作为高等院校（高职高专院校）计算机、电子、控制及信息等相关专业的在校大学生科技创新、电子技能大赛和第二课堂活动的培训用书或参考书。

本书共 8 章，由空军工程大学张建强、鲁昀、马静囡及西安工程大学陈丹亚共同编写。本书在编写过程中，参阅了许多同行专家的著作及部分网络资料，在此一并表示衷心的感谢。

鉴于编者水平有限，书中难免有疏漏之处，敬请广大读者批评指正。

编　者
二〇一六年一月

目　录

第 1 章　常用电子元器件

　　进行电子制作，首先要认识各种电子元器件，了解它们的名称、种类、电路符号、参数的标示方法及用途，并掌握元器件参数的测量方法和代换方法。本章主要对电子制作中常用元器件的选用、识别、检测方法进行介绍。

1.1　电阻器的选用、识别、检测

　　电阻器是应用最为广泛的电子元器件，在电路中用于稳定、调节、控制电压或电流的大小，起限流、降压、偏置、取样、调节时间常数、抑制寄生振荡等作用。在电路图中，电阻器通常用字母"R"加数字表示。

1.1.1　电阻器的选用

1. 固定电阻器

1) 固定电阻器的分类及特点

　　阻值固定的电阻器称作固定电阻。按制作材料和工艺不同，固定式电阻器可分为碳膜电阻器、金属膜电阻器、线绕电阻器和金属玻璃铀电阻器等。常用固定电阻器的电路符号、实物图、特点与应用如表 1-1-1 所示。

表 1-1-1　常用固定电阻器的电路符号、实物图、特点与应用

名称	电路符号	实 物 图	特 点 与 应 用
碳膜电阻器	▭	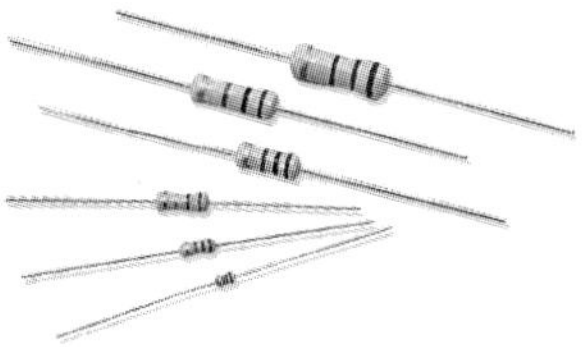	成本低、性能稳定、阻值范围宽、温度系数和电压系数低。适用于对初始精度和随温度变化的稳定性要求不高的电路中，如晶体管或场效应管偏置电路，充电电容器的放电电阻及数字电路中的上拉或下拉电阻
金属膜电阻器			体积小、噪声低、稳定性好。适用于要求高初始精度、低温度系数和低噪声的精密应用场合，如电桥电路、RC 振荡器和有源滤波器

续表

名称	电路符号	实 物 图	特 点 与 应 用
线绕电阻器			稳定性好，耐热性能好，误差范围小。适用于大功率和要求苛刻的场合，如调谐网络和精密衰减电路
金属玻璃铀电阻器			耐潮湿，耐高温，温度系数小。主要应用于厚膜电路

注意

可以从背景颜色上区分电阻种类：一般来说，蓝色代表金属膜电阻器；淡黄色代表碳膜电阻器；灰色代表金属玻璃铀电阻器，深绿色代表线绕电阻器。

2) 固定电阻器的选用

固定电阻器有多种类型，选择哪一种材料和结构的电阻器，应根据电子装置的使用条件和电路设计要求来确定，不要片面地追求大功率、高精度。固定电阻器的选用要求如表 1-1-2 所示。

表 1-1-2　固定电阻器的选用要求

序号	选用要求	说　明
1	电阻值	选择电阻器时，最好选用有标称值的电阻器，如果无法在标称值中找到电阻值符合要求的电阻器，则可以根据电阻值的允许误差选择最接近的阻值，也可以以串联或并联方法获得。如需要较准确的电阻值，则可以向生产厂家订购
2	误差	误差选择应考虑电阻器在电路中的作用。对用于 RC 时间常数电路等要求电阻值稳定、误差小的电阻器，可选误差为 5%～10% 的电阻器；对用于负载、滤波、退耦、反馈等对误差要求较低的电阻器，可选择误差为 10%～20% 的电阻器
3	额定功率	额定功率大约为电阻器在电路中的实际功耗的 1.5～2 倍以上
4	电阻器的材料和结构	电阻器结构和材料的选择应根据具体应用电路的要求而定，不同类型电阻器的应用场合参考表 1-1-1
5	电阻器的成本	精度越高，成本越高

2．电位器

1) 电位器的分类与特点

阻值在一定范围内可调的电阻器，称作电位器。电位器的种类很多，按材料分为膜式电位器和线绕电位器；按结构分为单圈、多圈电位器，单联、双联和多联电位器；按用途分为普通电位器、精密电位器、微调电位器等。常用电位器的电路符号、实物图、特点与应用如表 1-1-3 所示。在电路图中，电位器通常用字母"RP"、"VR"、"W"加数字表示。

表 1-1-3　常用电位器的电路符号、实物图、特点与应用

名称	电路符号	实物图	特点与应用
普通电位器	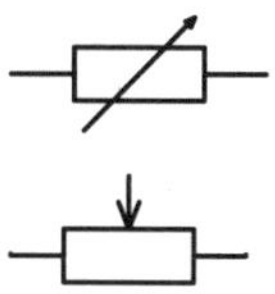		普通电位器一般是指带有调节手柄的电位器，常见的有旋转式和直滑式。普通电位器只有一个滑动臂，只能同时控制一路信号
微调电位器	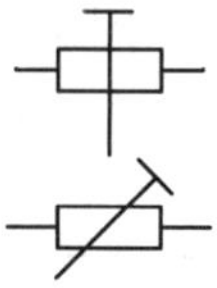		微调电位器是没有调节手柄的电位器，主要用在不需要经常调节的电路中，如彩电开关电源中的电压调整电路
双联电位器	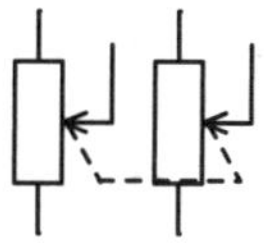		双联电位器是将两个电位器结合在一起同时调节的电位器。在收录机、CD唱机及其他立体声音响设备中用于调节两个声道的音量和音调的电位器应选择双联电位器
带开关电位器	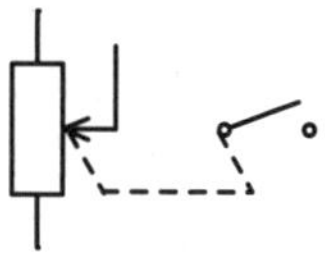	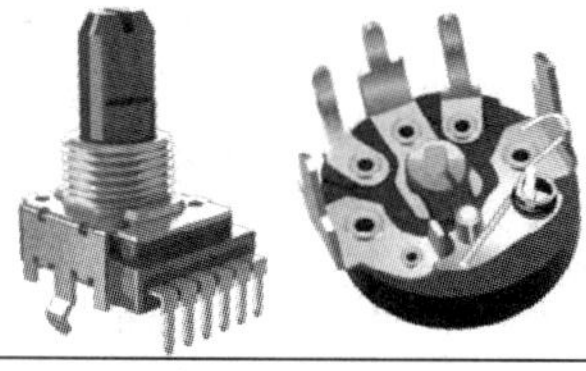	带开关电位器是将开关和电位器结合在一起的电位器。通常应用在需要对电源进行开关控制及音量调节的电路中，如电视机、收音机等电子产品
数字电位器			数字电位器是一个半导体集成电路，其调节精度高，有极长的工作寿命，易于软件控制，体积小、易于装配；适用于家庭影院系统、音频环绕控制、音响功放和有线电视设备等

2) 电位器的选用

电位器的选用，除了应根据实际电路的使用情况来确定外，还要考虑调节和操作等方面的要求。电位器的选用要求如表 1-1-4 所示。

表 1-1-4　电位器的选用要求

序号	选用要求	说　　明
1	阻值变化特性	电位器的阻值变化特性，应根据用途来选择。比如，用于音量控制的电位器应首选指数式电位器，在无指数式电位器的情况下可用直线式电位器代替，但不能选用对数式电位器，否则将会使音量调节范围变小；作分压用的电位器应选用直线式电位器；作音调控制用的电位器应选用对数式电位器
2	电位器的参数	电位器的参数主要有标称阻值、额定功率、最高工作电压、线性精度以及机械寿命等，它们都是选用电位器的依据
3	对结构的要求	选用电位器时，要注意电位器尺寸的大小、轴柄的长短及轴端式样等。对于需要经常调节的电位器，应选择轴端成平面的电位器，以便安装旋钮；对于不需要经常调节的电位器，可选择轴端有沟槽的电位器，以便螺丝刀调整后不再转动，以保持工作状态的相对稳定性；对于要求准确并一经调好不再变动的电位器，应选择带锁紧装置的电位器

3. 特殊电阻器

1) 特殊电阻器的分类与特点

电子电路中除了采用普通电阻外，还有一些特殊电阻，例如：敏感电阻器(热敏电阻器、光敏电阻器、压敏电阻器、湿敏电阻器、气敏电阻器)、水泥电阻器、保险电阻器、网络电阻器等也被广泛使用。特殊电阻器电路符号、实物图、特点与应用如表 1-1-5 所示。

表 1-1-5　特殊电阻器的电路符号、实物图、特点与应用

名称	电路符号	实　物　图	特　点　与　应　用
水泥电阻器			水泥电阻器具有高功率，散热性好，稳定性高，耐温、耐雾等特点。通常用于功率大、电流大或需耐热的场合，如电源电路的过流检测、保护电路、音频功率放大电路的功率输出电路
热敏电阻器			热敏电阻器是一种电阻值随温度显著变化的敏感电阻。它具有对温度灵敏、热惰性小、寿命长、体积小、结构简单的特点。主要应用在测温、控温、报警、气象探测、微波和激光功率测量等场合
光敏电阻器			光敏电阻器的电阻值随入射光的强弱而改变，有较高的灵敏度；它在直流、交流电路中均可使用，其电性能稳定；体积小，结构简单，价格便宜。可广泛用于光电自动检测、自动计数、光电自动控制、医疗电器、通信、自动报警、光电耦合、照相机自动曝光等各类可见光波段光电控制、测量场合

续表

名称	电路符号	实 物 图	特点与应用
压敏电阻器	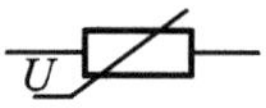		压敏电阻器是一种电压敏感元件,属于非线性电阻器。它的特点是时间响应快、电压范围宽、体积小、工艺简单、成本低廉。可在各种交直流电路中实现稳压、调幅、过压保护、防雷、抑制浪涌电流、吸收尖峰脉冲、限幅、高压灭弧、消噪和保护半导体元器件等功能
湿敏电阻器			湿敏电阻器是一种电阻值随环境相对湿度变化而改变的敏感器件。广泛应用于洗衣机、空调、录像机和微波炉等家用电器及工业、农业等方面用于湿度检测和温度控制
气敏电阻器	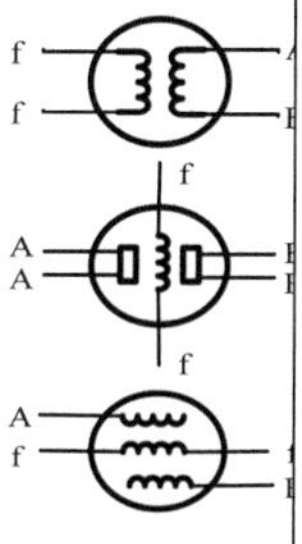		气敏电阻器是一种能够检测气体的浓度和成分,并将其转换为电信号的特殊气体敏感器件。广泛应用于各种可燃气体、有害气体及烟雾等方面的检测和自动控制
保险电阻器	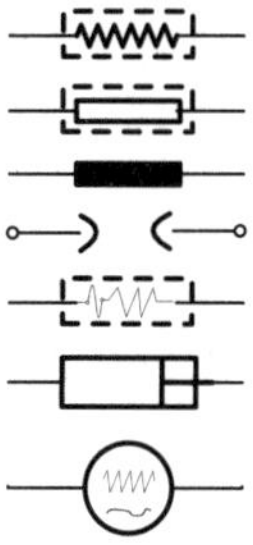	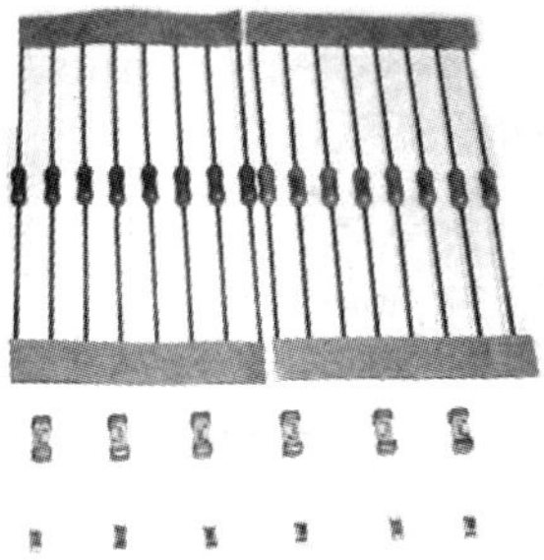	保险电阻器在电路中起着保险丝和电阻的双重作用。主要应用在电源电路输出和二次电源的输出电路中。它们一般以低阻值(几欧姆至几十欧姆),小功率(1/8~1 W)为多,其功能就是在过流时及时熔断,保护电路中的其他元件免遭损坏;在彩色电视机、录像机等家用电器的电路中被广泛使用
网络电阻器			网络电阻器又称排阻,是将多个电阻器集中封装在一起组合成的一种复合电阻。具有装配方便,安装密度高等优点,目前已大量应用于电子电路中。网络电阻器又可以分为 SIP 排阻和 SMD 排阻
贴片电阻器			贴片电阻器又称无引线电阻器、片状电阻器、贴片电阻器。它的特点是体积小,重量轻,高频特性好,电性能优异,形状简单,尺寸标准化。有矩形和圆柱形两种

2) 特殊电阻器的选用

在选用特殊电阻器时,先要根据应用电路的实际要求选择相应的类型,然后根据电路的具体要求,选择电阻器的主要参数,例如标称电阻值、工作电压、功率等。

1.1.2 电阻器的识别

电阻器的标示方法主要有直标法、文字符号法、数码法和色标法四种。电阻器的标示方法如表 1-1-6 所示。

表 1-1-6 电阻器的标示方法

标示方法	标 示 说 明	实 例	实 例 说 明
直标法	用数字和单位符号在电阻器表面标出阻值，其允许误差直接用百分数表示，或用罗马数字Ⅰ、Ⅱ、Ⅲ分别表示误差±5%、±10%、±20%，若电阻上未注偏差，则均为±20%	RXTO-2 20 kΩ±0.1% / RX22 4 W 2 kΩ	上图表示标称阻值为 20 kΩ、允许误差为 ±0.1%、额定功率为 2 W 的线绕电阻器 下图表示标称阻值为 2 kΩ、额定功率为 4 W、误差为 ±20% 的线绕电阻器
文字符号法	用阿拉伯数字和文字符号两者有规律地组合来表示标称阻值，其允许误差也用文字符号表示(见表 1-1-7)	10W7R5J / 8R20	7R5J 表示该电阻标称值为 7.5 Ω，允许误差为 ±5% 8R20 表示该电阻标称值为 8.20 Ω
数码法	在电阻器上用三位数码表示标称值的标志方法。数码从左到右，第一、二位为有效值，第三位为指数，即零的个数，单位为欧姆	104 / 4993	标示为 104 的电阻器，阻值为：$10 \times 10^4\ \Omega = 100\ \mathrm{k\Omega}$ 标示为 4993 的电阻器，阻值为：$499 \times 10^3\ \Omega = 499\ \mathrm{k\Omega}$
色标法	用不同颜色的色带或点在电阻器表面标出标称阻值和允许偏差(色环颜色表示意义见图 1-1-1)	第一环(黄) 第二环(紫) 第三环(黑) 倍乘(黄) 精度(棕) 精度(银) 倍乘(黑) 第二环(红) 第一环(红)	五环电阻阻值 $470 \times 10^4 \pm 1\%\ \Omega$ 四环电阻阻值 $22 \pm 10\%\ \Omega$

电阻器上的不同字母符号表示的允许误差如表 1-1-7 所示。

表 1-1-7 字母符号表示的允许误差

字母符号	B	C	D	E	F	G	J	K
允许误差/%	±0.1	±0.25	±0.5	±0.005	±1	±2	±5	±10

字母符号	L	M	N	P	W	X	Y
允许误差/%	±0.01	±20	±30	±0.02	±0.05	±0.002	±0.001

电阻器色环颜色表示意义如图 1-1-1 所示。

色码												
颜色	黑	棕	红	橙	黄	绿	蓝	紫	灰	白	金	银
数值	0	1	2	3	4	5	6	7	8	9		
倍率	10^0	10^1	10^2	10^3	10^4	10^5	10^6	10^7	10^8	10^9		
精度		1%	2%	3%	4%	0.5%	6%	7%	8%	9%	5%	10%
耐压		100	200	300	400	200	600	700	800	900	1000	2000

图 1-1-1　电阻器色环颜色、数值对照表

 注意

对于没有标注功率的电阻器，可根据长度和直径来判断其功率大小：长度和直径越大，功率越大。

1.1.3　电阻器的检测和代换

电阻器的种类较多，不同类型的电阻器检测方法也不相同，常用电阻器的检测和代换方法如表 1-1-8 所示。

表 1-1-8　常用电阻器的检测和代换方法

种类	检 测 操 作	检 测 方 法	代 换 方 法
固定电阻器		外观检查法：从外观上观察电阻器表面涂层是否发黑或变色。 万用表检测法：用万用表测量电阻器阻值，若测量的阻值在误差范围之内，则电阻器正常；若超过误差范围，则不能正常使用	当阻值相同时，用功率大的电阻器代换功率小的电阻器，但反过来不能直接代换。 如果没有大功率的电阻器，可采用多个大阻值的小功率电阻器并联，或采用多个小阻值小功率的电阻器串联来代换
水泥电阻器		检测方法和固定电阻器的检测方法完全相同	用漆包线代换：在损坏的水泥电阻器上绕漆包线来代换。 用电炉丝代换：选用同阻值的电炉丝，绕在损坏后的水泥电阻器上，其电阻丝的两端分别焊到损坏的水泥电阻器两引脚上
保险电阻器		外观检查法：从外观上观察电阻器表面涂层是否发黑或变焦。 用万用表电阻挡来测量，若测得的阻值为无穷大，则说明此保险电阻器已失效(开路)；若测得的阻值与标称值相差甚远，则表明电阻器变值，也不宜再使用	用电阻和保险丝串联起来代用，将一个电阻和一根保险丝(或保险管)串联起来代用，代用电阻的阻值、功率与保险电阻的规格相同 直接用保险丝代用，这种方法适合于 1Ω 以下的保险电阻

种类	检 测 操 作	检 测 方 法	代 换 方 法
电位器	 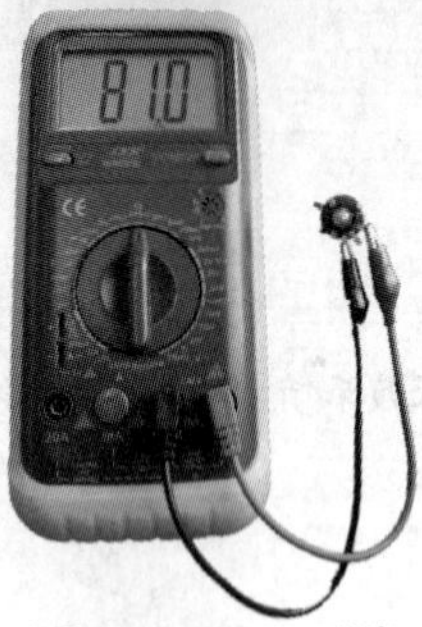 测"1"、"3"两端 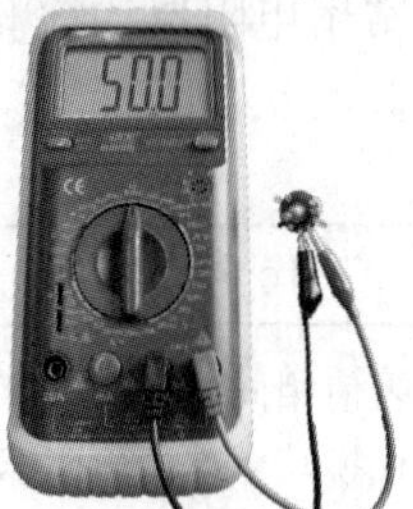 测"1"、"2" (或"2"、"3")两端	检测电位器的活动臂与电阻片的接触是否良好：转动旋柄，看看旋柄转动是否平滑，开关是否灵活，开关通、断时"喀哒"声是否清脆，并听一听电位器内部接触点和电阻体摩擦的声音，如有"沙沙"声，说明质量不好。 　用万用表测试： 　① 用欧姆挡测"1"、"3"两端，其读数应为电位器的标称阻值，如万用表所测得的阻值与标称值相差很多，则表明该电位器已损坏。 　② 用万用表的欧姆挡测"1"、"2"(或"2"、"3")两端，将电位器的转轴按逆时针方向旋至接近"关"的位置，这时电阻值越小越好。再顺时针慢慢旋转轴柄，电阻值应逐渐增大；当轴柄旋至极端位置"3"时，阻值应接近电位器的标称值	应保证外形和体积与原电位器大致相同，以便于安装。 　阻值允许变化范围为20%～30%，对于功率来说，原则上不得小于原电位器，但是对于信号控制的电位器来说，用固定电阻取代调定的等值电位器也是可以的
热敏电阻器	  加热后	用万用表电阻挡，分两步检测。 　常温检测：将两表笔接触热敏电阻的两引脚测出其实际阻值，并与标称阻值相对比，二者相差在 $\pm 2\ \Omega$ 内即为正常。 　加温检测：将一热源(例如电烙铁)靠近热敏电阻对其加热，同时用万用表监测其电阻值是否随温度的升高而变化，若是，则说明热敏电阻正常，若阻值无变化，则说明其性能变劣，不能继续使用	若无同型号的产品更换，则可选用与其类型及性能参数相同或相近的其他型号热敏电阻器代换

续表二

种类	检 测 操 作	检 测 方 法	代 换 方 法
压敏电阻器	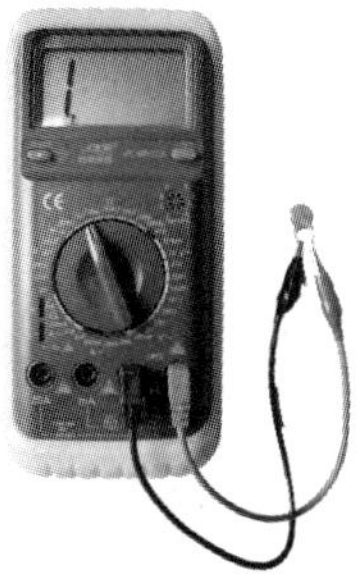	用万用表的电阻挡测量压敏电阻两引脚之间的正、反向绝缘电阻，阻值均为无穷大，否则，说明漏电流大。若所测的电阻很小，则说明压敏电阻已损坏，不能使用	应更换与其型号相同的压敏电阻器或用与参数相同的其他型号压敏电阻器来代换。代换时，不能任意改变压敏电阻器的标称电压及通流容量，否则会失去保护作用，甚至会被烧毁
光敏电阻器	 有光照	将一光源对准光敏电阻的透光窗口，此时阻值明显减小。若此时阻值很大甚至无穷大，表明光敏电阻内部开路损坏，不能再继续使用。	若无同型号的光敏电阻器更换，则可以选用与其类型相同、主要参数相近的其他型号光敏电阻器来代换。
	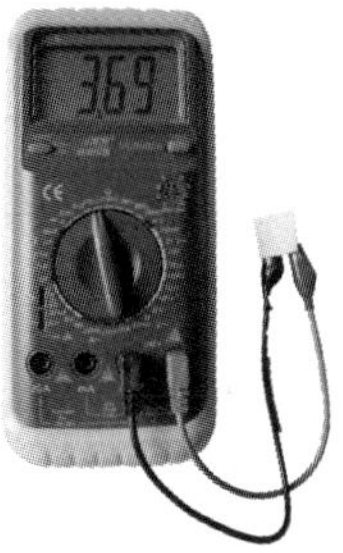 无光照	用一黑纸片将光敏电阻遮住，此时阻值会因无光照而剧增。若此值很小或接近零，说明光敏电阻已烧穿损坏，不能再继续使用	光谱特性不同的光敏电阻器(例如可见光光敏电阻器、红外光光敏电阻器、紫外光光敏电阻器)，即使阻值范围相同，也不能相互代换
湿敏电阻器	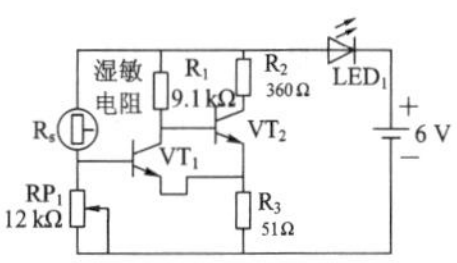	检测时，可以用嘴对湿敏电阻哈气，若 LED$_1$ 熄灭则电阻正常，反之则说明湿敏电阻器不良或已损坏	损坏后，应选用同型号的湿敏电阻器进行更换。否则将降低电路的测试性能
气敏电阻器	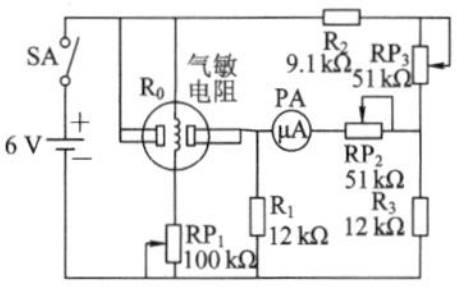	气敏电阻器与相关电阻器组成了一个电桥电路，当电桥调整平衡时，对气敏电阻施加相应的气体，PA 表指示有变化，则电阻是好的，否则说明气敏电阻器不良或已损坏	应更换与其型号相同的气敏电阻器或用与参数相同的其他型号气敏电阻器来代换

注意

测试时，特别是在测几十 kΩ 以上阻值的电阻时，手不要触及表笔和电阻的导电部分；被检测的电阻要从电路中焊下来，至少要焊开一个头，以免电路中的其他元件对测试产生影响，造成测量误差。

1.2　电容器的选用、识别、检测

电容器是电子、电力领域中不可缺少的电子元件，主要用于电源滤波、信号滤波、信号耦合、谐振、隔直流等电路中。

1.2.1　电容器的选用

1. 电容器的分类及特点

电容器由两个金属极，中间夹有绝缘材料(介质)构成。由于绝缘材料的不同，所构成的电容器的种类也有所不同。电容器按结构可分为固定电容器、可变电容器、微调电容器；按介质材料可分为纸介电容器、薄膜电容器、涤纶电容器、云母电容器、瓷介电容器、独石电容器、玻璃釉电容器、铝电解电容器、钽电解电容器等；按极性可分为极性电容和无极性电容。常用电容器的电路符号、实物图、特点与应用如表 1-2-1 所示。电路图中，电容器通常用字母"C"加数字表示。

表 1-2-1　常见电容器的电路符号、实物图、特点与应用

名称	电路符号	实 物 图	特点与应用
涤纶电容器			稳定性好、可靠性高、损耗小、容量范围大，耐热、耐湿性能好，使用寿命长，常用于对稳定性和损耗要求不高的低频电路以及旁路、耦合、脉冲、隔直电路中
瓷介电容器	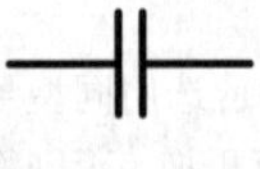 ─┤├─	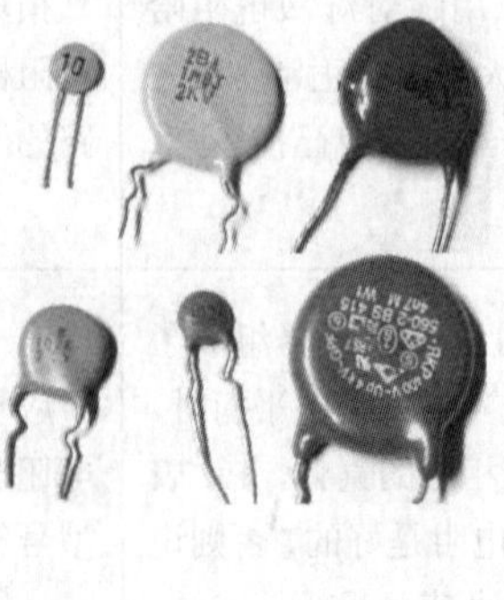	低频瓷介电容器的绝缘电阻小、损耗大、稳定性差，但重量轻、价格低廉、容量大，常用于对损耗及容量稳定性要求不高的低频电路，在电子产品中常用作旁路、耦合元件。高频瓷介电容器的体积小、耐热性好、绝缘电阻大、损耗小、稳定性高，但容量范围较窄，常用于要求损耗小，电容量稳定的场合，并常在高频电路中用作调谐、振荡回路电容器和温度补偿电容器

续表一

名称	电路符号	实　物　图	特点与应用
独石电容器	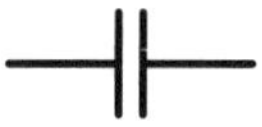	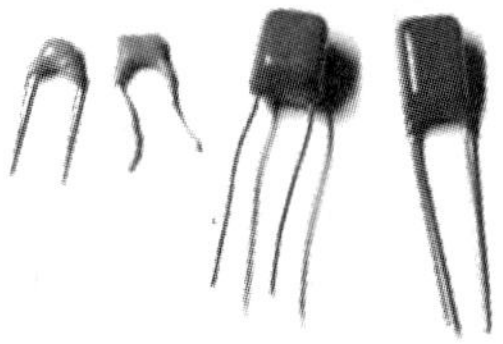	独石电容器是瓷介电容器的一种, 体积小、耐热性好、损耗小、绝缘电阻大, 但容量小, 广泛应用于电子精密仪器以及各种小型电子设备中, 用以实现谐振、耦合、滤波、旁路等功能
云母电容器	┤├		温度系数小、耐压范围宽、可靠性高、性能稳定、容量精度高, 广泛用在高温、高频、脉冲、高稳定性电路中
玻璃釉电容器		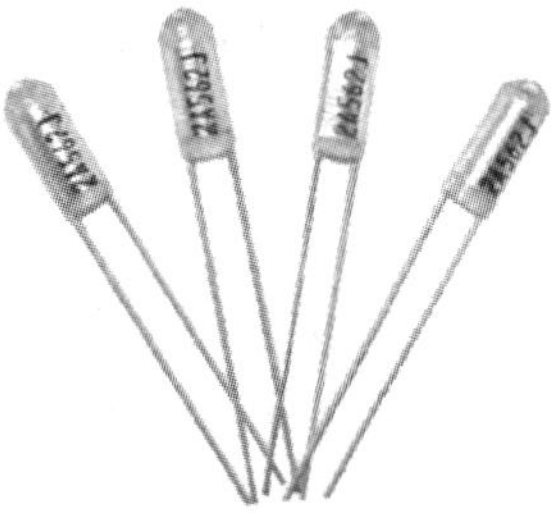	生产工艺简单成本低廉, 具有良好的防潮性和抗振性, 能在 200℃ 的高温下长期稳定工作, 是一种高稳定性、耐高温的电容器; 由于介质的介电系数大, 电容器的体积可以做得很小, 很适合在半导体电路和小型电子仪器的交直流和脉冲电路中使用
铝电解电容器	 ┼├		单位体积所具有的电容量特别大, 在工作过程中具有"自愈"特性, 可以获得很高的额定静电容量; 但是漏电大、稳定性差、高频性能差, 有极性要求, 适用于电源滤波或低频去耦、耦合电路中, 在要求不高的电路中也用于信号耦合
钽电解电容器		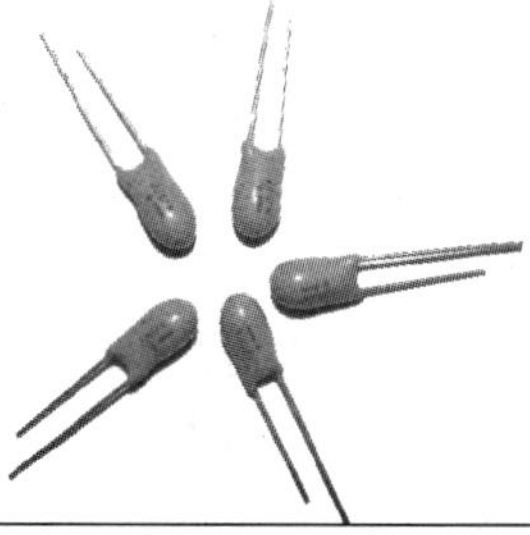	寿命长、绝缘电阻大、温度范围宽, 滤高频波性能极好、稳定性高, 但是容量较小、价格也比铝电容贵, 而且耐电压及电流能力较弱, 适用于大容量滤波的地方, 多同陶瓷电容、电解电容配合使用或是应用于电压、电流不大的地方
薄膜电容器	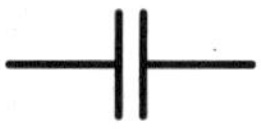 ┤├	 聚丙烯电容器 (PP 电容)	薄膜电容器无极性, 绝缘阻抗很高, 频率特性优异(频率响应宽广), 而且介质损失很小, 被广泛应用于模拟信号的交连、电源杂讯的旁路(反交连)等地方, 如音响器材中

名称	电路符号	实 物 图	特点与应用
薄膜电容器	⊥⊢	 金属化聚丙烯薄膜电容器(MKP 电容)	金属化聚丙烯薄膜电容器内部温升小、绝缘电阻高、高频特性好、耐大电流、自愈性能好，广泛用于彩显、电视机、节能灯、电子镇流器及各种直流和脉冲电路中
		 金属化聚酯膜电容器(MKT 电容)	金属化聚酯膜电容机械性能好，介电常数大，耐温性好，产品体积小，击穿场强高，损耗较大，适用于直流和脉动电路，特别适合于家用电器、电表、烟感报警器以及运动传感器
固态电容器	⊥⊢		固态电容器具备环保、低阻抗、高低温稳定、耐高纹波及高信赖度等优越特性，是目前电解电容产品中最高阶的产品。由于固态电容特性远优于液态铝电容，固态电容耐温达 260℃，且导电性、频率特性及寿命均佳，适用于低电压、高电流的应用，主要应用于数字产品如薄型 DVD、投影机及工业计算机等
可变电容器	  同轴双联双可变电容器		可变电容器有单联、双联和多联几种，通常在无线电接收电路中作调谐电容器用。密封单联可变电容器主要用在简易收音机或电子仪器中；密封双联可变电容器用在晶体管收音机和有关电子仪器、电子设备中；密封四联可变电容器常用在 AM/FM 多波段收音机中
微调电容器		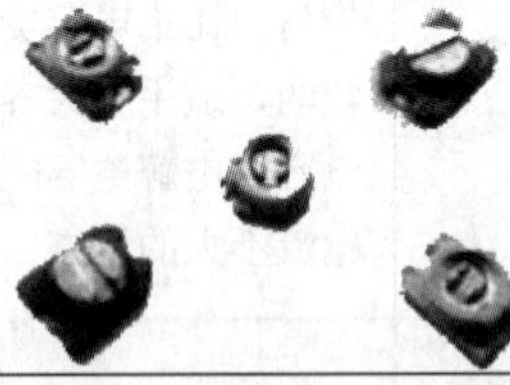	多用在收音机和录音机的输入调谐回路和振荡回路起补偿作用
贴片电容器		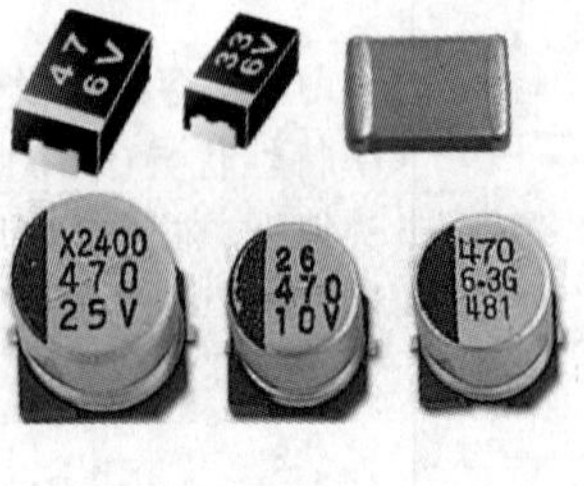	贴片式陶瓷电容无极性，容量很小，一般可以耐很高的温度和电压，常用于高频滤波。贴片式钽电容器的特点是寿命长、耐高温、准确度高、滤高频波性能极好，不过容量较小，价格也比铝电容贵，而且耐电压及电流能力相对较弱，它被应用于小容量的低频滤波电路中。贴片式铝电解电容器拥有比贴片式钽电容器更大的容量，主要用于滤波和稳压

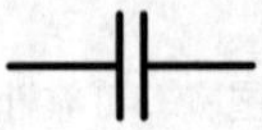

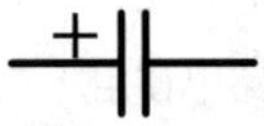

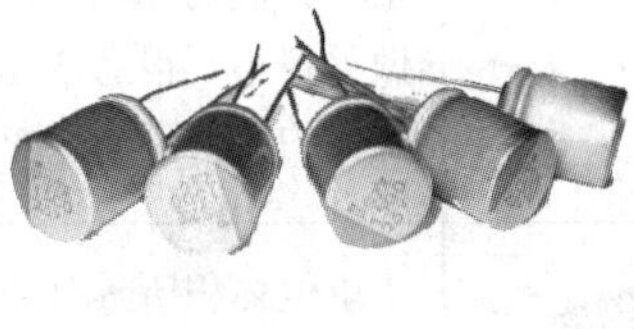

注意

瓷介电容器的外层常涂有各种颜色的保护漆，漆的颜色表示出了电容器的温度系数：蓝色和灰色表示正温度系数；其他颜色的为负温度系数，其中以黑色的温度系数最小，浅绿色的温度系数最大。

2．电容器的选用

选用合适的电容器，通常需要从表 1-2-2 所列的几个方面综合考虑。

表 1-2-2　电容器的选用

序号	选用要求	说　　明
1	选择合适的类型	在满足基本容量、耐压要求的情况下根据电路的参数选择最合适的电容器类型。谐振回路可以选用云母、高频陶瓷电容器，隔直流可以选用纸介、涤纶、云母、电解、陶瓷等电容器，滤波可以选用电解电容器，旁路可以选用涤纶、纸介、陶瓷、电解等电容器。电源滤波、交流旁路等用途所需的电容器只能选用电解电容器。脉冲电路中的电容器应选用频率特性和耐温性能较好的电容器，一般为涤纶、云母、聚苯乙烯等电容器
2	合理确定电容器的精度	在旁路、退耦、低频耦合等电路中，一般对电容器容量的精度没有严格的要求，选用时可根据设计值，选用相近容量或容量略大些的电容器；但在振荡回路、延时回路等电路中对电容器的容量要求就高些，应尽可能选取和计算值一致的容量值；在各种滤波器和网络中，对电容量精度有更高的要求，应该选用高精度的电容器以满足电路的要求
3	确定电容器的额定工作电压	选用电容器时，应使额定电压高于实际工作电压。对一般电路，应使工作电压低于电容器额定工作电压的 10%～20%；在滤波电路中，电容的耐压值不要小于交流有效值的 1.42 倍；在线性电源电路中，电容的耐压一般只需要考虑预留 40%，当外部电源电压波动较大时，需要按照最大电压来考虑耐压范围
4	合理确定电容器的容量	在大多数情况下，对于电容器的容量要求并不严格，但在振荡、延时、音调控制等电路中应尽可能做到电容器的容量符合电路要求。在各种滤波电路以及某些要求较高的电路中，电容器的容量则要求非常准确，应选择误差小于 ±0.3%～0.5% 的电容器
5	注意使用环境	尽量选择绝缘电阻大的电容器，特别是在高温和高压条件下

1.2.2　电容器的识别

1．电容器容量的标示方法

电容器容量的标示方法主要有直标法、文字符号法、数码法和色标法四种，其具体的识别方法如表 1-2-3 所示。

表 1-2-3　电容器的标示方法

标示方法	标示说明	实例	实例说明
直标法	用数字和字母把规格、型号直接标注在外壳上	负极标志，靠近该标志的引脚为负极　省略电解电容的单位"μF" 容器 — C Z M L — 立式柜型 纸介 — 密封 容量 — 1 μF 5% — 误差 220 V — 耐压　　R33	直标法中，有时用小于 1 的数字表示单位为 μF 的电容器，如 0.1 表示 0.1 μF，R33 表示 0.33 μF；大于 10 的数字表示单位为 pF 的电容器，如 3300 表示 3300 pF。对于电解电容器，常将电容量的单位"μF"字母省略，直接用数字表示容量，如 100 表示 100 μF
文字符号法	用数字、文字符号有规律的组合来表示容量	3n9　μ33 63V	3n9 表示容量为 3.9 nF μ33 表示容量为 0.33 μF
数码法	用三位数字表示容量的标示方法。数码从左到右，第一、二位为有效值，第三位为指数，单位为 pF。第三位数字若为 9，表示 10^{-1}。标称允许偏差和电阻的表示方法相同。工作温度范围采用字母和数字表示(见表 1-2-4)	682JD4	472M 表示容量为 47×10^2 pF，允许误差为 ±20% 479 表示容量为 47×10^{-1} pF = 4.7 pF 682JD4 表示容量为 6800 pF，允许误差为 ±5%，工作温度范围为 $-55 \sim +125$℃
色标法	与电阻相似，用不同颜色的色带在电容器表面标出标称值和允许误差(见图 1-2-1)。单位一般为 pF	第一位数(绿)　第二位数(蓝)　倍率(橙) 电容容量：0.056 μF 第一位数(黄)　第二位数(紫)　倍率(橙)　允许误差(银) 电容容量：0.047 μF±10% 第一位数(红)　第二位数(红)　倍率(黑)　误差(金) 电容容量：220 pF±5% 耐压(绿)　精度(蓝)　倍乘(黄)　第三位数(黑)　第二位数(紫)　第一位数(黄) 电容容量：4700 pF±6% 耐压：500 V

电容器上不同字母和数字代表的温度系数如表 1-2-4 所示。

表 1-2-4　不同字母和数字代表的温度系数

符号	温度/ ℃	符号	温度/ ℃
A	−10	0	+55
B	−25	1	+70
C	−40	2	+85
D	−55	3	+100
E	−65	4	+125
		5	+155

电容器色环颜色表示意义如图 1-2-1 所示。

色码												
颜色	黑	棕	红	橙	黄	绿	蓝	紫	灰	白	金	银
数值	0	1	2	3	4	5	6	7	8	9		
倍率	10^0	10^1	10^2	10^3	10^4	10^5	10^6	10^7	10^8	10^9		
精度		1%	2%	3%	4%	0.5%	6%	7%	8%	9%	5%	10%
耐压		100	200	300	400	200	600	700	800	900	1000	2000

图 1-2-1　电容器色环颜色、数值对照表

2. 电容器的耐压标注

每一个电容器都有它的耐压值，这是电容器的重要参数之一。它是指电容器在电路中长期有效地工作而不被击穿所能承受的最大直流电压。普通无极性电容器的标称耐压值有：63 V、100 V、160 V、250 V、400 V、600 V、1000 V 等，有极性电容器的耐压值比无极性电容器的耐压值相对要低，一般的标称耐压值有：4 V、6.3 V、10 V、16 V、25 V、35 V、50 V、63 V、80 V、100 V、220 V、400 V 等。电容器的耐压标注如表 1-2-5 所示。

表 1-2-5　电容器的耐压标注

标示方法	实　　例
直接在电容器表面以数字的形式标注出来	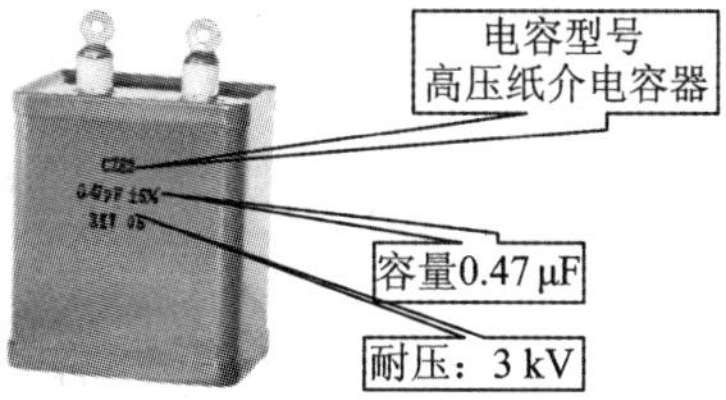 电容型号 高压纸介电容器　容量0.47 μF　耐压: 3 kV
用一个数字和一个字母组合而成。数字表示 10 的幂指数，字母表示数值，单位是 V(字母表示的耐压值见表 1-2-6)	 2A表示耐压值为 $1.0×10^2＝100$ V　1J表示耐压值为 $6.3×10＝63$ V

续表

标示方法	实　例								
有些电解电容器在正极根部用色点来表示耐压等级	颜色	黑	棕	红	橙	黄	绿	蓝	紫	灰
	耐压/V	4	6.3	10	16	25	32	40	50	63
有些立式瓷片电容器表面未标示耐压值，可以根据经验判定其耐压值的大小：在容量值标示下有一条横线的表示耐压为 50 V，无横线又无耐压标示的为 500 V	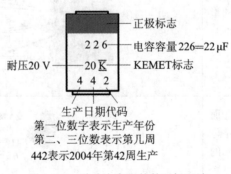　　　耐压为 50 V　　　　　　耐压为 500 V								

电容器上的不同字母表示的耐压值如表 1-2-6 所示。

表 1-2-6　字母表示的耐压值

字母	A	B	C	E	F	G	H	J	K	Z
耐压/V	1.0	1.25	1.6	2.5	3.15	4	5	6.3	8	9

小型电解电容器的耐压值色标法含义如表 1-2-7 所示。

表 1-2-7　小型电解电容器的耐压值色标法含义

颜色	黑	棕	红	橙	黄	绿	蓝	紫	灰
耐压/V	4	6.3	10	16	25	32	40	50	63

3. 贴片电容器的识别

目前，新型的电子设备中广泛使用贴片电容器。贴片电容器的电容值一般均表示在电容器的表面上。其标示方法主要有以下 3 种。

(1) 数码法：用三位数字表示容量的标示方法。数码从左到右，第一、二位为有效值，第三位为指数，即零的个数，单位为 pF。贴片电容的数码标示法如图 1-2-2 所示。

正极标志

2 2 6 —— 电容容量 226＝22 μF

耐压20 V —— 20 K̄ —— KEMET标志

4 4 2

生产日期代码
第一位数字表示生产年份
第二、三位数表示第几周
442表示2004年第42周生产

图 1-2-2　贴片电容器的数码标示法

(2) 一个字母加一个数字标注法：由大小写英文字母及 0～9 数字组合而成。其中，大小写英文字母表示电容器容量的前二位数字，其后面的数字表示前两位数字后面零的个数，如：A 表示数值代号为 1.0；A5 表示该电容器容量为 $1.0 \times 10^5 = 100\,000$ pF $= 0.1$ μF。具体表示方法如表 1-2-8 所示。

表 1-2-8　各字母、数字表示的数值代号

字母	数值代号	字母	数值代号	字母	数值代号
A	1.0	M	3.0	c	3.6
B	1.1	N	3.3	d	4.0
C	1.2	Q	3.9	e	4.5
D	1.2	R	4.3	f	5.0
E	1.5	S	4.7	u	5.6
F	1.6	T	5.1	m	6.0
G	1.8	W	6.8	v	6.2
H	2.0	Y	8.2	h	7.0
J	2.2	Z	9.1	x	7.5
K	2.7	a	2.5	t	8.0
L	2.7	b	3.5	y	9.0

(3) 贴片电容器的尺寸表示法有两种：一种是以英寸为单位来表示的，一种是以毫米为单位来表示的。贴片电容器的系列型号有 0402、0603、0805、1206、1812、2010、2225、2512，这些都是英寸表示法，04 表示长度为 0.04 英寸，02 表示宽度为 0.02 英寸。

4．电解电容器极性的识别

如图 1-2-3 所示，小型塑料封装电解电容器的两条引线，有一条较长，它是正极引线；铝外壳的电解电容器上用 "+" 符号作为正极标记，还有些电解电容器用 "−" 号作为负极标记。

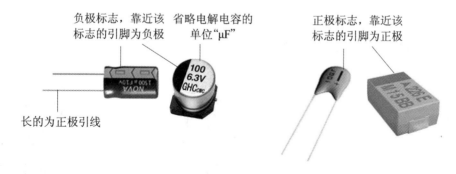

图 1-2-3　电解电容器极性识别

用指针式万用表的欧姆挡可以判断电解电容的极性。指针式万用表的黑表笔与表内电池的正极相连，而红色表笔与电池的负极相连。在测量时，用万用表欧姆挡测量电解电容器的漏电电阻，并记下这个阻值的大小，然后将红、黑表笔对调再测电容器的漏电电阻，将两次所测得的阻值对比，漏电电阻小的一次，黑表笔所接触的是负极。

1.2.3 电容器的检测和代换

1. 用数字万用表电容挡检测电容器的好坏

有些数字万用表具有测量电容容量的功能，测量时可选取适当的量程。如图 1-2-4 所示，将被测电容器放电后直接插入 Cx 插孔，就可读取被测电容器的容量。将测量值与被测电容器表面标注的电容量进行对比，如果所测电容值在额定电容量的误差范围内，则可判断该电容基本正常；如果相差很多，则说明该电容器已经损坏。

图 1-2-4　用数字万用表电容挡检测电容器

2. 用数字万用表电阻挡检测电容器和电容器的代换

如图 1-2-5 所示，先将被测电容器的两只引脚短接一下进行放电。将数字万用表拨至合适的电阻挡，红表笔和黑表笔分别接触被测电容器 C 的两引脚，若被测电容器是好的，则这时仪表显示值将从 000 开始逐渐增加，直至显示溢出符号"1"，如图 1-2-6 所示；若始终显示 000，则说明被测电容器的内部有短路性故障；若始终显示"1"，则根据表 1-2-9 所列方法进行检测。

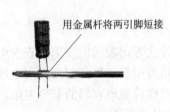

图 1-2-5　电容器的放电

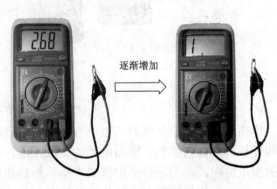

图 1-2-6　万用表电阻挡测电容

表 1-2-9 电容器的检测和代换方法

种类	检测图	检测方法	代换方法
固定电容器	若始终显示"1"，则根据检测方法进行判断	若始终显示溢出符号"1"，则有两种可能：其一是电容器内部极间呈开路性损坏；其二是所选择的电阻挡量程太小，观测不到充电变化过程，此时只要改换较大量程复测即可得出结论	在代换电容器时，电容的标称容量、允许偏差、额定工作电压、绝缘电阻、外形尺寸、频率特性、损耗值等都要符合应用电路的要求。 不能用有极性的电解电容代换无极性的电解电容。 当没有合适容量的电容器更换时，可以采用将若干电容器串联、并联或混联的方式进行代换。 对于滤波、旁路电容器的容量代用范围可以宽些。 对于微分电容器，及各种检波器的高频滤波电容器要求较高，不能随便代换。 用容量大的电容器代换容量小的电容器，在做滤波电容器时，可以提高滤波效果，反之虽然效果差些，但可以解决急用。 对于工作在高频环境下的电容器，不能以低频电容器来代换
电解电容器	蜂鸣挡	若始终显示溢出符号"1"，则有三种可能：一是电容器内部极间呈开路性损坏；二是被测电容器电容量消失；三是所选择的电阻挡量程太小	
		用蜂鸣挡检测电解电容器的好坏：红色表笔接电解电容器的正极，黑色接负极，如果蜂鸣声响的时间很短，同时显示"1"，说明电容器质量好；若响个不停，说明电容器已经被击穿。电容量越大，响的时间越长	

🐝 **注意**

当被测电容器的容量较小时，应选用较大的电阻量程；当被测电容器的容量较大时，应使用较小的电阻量程。

1.3 电感器和变压器的选用、识别、检测

1.3.1 电感器

1. 电感器的分类及特点

电感器又称电感线圈或电感绕组，它是用漆包线绕在磁芯或铁芯上构成的，一般由绕组、骨架、磁芯、屏蔽罩等组成。电感器是利用电磁感应原理工作的，是常用的电子元器件之一。电感器的主要作用是对交流信号进行隔离、滤波或与电容器、电阻器等组成

谐振电路。电路中，电感器通常用字母"L"加数字表示。

电感器按形式的不同可分为固定电感、可变电感；按导磁体性质可分为空芯线圈、铁氧体线圈、铁芯线圈、铜芯线圈；按工作性质可分为天线线圈、振荡线圈、扼流线圈、陷波线圈、偏转线圈；按绕线结构可分为单层线圈、多层线圈、蜂房式线圈；按工作频率可分为高频电感器、中频电感器和低频电感器。常用电感器的外形、特点与应用如表1-3-1所示。

表 1-3-1　常用电感器的实物图、特点与应用

名称	实 物 图	特 点 与 应 用
空芯线圈		空芯线圈是先在模具上绕好后再脱去模具，并将线圈之间拉开一定距离而成的。在实际应用中可通过改变其形状来调节其电感量。调频收音机中的调谐线圈、电视机的高频调谐器等都是空芯线圈。空芯线圈没有磁芯，匝数较少、电感量较小，所以一般用于高频电路中
磁芯线圈		将导线绕制在磁芯、磁环上制成的线圈或者在空芯线圈中插入磁芯组成的线圈称为磁芯线圈。磁芯线圈的特点是体积小、电感量大，多用于袖珍式电子产品中。磁芯线圈是应用最广泛的电感器，可以用于低频、中频、高频电路中
可调磁芯线圈		在空芯线圈中旋入可调的磁芯，便构成了可调磁芯线圈。多用于收音机、录音机、电视机中的选频调整电路、频率补偿电路等
小型固定电感器		有卧式和立式两种。具有体积小、重量轻、结构牢固、防潮性能好、安装方便的特点。常用在滤波、扼流、延迟、陷波等电路中

续表

名称	实 物 图	特点与应用
低频阻流圈(扼流圈)	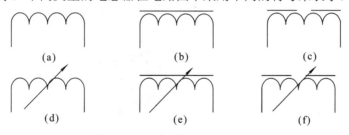	阻止低频交流电流通过的铁芯线圈称为低频阻流圈，用在音频电路中称为音频阻流圈，用在电源滤波电路中称为滤波阻流圈，用来消除整流后的纹波电压
高频阻流圈(扼流圈)		高频阻流圈用来阻止高频信号通过，让较低频率和直流信号通过，在电路中，常与电容器串联组成滤波电路。它的电感量较小，一般只有几毫亨。主要用于射频调谐电路或滤波电路
贴片电感器		贴片电感器无引脚，体积非常小。一般可以从外观上辨别贴片电感：一种是外表呈白色、淡蓝色、绿色；一种是一半白一半黑或两头是银色镀锡层，中间为蓝色等颜色，这种电感器即为层叠电感器，又称为压模电感器。具有小型化，高品质，高能量储存和低电阻之特性。主要应用在电脑显示板卡、笔记本电脑、脉冲记忆程序设计以及 DC-DC 转换器上
印刷线圈		线路板大量采用"蛇行线＋贴片钽电容"来组成LC电路，因为蛇行线在电路板上来回折行，也可以看做一个小电感

如图 1-3-1 所示，不同类型的电感器在电路图中采用不同的符号来表示。

(a)	(b)	(c)
(d)	(e)	(f)

图 1-3-1　电感器的电路符号

(a) 空芯电感器；(b) 磁芯电感器；(c) 有磁隙的磁芯电感器；

(d) 空芯可调电感器；(e) 磁芯可调电感器；(f) 有磁隙的磁芯可调电感器

2. 电感器的选用

选用电感器时，应考虑其性能参数(例如电感量、额定电流、品质因数等)及外形尺寸是否符合要求。电感器的选用要求如表 1-3-2 所示。

表 1-3-2 电感器的选用

序号	选用要求	说 明
1	性能参数	通过电感器的电流不能大于标称电流,否则易烧毁电感器。注意电感器的直流电阻,因为直流电流通过时将产生压降,若压降较大,将影响电路的工作。在 LC 谐振电路中应用的电感器还应注意对其 Q 值的要求
2	电路频率	铁芯线圈只能用于低频;频率在几百千赫到几兆赫间,最好用铁氧体芯线圈;频率在几兆赫到几十兆赫时,一般采用短波高频铁氧体芯线圈或者空芯线圈;频率在 100 兆赫以上时,只能用空芯线圈
3	尺寸	尺寸也是电感最主要的参数之一。所选电感的外形尺寸要符合电路安装要求

3. 电感器的识别

电感器电感量的标示方法主要有直标法、文字符号法、数码法和色标法四种。电感器的标示方法如表 1-3-3 所示。

表 1-3-3 电感器的标示方法

标示方法	标示说明	实 例	实例说明
直标法	将标称电感量用数字直接标注在电感线圈的外壳上,同时还用字母表示电感线圈的额定电流,用Ⅰ、Ⅱ、Ⅲ表示允许误差 ±5%、±10%、±20%		C、Ⅱ、330 µH,表明电感线圈的电感量为 330 µH、最大工作电流为 300 mA、允许误差为 ±10%。C、Ⅱ、0.1,表明电感线圈的电感量为 0.1 µH
文字符号法	用数字、文字符号有规律的组合来表示容量。电感量单位后面用一个英文字母表示其允许偏差,各字母所代表的允许偏差见表 1-3-4		2R7 表示电感量为 2.7 µH 6n8 表示电感量为 6.8 nH
数码法	用三位数字表示容量的标示方法。数码从左到右,第一、二位为有效值,第三位为指数,即零的个数,单位为 µH		151 表示电感量为 $15 \times 10^1 = 150$ µH
色标法	与电阻相似,用不同颜色的色带在电感器表面标出标称值和允许偏差(见图 1-3-2)。单位一般为 µH	电感量为 10×10^2 µH = 1 mH ± 10%	

表 1-3-4　表示允许误差的文字符号

文字符号	Y	X	E	L	P		W	B
允许误差/%	±0.001	±0.002	±0.005	±0.01	±0.02		±0.05	±0.1
文字符号	C	D	F	G	J	K	M	N
允许误差/%	±0.25	±0.5	±1	±2	±5	±10	±20	±30

不同颜色在电感器上所表示的标称值和允许偏差如图 1-3-2 所示。

色码												
颜色	黑	棕	红	橙	黄	绿	蓝	紫	灰	白	金	银
数值	0	1	2	3	4	5	6	7	8	9		
倍率	10^0	10^1	10^2	10^3	10^4	10^5	10^6	10^7	10^8	10^9	10^{-1}	10^{-2}
精度	20%	1%	2%	3%	4%						5%	10%

图 1-3-2　电感器色环颜色、数值对照表

4．电感器的检测和代换

在检测电感器时，首先应检查电感器外观有无损伤、引线有无断裂、线圈是否松脱、磁芯旋转是否灵活、有无滑扣现象。电感器的电感量 L 和品质因数 Q 的检测一般需要用专门的仪器来进行，在使用或维修工作中，基本都不需要这种检测。平时，只要测一下电感线圈是否有开路现象，即用万用表测一下电感线圈的阻值即可。若显示为"1"，则说明线圈(或与引出线之间)有断路；若比正常值小很多，则说明有局部短路；若为"000"，则说明被完全短路。对于有屏蔽罩的电感器，还应检测线圈与屏蔽罩的电阻值。

代换电感器时，应尽量选用原型号代换。若没有原型号电感器，应遵循表 1-3-5 所列原则进行代换。

表 1-3-5　电感器的代换

电感器种类	代 换 原 则
小型固定电感器与色码电感器	只要电感量、额定电流相同，外形尺寸相近，就可以直接代换使用
半导体收音机中的振荡线圈	虽然型号不同，但只要其电感量、品质因数及频率范围相同，也可以相互代换。例如，振荡线圈 LTF-1 可以与 LTF-3、LTF-4 直接代换
电视机中的行振荡线圈	应尽可能选用同型号、同规格的产品，否则会影响其安装及电路的工作状况
空心电感线圈	更换空心电感线圈时，不要随便改动线圈的间距，否则其电感量会改变

1.3.2　变压器

1．变压器的分类及特点

变压器是变换交流电压、电流和阻抗的器件。当初级线圈中通有交流电时，铁芯(或磁芯)中便产生交流磁通，使次级线圈中感应出电压(或电流)。变压器由铁芯(或磁芯)和线圈组成，线圈有两个或两个以上的绕组，其中接电源的绕组称作初级线圈，其余的绕组称作次

级线圈。变压器在电子产品中能够起到交流电压变换、电流变换、传递功率和阻抗变换的作用，是不可缺少的重要元件之一。电路中，变压器通常用字母"T"加数字表示。

变压器的种类很多，根据工作频率的不同，可分为音频变压器、中频变压器和高频变压器；根据用途不同分为电源变压器、音频变压器、脉冲变压器、自耦变压器、隔离变压器等。常用变压器的实物图、特点与应用如表 1-3-6 所示。

表 1-3-6　常用变压器的实物图、特点与应用

名称	实 物 图	特 点 与 应 用
电源变压器		电源变压器的功能是功率传送、电压变换和绝缘隔离，作为一种主要的软磁电磁元件，在电源技术中和电力电子技术中得到了广泛的应用。电源变压器分为降压、升压、隔离变压器和多绕组变压器。常用电源变压器的铁芯有 E 形和 C 形两种。选用电源变压器时，应和负载电路进行匹配，电源变压器应留有一定的功率余量，也就是说，所选用的变压器的输出功率应略大于负载电路的最大功率，输出电压应和负载电路供电部分的交流输入电压相同。 　电源电路使用的变压器，可选用 E 形铁芯电源变压器；高保真音频功率放大器使用的电源电路，应选用 C 形变压器或环形变压器
音频变压器		音频变压器的主要用途是阻抗匹配、信号传输与分配。推挽功率放大器的输入变压器和输出变压器都属于音频变压器
中频变压器	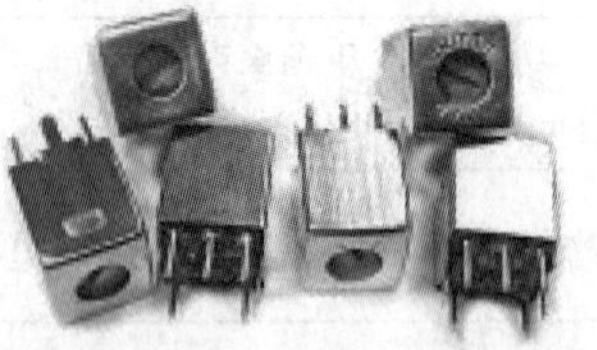	中频变压器又叫中周，主要用于超外差式收音机和电视机的中频放大电路中，具有选频和耦合作用。中频变压器所传递的频率从几百千赫至几十兆赫，它对收音机、电视机的灵敏度、选择性影响很大。分为单调谐式和双调谐式
高频变压器		高频变压器通常是指工作于射频范围的变压器。收音机的磁性天线就是一个高频变压器

续表

名称	实 物 图	特 点 与 应 用
自耦变压器		自耦变压器是指它的绕组初级和次级在同一个绕组上的变压器。特点是其中两个绕组除有磁的耦合外，还直接有电的联系。与同容量同电压等级的普通变压器比较，具有用材少、体积小、重量轻、运输方便、投资少、损耗小、经济性好等显著优点。 可用于连接不同电压的电力系统，也可作为普通的升压或降压变压器使用
行输出变压器		简称 FBT 或行回扫或行逆程变压器，是组成输出高压电路的重要元件，电视机或显示器所需要的高压、中压和其他电路所需要的低压要通过行输出变压器来获得
磁棒天线线圈（磁性天线）		在收音机中，为了提高接收输入回路的选择性和接收灵敏度，都采用磁棒天线线圈。磁棒具有很强的导磁能力，能聚集空间中的无线电波，且磁棒与电波传播方向垂直时，线圈中就会感应出较大的信号电压，使接收电波的能力最强，从而提高了收音机的选择性
贴片变压器		贴片变压器具有工作频率宽，工作温度高，外形尺寸小，引脚共面性好的特点。主要用于移动通信、数字化音视频家电产品及办公自动化设备

变压器的电路符号与电感器的电路符号有着本质的不同，电感器只有一个线圈，变压器有两个以上的线圈，如图 1-3-3 所示。

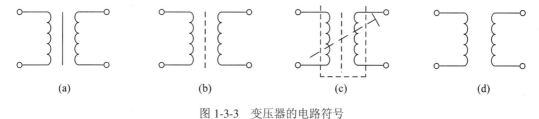

(a)　　　　　　　　(b)　　　　　　　　(c)　　　　　　　　(d)

图 1-3-3　变压器的电路符号

(a) 带铁芯的变压器；(b) 铁氧体芯变压器；(c) 磁芯可调节的变压器；(d) 空芯变压器

2. 变压器的检测和代换

首先通过观察变压器的外观来检查其是否有明显异常现象。如线圈引线是否断裂、脱焊，绝缘材料是否有烧焦痕迹，铁芯紧固螺杆是否有松动，硅钢片有无锈蚀，绕组线圈是否有外露等；其次可以利用数字万用表电阻挡对变压器的绝缘性、线圈的通断进行检测，并可以判别初、次级线圈和同名端。变压器的具体检测方法如表 1-3-7 所示。

表 1-3-7　变压器的检测

检测内容	检 测 图	检 测 方 法
绝缘性测试	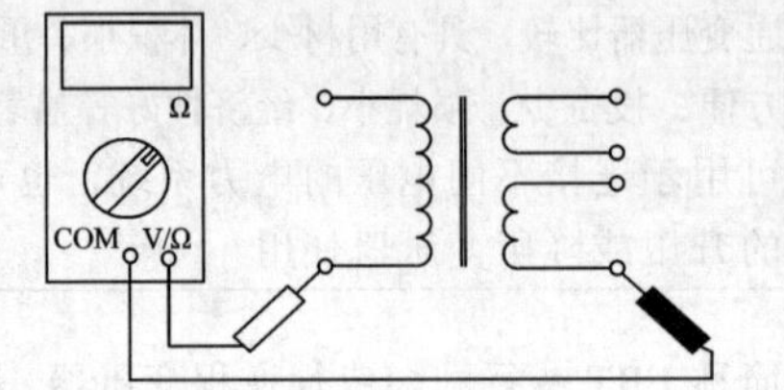	用万用表电阻挡进行测量，将万用表一只表笔接变压器的任一绕组，另一表笔分别与其他各绕组、铁芯相接触，测量这一绕组与其他绕组及铁芯之间的绝缘，万用表应显示溢出值"1"。否则，说明变压器绝缘性能不良
线圈通断的检测	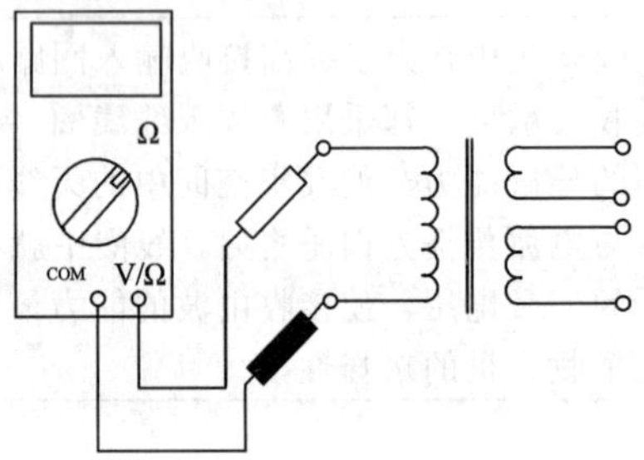	将万用表置于电阻挡，两个表笔分别接触变压器初、次级线圈绕组的引出端，若出现阻值为零，说明已经短路；若阻值为无穷大，则说明此绕组有断路性故障
判别初、次级线圈		电源变压器初级引脚和次级引脚一般都是分别从两侧引出的，并且初级绕组多标有 220 V 字样，次级绕组则标出额定电压值，如 15 V、24 V、35 V 等，再根据这些标记进行识别。对于没有任何标记或标记符号模糊的电源变压器，可通过用万用表电阻挡测量变压器各绕组电阻值的大小来辨别，通常电源变压器的初级绕组所用漆包线的线径比较粗而且匝数较多；而次级绕组所用线径都比较细，匝数较少。所以，初级绕组的直流铜阻要比次级侧绕组的直流铜阻大得多
空载电流的检测	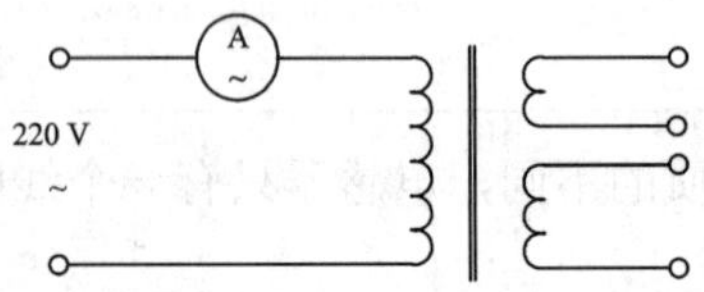	将次级所有绕组全部开路，把万用表置于交流电流挡，串入初级绕组。当初级绕组的插头插入 220 V 交流电时，万用表所指示的便是空载电流值。此值不应大于变压器满载电流的 10%～20%。如果超出太多，则说明变压器有短路性故障
检测判别各绕组的同名端	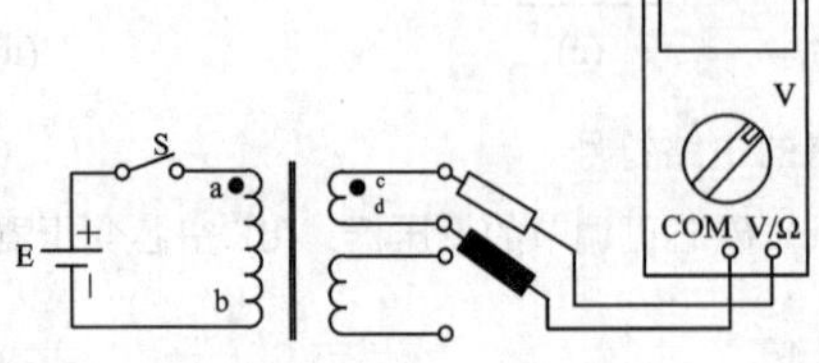	在使用电源变压器时，有时为了得到所需的次级电压，可将两个或多个次级绕组串联起来使用。采用串联法使用电源变压器时，参加串联的各绕组的同名端必须正确连接，不能搞错。否则，变压器不能正常工作。判别绕组同名端的方法如左图所示，E 为 1.5 V 干电池，将万用表置于直流电压挡，接通开关 S，观察万用表显示，若显示电压值为正，则说明 a 与 c，b 与 d 为同名端；若显示电压值为负，则说明 a 与 d，b 与 c 为同名端。若所测变压器为升压变压器，应将电池 E 接在次级绕组上，把万用表接在初级绕组上测量

变压器损坏后，只要铁芯材料、输出功率、输出电压相同的变压器，通常都可以直接代换使用，表 1-3-8 列出不同种类的变压器的代换原则。

表 1-3-8 变压器的代换

变压器种类	代 换 原 则
电源变压器	铁芯材料、输出功率、输出电压相同的电源变压器，通常可以直接互换
行输出变压器	电视机行输出变压器损坏后,应尽可能选用与原机型号相同的行输出变压器。因为不同型号、不同规格的行输出变压器,其结构、引脚及二次电压值均会有所差异。若无同型号行输出变压器更换,也可以选用磁芯及各绕组输出电压相同,但引脚号位置不同的行输出变压器来变通代换(例如对调绕组端头、改变引脚顺序等)
中频变压器	中频变压器有固定的谐振频率,调幅收音机的中频变压器与调频收音机的中频变压器、电视机的中频变压器之间也不能互换使用,电视机的伴音中频变压器与图像中频变压器之间也不能互换使用。代换中频变压器时,最好选用同型号、同规格的中频变压器,否则很难正常工作。收音机中某只中频变压器损坏后,若无同型号中频变压器更换,则只能用其他型号的成套中频变压器(一般为 3 只)代换该机的整套中频变压器。代换安装时,某一级中频变压器的顺序不能装错,也不能随意调换

1.4 半导体器件的选用、识别、检测

1.4.1 晶体二极管

1. 晶体二极管的分类及特点

晶体二极管简称二极管，是半导体器件中的一种，又称半导体二极管。二极管有正、负两个端子，正端 A 称为阳极，负端 K 称为阴极，电流只能从阳极向阴极方向移动。二极管使用十分普遍，主要用于整流、检波、电子开关和限幅等。

二极管种类有很多,按照所用的半导体材料,可分为锗二极管(Ge 管)和硅二极管(Si 管);根据其不同用途,可分为检波二极管、整流二极管、稳压二极管、开关二极管、隔离二极管、肖特基二极管、发光二极管、硅功率开关二极管等;按照管芯结构,又可分为点接触型二极管、面接触型二极管及平面型二极管。

电路中,二极管通常用字母"VD"加数字表示。表 1-4-1 列出了常用二极管的电路符号、实物图、特点与应用。

表 1-4-1 常用二极管的实物图、特点与应用

名称	电路符号	实物图	特点与应用
整流二极管	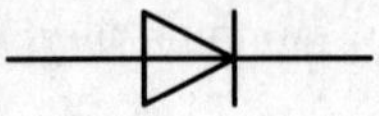		整流二极管可用半导体锗或硅等材料制造。硅整流二极管的击穿电压高，反向漏电流小，高温性能良好。通常高压大功率整流二极管都用高纯单晶硅制造，这种整流二极管的结面积较大，能通过较大电流(可达上千安)，但工作频率不高，一般在几十千赫以下。整流二极管主要用于各种低频整流电路整流桥
整流桥堆	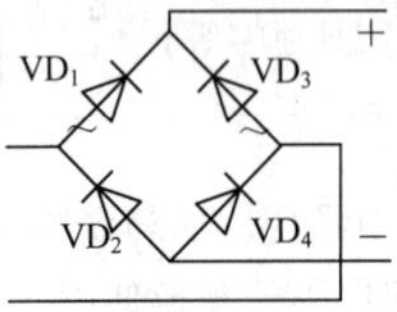 VD₁ VD₃ VD₂ VD₄ + −		整流桥堆一般用在全波整流电路中，它又分为全桥与半桥。全桥是将连接好的桥式整流电路的四个二极管封在一起；半桥是将两个二极管桥式整流电路的一半封在一起。用两个半桥可组成一个桥式整流电路，一个半桥也可以组成变压器带中心抽头的全波整流电路
开关二极管	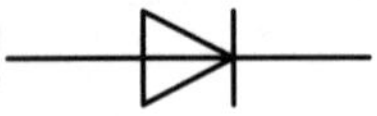	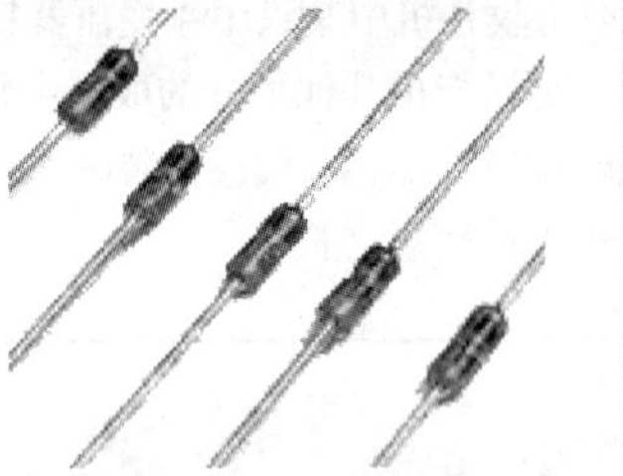	开关二极管是专门用做开关的二极管，它由导通变为截止或由截止变为导通所需的时间比一般二极管短，常见的有 2AK、2DK 等系列，主要用于电子计算机、脉冲和开关电路中
稳压二极管	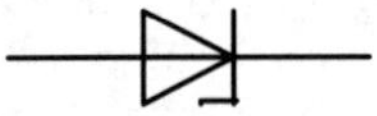		稳压二极管又名齐纳二极管，其工作时的端电压(又称齐纳电压)从 3 V 左右到 150 V，每隔 10%，划分成许多等级。在电路中主要做稳压或基准电压用
检波二极管		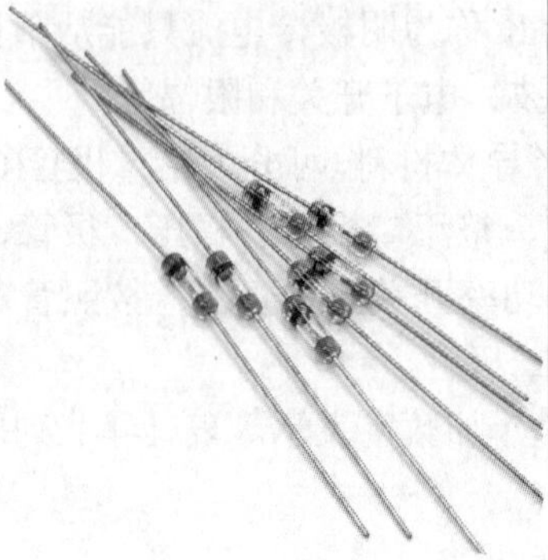	检波二极管的特点是结电容小、工作频率高、反向电流小。它的作用是利用其单向导电性将高频或中频无线电信号中的低频信号或音频信号提取出来，广泛应用于半导体收音机、收录机、电视机及通信等设备的小信号电路中，其工作频率较高，处理信号幅度较弱

续表

名称	电路符号	实物图	特点与应用
发光二极管		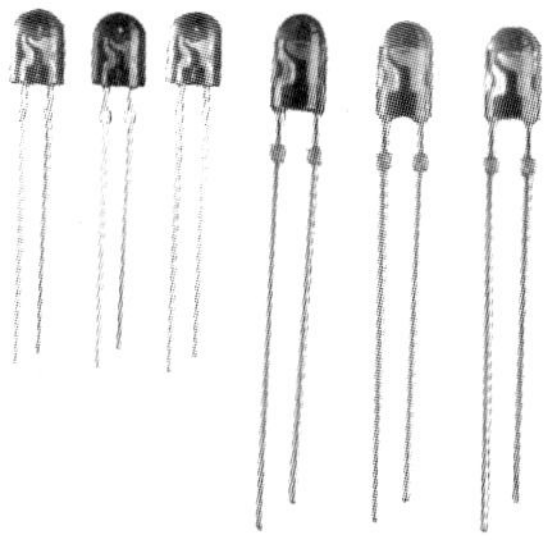	发光二极管简称为 LED,是由镓与砷、磷的化合物制成的二极管, 其体积小, 正向驱动发光; 工作电压低, 工作电流小, 发光均匀, 寿命长, 可发红、黄、绿单色光。发光二极管的反向击穿电压约为 5 V, 它的正向伏安特性曲线很陡, 使用时必须串联限流电阻以控制通过管子的电流。
变容二极管	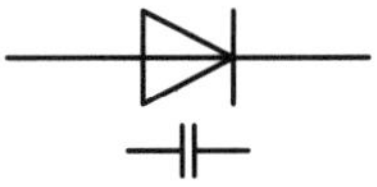		用于自动频率控制(AFC)和调谐的小功率二极管称变容二极管。通过施加反向电压, 可使其 PN 结的静电容量发生变化。因此, 被使用于自动频率控制、扫描振荡、调频和调谐等电路中
肖特基二极管	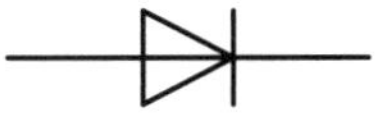	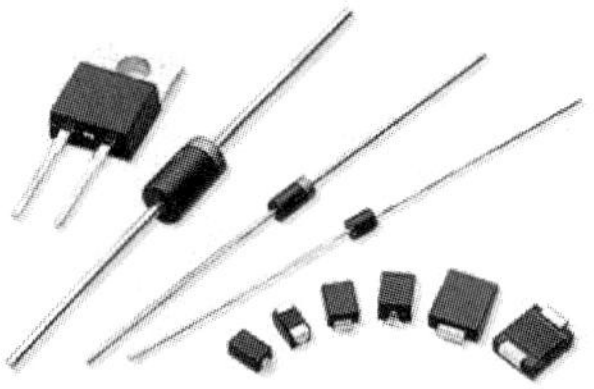	肖特基二极管是肖特基势垒二极管的简称, 是近年来生产的低功耗、大电流、超高速半导体器件。通常用在高频、大电流、低电压整流电路中
贴片二极管	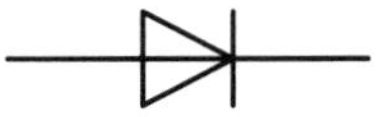	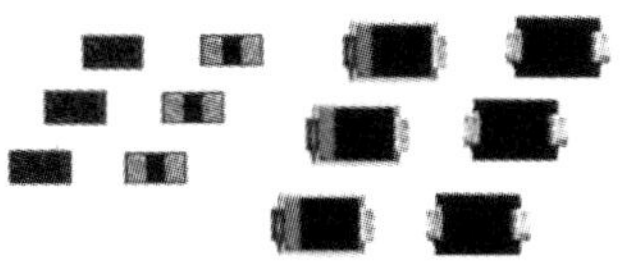	贴片二极管又被称为表面安装二极管和 SMD 二极管。主要有圆柱形和片状两种

2. 二极管的选用

二极管的种类很多, 就是同一类的二极管也有不同型号、不同规格的区别, 其选用要求如表 1-4-2 所示。

表 1-4-2 二极管的选用

二极管种类	选　用
整流二极管	选择整流二极管时，主要应考虑其最大整流电流、最大反向工作电流、截止频率及反向恢复时间等参数。对于普通串联稳压电源电路中使用的整流二极管，由于其对截止频率和反向恢复时间要求不高，故只要根据电路要求，选择符合要求的最大整流电流和最大反向工作电压即可。对于开关稳压电源电路中使用的整流二极管(指一次整流电路和二次脉冲整流电路中使用的二极管)，可选用工作频率较高、反向恢复时间较短的整流二极管，如 V 系列、EM 系列、RM 系列等二极管，或选用快速恢复型二极管。选用的整流二极管，还应考虑其反向电压应降低 20% 使用，以保证选用管工作的可靠性
稳压二极管	选择稳压二极管时，应满足实际电路主要参数的要求。稳压二极管的稳定电压值与应用电路的基准电压值的要求相同，其最大稳定电流应高于实际电路的最大负载电流 50% 左右。在选用稳压管时，还应注意管子的稳压电压受温度的影响。一般来说，稳压值高于 6 V 的管子，温度系数为正值；低于 6 V 的管子，温度系数为负值；而 6 V 左右的管子，温度系数接近于零，即稳压值受温度影响最小。故在稳压要求比较严格的场合，应选用 2DW230～2DW236 型稳压管用于基准电压电路中。一般情况下，稳压管不能并联使用，电流相近的稳压二极管可以串联使用，其稳压电压为各个稳压二极管的稳定电压之和
检波二极管	选择检波二极管主要考虑的是二极管的工作频率能否满足电路的工作频率要求
开关二极管	应根据实际电路的主要参数，如正向电流、反向恢复时间、最高反向电压等，选择合适的型号来使用
变容二极管	选择变容二极管时应注意其工作频率和最高反向工作电压必须符合电路的要求

 注意

　　选用二极管时也应考虑所选二极管的温度特性以及二极管的最高允许工作温度，一般锗管不应超过 80℃，硅管不应超过 100℃。如果一时没有合适的管子，可选用参数相近的管子，然后采用一定的降温措施(如加散热片等)来满足温度要求较高的场合。

　　选好二极管的主要参数后还要注意二极管的外形、尺寸及封装，因为二极管的外形与封装形式很多，有圆的、方形的、轴向引线的、平行引线的，有金属封装的，还有塑料封装的，等等，这些都是选用时要考虑的。

3. 二极管的识别

　　小功率二极管的负极通常在二极管外表用一种色圈标出来，靠近色环的一端则为负极；在点接触二极管的外壳上，通常标有极性色点(白色或红色)，一般标有色点的一端即为正极；金属封装二极管的螺母部分通常为负极引线；发光二极管的正负极可从引脚长短来识别，长脚为正，短脚为负；整流二极管的表面通常标注内部电路结构或交流输入端和直流输出端，交流输入端通常用"AC"或者"～"表示，直流输出端通常以"+"、"-"表示。

　　常用二极管极性识别如图 1-4-1 所示。

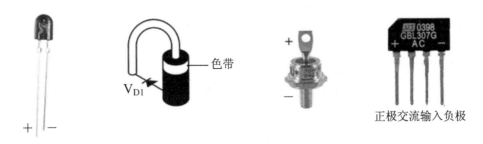

图 1-4-1　二极管极性识别示意图

4. 二极管的检测和代换

二极管的检测主要包括：包装、标示、数量、尺寸、丝印、部件本体等外观检查项；功能检查有：二极管的极性(即二极管的单向导通性)、正向导通电压、反向击穿电压(稳压管稳压值)、特性曲线等(后三项在条件允许或有要求的时候才检测)。

普通二极管是由一个 PN 结构成的半导体器件，具有单向导电特性。它可以通过用指针万用表检测其正、反向电阻值或用数字万用表二极管测试挡判别出二极管的电极，还可估测出二极管是否损坏。具体检测方法如表 1-4-3 所示。

表 1-4-3　二极管的检测

检测内容	检测图	检 测 方 法
判别正、负电极		将数字万用表量程开关拨至晶体二极管挡，此时红表笔带正电、黑表笔带负电(与指针式万用表表笔带电情况相反)，然后将两表笔接触待测晶体二极管的两个电极，同时观察显示屏的显示情况。如果显示为 1 V 以下，则说明二极管处于正向导通状态，红表笔所接为晶体二极管的正极，黑表笔所接为晶体二极管的负极；如果显示溢出符号"1"，则表明被测晶体二极管处于反向截止状态，黑表笔接正极、红表笔接负极
判别材料		将量程开关拨至二极管挡，测量被测二极管的正向导通电压，根据所测电压判断二极管的材料。一般硅二极管的正向电压降为 0.3～0.8 V，锗晶体二极管的正向电压降为 0.1～0.3 V
判别质量好坏		将量程开关拨至二极管挡，然后将两表笔接触待测晶体二极管的两个电极，此时显示屏会显示"000"或"1"。将两表笔对调再测试一次，对比两次的测试结果，如果所测得数值均为"000"，则说明被测二极管已击穿短路。反之，如果两次测试均显示溢出符号"1"，则说明被测二极管内部已开路

二极管损坏后应尽可能用同型号的二极管进行更换，注意不同用途之间的二极管不宜代用，硅二极管和锗二极管之间也不能代用。表 1-4-4 介绍了几种常用二极管的代换原则。

表 1-4-4　二极管的代换

二极管种类	代　换　原　则
整流二极管	可以用同型号的整流二极管或参数相近的其他型号的整流二极管代换
稳压二极管	在代换时，如果需要稳压值较大的管子，而现场又没有，可以用几只稳压值低的管子串联使用；当需要稳压值低的管子而一时找不到时，可以用普通硅二极管代替稳压管使用。稳压管一般不得并联使用
检波二极管	检波二极管损坏后，若无同型号二极管更换，也可以选用半导体材料相同、主要参数相近的二极管来代换；在要求不高的条件下，也可以用损坏了一个 PN 结的锗材料高频晶体管来代换
开关二极管	开关二极管损坏后，应选用同型号的开关二极管代换或用与其主要参数相同的其他型号的开关二极管来代换。高速开关二极管可以代换普通开关二极管，反向击穿电压高的开关二极管可以代换反向击穿电压低的开关二极管
变容二极管	变容二极管损坏后，应更换与原型号相同的变容二极管或用与其主要参数相同(尤其是结电容范围相同或相近)的其他型号的变容二极管来代换

5. 常用二极管的参数

常用二极管参数分别如表 1-4-5～表 1-4-9 所示。

表 1-4-5　常用整流二极管的主要参数

型号	最高反向工作电压/V	额定正向工作电流/A	最大浪涌电流/A	型号	最高反向工作电压/V	额定正向工作电流/A	最大浪涌电流/A
1N4001	50	1	30	1N4005	500	1	30
1N4002	100	1	30	1N4006	600	1	30
1N4003	200	1	30	1N4007	700	1	30
1N4004	400	1	30				

表 1-4-6　常用稳压二极管的主要参数(一)

型号	稳压值/V	动态电阻/Ω	稳定电流/mA	反向电流/mA	型号	稳压值/V	动态电阻/Ω	稳定电流/mA	反向电流/mA
1N4728	3.3	10	76	100	1N4741	11	8.0	23	5
1N4729	3.6	10	69	100	1N4742	12	9.0	21	5
1N4730	3.9	9.0	64	50	1N4743	13	10	19	5
1N4731	4.3	9.0	58	10	1N4744	15	14	17	5
1N4732	4.7	8.0	53	10	1N4745	16	16	15.5	5
1N4733	5.1	7.0	49	10	1N4746	18	20	14	5
1N4734	5.6	5.0	45	10	1N4747	20	22	12.5	5
1N4735	6.2	2.0	41	10	1N4748	22	23	11.5	5
1N4736	6.8	3.5	37	10	1N4749	24	25	10.5	5
1N4737	7.5	4.0	34	10	1N4750	27	35	9.5	5
1N4738	8.2	4.5	31	10	1N4751	30	40	8.5	5
1N4739	9.1	5.0	28	10	1N4752	33	45	7.5	5
1N4740	10	7.0	25	10					

表 1-4-7　常用稳压二极管的主要参数(二)

新型号	旧型号	稳定电压/V	最大工作电流/mA	新型号	旧型号	稳定电压/V	最大工作电流/mA
2CW50	2CW9	1～2.8	33	2CW60	2CW19	11.5～12.5	19
2CW51	2CW10	2.5～3.5	71	2CW61	2CW19	12.5～14	16
2CW52	2CW11	3.2～4.5	55	2CW62	2CW20	13.5～17	14
2CW53	2CW12	4～5.8	41	2CW72	2CW1	7～8.8	29
2CW54	2CW13	5.5～6.5	38	2CW73	2CW2	8.5～9.5	25
2CW55	2CW14	6.2～7.5	33	2CW74	2CW3	9.2～10.5	23
2CW56	2CW15	7～8.8	27	2CW75	2CW4	10～12	21
2CW57	2CW16	8.5～9.5	26	2CW76	2CW5	11.5～12.5	20
2CW58	2CW17	9.2～10.5	23	2CW77	2CW5	12～14	18
2CW59	2CW18	10～11.8	20				

表 1-4-8　两种常用玻璃封装高速开关二极管的参数

型号＼参数	最高反向工作电压 U_{RM}/V	反向击穿电压 U_{BR}/V	最大正向压降 U_{FM}/V	最大正向电流 I_{FM}/mA	平均整流电流 I_d/mA	反向恢复时间 t_{rr}/ns	最高结温 T_{iM}/℃	零偏压结电容 C_0/pF	最大功耗 P_M/mW
1N4148	75	100	≤1	450	150	4	150	4	500
1N4448	75	100	≤1	450	150	4	150	5	500

表 1-4-9　常用整流桥的参数

型号	最高反向工作电压/V	额定正向工作电流/A	最大浪涌电流/A
GBU4A	50	4	150
GBU4B	100	4	150
GBU4C	200	4	150
GBU4G	400	4	150
GBU4J	600	4	150
GBU4K	800	4	150

1.4.2　晶体三极管

1. 晶体三极管的分类及特点

晶体三极管全称为半导体三极管,也称双极型晶体管,是一种控制电流的半导体器件。其作用是把微弱信号放大成幅值较大的电信号,也用作无触点开关,在电子电路中被广泛应用。

三极管的种类很多:按材质分,有硅三极管、锗三极管等;按结构分,有 NPN 型三极管、PNP 型三极管；按功能分，有开关三极管、功率三极管、达林顿管、光敏三极管等；按功率分，有小功率管、中功率管、大功率管；按工作频率分，有低频管、高频管、超高频管等。

不同类型的三极管虽然制造方法不同，但在结构上都分成 PNP 或 NPN 三层。国产硅三极管主要是 NPN 型，锗三极管主要是 PNP 型，图 1-4-2 是晶体三极管的结构示意图和电路符号。晶体三极管在电路中常用字母 "V" 或 "VT" 加数字表示。

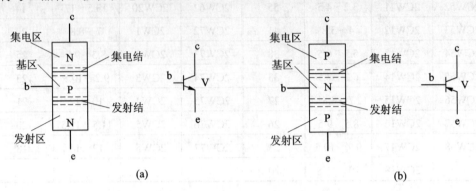

图 1-4-2　晶体三极管的内部结构及电路符号

(a)　NPN 型三极管；(b)　PNP 型三极管

表 1-4-10 介绍了几种常用三极管的特点及应用。

表 1-4-10　常用三极管的特点及应用

三极管种类	特 点 及 应 用
低频小功率三极管	低频小功率三极管一般指特征频率在 3 MHz 以下，功率小于 1 W 的三极管。一般作为小信号放大用。常用的国产低频小功率三极管型号有：3AX 系列、3DX 系列等。进口的低频小功率三极管型号有 2SA940、2SC2462、2N2944 等
高频小功率三极管	高频小功率三极管一般指特征频率大于 3 MHz，功率小于 1 W 的三极管。主要用于高频振荡、放大电路中。常用的国产高频大功率三极管型号有：3DD 系列、3AD 系列等。进口的高频大功率三极管型号有 2SA670、2SB337、2AC1827、BD201 等
低频大功率三极管	低频大功率三极管指特征频率小于 3 MHz，功率大于 1 W 的三极管。低频大功率三极管品种比较多，主要应用于电子音响设备的低频功率放大电路中；在各种大电流输出稳压电源中作为调整管。常用的国产低频大功率三极管型号有：3AG 系列、3DG 系列等。进口的低频大功率三极管型号有 2SA1015、2SC1815、S90×× 系列、BC148、BC158 等
开关三极管	开关三极管是利用控制饱和区和截止区相互转换工作的。开关三极管的开关过程需要一定的响应时间。开关响应时间的长短表示了三极管开关特性的好坏。常用的高反压大功率开关三极管的型号有 2SC1942、2SD820、2SD1431~2SD1433 等
差分对管	差分对管是把两只性能一致的三极管封装在一起的半导体器件。它能以最简单的方式构成性能优良的差分放大器，一般用在音频放大器或仪器、仪表中做差分输入放大管。常用的国产差分对管的型号有：3DG06A~3DG06D、3CSG3 等。进口的差分对管型号有 2SC1583(NPN 型)、2SA798(PNP 型)等。差分对管的内部电路图如图 1-4-3 所示

续表

三极管种类	特 点 及 应 用
达林顿管	达林顿管又称复合三极管，是分别选用各种极性的三极管进行复合连接的。在组成复合三极管时，不管选用什么样的三极管，这些三极管按照一定的方式连接后都可以看成是一个高 β 的三极管。组成复合三极管时，应注意第一只管子的发射极电流方向必须与第二只管子的基极电流方向相同，复合三极管的极性取决于第一只管子。复合三极管的最大特点是电流放大倍数很高，所以多用于较大功率输出的电路中。达林顿管主要用于大功率开关电路、电机调速、逆变电路；驱动小型继电器，驱动 LED 智能显示屏。达林顿管电路有四种接法：NPN+NPN，PNP+PNP，NPN+PNP，PNP+NPN，如图 1-4-4 所示。常用的达林顿管型号有 PN020、3DD30LA～3DD30LE、2SD628、2SD638 等
光电三极管	光电三极管又称光敏三极管，一般是 NPN 型硅管，引脚分为两脚型和三脚型。一般两个管脚的光电三极管，管脚分别为集电极和发射极，而光窗口则为基极。其外形和电路符号如图 1-4-5 所示，广泛用于光信号检测和光电信号转换电路。应用时，光电三极管应正接在电路中，即 C 极接电源的正极，E 极接电源的负极。光电三极管电流与外加电压关系不大，主要取决于入射光的强度。常用的国产光电三极管型号有 3DU11～3DU13、3DU51～3DU54 等

图 1-4-3 所示为差分对管的内部电路图。

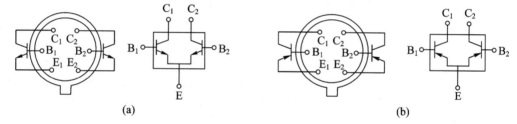

(a)   (b)

图 1-4-3 差分对管的内部电路图

(a) NPN 型；(b) PNP 型

图 1-4-4 所示为达林顿管的四种接法。

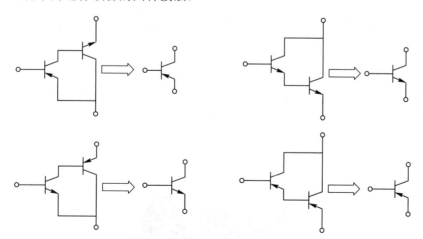

图 1-4-4 达林顿管的四种接法

光电三极管的外形和电路符号如图 1-4-5 所示。

图 1-4-5　光电三极管的外形图及电路符号

2. 三极管的选用

选用三极管时，一要符合设备及电路的要求，二要符合节约的原则。根据用途的不同，一般应考虑以下几个因素：工作频率、集电极电流、耗散功率、电流放大系数、反向击穿电压、稳定性及饱和压降等，选用要求如表 1-4-11 所示。

表 1-4-11　三极管的选用

序号	选用要求	说　明
1	特征频率	低频管的特征频率一般在 2.5 MHz 以下，而高频管的特征频率都在几十兆赫到几百兆赫甚至更高。选管时应使特征频率为工作频率的 3～10 倍
2	电流放大倍数 β	一般希望 β 选大一些，但也不是越大越好。β 太高了容易引起自激振荡，一般 β 高的管子工作大多不稳定，受温度影响较大。通常 β 多选在 40～100 之间，但低噪声高 β 值的管子(如 1815、9011～9015 等)，β 值达数百时温度稳定性仍较好。另外，对整个电路来说还应该从各级的配合来选择 β。例如前级用 β 值高的，后级就可以用 β 值较低的管子；反之，前级用 β 值较低的，后级就可以用 β 值较高的管子
3	反向击穿电压 U_{CEO}	集电极-发射极反向击穿电压 U_{CEO} 应选得大于电源电压。穿透电流越小，对温度的稳定性越好。普通硅管的稳定性比锗管好得多，但普通硅管的饱和压降比锗管大，在某些电路中会影响电路的性能，应根据电路的具体情况选用，选用晶体管的耗散功率时应根据不同电路的要求留有一定的余量

3. 三极管的识别

1) 用色标识别

为了能直观地表明三极管的放大倍数，原电子工业部标准规定，用色点标在半导体三极管的顶部(如图 1-4-6 所示)，表示共发射极直流放大倍数 β 或 h_{FE} 的分挡。锗、硅开关管，高、低频小功率管，硅低频大功率管所用的色标标志如表 1-4-12 所示。

色点

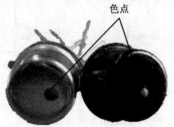

图 1-4-6　β 色标标志示意图

表 1-4-12　色标颜色与 β 值的对应关系表

色　标	β	色　标	β
棕	5～15	紫	120～180
红	15～25	灰	180～270
橙	25～40	白	270～400
黄	40～55	黑	400～600
绿	55～80	黑橙	600～1000
蓝	80～120		

2) 三极管的封装形式和管脚识别

常用三极管的封装形式有金属封装和塑料封装两大类。目前，国内各种类型的晶体三极管有许多种，管脚的排列不尽相同，常用的封装外形和管脚排列如表 1-4-13 所示。

表 1-4-13　常用三极管封装形式和管脚排列

封装形式	外　形　图	管　脚　排　列	识　别　方　法
金属封装小功率三极管		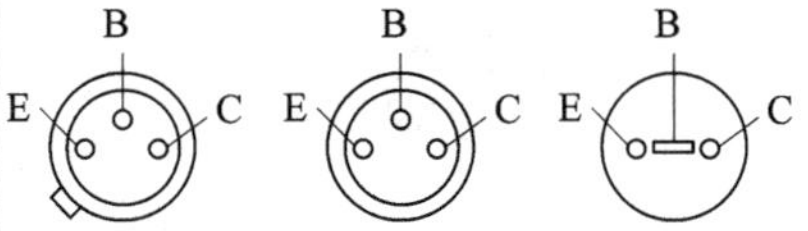 B　　B　　B E　C　E　C　E　C	将管子的引脚朝上，让管子的圆面对着自己，从左至右依次为 E、B、C 脚
金属封装大功率三极管		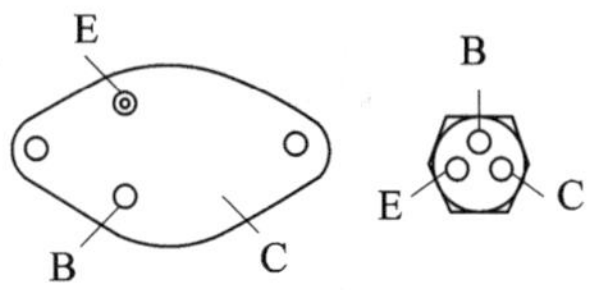 E B　　B B　　C　E　C	左图：底面朝上，引脚靠左，上面为发射极 E，下面为基极 B，金属外壳为集电极 C。 右图：引脚朝上，管子的圆面对着自己，从左至右依次为 E、B、C 脚
塑料封装		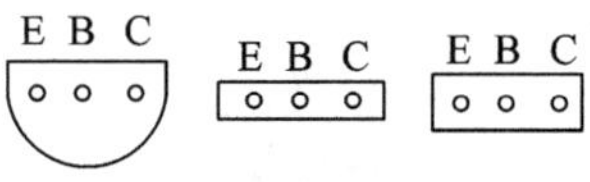 E B C　E B C　E B C	管子的引脚朝上，将印有型号的平面背对自己，从左至右依次为 E、B、C 脚

4．三极管的检测和代换

要准确地了解一只三极管类型、性能与参数，可用专门的测量仪器进行测试，但要粗略判别三极管的类型和管脚，可直接通过三极管的型号简单判断，也可利用万用表测量方法判断。

利用数字万用表可以判定三极管电极、管型、电流放大倍数 β 或 h_{FE} 参数和三极管的材料。数字万用表检测三极管的方法如表 1-4-14 所示。

表 1-4-14　三极管的检测

检测内容	检 测 图	检 测 方 法
判断基极和管型	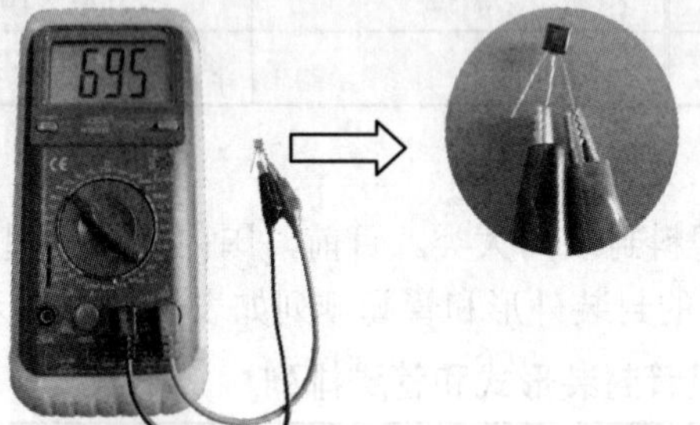	将数字万用表拨至二极管挡，用红表笔去接三极管的某一管脚(假设其为基极)，用黑表笔分别接另外两个管脚，如果表的液晶屏上两次都显示有零点几伏的电压(锗管为 0.3 左右；硅管为 0.7 左右)，那么此管应为 NPN 管且红表笔所接的那一个管脚是基极 B；如果两次显示的均为"1"，那么红表笔所接的那个管脚便是 PNP 型管的基极
判断发射极和集电极	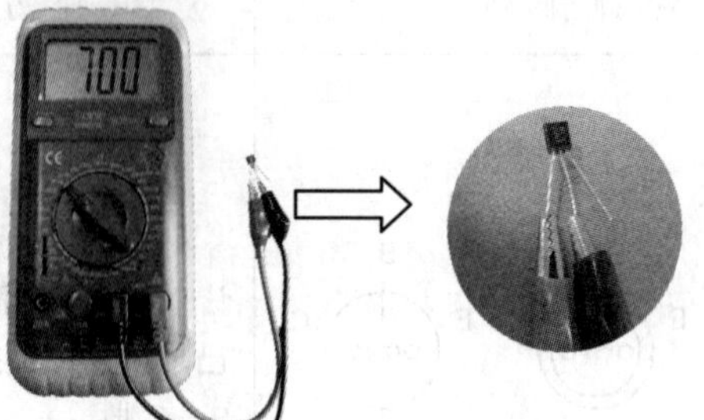 PNP 型三极管测量示意图	在判别出管子的型号和基极的基础上，可以再判别发射极和集电极。仍用二极管挡，对于 NPN 管令红表笔接其 B 极，黑表笔分别接另两个脚上，两次测得的极间电压中，电压微高的那一极为 E 极，电压低一些的为 C 极。如果是 PNP 管，令黑表笔接其 B 极，同样所得电压高的为"E"极，电压低一些的为"C"极
判别三极管的好坏	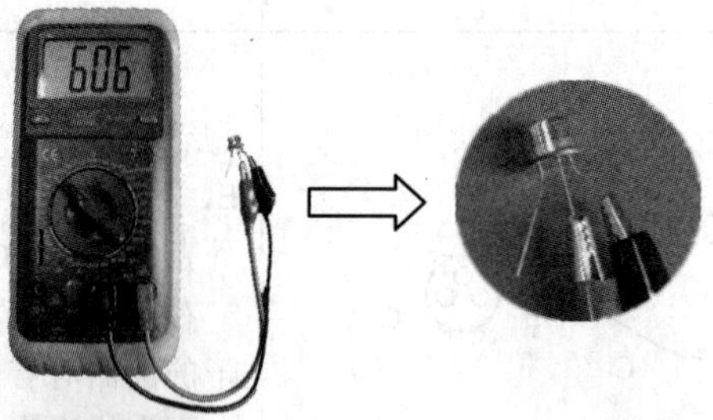	判别三极管的好坏，只要查一下三极管各 PN 结是否损坏。可通过万用表测量其发射极、集电极的正向电压和反向电压来判定。如果测得的正向电压与反向电压相似且几乎为零，或正向电压为"1"，则说明三极管已经短路或断路
判断其材料	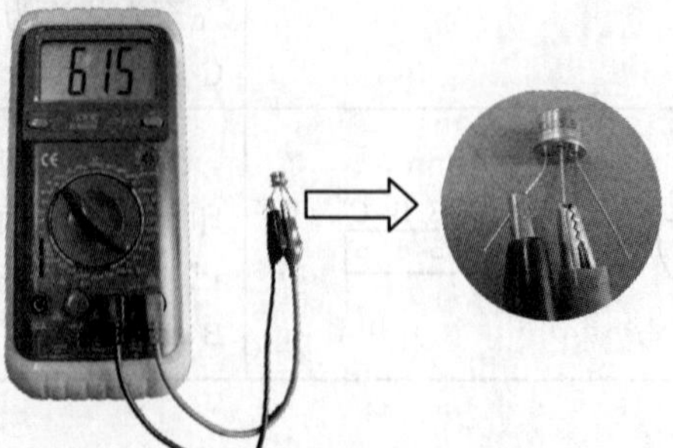 NPN 型三极管测量示意图	根据硅管的发射结正向压降大于锗管的正向压降的特点来判断其材料。一般常温下，锗管正向压降为 0.2～0.3 V，硅管的正向压降为 0.6～0.7 V

续表

检测内容	检 测 图	检 测 方 法
测量电流放大倍数 β 或 h_{FE}		将数字万用表拨至 h_{FE} 挡,将被测三极管三个管脚插入对应管型的 B、C、E 插孔,此时屏幕上就会显示出被测三极管的测量电流放大倍数

如果发现电路中的三极管已损坏,应遵循表 1-4-15 所列方法进行代换。

表 1-4-15　三极管的代换

序号	代换方法	说　　明
1	同型号	更换时,尽量更换相同型号的三极管。在特殊电路中,即使是用同型号的管子也要考虑主要参数的相近性,还要考虑特殊参数的相近性
2	特性相近	特性相近是指代换管的主要参数或主要特性曲线与原管相似。无相同型号更换时,新换三极管的极限参数应等于或大于原三极管的极限参数,如参数 I_{CM}、P_{CM}、$U_{(BR)CEO}$ 等。在找不到"类型相同"的代换管时,对于某些要求不高的场合:性能好的三极管可代替性能差的三极管,如穿透电流 I_{CEO} 小的三极管可代换 I_{CEO} 大的,电流放大系数 β 高的可代替 β 低的;在集电极耗散功率允许的情况下,可用高频管代替低频管,如 3DG 型可代替 3DX 型;开关三极管可代替普通三极管,如 3DK 型代替 3DG 型,3AK 型代替 3AG 型管
3	多管换一管	找不到"同型号"或"特性相近"的不同型号代换管时,可采用多管换一管法,即用多个代换管去代换某一晶体管

5. 常用三极管的主要参数

常用小功率三极管的主要参数如表 1-4-16 所示。

表 1-4-16　S9011~9018 及 E8050、E8550 三极管的主要参数

型号	极性	P_{CM}/mW	I_C/mA	h_{FE}	f_T/MHz	封装形式	用途
S9011	NPN	400	30	30~200	150	TO-92	高放
S9012	PNP	625	500	60~300	80	TO-92	功放
S9013	NPN	625	500	60~300	80	TO-92	功放
S9014	NPN	450	100	60~1000	150	TO-92	低放
S9015	PNP	450	100	60~600	100	TO-92	低放
S9016	NPN	400	25	30~200	400	TO-92	超高频
S9018	NPN	400	50	30~200	700	TO-92	超高频
E8050	NPN	625	700	60~300	150	TO-92	功放
E8550	PNP	625	700	60~300	150	TO-92	功放

1.4.3　场效应管

1. 场效应管的分类及特点

场效应晶体管(FET)简称场效应管，也称为单极型晶体管。图 1-4-7 为场效应管实物图。它属于电压控制型半导体器件，具有输入电阻高(100 ～1000 MΩ)、噪声小、功耗低、动态范围大、易于集成、没有二次击穿现象、安全工作区域宽、热稳定性好等优点。场效应管可应用于放大、电子开关；具有很高的输入阻抗，非常适合作阻抗变换，常用于多级放大器的输入级作阻抗变换；也可以用作可变电阻、恒流源。在电路中，场效应管通常用字母"V"、"VT"加数字表示。

图 1-4-7　场效应管实物图

如图 1-4-8 所示，场效应管可分为结型、绝缘栅型两类。结型场效应管分为 N 沟道和 P 沟道两种；而绝缘栅型场效应管又分为 N 沟道耗尽型和增强型；P 沟道耗尽型和增强型四大类。结型、绝缘栅型场效应管的结构及电路符号如表 1-4-17 所示。

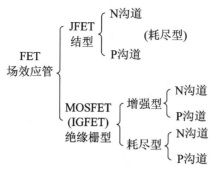

图 1-4-8　场效应管分类

表 1-4-17　结型、绝缘栅型场效应管的结构及电路符号

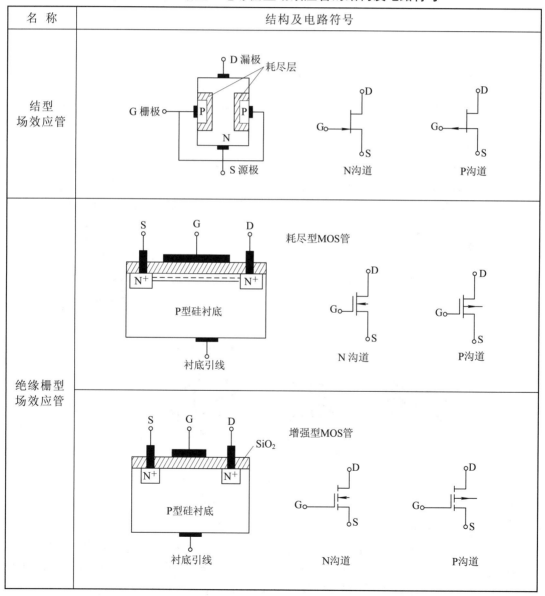

2．场效应管的选用

场效应管有多种类型，应根据应用电路的需要选择合适的管型。选用要求如表 1-4-18 所示。

表 1-4-18　场效应管的选用

序号	选用要求	说　明
1	应用场合	彩色电视机的高频调谐器、半导体收音机的变频器等高频电路，应使用双栅场效应晶体管。音频放大器的差分输入电路及调制、放大、阻抗变换、稳流、限流、自动保护等电路，可选用结型场效应晶体管。音频功率放大、开关电源、逆变器、电源转换器、镇流器、充电器、电动机驱动、继电器驱动等电路，可选用功率 MOS 场效应晶体管
2	主要参数	所选场效应晶体管的主要参数应符合应用电路的具体要求。小功率场效应晶体管应注意输入阻抗、低频跨导、夹断电压(或开启电压)、击穿电压等参数。大功率场效应晶体管应注意击穿电压、耗散功率、漏极电流等参数
3	配对管的选用	选用音频功率放大器推挽输出用 VMOS 大功率场效应晶体管时，要求两管的各项参数要一致(配对)，要有一定的功率余量。所选大功率管的最大耗散功率应为放大器输出功率的 0.5～1 倍，漏源击穿电压应为功放工作电压的 2 倍以上

3．场效应管引脚的识别

场效应管的作用和三极管的作用完全一样。场效应管一般也是三个引脚，分别为源极(S)、漏极(D)和栅极(G)。场效应管的漏极和源极可以互换，而互换后特性变化不大。

目前常用的结型场效应管和 MOS 型绝缘栅场效应管的管脚顺序如图 1-4-9 所示。

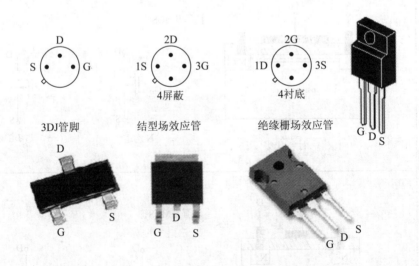

图 1-4-9　常用场效应管的管脚顺序

4．场效应管的检测和代换

要正确使用场效应管，首先要识别出场效应管的各个电极。根据场效应管 PN 结正、反向电阻值不一样的现象，利用数字万用表不仅可以判定结型场效应管的三个电极，还可以测量其放大系数和质量的好坏。检测方法如表 1-4-19 所示。

表 1-4-19　场效应管的检测

检测内容	检 测 图	测 量 方 法
判断栅极及沟道类型	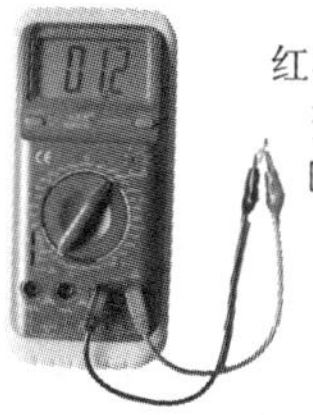 红黑表笔交换 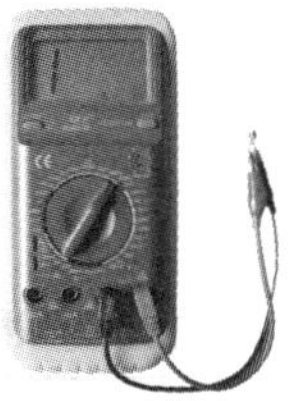	将万用表置于电阻挡,用红色表笔接触一管脚,假定此管脚为栅极,然后用黑色表笔分别接触另外两个管脚。若测得的阻值均比较小,则再用黑、红色表笔交换测量一次,如果阻值都很大,那么此管为 N 沟道管,且假设的管脚为栅极。同样,也可以测出 P 沟道的结型场效应晶体管
判断漏极(D)和源极(S)	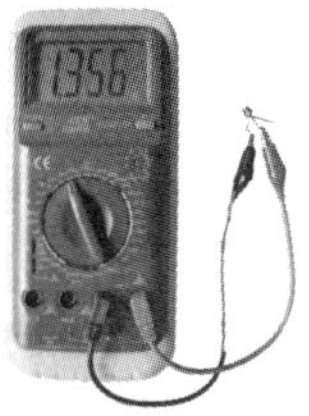 红黑表笔交换 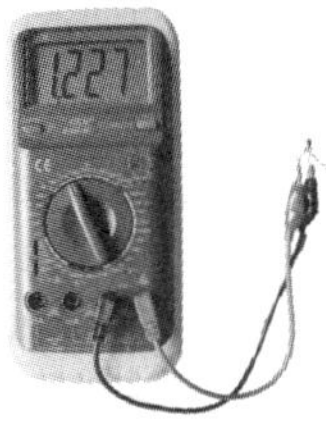	将万用表置于 R×2k 挡,测量另外两个电极之间的阻值,对调表笔再测量一次,把其测得电阻值记下来,两次测得阻值较大的一次,红色表笔所接的电极为漏极(D),黑色表笔所接的为源极(S)
好坏判断	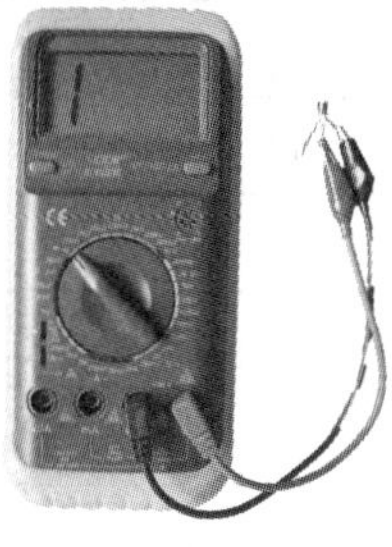 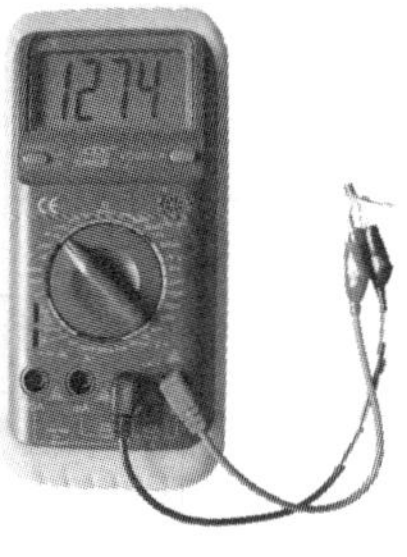	先把数字万用表拨到二极管挡,然后将场效应管的三个管脚短路,接着用红、黑表笔测试场效应管的两个管脚,测得三组数据,如果两组数据为1,另一组为几百至几千欧,则场效应管正常;如果其中一组数据为0,则场效应管被击穿
测量放大系数	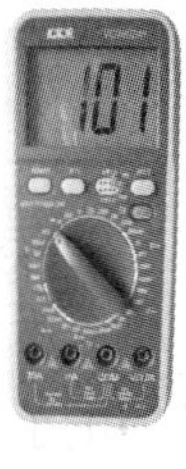 	将数字万用表拨至 h_{FE} 挡,将被测场效应管 G、D、S 三个管脚插入 h_{FE} 测量插座的 B、C、E 插孔(N 沟道管插入 NPN 插座,P 沟道管插入 PNP 插座),此时屏幕上显示的数值即为被测场效应管的放大系数;如果电极插错或被测场效应管的管型与插孔管型不对应,则显示为"000"或者"1"

　　对场效应管进行代换时,除了同材料、同规格的可以代换外,一般情况下可用大功率、大电流、高电压的代换小功率、小电流和小电压的管子,但应注意使用环境和使用条件,电流不宜过大,否则由于电路工作点改变,管子难以正常工作。

注意

由于结型场效应晶体管漏极和源极的对称性，一般可以互换使用，另外两极(源极和漏极)通常不必再检测。

5．常用场效应管的主要参数

常用场效应管的主要参数如表 1-4-20 所示。

表 1-4-20　常用场效应管的主要参数

型号	极限参数($T_a = 25℃$)				电气参数($T_a = 25℃$)				
					饱和漏极电流 I_{DSS}			低频跨导 g_m	
	U_{DSS} /V	U_{GSS} /V	I_D /A	P_D /W	最小值 /A	最大值 /A	U_{DS} /V	最小值 /S	有效值 /S
2SK1056	120	±15	7	200				0.7	1.0
2SK1057	140	±15	7	100				0.7	1.0
2SK1058	160	±15	7	100				0.7	1.0
2SK1069	−40		10 m	150 m	1.2 m	12 m	10	4.5 m	9
2SK1070	−22	−32	10 m	150 m	6 m	40 m	5	20 m	30 m
2SK1512	850		10	150					
2SK1529	180	±20	10	120					4
2SK1530	200	±20	±10	150					5
IRF530	100		14	79					
IRF540	100		28	150					
IRF630	200		9	75					
IRF740	400		10	125					
IRF820	500		2.5	50					

1.4.4　晶闸管

1．晶闸管的分类及应用

晶闸管是晶体闸流管的简称，俗称可控硅，它是一种大功率开关型半导体器件。晶闸管具有硅整流器件的特性，能在高电压、大电流条件下工作，且其工作过程可以控制。晶闸管广泛应用于可控整流、交流调压、无触点电子开关、逆变及变频等电子电路中，在电路中用字母"V"、"VT"加数字表示。

晶闸管有多种分类方法。按其关断、导通及控制方式可分为普通晶闸管、双向晶闸管、逆导晶闸管、门极关断晶闸管(GTO)、BTG 晶闸管、温控晶闸管和光控晶闸管等多种。按其引脚和极性可分为二极晶闸管、三极晶闸管和四极晶闸管。按其封装形式可分为金属封装晶闸管、塑封晶闸管和陶瓷封装晶闸管三种类型。其中，金属封装晶闸管又分为螺栓形、平板形、圆壳形等多种；塑封晶闸管又分为带散热片型和不带散热片型两种。按电流容量可分为大功率晶闸管、中功率晶闸管和小功率晶闸管三种。按其关断速度可分为普通晶闸管和高频(快速)晶闸管。表 1-4-21 主要介绍最常用的普通单向晶闸管和双向晶闸管的结构和主要特性。

表 1-4-21　常用晶闸管的结构和主要特性

名称	内部结构和电路符号	特性和工作原理
单向晶闸管	 电路符号　　电路结构 等效电路	单向晶闸管有 3 个电极，即 A 极(阳极)、K 极(阴极)和 G 极(控制极，也称门极)。K 极为公共端，A 极加上正极性电压后，只要再施加一定的正向电压于 G 极，管子就会导通，晶闸管导通后，G 极便失去作用。要关断晶闸管，就必须将阳极电压降低到一定值以下或施加反向的阳极电压。由此可见，单向晶闸管好比是具有单向导电性能的可控制的硅二极管，其 G 极只是用来控制管子的导通时刻。晶闸管导通(非击穿导通)的必要条件：(1) 管子 A 极应加上正极性电压；(2) 管子 G 极应加上合适的正极性触发电压。晶闸管在以下 3 种情况下不导通：(1) 管子 A 极被加上负电压；(2) A 极虽加上正电压，但 G 极没加触发电压；(3) 管子各极电压虽施加正确，但 A—K 极间导通电流小于其维持电流 I_h，故管子不能维持导通状态
双向晶闸管	 电路符号 电路结构　　等效电路	双向晶闸管实际相当于两个反向并接的单向晶闸管，它是制作在同一硅单晶片上的 N-P-N-P-N 五层三端器件。双向晶闸管有 3 个电极，即主端子 VT_1(或称第一阳极)、主端子 VT_2(或称第二阳极)和控制极 G (或称门极)。在应用电路中，不论施加于双向晶闸管 VT_1、VT_2 间的电压极性如何，即不论 VT_1 为正还是 VT_2 为正或反之，只要对 G 极施加适当的触发电压，便可使管子由截止态(阻断态)转为导通态

2. 晶闸管的选用

晶闸管的选用通常从表 1-4-22 所列的几个方面来考虑。

表 1-4-22 晶闸管的选用

序号	选用要求	说　明
1	选择类型	晶闸管有多种类型，应根据应用电路的具体要求合理选用。若用于交直流电压控制、可控整流、交流调压、逆变电源、开关电源保护电路等，可选用普通晶闸管。若用于交流开关、交流调压、交流电动机线性调速、灯具线性调光及固态继电器、固态接触器等电路，应选用双向晶闸管。若用于交流电动机变频调速、斩波器、逆变电源及各种电子开关电路等，可选用门极关断晶闸管。若用于锯齿波发生器、长时间延时器、过电压保护器及大功率晶体管触发电路等，可选用 BTG 晶闸管。若用于电磁灶、电子镇流器、超声波电路、超导磁能储存系统及开关电源等电路，可选用逆导晶闸管。若用于光电耦合器、光探测器、光报警器、光计数器、光电逻辑电路及自动生产线的运行监控电路，可选用光控晶闸管
2	选择主要参数	晶闸管的主要参数应根据应用电路的具体要求而定。所选晶闸管应留有一定的功率裕量，其额定峰值电压和额定电流(通态平均电流)均应高于受控电路的最大工作电压和最大工作电流 1.5～2 倍。晶闸管的正向压降、门极触发电流及触发电压等参数应符合应用电路(指门极的控制电路)的各项要求，不能偏高或偏低，否则会影响晶闸管的正常工作

3. 晶闸管的识别

不同公司生产的单向晶闸管的引脚排列不一致，而双向晶闸管的引脚多数是按照从左至右 VT_1、VT_2、G 的顺序排列的。部分晶闸管的外形及引脚排列如表 1-4-23 所示。

表 1-4-23 部分晶闸管的外形及引脚排列

种类	外形及引脚排列
单向晶闸管	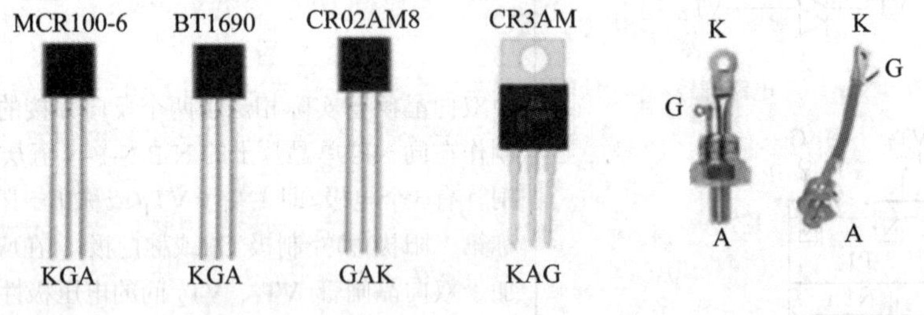
双向晶闸管	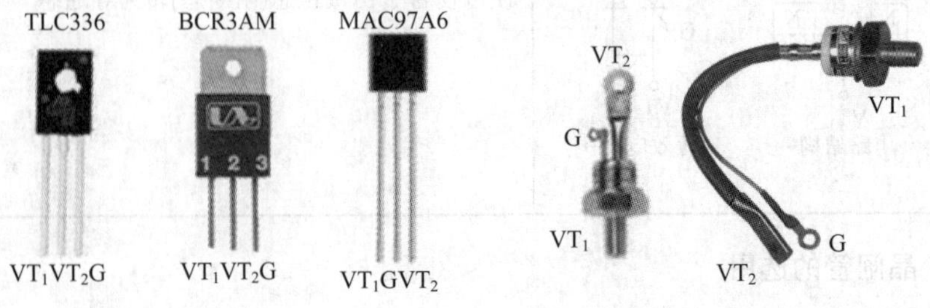

4．晶闸管的检测与代换

对晶闸管的检测，主要是判别管子的各个电极和管子的好坏。表 1-4-24 列出了具体的检测方法。

表 1-4-24　晶闸管的检测与代换

检测内容	检测图	测量方法
判别单向晶闸管电极及好坏	红色表笔接的是阴极 K，黑色表笔接的是门极 G 色表笔接的是阳极 A	将数字万用表拨至二极管挡，红色表笔任意接某个引脚，用黑色表笔依次接触另外两个引脚，如果在两次测试中，一次显示值小于 1 V，另一次显示"1"，则表明红色表笔接的是阴极 K。若黑色表笔所接引脚显示数值为 0.6～0.8 V 时，表示黑色表笔所接引脚为门极 G；若显示为"1"，则此引脚为阳极 A。 检测时，如果引脚之间的电压值符合上述规律，则说明晶闸管正常，否则说明该单向晶闸管已经损坏
判别双向晶闸管电极及好坏	红色表笔接的是主电极 VT2，黑色表笔接的是门极 G	将数字万用表拨至二极管挡，红色表笔任意接某个引脚，用黑色表笔依次接触另外两个引脚，如果在两次测试中，一次显示值小于 1 V，另一次显示"1"，则表明红色表笔接的是主电极 VT_2。若黑色表笔所接引脚显示数值为 0.2～0.6 V 时，表示黑色表笔所接引脚为门极 G；若显示为"1"，则此引脚为主电极 VT_1。检测时，如果引脚之间的电压值符合上述规律，则说明晶闸管正常，否则说明该双向晶闸管已经损坏
区分单向晶闸管和双向晶闸管	黑色表笔接的是主电极 VT_1	将数字万用表拨至二极管挡，红色表笔任意接某个引脚，用黑色表笔依次接触另外两个引脚，如果在两次测试中，一次显示值小于 1 V，另一次显示"1"，则表明红色表笔接的是阴极 K 或主电极 VT_2。若黑色表笔所接引脚显示数值为 0.2～0.6 V，且红、黑色表笔对调后显示数值固定为 0.2～0.6 V 时，就可判定该晶闸管为双向晶闸管

晶闸管损坏后，若无同型号的晶闸管更换，可以选用与其性能参数相近的其他型号晶闸管来代换。在设计应用电路时，一般均留有较大的裕量。在更换晶闸管时，只要注意其额定峰值电压(重复峰值电压)、额定电流(通态平均电流)、门极触发电压和门极触发电流即可，尤其是额定峰值电压与额定电流这两个指标。代换晶闸管应与损坏晶闸管的开关速度一致。例如：在脉冲电路、高速逆变电路中使用的高速晶闸管损坏后，只能选用同类型的快速晶闸管，而不能用普通晶闸管来代换。选取代用晶闸管时，不管什么参数，都不必留有过大的裕量，应尽可能与被代换晶闸管的参数相近，因为过大的裕量不仅是一种浪费，而且有时还会起副作用，出现不触发或触发不灵敏等现象。

另外，还要注意两个晶闸管的外形要相同，否则会给安装工作带来不利。

5．常用晶闸管的主要参数

常用单向可控硅和双向可控硅的主要参数如表 1-4-25 和表 1-4-26 所示。

表 1-4-25　常用单向可控硅的主要参数

型　号	反向击穿电压/V	通态平均电流/A	门极触发电流/mA	型　号	反向击穿电压/V	通态平均电流/A	门极触发电流/mA
MCR100-6	400	1	0.2	TLS107-4	600	4	0.5
PO102DB	400	1	0.2	TYN604	600	4	15
TCR107-8	400	1	10	TYN606	600	6	15
TL4006	400	3	15	TYN408	600	8	15
TL6006	400	3	15	TYN608	600	8	15
TLS106-4	400	4	0.2				

表 1-4-26　常用双向可控硅的主要参数

型　号	反向击穿电压/V	通态平均电流/A	门极触发电流/mA	型号	反向击穿电压/V	通态平均电流/A	门极触发电流/mA
TLC336A	600	3	0.2	BTA08-600C	600	8	0.5
TLC386A	700	3	10	BTA12-6008	600	12	15
BTA06-600B	600	6	15	BTA16-600B	600	16	15
BTA06-600C	600	6	15	BTA26-600B	600	26	15
BTA06-600B	600	8	0.2				

1.5　集成电路的选用、识别、检测

集成电路是采用半导体制作工艺，在一块较小的单晶硅片上制作晶体管及电阻器、电容器等元器件，并按照多层布线或隧道布线的方法，将元器件组合成完整的电子电路。在电路中用字母"IC"(也有用符号"N"等)加数字表示。

集成电路按其功能、结构的不同，可以分为模拟集成电路、数字集成电路和数/模混合集成电路三大类；按制作工艺可分为半导体集成电路和膜集成电路，膜集成电路又分厚膜集成电路和薄膜集成电路；按集成度高低的不同，可分为小规模集成电路、中规模集成电路、大规模集成电路、超大规模集成电路、特大规模集成电路和巨大规模集成电路；按导电类型可分为双极型集成电路和单极型集成电路，它们都是数字集成电路；按应用领域可分为标准通用集成电路和专用集成电路。

1.5.1　集成电路的识别

1．集成电路型号的识别

国标(GB 3431—82)中规定集成电路的型号命名由五部分组成，各部分符号及意义如表 1-5-1 所示。

表 1-5-1　国产半导体集成电路的命名

第 一 部 分		第 二 部 分		第 三 部 分	第 四 部 分		第 五 部 分	
用字母表示器件符合国家标准		用字母表示器件的类型		用阿拉伯数字和字母表示器件系列	用字母表示器件的工作温度范围		用字母表示器件的封装	
符号	意义	符号	意义		符号	意义	符号	意义
C	中国制造	T	TTL 电路	TTL 分为：	C	0～70℃⑤	F	多层陶瓷扁平封装
		H	HTL 电路	54/74 x x x①	G	−25～70℃	B	塑料扁平封装
		E	ECL 电路	54/74 H x x x②	L	−25～85℃	H	黑瓷扁平封装
		C	CMOS 电路	54/74 L x x x③	E	−40～85℃	D	多层陶瓷双列直插封装
		M	存储器	54/74 S x x x	R	−55～85℃		
		u	微型机电路	54/74 L S x x x④	M	−55～125℃	J	黑瓷双列直插封装
		F	线性放大器	54/74 A S x x x	⋮		P	塑料双列直插封装
		W	稳压器	54/74 A L S x x x			S	塑料单列直插封装
		D	音响电视电路	54/74 F x x x			T	金属圆壳封装
		B	非线性电路	CMOS 为：			K	金属菱形封装
		J	接口电路	4000 系列			C	陶瓷芯片载体封装
		AD	A/D 转换器	54/74HC x x x			E	塑料芯片载体封装
		DA	D/A 转换器	54/74 HCT x x x			G	网格针栅陈列封装
		SC	通信专用电路	⋮			SOIC	小引线封装
		SS	敏感电路				PCC	塑料芯片载体封装
		SW	钟表电路				LCC	陶瓷芯片载体封装
		SJ	机电仪电路					
		SF	复印机电路					

注：① 74：国际通用 74 系列(民用)　54：国际通用 54 系列(军用)；② H：高速；③ L：低速；④ LS：低功耗；⑤ C：只出现在 74 系列。

进口集成电路的型号命名一般是用前几位字母符号表示制造厂商，用数字表示器件的系列和品种代号。常用集成电路的前缀字母代表的公司名称如表 1-5-2 所示。

表 1-5-2　常见进口集成电路的字头符号代表的公司名称

字头符号	生产国及厂商名称	字头符号	生产国及厂商名称
AN，DN	日本，松下	UA，F，SH	美国，仙童
LA，LB，STK，LD	日本，三洋	IM，ICM，ICL	美国，英特尔
HA，HD，HM，HN	日本，日立	UCN，UDN，UGN，ULN	美国，斯普拉格
TA，TC，TD，TL，TM	日本，东芝	SAK，SAJ，SAT	美国，ITT
MPA，MPB，μPC，μPD	日本，日电	TAA，TBA，TCA，TDA	欧洲，电子联盟
CX，CXA，CXB，CXD	日本，索尼	SAB，SAS	德国，SIGE
MC，MCM	美国，摩托罗拉	ML，MH	加拿大，米特尔

2. 集成电路引脚的识别

集成电路的封装材料及外形有多种，最常用的封装材料有塑料、陶瓷及金属三种。封装外形最多的是圆筒形、扁平形及双列直插形。圆筒形金属壳封装多为 8 脚、10 脚及 12 脚，菱形金属壳封装多为 3 脚及 4 脚，扁平形陶瓷封装多为 12 脚及 14 脚，单列直插式塑料封装多为 9 脚、10 脚、12 脚、14 脚及 16 脚，双列直插式陶瓷封装多为 8 脚、12 脚、14 脚、16 脚及 24 脚，双列直插式塑料封装多为 8 脚、12 脚、14 脚、16 脚、24 脚、42 脚及 48 脚。集成电路的封装外形不同，其引脚排列顺序也不一样。表 1-5-3 介绍了几种常用集成电路引脚的排列形式。

表 1-5-3 集成电路引脚的识别方法

封装形式	示 意 图	识别方法
圆形金属壳封装 菱形金属壳封装	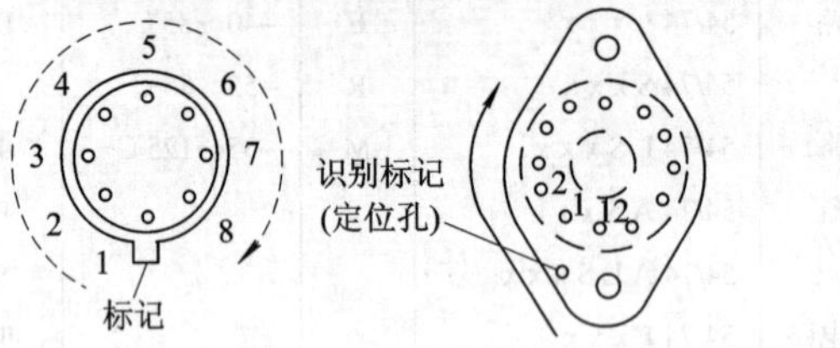	识别其引脚时，首先找出定位标志，一般为管键、色点、定位孔等，将集成电路引脚朝上，从识别标记开始，沿顺时针方向依次为 1、2、3…脚
单列直插式	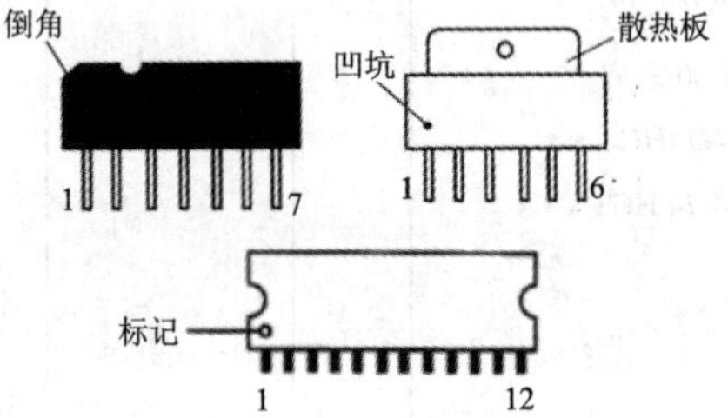	识别其引脚时，应使引脚向下，面对型号或定位标记，自定位标记对应一侧的头一只引脚数起，依次为 1、2、3…脚。这一类集成电路上常用的定位标记为色点、凹坑、小孔、线条、色带、缺角等
双列直插式	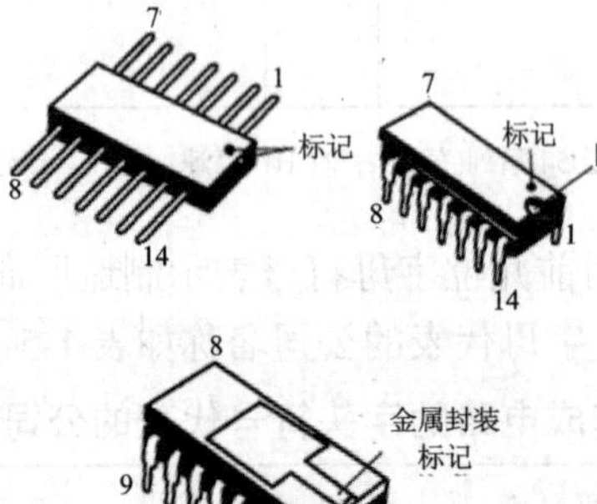	识别其引脚时，若引脚向下，即其型号、商标向上，定位标记在左边，则从左下角第 1 只引脚开始，按逆时针方向，依次为 1、2、3…脚。双列直插式集成电路的识别标记多为半圆形凹口，有的用金属封装标记或凹坑标记
四列扁平封装	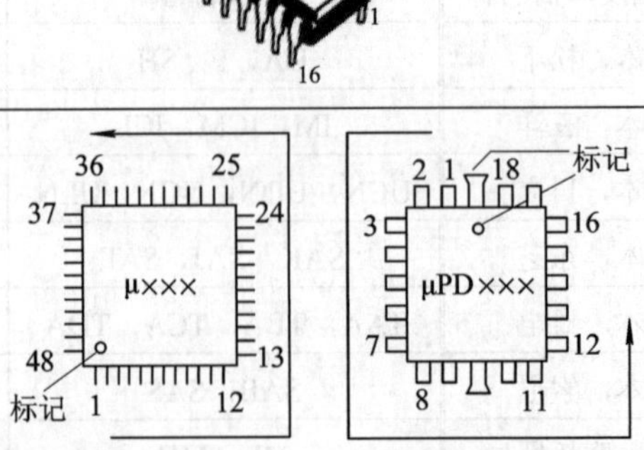	识别其引脚时，面对集成电路印有商标的正面，从定位标记开始，按逆时针方向，依次为 1、2、3…脚。其定位标记一般为色点、凹坑、小孔、特性引脚或断脚等

3. 集成电路封装的识别

封装最初的定义是保护电路芯片免受周围环境的影响(包括物理、化学的影响)。但是，随着集成电路技术的发展，尤其是芯片钝化层技术的不断改进，封装的功能也在慢慢异化。通常认为，封装主要有四大功能，即功率分配、信号分配、散热及包装保护，它的作用是从集成电路器件到系统之间的连接，包括电学连接和物理连接。

电子封装的类型也很复杂。从使用的包装材料来分，可以将封装划分为金属封装、陶瓷封装和塑料封装；从成型工艺来分，又可以将封装划分为预成型封装(pre-mold)和后成型封装(post-mold)；从封装外形来分，则有 SIP(Single In-line Package)、DIP(Dual In-line Package)、PLCC(Plastic-Leaded Chip Carrier)、PQFP(Plastic Quad Flat Package)、SOP(Small-Outline Package)、TSOP(Thin Small-Outline Package)、PPGA(Plastic Pin Grid Array)、PBGA(Plastic Ball Grid Array)、CSP(Chip Scale Package)等等；若按第一级连接到第二级连接的方式来分，则可以划分为 PTH(Pin-Through-Hole)和 SMT(Surface-Mount-Technology)二大类，即通常所称的插孔式(或通孔式)和表面贴装式。表 1-5-4 列举了常见集成电路的封装、实物图及说明。

表 1-5-4　常见集成电路(IC)芯片的封装

封　　装	实　物　图	说　　明
金属圆形封装	TO-99	最初的芯片封装形式。引脚数为 8～12。散热好，价格高，屏蔽性能良好，主要用于高档产品
PZIP(Plastic Zigzag In-line Package) 塑料 ZIP 型封装		引脚数为 3～16。散热性能好，多用于大功率器件
SIP(Single In-line Package) 单列直插式封装		引脚中心距通常为 2.54 mm，引脚数为 2～23，多数为定制产品。造价低且安装便宜，广泛用于民品
DIP(Dual In-line Package) 双列直插式封装		绝大多数中小规模 IC 均采用这种封装形式，其引脚数一般不超过 100 个。适合在 PCB 板上插孔焊接，操作方便。塑封 DIP 应用最广泛
SOP(Small Out-line Package) 双列表面安装式封装		引脚有 J 形和 L 形两种形式，中心距一般有 1.27 mm 和 0.8 mm 两种，引脚数 8～32。体积小，是最普及的表面贴片封装

续表

封　装	实 物 图	说　明
PQFP(Plastic Quad Flat Package) 塑料方型扁平式封装		芯片引脚之间距离很小，管脚很细，一般大规模或超大型集成电路都采用这种封装形式，其引脚数一般在 100 个以上。适用于高频线路，一般采用 SMT 技术在 PCB 板上安装
PGAP(Pin Grid Array Package) 插针网格阵列封装		插装型封装之一，其底面的垂直引脚呈阵列状排列，一般要通过插座与 PCB 板连接。引脚中心距通常为 2.54 mm，引脚数为 64～447。插拔操作方便，可靠性高，可适应更高的频率
BGAP(Ball Grid Array Package) 球栅阵列封装		表面贴装型封装之一，其底面按阵列方式制作出球形凸点用以代替引脚。适应频率超过 100 MHz，I/O 引脚数大于 208 Pin。电热性能好，信号传输延迟小，可靠性高
PLCC(Plastic Leaded Chip Carrier) 塑料有引线芯片载体		引脚从封装的四个侧面引出，呈 J 字形。引脚中心距为 1.27 mm，引脚数为 18～84。J 形引脚不易变形，但焊接后的外观检查较为困难
CLCC(Ceramic Leaded Chip Carrier) 陶瓷有引线芯片载体		陶瓷封装。其他同 PLCC
LCCC(Leaded Ceramic Chip Carrier) 陶瓷无引线芯片载体		芯片封装在陶瓷载体中，无引脚的电极焊端排列在底面的四边。引脚中心距为 1.27 mm，引脚数为 18～156。高频特性好，造价高，一般用于军品
COB(Chip On Board) 板上芯片封装		裸芯片贴装技术之一，俗称"软封装"。IC 芯片直接黏结在 PCB 板上，引脚焊在铜箔上并用黑塑胶包封，形成"绑定"板。该封装成本最低，主要用于民品
FP(Flat Package)扁平封装 LQFP(Low profile Quad Flat Package)薄型 QFP		封装本体厚度为 1.4 mm

1.5.2　集成电路的检测

集成电路常用的检测方法有在线测量法、非在线测量法和代换法，具体检测方法如表1-5-5 所示。

表 1-5-5　集成电路常用的检测方法

检测方法		说　　明
非在线测量		非在线测量是在集成电路未焊入电路时，通过测量其各引脚之间的直流电阻值与已知正常同型号集成电路各引脚之间的直流电阻值进行对比，以确定其是否正常
在线测量	直流电阻检测法	这是一种用万用表欧姆挡，直接在线路板上测量 IC 各引脚和外围元件的正反向直流电阻值，并与正常数据相比较，来发现和确定故障的方法。测量时要注意以下 3 点： ① 测量前要先断开电源，以免测试时损坏电表和元件。 ② 万用表电阻挡的内部电压不得大于 6 V，量程最好用 R×100 或 R×1k 挡。 ③ 测量 IC 引脚参数时，要注意测量条件，如被测机型、与 IC 相关的电位器的滑动臂位置等，还要考虑外围电路元件的好坏
	直流工作电压测量法	这是一种在通电情况下，用万用表直流电压挡对直流供电电压、外围元件的工作电压进行测量；检测 IC 各引脚对地直流电压值，并与正常值相比较，进而压缩故障范围，找出损坏元件的方法。测量时要注意以下 8 点： ① 万用表要有足够大的内阻，至少要大于被测电路电阻的 10 倍以上，以免造成较大的测量误差。 ② 通常把各电位器旋到中间位置，如果是电视机、信号源，则要采用标准彩条信号发生器。 ③ 表笔或探头要采取防滑措施。因任何瞬间短路都容易损坏 IC。可采取如下方法防止表笔滑动：取一段自行车用气门芯套在表笔尖上，并长出表笔尖 0.5 mm 左右，这样，既能使表笔尖良好地与被测试点接触，又能有效防止打滑，即使碰上邻近点也不会短路。 ④ 当测得某一引脚电压与正常值不符时，应根据该引脚电压对 IC 正常工作有无重要影响以及其他引脚电压的相应变化进行分析，才能判断 IC 的好坏。 ⑤ IC 引脚电压会受外围元器件影响。若外围元器件发生漏电、短路、开路或变值时，或外围电路连接的是一个阻值可变的电位器，则电位器滑动臂所处的位置不同，都会使引脚电压发生变化。 ⑥ 若 IC 各引脚电压正常，则一般认为 IC 正常；若 IC 部分引脚电压异常，则应从偏离正常值最大处入手，检查外围元件有无故障，若无故障，则 IC 很可能损坏。 ⑦ 对于动态接收装置，如电视机，在有无信号时，IC 各引脚电压是不同的。如发现引脚电压不该变化的反而变化大，该随信号大小和可调元件不同位置而变化的反而不变化，就可确定 IC 损坏。 ⑧ 对于多种工作方式的装置，如录像机，在不同工作方式下，IC 各引脚电压也是不同的
	交流工作电压测量法	为了掌握 IC 交流信号的变化情况，可以用带有 dB 插孔的万用表对 IC 的交流工作电压进行近似测量。检测时万用表置于交流电压挡，正表笔插入 dB 插孔；对于无 dB 插孔的万用表，需要在正表笔上串接一只 0.1～0.5 μF 隔直电容。该法适用于工作频率比较低的 IC，如电视机的视频放大级、场扫描电路等。由于这些电路的固有频率不同，波形不同，所以所测的数据是近似值，只能供参考
代换法		代换法是用已知完好的同型号、同规格集成电路来代换被测集成电路，可以判断出该集成电路是否损坏

1.5.3　集成电路的代换

集成电路损坏时，需要对其实施代换，表 1-5-6 列出了集成电路代换的原则和方法。

表 1-5-6　集成电路的代换的原则和方法

内容 \ 类型	直 接 代 换		非直接代换
含义	直接代换是指用其他 IC 不经任何改动而直接取代原来的 IC，代换后不影响机器的主要性能与指标		非直接代换是指不能进行直接代换的 IC 稍加修改外围电路，改变原引脚的排列或增减个别元件等，使之成为可代换的 IC 的方法
原则	代换所用的 IC 与原 IC 的功能、性能指标、封装形式、引脚用途、引脚序号和间隔等几方面均相同。其中 IC 的功能相同不仅指功能相同，还应注意逻辑极性相同，即输出/输入电平极性、电压、电流幅度必须相同。除此之外，输出不同极性 AFT 电压，输出不同极性的同步脉冲等 IC 都不能直接代换，即使是同一公司或同一厂家的产品，都应注意区分。性能指标是指 IC 的主要电参数(或主要特性曲线)、最大耗散功率、最高工作电压、频率范围及各信号输入/输出阻抗等参数要与原 IC 相近。功率小的代用件要加大散热片		代换所用的 IC 可与原来的 IC 引脚功能不同、外形不同，但功能要相同，特性要相近；代换后不应影响原机性能
代换方法	同一型号 IC 的代换	同一型号 IC 的代换一般是可靠的，安装集成电路时，要注意方向不要搞错，否则，通电时集成电路很可能被烧毁。有的单列直插式功放 IC，虽然型号、功能、特性相同，但引脚排列顺序的方向是有所不同的	采用非直接代换时要注意：集成电路引脚的编号顺序，切勿接错；为适应代换后的 IC 的特点，与其相连的外围电路的元件要作相应的改变；电源电压要与代换后的 IC 相符，如果原电路中电源电压高，应设法降压；电压低，要看代换 IC 能否工作；代换以后要测量 IC 的静态工作电流，如电流远大于正常值，则说明电路可能产生自激，这时须进行去耦、调整。若增益与原来有所差别，可调整反馈电阻阻值。代换后 IC 的输入、输出阻抗要与原电路相匹配；检查其驱动能力；在改动时要充分利用原电路板上的脚孔和引线，外接引线要求整齐，避免前后交叉，以便检查和防止电路自激，特别是防止高频自激。在通电前电源 VCC 回路里最好再串接一直流电流表，改变负载电阻阻值，由大到小观察集成电路总电流的变化是否正常
	不同型号 IC 的代换	① 型号前缀字母相同、数字不同 IC 的代换。这种代换只要相互间的引脚功能完全相同，其内部电路和电参数稍有差异，也可相互直接代换。 ② 型号前缀字母不同、数字相同 IC 的代换。一般情况下，前缀字母表示生产厂家及电路的类别，前缀字母后面的数字相同，大多数可以直接代换。但也有少数，虽然数字相同，但功能却完全不同。 ③ 型号前缀字母和数字都不同 IC 的代换。有的厂家引进未封装的 IC 芯片，然后加工成按本厂命名的产品。还有为了提高某些参数指标而改进的产品。这些产品常用不同型号进行命名或用型号后缀加以区别	

1.5.4 常用集成电路

1. 集成运算放大器

集成运算放大器(Integrated Operational Amplifier)简称集成运放,是由多级直接耦合放大电路组成的高增益模拟集成电路。集成运算放大器的封装形式有圆形金属壳封装、菱形金属壳封装、陶瓷扁平式封装,双列直插式封装等,金属圆壳封装的引脚有 8、10、12 三种形式,双列直插型封装的引脚有8、14、16 三种形式,如图 1-5-1 所示。

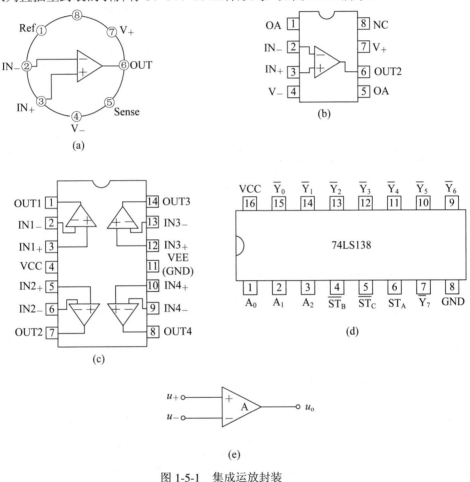

图 1-5-1 集成运放封装

(a) 金属封装;(b) 8 脚双列直插封装;(c) 14 脚扁平封装

(d) 16 脚双列直插封装;(e) 集成运放电路符号

集成运放种类和型号繁多,依据其性能参数的不同分为通用型和专用型两大类。通用型集成运放是以通用为目的而设计的,这类器件的主要特点是价格低廉、产品量大、适用面广,其性能指标能适合于一般性使用。专用型集成运放有:高输入阻抗型、低漂移型、高速型、低功耗型、高压型、大功率型、电压比较器等。根据一个集成运放电路封装内包含运放单元的数量又可以分为单运放、双运放和四运放。表 1-5-7 列出了几种常用集成运放的型号及类型。

表 1-5-7　常用集成运放的型号及类型

型　号	类　型	型　号	类　型
F157A/F741A/301A/301/308 F101A/201A、LM101/201/301 LM108/208/709/741	通用型运放	LF351/356/357/411 TL061/TL081	BI-FET 单运算放大器
LM1458/ 2904/358/ 747/ 1558 F747/ 4558	双运算放大器	LF353/412/TL062/TL072/ TL082	BI-FET 双运算放大器
F158/258 /358 LM158/258/ 358	单电源双运放	TL064/TL074/TL084	BI-FET 四运算放大器
F1558、LM358 NS	通用型双运放	OP07-CP/OP07-DP	精密运算放大器
LM148 /2902/324/348/3900 LM124/224、F124/224/324	四运算放大器	CA3130/3140	高输入阻抗运放
F4741/148/248/348	通用型四运算放大器	F1490 /1590	宽频带放大器
LF4136	高性能四运放	LFC4/54/75、F010/011	低功耗运算放大器
MC3303	单电源四运放	TL082/084	四高阻运放(JEET)
LM124	低功耗四运放 (军用挡)	LM733	带宽运算放大器
LF347	带宽四运算放大器	NE5534	高速低噪声单运算放大器
CD4573	可编程运算放大器	LM725	高精度运算放大器

集成运放组成的放大电路应用在不同的场合，对运放参数的选择不同，设计者必须综合考虑设计目标的信号电平、闭环增益、要求精度、所需带宽、电路阻抗、环境条件及其他因素，并把设计要求的性能转换成运放的参数，根据性能参数合理选用芯片。集成运放的诸多参数中，最重要的是增益带宽积、转换速率和最大共模输入电压三个参数。

选用时除满足主要技术性能参数外，还应考虑性能价格比。选用时若无特殊要求，应优先选用通用型和多运放型的芯片。

除通用运放外，有多种特殊运放可供选择，其特点与应用见表 1-5-8。

表 1-5-8　特殊集成运放的特点及应用

名　称	特点与应用
高输入阻抗型集成运放	差模输入阻抗非常高，输入偏置电流非常小。主要用于测量放大器、模拟调节器、有源滤波器及采样保持电路等
低温漂型集成运放	失调电压小且不随温度的变化而变化。主要用于精密测量、精密模拟计算、自控仪表、人体信息监测等方面
高速型集成运放	具有较高的单位增益带宽和较高的转换速率。主要用于快速A/D和D/A转换、有源滤波器、锁相环、高速采样和保持电路以及视频放大器中
低功耗型集成运放	一般用于遥感、遥测、生物医学和空间技术等要求能源消耗有限制的场所
高压大功率型集成运放	外部不需附加任何电路，即可输出高电压和大电流。一般用于获取较高的输出电压和功率的场合

2. 集成稳压电源

集成稳压电源又称集成稳压器，具有体积小，可靠性高，使用灵活，价格低廉等优点。最简单的集成稳压电源只有输入、输出和公共引出端，故称之为三端集成稳压器。

三端集成稳压电源又可以分为固定输出和可调输出两种类型。

三端固定式集成稳压电源的优点是使用方便，不需作任何调整，外围电路简单，工作安全可靠，适合制作通用型、标称输出的稳压电源。其缺点是输出电压不能调整，不能直接输出非标称值电压，电压稳定度还不够高。三端固定式线性稳压器分为 78 和 79 两个系列，其中 78 系列输出电压为正极性，79 系列输出电压为负极性。一般有 5 V、6 V、9 V、12 V、15 V、18 V、24 V 等七个电压挡位。输出电流分为 1.5 A(78××/79××)，0.1 A (78L××/79L××)，0.5A(78M××/9M××)三个挡位。例如，LM78L05：输出电压为 +5 V，最大输出电流为 0.1 A；CW7915：输出电压为 −15 V，最大输出电流为 1.5 A。

图 1-5-2 所示为常见三端稳压电源的封装和引脚排列。

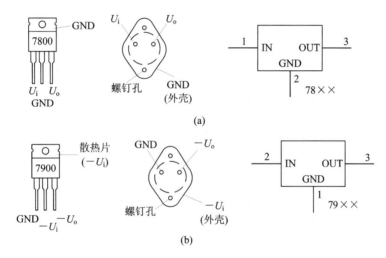

图 1-5-2　三端固定式集成稳压电源的封装和引脚排列

(a) 78 系列稳压电源的封装和引脚排列；(b) 79 系列稳压电源的封装和引脚排列

三端可调式集成稳压电源既保留了三端固定式稳压器结构简单之优点，又克服了电压不可调整的缺点，并且在电压稳定度上比三端固定式稳压器提高了一个数量级，适合制作实验室电源及多种供电方式的直流稳压电源。它也可以设计成固定式来代替三端固定式稳压器，进一步改善稳压性能。如图 1-5-3 所示，三端可调式集成稳压器的三个接线端分别为输入端、输出端和调整端，是靠外接电阻来调节输出电压的。表 1-5-9 列出了常用三端可调式集成稳压电源的型号和参数。

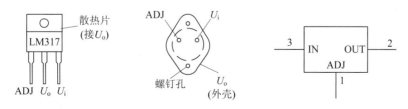

图 1-5-3　三端可调式集成稳压电源封装和引脚排列

表 1-5-9 常用三端可调式集成稳压电源的型号和参数

特点	国产型号	最大输出电流 I_{om}/A	输出电压 U_o/V	国外对应系列或型号
正压输出	CW117L/217L/317L	0.1	1.25~37	LM117L/217L/317L
	CW117M/217M/317M	0.5	1.25~37	LM117M/217M/317M
	CW117/217/317	1.5	1.25~37	μA117/LM117/TA117/μPC117
	CW117HV/217HV/317HV	1.5	1.25~57	LM117HV/217HV/317HV
	W150/250/350	3	1.2~33	LM150/250/350
	W138/238/338	5	1.2~32	LM138/238/338
	W196/296/396	10	1.25~15	LM196/296/396
负压输出	CW137L/237L/337L	0.1	−37~−1.2	LM137L/237L/337L
	CW137M/237M/337M	0.5	−37~−1.2	LM137M/237M/337M
	CW137/237/337	1.5	−37~−1.2	LM137/μPC137/TA137 SG137/FS137

3. 集成开关稳压电源

开关稳压电源是相对线性电源说的，采用功率半导体器件作为开关，通过控制开关的占空比调整输出电压。当开关管饱和导通时，集电极和发射极两端的压降接近零，在开关管截止时，其集电极电流为零，所以其功耗小，效率可高达 70%～95%。而功耗小，散热器也随之减小，同时开关型稳压电源直接对电网电压进行整流滤波调整，然后由开关调整管进行稳压，不需要电源变压器；此外，开关工作频率在几十千赫，滤波电容器、电感器数值较小。因此开关电源具有重量轻、体积小等特点。另外，由于功耗小，机内温升低，从而提高了整机的稳定性和可靠性。

开关稳压电源的分类方式很多。按调整管与负载的连接方式可分为串联型和并联型；按稳压的控制方式可分为脉冲宽度调制型(PWM)、脉冲频率调制型(PFM)和混合调制(即脉宽-频率调制)型；按调整管是否参与振荡可分为自激式和他激式；按使用开关管的类型可分为晶体管、VMOS 管和晶闸管型。

开关稳压电源的发展方向是高频、高可靠、低损耗、低噪声、抗干扰和模块化。集成化趋势主要是控制电路集成化和单片集成化。单片开关电源具有单片集成化、最简外围电路、最佳性能指标、无工频变压器、能完全实现电气隔离等显著特点。表 1-5-10 列出了各个系列单片开关电源的产品型号及特点。

表 1-5-10　单片开关电源的产品型号及特点

系列名称	产品型号	特　　点	生产厂商
TOPSwitch	TOP100Y～TOP104Y TOP200Y～TOP204Y TOP214Y TOP209P、TOP210P TOP209G、TOP210G	属于三端单片开关电源的第一代产品，它首次将 PWM 控制系统的全部功能集成在芯片中，3 个引出端分别为控制端 C、源极 S、漏极 D。能构成 60 W 以下无工频变压器的隔离式开关电源。除 TOP100Y～TOP104Y 内部功率开关管 (MOSFET) 耐压 350 V，其余耐压均为 700 V	PI 公司 1994—1997 年
TOPSwitch- I	TOP221P～TOP224P TOP221G～TOP224G TOP221Y～TOP224Y	属于三端单片开关电源的第二代产品，内部功率开关管 (MOSFET) 耐压均提高到 700 V。适宜构成 150 W 以下普通型和精密型开关电源及电源模块	PI 公司 1997 年
TinySwitch	TNY253P～TNY255P TNY253G～TNY255G	属于四端小功率、低成本单片开关电源，比 TOPSwitch 增加了使能端 EN，利用此端可从外部关断 MOSFET，并以跳过时钟周期的方式来调节负载两端电压，达到稳压目的。它用开/关控制器开代替 PWM 调制器，并可等效为脉冲频率调制器 (PFM)。其外围电路简单，适宜构成 10 W 以下的电池充电器、电源适配器和待机电源	PI 公司 1998 年
TNY256	TNY256P/G/Y	是 TinySwitch 系列四端单片开关电源的改进产品，新增加了自动重启动计数器和输入欠压检测电路，使保护功能更加完善。利用开关频率抖动特性，可降低电磁干扰，能构成 19 W 以下的低成本开关电源，是传统小功率线性稳压电源理想的替代品	PI 公司 1999 年

系列名称	产品型号	特　点	生产厂商
MC33370	MC33369P～MC33373AP MC33369T～MC33374T MC33369TV～MC33374TV	属于五端单片开关电源，5 个引出端分别为工作电源电压输入端 VCC，反馈端 FB，地 GND，漏极 D，状态控制端 SCI。与 TOPSwitch 相比，增加了欠压锁定电路、外部关断电路和可编程状态控制器，能以多种方式控制开关电源的状态，在构成测试系统的电源时，能配微控制器(MCU)对电源进行关断操作。可构成 150 W 以下的高效、隔离式开关电源	Motorola 公司 1999 年
TOPSwitch-FX	TOP232P～TOP234P TOP232G～TOP234G TOP232Y～TOP234Y	属于五端单片开关电源新产品，具有多功能，使用灵活、效率高等优点。与 TOPSwitch-Ⅰ相比，主要增加下述功能：从外部可设定极限电流值，线路欠压检测，过压保护，频率抖动，半频选择，遥控开/关。其性能优于 MC33370 系列。适配晶体管和光耦合器，对开关电源进行遥控。在构成彩色喷墨打印机、激光打印机、机顶盒的电源时，能用微控制器来控制开关电源的通、断，若将多功能端 M、开关频率选择端 F 与源极 S 短路，就变成三端单片开关电源，但仍比 TOPSwitch 性能更优	PI 公司 2000 年
L4960	L4960、L4962、L4964	属于多端低压直流电压变换器，内含 PWM 调制器、功率开关管及软启动、过流保护、过热保护电路。L4970A 系列还增加了欠压保护电路，输出电压通常为 5.1～40 V，且连续可调，输出电流为 1.5～10 A，开关频率为 100 kHz 或 200 kHz。能构成 400 W 以下大、中功率的开关电源，电源效率最高可达 90%以上，配交流电时需首先经工频变压器进行隔离和降压，再整流、滤波，作为其输入电压	SGS Thomson 公司 20 世纪 80 年代中期至 90 年代
L4970	L4970、L4972、L4974， L4975、L4970		
L4970A	L4970A、L4972A L4972AD、L4974A L4975A、L497AA		

4．555 时基集成电路

555 时基集成电路是一种数字、模拟混合型的中规模集成电路，由于内部电压标准使用了三个 5 kΩ 电阻，故取名 555 电路。555 时基集成电路广泛应用于电子控制、电子检测、仪器仪表、家用电器、音响报警、电子玩具等诸多方面；还可用作振荡器、脉冲发生器、延时发生器、定时器、方波发生器、单稳态触发振荡器、双稳态多谐振荡器、自由多谐振荡器、锯齿波发生器、脉宽调制器、脉位调制器等。

555 时基集成电路有双极型和 CMOS 型两大类，二者的结构与工作原理类似。几乎所有的双极型产品型号最后的三位数码都是 555 或 556；所有的 CMOS 产品型号最后四位数码都是 7555 或 7556，二者的逻辑功能和引脚排列完全相同，易于互换。555 和 7555 是单定时器，556 和 7556 是双定时器。双极型的电源电压为 +5～+15 V，输出的最大电流可达 200 mA；CMOS 型的电源电压为 +3～+18 V，输出的最大电流在 4 mA 以下。

凡是时基电 555，电路内部结构相同，性能都是相同的。时基电路 555 有很多厂家型号，如 MC555、CA555、XR555、LM555 等；国产型号有 SL555、FX555、5G1555 等，典型的也是最常用的是 NE555。

555 单定时器的封装有 8 脚圆形和 8 脚双列直插型两种，双定时器的封装只有 14 脚双列直插型一种。图 1-5-4 所示为 NE555 外引线排列图，Signetics 公司生产的标准塑封 NE555，电气指标如表 1-5-11 所示。其他芯片制造商生产的 555 时基集成电路根据应用场合和各家的生产工艺，可能会有一些差异。

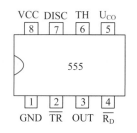

图 1-5-4　NE555 定时器外引线排列图

表 1-5-11　NE555 的电气指标

电源电压	4.5～15 V
静态电流(电源为+5 V)	3～6 mA
静态电流(电源为+15 V)	10～15 mA
最大输出电流	200 mA
最大耗散功率	600 mW
最小功率	30 mW/5 V，225 mW/15 V
工作温度	0～70℃

5．A/D 转换器

A/D 转换器用于将模拟电量转换为相应的数字量，它是模拟系统到数字系统的接口电路。A/D 转换器在进行转换期间，要求输入的模拟电压保持不变，因此在对连续变化的模拟信号进行模数转换前，需要对模拟信号进行离散处理，即在一系列选定时间上对输入的连续模拟信号进行采样，在样值的保持期间内完成对样值的量化和编码，最后输出数字信号。

A/D 转换器的品种繁多、性能各异，在进行电路设计时，A/D 转换器件的选择需要考虑器件本身的品质和应用的场合要求。在不同的应用场合，应选用不同类型的 A/D 转换器。高速场合下，可选用并联比较型 A/D 转换器，但受位数限制，精度不高，且价格贵；在低速场合，可选用双积分型 A/D 转换器，它精度高，抗干扰能力强；逐次逼近型 A/D 转换器兼顾了上述两种 A/D 转换器的优点，速度较快、精度较高、价格适中，因此应用比较普遍。表 1-5-12 列出了 A/D 转换器的一般选用原则。

表 1-5-12　A/D 转换器的选用

序号	选用要求	说　明
1	分辨率	指输出数字量变化一个相邻数码所需输入模拟电压的变化量
2	转换精确度	在转换过程中，任何数码所对应的实际模拟电压与理想模拟电压值之最大偏差与满刻度模拟电压之比的百分数，或以二进制分数来表示相应的数字量转换器位数应该比总精度要求的最低分辨率高一位，常见的 A/D 转换器有 8 位、10 位、12 位、14 位、16 位等
3	转换速率	指在单位时间内完成转换的次数。应根据输入信号的最高频率来确定 ADC 转换速率，保证转换器的转换速率高于系统要求的采样频率
4	线性度	指 A/D 转换器实际的模拟电压和数字的转换关系与理想直线之间的差，或用非线性误差来表示
5	偏移误差	指输入电压为零时，输出数字量不为零之值

目前生产 A/D 的主要厂家有 ADI、TI、BB、Philip、Motorola 等。表 1-5-13 列出了目前常用 A/D 转换器的型号。

表 1-5-13　常用 A/D 转换器型号

种类	型号	特点
双积分式 A/D 转换器	MC14433、CC14433、5G14433($3\frac{1}{2}$ 位) ICL7135、CH7135、TSC7135、5G7135、CH295 ($4\frac{1}{2}$ 位)CC7555($5\frac{1}{2}$ 位)	BCD 码输出，能方便地与单片机接口组成智能化仪表
	ICL7109(12 位)和 ICL7104(16 位)	二进制码输出
	ICL7106/7107/7136($3\frac{1}{2}$ 位)ICL7129($4\frac{1}{2}$ 位)	带 BCD 七段译码、驱动功能的芯片，其输出可直接驱动 LED 或 LCD 显示，简化了硬件电路
逐位逼近 A/D 转换器	ADC0801~ADC0809，ADC0816、ADC0817、ADC7574、ADC750 等	8 位二进制数据输出
	AD7570、AD574、AD572、ADC1210/1211、AD578、AD679/1679 等	10 位以上二进制数据输出
U/F 转换器	ADVF32、AD537、AD458、AD651、AD654、LM131/231/331、VFC32/42/52/62、VFC100、VFC320	具有精度高，线性度好，应用电路简单，对外围器件性能要求不严格，价格便宜，便于与微机接口等优点

6. D/A 转换器

D/A 转换器用于将数字量转换为模拟电量，它是沟通模拟电路和数字电路的桥梁，也可称之为两者之间的接口。D/A 转换器的基本原理是把数字量的每一位按照权重转换成相应的模拟分量，然后根据叠加定理将每一位对应的模拟分量相加，输出相应的电流或电压。

D/A 转换器根据内部结构不同，分为权电阻网络型和"T"型电阻网络型；根据输出结构的不同，分为电压输出型(如 TLC5620)和电流输出型(如 DAC0832)；根据与单片机接口方式不同，分为并行接口 DAC(如 DAC0832、DAC0808)和串行接口 DAC(TLC5615 等)。

在进行电路设计时，D/A 转换器件的选择应满足速度、精度、分辨率及经济性能要求。表 1-5-14 列出了 D/A 转换器的一般选用原则。

表 1-5-14 D/A 转换器的选用

序号	选用要求	说 明
1	分辨率	指最小输出电压(对应的输入数字量只有最低有效位为"1")与最大输出电压(对应的输入数字量所有有效位全为"1")之比。如 N 位 D/A 转换器，其分辨率为 $\frac{1}{2^{N-1}}$。在实际使用中，表示分辨率大小的方法也用输入数字量的位数来表示。位数越多，分辨率越高
2	转换精确度	D/A 转换器的转换精度与 D/A 转换器的集成芯片的结构和接口电路配置有关。如果不考虑其他 D/A 转换误差时，D/A 的转换精度就是分辨率的大小，因此要获得高精度的 D/A 转换结果，首先要保证选择有足够分辨率的 D/A 转换器
3	转换速度	当 D/A 转换器输入的数字量发生变化时，输出的模拟量并不能立即达到所对应量值，它需要一定的时间，通常用建立时间和转换速率来描述

7. 常用集成器件管脚排列图

1) 集成运算放大器

常用集成运算放大器的引脚图如图 1-5-5～图 1-5-8 所示。

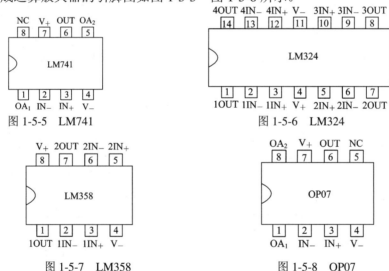

图 1-5-5 LM741　　　　　图 1-5-6 LM324

图 1-5-7 LM358　　　　　图 1-5-8 OP07

2) 集成比较器

常用集成比较器的引脚图如图 1-5-9 和图 1-5-10 所示。

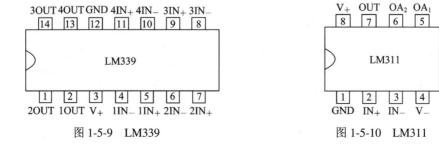

图 1-5-9 LM339　　　　　图 1-5-10 LM311

3) 集成功率放大器

常用集成功率放大器的引脚图如图 1-5-11 和图 1-5-12 所示。

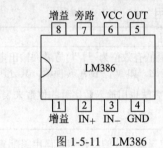

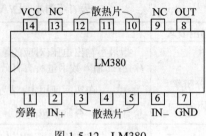

图 1-5-11　LM386　　　　　　　　　　图 1-5-12　LM380

4) 555 时基电路

常用 555 时基电路的引脚图如图 1-5-13 和图 1-5-14 所示。

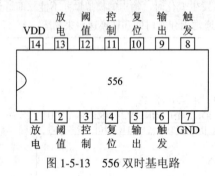

图 1-5-13　556 双时基电路　　　　　　图 1-5-14　555 时基电路

5) 74 系列 TTL 集成电路

74 系列 TTL 集成电路的引脚图如图 1-5-15～图 1-5-36 所示。

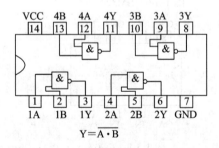

$$Y = \overline{A \cdot B}$$

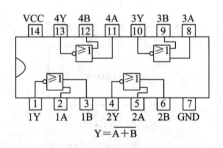

$$Y = \overline{A + B}$$

图 1-5-15　74LS00 四 2 输入与非门　　　图 1-5-16　74LS02 四 2 输入或非门

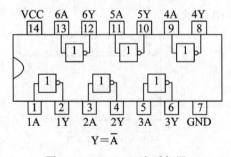

$$Y = \overline{A}$$

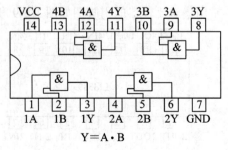

$$Y = A \cdot B$$

图 1-5-17　74LS04 六反相器　　　　　图 1-5-18　74LS08 四 2 输入与门

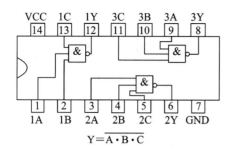

$$Y = \overline{A \cdot B \cdot C}$$

图 1-5-19 74LS10 三 3 输入与非门

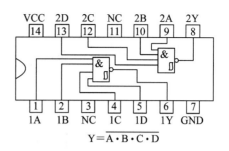

$$Y = \overline{A \cdot B \cdot C \cdot D}$$

图 1-5-20 74LS13 双 4 输入与非门

(有施密特触发器)

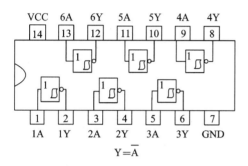

$$Y = \overline{A}$$

图 1-5-21 74LS14 六反相器施密特触发器

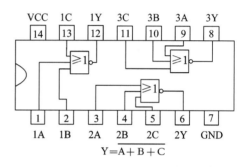

$$Y = \overline{A + B + C}$$

图 1-5-22 74LS27 三输入或门

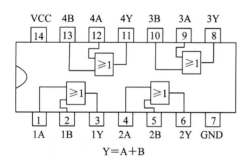

$$Y = A + B$$

图 1-5-23 74LS32 四 2 输入或门

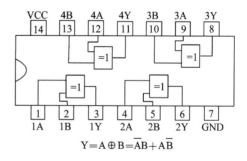

$$Y = A \oplus B = \overline{A}B + A\overline{B}$$

图 1-5-24 74LS86 四异或门

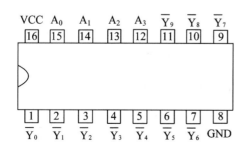

图 1-5-25 74LS42、74LS54 线–10 线译码器

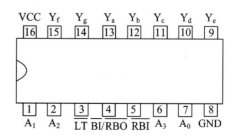

图 1-5-26 74LS48 BCD 七段译码器/驱动器

4线－10线 译码器

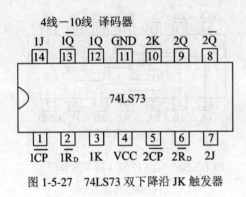

图 1-5-27　74LS73 双下降沿 JK 触发器

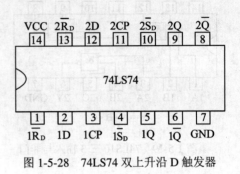

图 1-5-28　74LS74 双上升沿 D 触发器

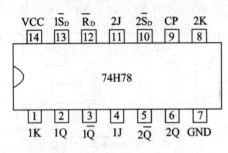

图 1-5-29　74H78 双主从 JK 触发器

（公共时钟、公共清除）

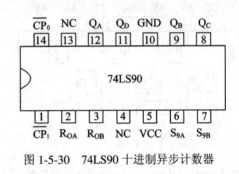

图 1-5-30　74LS90 十进制异步计数器

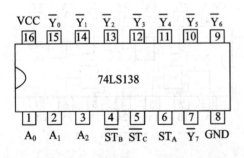

图 1-5-31　74LS138 3 线–8 线译码器

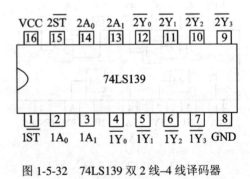

图 1-5-32　74LS139 双 2 线–4 线译码器

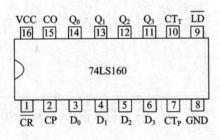

图 1-5-33　74LS160 十进制同步计数器

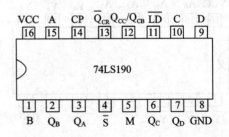

图 1-5-34　74LS190 十进制同步加/减计数器

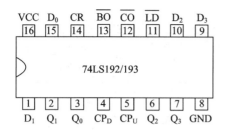

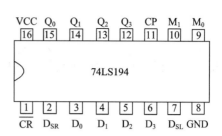

图 1-5-35　74LS192 十进制同步加/减计数器(双时钟)　　　　图 1-5-36　74LS194 4 位双向移位

74LS193 4 位二进制同步加/减计数器(双时钟)　　　　　　　　寄存器(并行存取)

6) CMOS 集成电路

CMOS 集成电路的引脚图如图 1-5-37～图 1-5-58 所示。

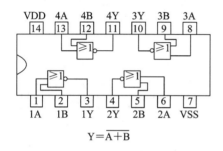

$$Y=\overline{A+B}$$

图 1-5-37　4001 四 2 输入或非门

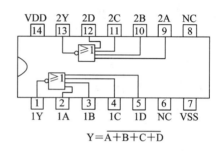

$$Y=\overline{A+B+C+D}$$

图 1-5-38　4002 双 4 输入或非门

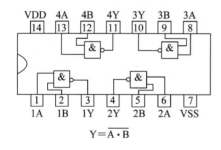

$$Y=\overline{A \cdot B}$$

图 1-5-39　4011 四 2 输入与非门

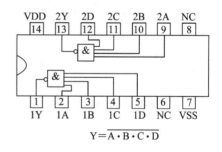

$$Y=\overline{A \cdot B \cdot C \cdot D}$$

图 1-5-40　4012 双 4 输入与非门

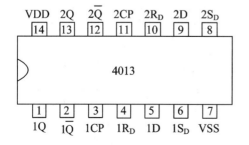

图 1-5-41　4013 双主从型 D 触发器

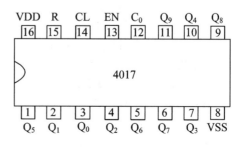

图 1-5-42　4017 十进制计数/脉冲分配器

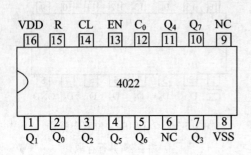

图 1-5-43　4022 八进制计数/脉冲分配器

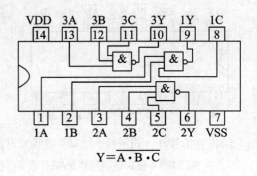

$$Y = \overline{A \cdot B \cdot C}$$

图 1-5-44　4023 三 3 输入与非门

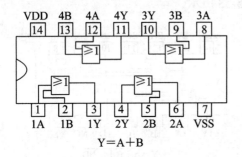

$$Y = A + B$$

图 1-5-45　4071 四输入或门

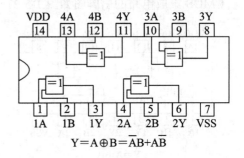

$$Y = A \oplus B = \overline{A}B + A\overline{B}$$

图 1-5-46　4070 四异或门

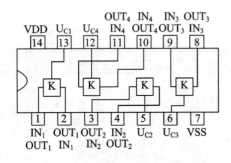

图 1-5-47　4066 四双向模拟开关

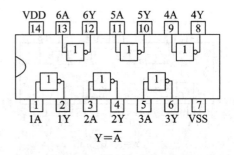

$$Y = \overline{A}$$

图 1-5-48　4069 六反相器

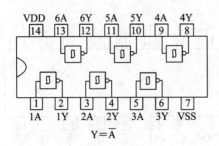

$$Y = \overline{A}$$

图 1-5-49　40106 六施密特触发器

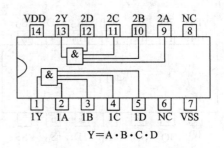

$$Y = A \cdot B \cdot C \cdot D$$

图 1-5-50　4082 双 4 输入正与门

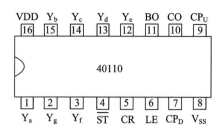

图 1-5-51　40110 计数/锁存/七段译码/驱动器

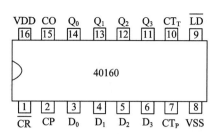

图 1-5-52　40160 十进制同步计数器

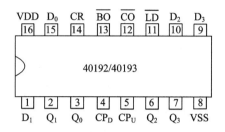

图 1-5-53　40192 十进制同步加/减计数器(双时钟)

40193 四位二进制加/减计数器(双时钟)

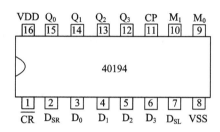

图 1-5-54　40194 双向移位

寄存器(并行存取)

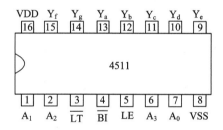

图 1-5-55　4511 二进制七段译码器

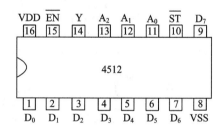

图 1-5-56　4512 8 选 1 数据选择器

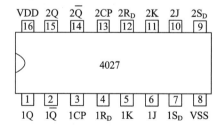

图 1-5-57　4027 双 JK 触发器

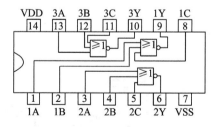

图 1-5-58　4025 三 3 输入正或非门

1.6　机电元件的选用、识别、检测

机电元件是利用机械力或电信号实现电路接通、断开或转接的元件。

1.6.1　开关

1．开关的分类及特点

开关是用来接通和断开电路的元件，应用在各种电子设备、家用电器中。开关的种类较多，通常按开关的用途、结构及操作方式进行分类。按用途分类有：波段开关、录放开关、电源开关、预选开关、限位开关、控制开关、转换开关、隔离开关等；按操作方式分类有：按键开关、推拉开关、旋转开关、拨盘开关、直拨开关、杠杆开关等；按结构分类有：滑动开关、钮子开关、微动开关、按钮开关、薄膜开关等。表 1-6-1 列出了常用开关的实物图、特点及应用。

表 1-6-1　常用开关的实物图、特点及应用

名称	实 物 图	特点与应用
钮子开关		钮子开关具有安装容易、操作方便、接触可靠等特点，适合在家用电器、仪器仪表及各种电子设备中作通断电源和换接电路之用。触点有单刀、双刀及三刀等几种，接通状态有单掷和双掷两种。额定电压一般为 250 V，额定电流为 0.5～5 A 范围中
拨动开关	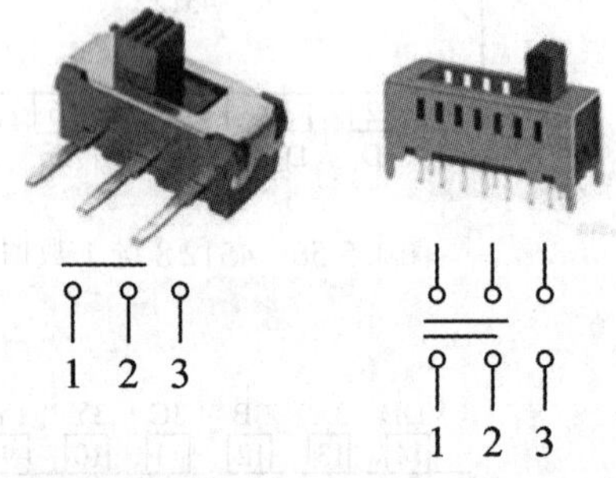	拨动开关是一种结构较为简单的开关。它是利用拨动操作杆来改变接点工作状态(接通、断开)的开关。它的特点是性能稳定、使用方便、成本低。可用于电源的切断与接通，也可用于收录机转换挡位。从引出脚的排列方式可分单排式和双排式两种
跷板开关		跷板开关是通过按压开关上的跷板来完成工作状态转换的，因此也称按动开关。它可分为大型、中型、微型，按刀的多少可分为单刀双掷和双刀双掷两大类。该开关常作为电源开关，装置于家用电器及仪器仪表等电子产品中

名称	实 物 图	特 点 与 应 用
拨码开关		拨码开关分顶拨式、侧拨弯脚式、琴键式。广泛使用于数据处理、通信、遥控和防盗自动警铃系统等需要手动程式编制的产品上
微动开关	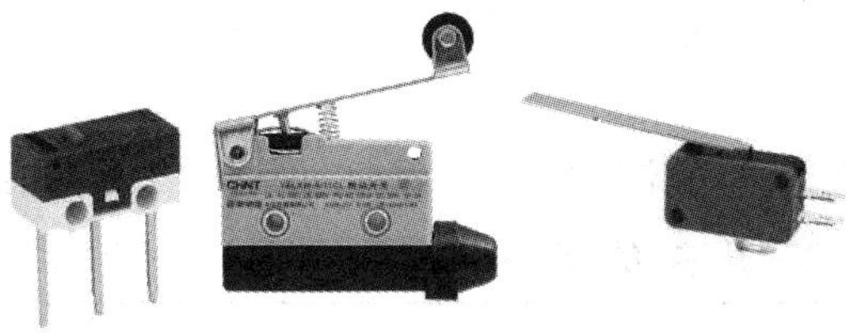	微动开关是一种施压促动的快速开关，又叫灵敏开关。微动开关的触点间距小、动作行程短、按动力小、通断迅速，广泛应用在鼠标，家用电器，工业机械，摩托车等电子产品中
旋转开关	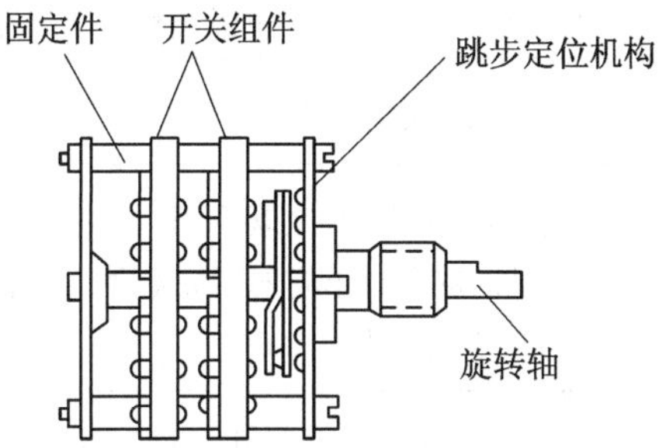 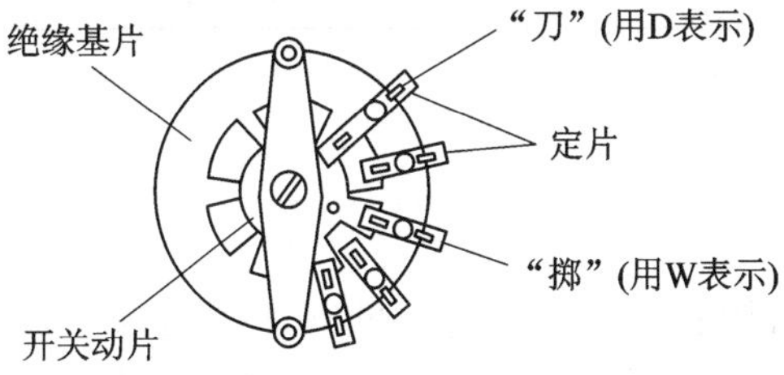	旋转开关又称为波段开关或旋转式波段开关，主要用在收音机、收录机、电视机及各种仪器仪表中。旋转开关上有多少个"刀"(极数)，开关就可以同时接通电路中多少个点；有多少个"掷"(位数)，开关就可以切换电路几次，因此开关上的动片数目和位数，确定了旋转开关的规格及用途

　　在电路中，开关一般用字母"S"表示，按钮开关用字母"SB"表示。常见开关的电路符号如图 1-6-1 所示。

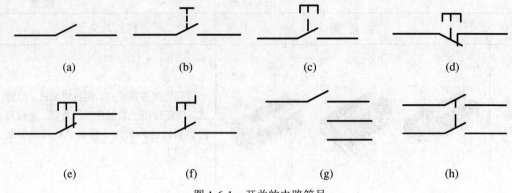

图 1-6-1 开关的电路符号

(a) 开关一般符号；(b) 手动开关；(c) 按钮开关(常开)；(d) 按钮开关(常闭)
(e) 按钮开关(转换)；(f) 旋转开关；(g) 单刀三掷开关；(h) 双刀单掷开关

2. 开关的选用

在选用开关时应从表 1-6-2 所列的几个方面综合考虑。

表 1-6-2 开 关 的 选 用

序号	选用要求	说　明
1	选择额定电流	应根据负载的性质选择开关的额定电流值。使用开关时启动电流是很大的，例如灯负载的冲击电流是稳态电流的 10 倍；而电机负载的冲击电流是稳态电流的 6 倍。如果选择的开关在要求的时间内承受不了启动电流的冲击，开关的触点就会出现电弧，使开关触点烧焊在一起或因电弧飞溅而造成开关的损坏
2	选择额定电压	开关应用电路最高电压应小于开关额定电压
3	依据工作场合选择开关	对于机械寿命和电气寿命的选择应根据使用的场合而定。在开关频繁开启、关断且负载不大的场合，选择开关时应着重于它的机械寿命；在开关承受较大功率的场合，则选择开关时应着重于它的电气寿命
4	其他	刀位数、操作方法、尺寸结构和工作场合是选择开关的基本因素，除此之外，还要从整机面板的美观、操作方便及价格等方面综合考虑

1.6.2 继电器

1. 继电器的分类及特点

继电器是一种电子控制器件，它具有控制系统(又称输入回路)和被控制系统(又称输出回路)，从广义的角度说，继电器是一种由电、磁、声、光等输入物理参量控制的开关。在电路中起着自动调节、安全保护、转换电路等作用，广泛应用于遥控、遥测、通讯、自动控制、机电一体化及电力电子设备中，是最重要的控制元件之一。继电器的分类方法较多，按作用原理分为：电磁继电器、固态继电器、时间继电器、温度继电器、光继电器、声继电器、热继电器等；按外形尺寸分为：微型继电器、超小型继电器、最小型继电器；按触点负载分为：微功率继电器、弱功率继电器、中功率继电器、大功率继电器、节能功率继电器；按用途分为：通讯继电器(包括高频继电器)、机床继电器、家电用继电器、汽车继电器。电路中，继电器用字母"K"加数字表示。表 1-6-3 列出了最常用的电磁继电器和固态继电器电路符号、实物图、工作原理和在电路中的应用。

表 1-6-3 电磁继电器和固态继电器的特点和应用

内容 ＼ 分类	电磁继电器	固态继电器
工作原理和特性	电磁继电器是最常用的继电器之一，它是利用电磁吸力推动接点动作的，由铁芯、线圈、衔铁、触点等部分组成，如图 1-6-2 所示。当工作电流通过线圈时，铁芯被磁化，将衔铁吸合。衔铁向下运动时，推动动接点与静接点接通，实现了对被控电路的控制。当线圈断电后，电磁的吸力也随之消失，衔铁就会在弹簧的反作用力作用下返回原来的位置，使动触点与原来的静触点(常闭触点)吸合。 　　作为控制元件，电磁继电器主要有以下几种作用：扩大控制范围、对控制信号的放大、实现自动控制	固态继电器是由微电子电路、分立电子器件、电力电子功率器件组成的无触点开关。固态继电器在开、关过程中无机械接触部件，因此除具有与电磁继电器一样的功能外，还具有逻辑电路兼容，耐振、耐机械冲击，安装位置无限制，良好的防潮、防霉、防腐蚀性能，输入功率小，灵敏度高，控制功率小，电磁兼容性好，噪声低和工作频率高等特点。 　　目前已广泛应用于计算机外围接口设备、数控机械遥控系统、自动消防和保安系统、大功率可控硅触发和工业自动化装置等
电路符号	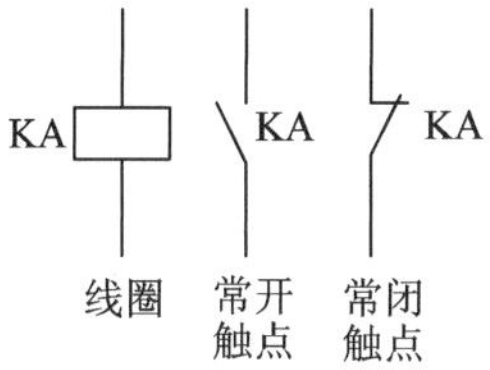	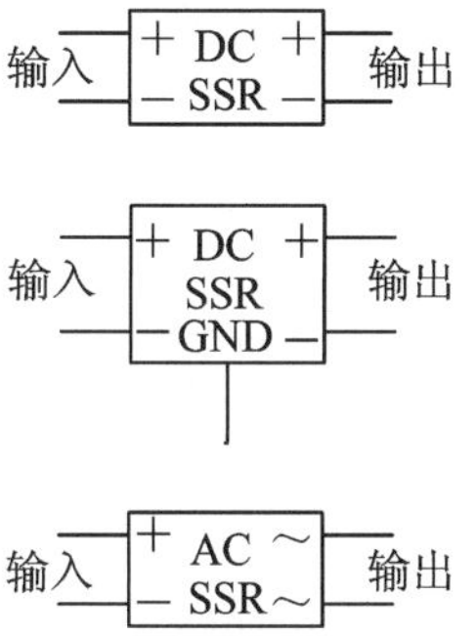
实物图		

续表

分类内容	电磁继电器	固态继电器
选用要求	① 选择线圈电源电压：选用电磁式继电器时，首先应选择继电器线圈电源电压是交流还是直流。继电器的额定工作电压一般应小于或等于其控制电路的工作电压。 ② 选择线圈的额定工作电流：用晶体管或集成电路驱动的直流电磁继电器，其线圈额定工作电流(一般为吸合电流的 2 倍)应在驱动电路的输出电流范围之内。 ③ 选择接点类型及接点负荷：同一种型号的继电器通常有多种接点的形式可供选用(电磁继电器有：单组接点、双组接点、多组接点及常开式接点、常闭式接点等)，应选用适合应用电路的接点类型。所选继电器的接点负荷应高于其接点所控制电路的最高电压和最大电流，否则会烧毁继电器接点。 ④ 选择合适的体积：继电器体积的大小通常与继电器接点负荷的大小有关，选用多大体积的继电器，还应根据应用电路的要求而定	① 选用固态继电器的类型：首先应根据受控电路电源类型来正确地选择固态继电器的电源类型，以保证应用电路及固态继电器的正常工作。若受控电路的电源为交流电压，则应选用交流固态继电器(AC-SSR)；若受控电路的电源为直流电压，则应选用直流固态继电器(DC-SSR)。 若选用了交流固态继电器，还应根据应用电路的结构选择有源式交流固态继电器或无源式交流固态继电器。 ② 选择固态继电器的带负载能力：应根据受控电路的电源电压和电流来选择固态继电器的输出电压和输出电流。一般交流固态继电器的输出电压为 20～380 V，电流为 1～10 A；直流固态继电器的输出电压为 4～55 V，电流为 0.5～10 A。若受控电路的电流较小，则可选用小功率固态继电器。反之，则应选用大功率固态继电器。选用的继电器应有一定的功率余量，其输出电压与输出电流应高于受控电路电源电压与电流的 1 倍。若受控电路为电感性负载，则继电器输出电压与输出电流应高于受控电路电源电压与电流的 2 倍以上
检测	① 判断触点引脚：电磁继电器的线圈和触点引脚一般都会在外观上标示引脚功能。如果没有，可以按照以下方法辨别：五脚继电器，是一边各两个脚，中间一个脚，一般来说，三只脚的那一边中间是输出触点的公共端子，另外两个引脚是线圈。两只脚的一端是输出的常开和常闭触点，和公共端子通的是常开，和公共端子不通的是常闭，可以用万用表电阻挡来判断。 ② 测触点电阻：用万用表的电阻挡测量常闭触点与动点的电阻，其阻值应为 0；而常开触点与动点的阻值就为无穷大，否则说明该继电器损坏。 ③ 测线圈电阻：可用万用表电阻挡测量继电器线圈的阻值，万用表的测量值应与线圈阻值基本相符，阻值过大或过小说明线圈存在断路或短路的故障	① 确定固态继电器的输入、输出端的方法：对无标识或标识不清的固态继电器的输入、输出端的确定方法是：将万用表置于电阻挡，将两表笔分别接到固态继电器的任意两脚上，看其正、反向电阻值的大小，当测出其中一对引脚的正向阻值为几十 Ω～几十 kΩ、反向阻值为无穷大时，此两引脚即为输入端。红表笔所接就为输入端的正极，黑表笔所接就为输入端的负极。经上述方法确定输入端后，输出端的确定方法是：对于交流固态继电器而言，剩下的两引脚便是输出端且没有正与负之分。对直流固态继电器仍需判别正与负，方法是：与输入端的正、负极平行相对的便是输出端的正、负极。 ② 判别固态继电器好坏的方法：将万用表置于电阻挡，测量继电器的输入端电阻，正向电阻值应为十几 kΩ 左右，反向电阻为无穷大，表明输入端是好的。然后用同样挡位测量继电器的输出端，其阻值均为无穷大，表明输出端是好的。如与上述阻值相差太远，表明继电器有故障
在电路中的应用	在电子电路中，常常将线圈的一端接电源，另一端接电子控制电路。当线圈得电时，其常开触点闭合，如图 1-6-3 所示。VD 为续流二极管，其作用是为电磁线圈通、断电时产生的自感电动势提供电流通路	固态继电器的外壳上通常标注输入端、输出端，并标注出输入端需要的输入电压/控制电流等参数。工作时，只要在两个输入端加上一定的控制信号，就可以控制两个输出端之间的"通"和"断"，实现"开关"的功能

电磁继电器的结构示意图如图 1-6-2 所示。

图 1-6-3 所示为电磁继电器在电路中的连接方法。

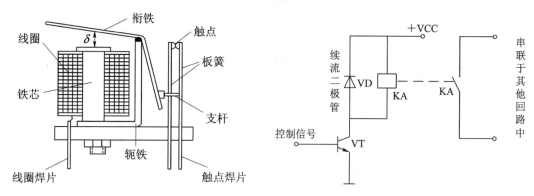

图 1-6-2　电磁继电器的结构示意图　　　　　图 1-6-3　电磁继电器在电路中的应用

2．继电器的主要电气参数

各种继电器的主要参数在继电器生产厂家的产品手册或产品说明书中有详尽的说明。在继电器的许多参数中，一般只要弄清其中的主要电气参数就可以了。表 1-6-4 列出几种常用电磁式继电器的参数。

表 1-6-4　几种常用电磁式继电器的参数

继电器型号	JRC–19F 型 超小型小功率继电器	JRC‑21 型 超小型小功率继电器	JRX–13F 型 小型小功率继电器	JZC–21F 超小型中功率 继电器
特点	(1) 双列直插式 (2) 有塑封型	(1) 体积小，价格低 (2) 有塑封型	(1) 灵敏度高 (2) 规格品种多	(1) 塑封型 (2) 高品质
线圈电压： DC/V	3，5，6，9，12，24，48	3，6，9，12，24	6，9，12，18，24，48	3，5，6，9，12，24，48
线圈消耗功率(直流)/W	0.05	0.36	0.4	0.36
触点形式	2Z	1Z	2Z	1H、1Z、1D
寿命	1A × 28V(DC) 1×10^5 次	1A × 24V(DC) 1×10^5 次	1A × 28V(DC) 1×10^6 次	3A × 28V(DC) 1×10^5 次
重量/g	<6	<3	<25	<16
外形尺寸/mm	21 × 10.5 × 12	15 × 10 × 10.2	26 × 20 × 28	22 × 16 × 24

1.6.3　接插件

接插件又称连接件，是将不同电路板或电子设备连接起来的元件。接插件有两大类：用于电子电器与外部设备连接的接插件和用于电子电器内部电路板之间线路连接的接插件。表 1-6-5 列出了几种常用接插件的实物图、电路符号、特点及应用。

表 1-6-5 常用接插件结构、特点及应用

名称	实物图和电路符号	特点与应用
圆形接插件		圆形插头、插座是在圆筒形壳体中，装有一对或多对接触片构成的。接触片为管脚插座式，并且都是锡焊接型，而且外壳都带有接地装置、电缆夹、保护机构
矩形接插件	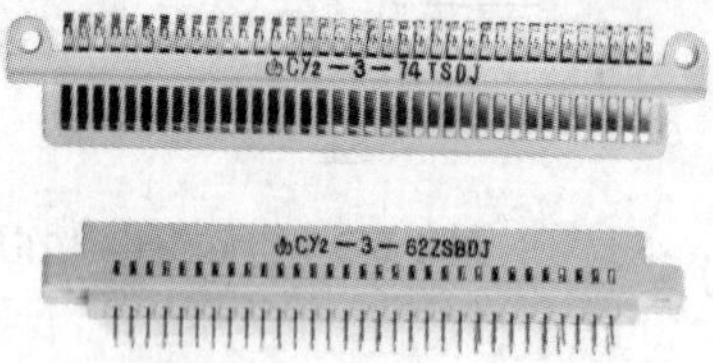 中CYz-3-74TSBJ 中CYz-3-62ZSBDJ	矩形接插件常用于低频低压电路、高低频混合电路中，更多的是用在无线电的仪器、仪表中。该插件的插头与插座中的接触对的数目不等，多的可达几十对，排列方式有双排、三排、四排等
D形接插件	 13 (引脚功能见表 1-6-6)	D形接插件的端面很像字母 D，具有非对称定位和连锁机构。常见的接点数有 9、15、25、37 等几种。如计算机的 RS-232 串行数据接口和 LPT 并行数据接口
RJ45接口	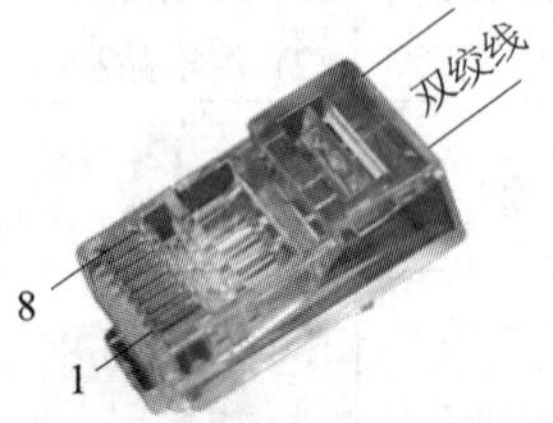 双绞线 8 1 (引脚功能见表 1-6-7)	RJ45 接口通常用于数据传输，共有八芯做成，最常见的应用为网卡接口
莲花插头插座	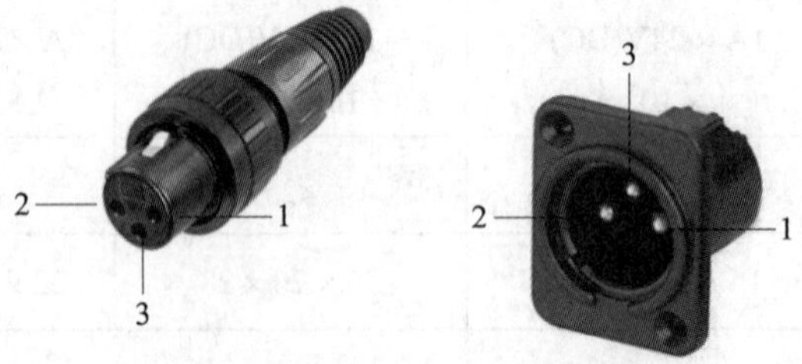 3 2 1 2 1 3 1：接地端；2：信号高端＋；3：信号低端－ 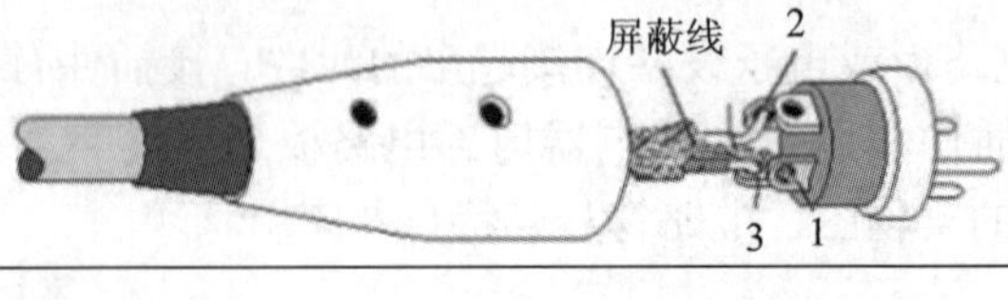 屏蔽线 2 3 1	莲花插头插座又称卡侬插头插座，输出/输入平衡信号，高阻抗。分"公"、"母"两种，其中"公头"用于输出信号，例如将信号输入给调音台；"母头"用与接收信号，例如接收话筒的信号等

名称	实物图和电路符号	特点与应用
音视频接插件	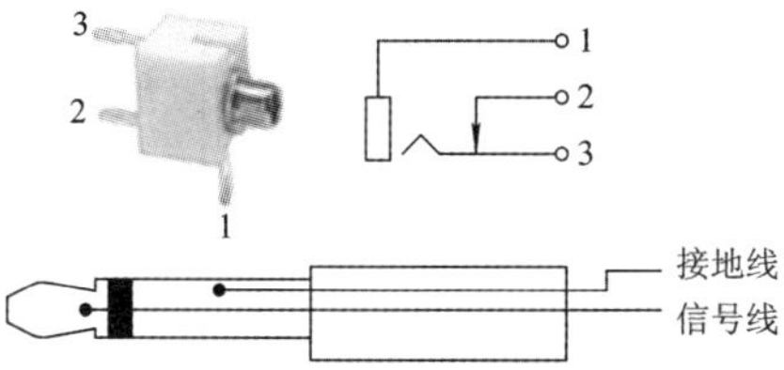 带开关的单声道插座、插头 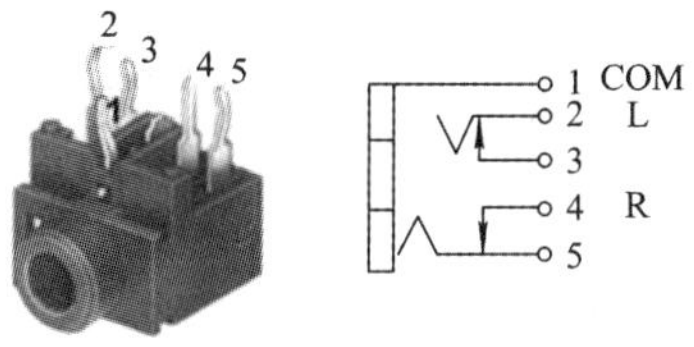 带开关的双声道插座 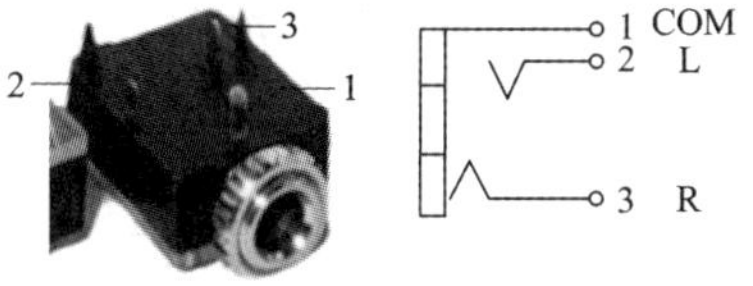 不带开关的双声道插座 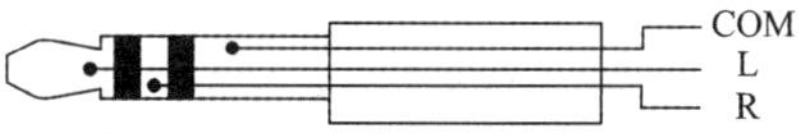 双声道插头	音视频接插件主要用于输入/输出音频信号,规格有 2.5 mm(微型收录机耳插座)、3.5 mm(计算机多媒体系统输入/输出音频信号插座)、6.35 mm(音响设备话筒插头)。2.5 mm 直径的插头插座只有单声道,3.5 mm 和 6.35 mm 直径的插头插座则有立体声与单声道两种类型。 　　带开关的双声道插座的 2/3、4/5 端是两个开关,当没有插头插入时,2/3、4/5 端是连通的,当插头插入时,2/3、4/5 端断开。 　　不带开关双声道插座的就没有 3、4 两个开关端
USB接口	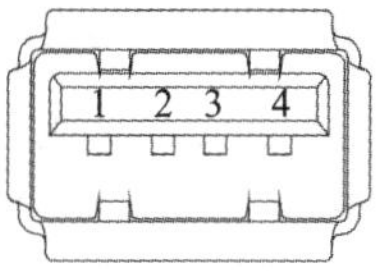 A型USB接口(母口) 　　A型USB接口(公口) 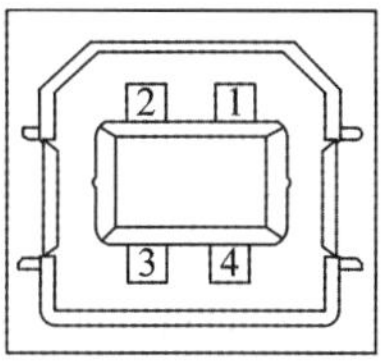 B型USB接口(母口) 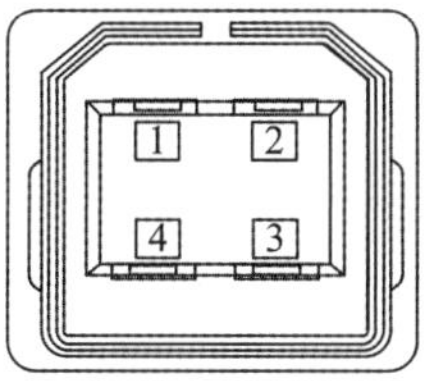　　B型USB接口(公口) (引脚功能见表 1-6-8)	USB(Universal Serial BUS)中文简称为"通用串行总线",是一个外部总线标准,用于规范电脑与外部设备的连接和通信。是应用在 PC 领域的接口技术。USB 接口支持设备的即插即用和热插拔功能
接线端子	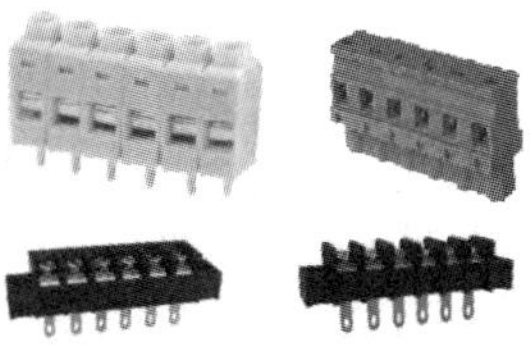	接线端子是用于实现电气连接的一种配件产品。除了 PCB 板端子外,目前用得最广泛的有五金端子、螺帽端子、弹簧端子等

表 1-6-6　D 形接插件的引脚功能

9 针(DB9)	25 针(DB25)	简　称	功　能
Pin1	Pin8	DCD	载波检测
Pin2	Pin3	RXD	接收数据
Pin3	Pin2	TXD	发出数据
Pin4	Pin20	DTR	数据终端准备好
Pin5	Pin7	SG	信号地线
Pin6	Pin6	DSR	数据准备好
Pin7	Pin4	RTS	请求发送
Pin8	Pin5	CTS	清除发送
Pin9	Pin22	RI	振铃指示

对于表 1-6-7，我们应记住两点：

(1) 八根线只有 1、2、3、6 四根使用，另四根为备用；

(2) 1、2 两根用于发送数据，3、6 两根用于接收数据。

表 1-6-7　10/100 Base TX RJ45 接口引脚功能

引　脚	简　称	功　能
1	Tx +	传输数据正极
2	Tx −	传输数据负极
3	Rx +	接收数据正极
4		unused
5		unused
6	Rx −	接收数据负极
7		unused
8		unused

表 1-6-8　USB 接口引脚功能

引　脚	接线颜色	功　能
1	红色	V_{CC}　(+5V)
2	白色	D−
3	绿色	D+
4	黑色	GND

1.7　其他元器件

1.7.1　电声器件

1. 扬声器的分类及特点

电声器件是指能将电信号和声音信号相互转换的器件，它是利用电磁感应、静电感应或压电效应等来完成电声转换的，包括扬声器、耳机、传声器、唱头等。

扬声器的种类很多，按其换能原理可分为：电动式(即动圈式)、静电式(即电容式)、电磁式(即舌簧式)、压电式(即晶体式)等几种；按频率范围可分为：低频扬声器、中频扬声器、高频扬声器，这些常在音箱中作为组合扬声器使用。常用电声器件的实物图、特点及应用如表 1-7-1 所示。

表 1-7-1　常用电声器件的实物图、特点及应用

名称	电路符号	实　物　图	特点与应用
电动式纸盆扬声器	BL	压边／盆架／磁体／场心柱／定心支片／音圈／防尘盖／纸盆／导磁板	电动式纸盆扬声器是一种应用非常广泛的扬声器，由三部分组成：① 振动系统，包括锥形纸盆、音圈和定心支片等；② 磁路系统，包括磁铁、导磁板和场心柱等；③ 辅助系统，包括盆架、接线板、压边和防尘盖等。其特点是：频响比较宽，高音频、低音频效果都比较好，是一种全频带的扬声器
电动号筒式扬声器			电动号筒式扬声器由振动系统(高音头)和号筒两部分构成。振动系统与纸盆扬声器相似，不同的是它的振膜不是纸盆，而是一球顶形膜片。它的频率高、音量大，常用于室外及广场扩声
球顶形扬声器			在音响系统中电动扬声器一般都用于中、低音单元，而高音单元部分多用球顶扬声器。它最大优点是中高频响应优异和指向性较宽；此外，它还具有瞬态特性好、失真小和音质较好等优点。主要分为软球顶和硬球顶两种
压电式蜂鸣器	"H" 或 "HA"		蜂鸣器采用直流电压供电，广泛应用于计算机、打印机、复印机、报警器、电子玩具、汽车电子设备、电话机、定时器等电子产品中作发声器件。主要分为压电式蜂鸣器和电磁式蜂鸣器两种类型。压电式蜂鸣器主要由多谐振荡器、压电蜂鸣片、共鸣箱及外壳等构成，构造比较简单，价格也最为便宜。但是该种扬声器的频率特性较差，音质不好
电磁式蜂鸣器			电磁式蜂鸣器由振荡器、电磁线圈、磁铁、振动膜片及外壳等组成。接通电源后，振荡器产生的音频信号电流通过电磁线圈，使电磁线圈产生磁场。振动膜片在电磁线圈和磁铁的相互作用下，周期性地振动发声

名称	电路符号	实 物 图	特点与应用
耳机	BE		耳机也是一种电声器件，它的结构和扬声器相似，也由磁铁、音圈和振动膜组成。耳机根据其换能方式分类，主要有动圈方式、静电式和等磁式。从结构上分为：开放式，半开放式和封闭式。从佩带形式上则有耳塞式，挂耳式和头带式
传声器			传声器又称话筒，它是将声音信号转换为电信号的电声器件。传声器的种类很多，按换能原理分为：电容式、压电式、驻极体电容式、电动动圈式、带式电动式以及碳粒式等，现在应用最广的是电动动圈式和驻极体电容式两大类

2. 扬声器的选用

使用扬声器时应从表 1-7-2 所列的几个方面综合考虑。

表 1-7-2　扬声器的选用

序号	选用要求	说　　　明
1	扬声器的额定功率	扬声器的功率不要超过它的额定功率，否则，将烧毁音圈，或将音圈振散。电磁式和压电陶瓷式扬声器工作电压不要超过 30 V
2	扬声器的阻抗	注意扬声器的阻抗应与输出线路相配合
3	要正确选择扬声器的型号	在广场使用时，应选用高音扬声器；在室内使用时，应选用纸盆式扬声器，并选好助音箱；也可将高、低音扬声器做成扬声器组，以扩展频率响应范围
4	扬声器的安装	在布置扬声器的时候，要做到声场均匀且有足够的声级，如用单只(点)扬声器不能满足需要，可多点设置，使每一位听众得到几乎相同的声音响度，提高声音的清晰度；有好的方位感，扬声器安装时应高于地面 3 m 以上，让听众能够"看"到扬声器，并尽量使水平方位的听觉(声源)、视觉(讲话者)一致，而且两只扬声器之间的距离也不能过大
5	两个以上扬声器放在一起使用时	两个以上扬声器放在一起使用时，必须注意相位问题。如果是反相，声音将显著削弱。测定扬声器相位的最简单方法利用高灵敏度表头或万用表的 50~250 μA 电流挡，把测试表与扬声器的接线头相连接，双手扶住纸盆，用力推动一下，这时就可从表针的摆动方向来测定它们的相位。如相位相同，表针向一个方向摆动，此时可把与正表笔相连的音圈引出头作为"＋"级
6	电动号筒式扬声器	选用电动号筒式扬声器时，必须把音头套在号筒上后才能使用，否则很易损坏发音头

3．扬声器的检测

正常情况下，扬声器的损坏分为两种：机械损坏与过热损坏。表 1-7-3 列出了不同类型的扬声器的检测方法。

表 1-7-3　扬声器的检测

种类	检 测 方 法
电动式扬声器	性能检测：将万用表置于电阻挡，用两表笔(不分正负极)点触其接线端，听到明显的"咯咯"响声，表明线圈未断路。再观察所测直流电阻的阻值，若测出来的阻值与所标阻值相近，说明扬声器良好；如果实际阻值比标称阻值小得多，说明扬声器线圈存在匝间短路的现象；若阻值为∞，说明线圈内部断路，或接线端有可能断线、脱焊或虚焊。 相位检测：当使用两只以上的扬声器时，要设法保证流过扬声器的音频电流方向的一致性，这样才能使扬声器的纸盆振动方向保持一致，不至于使空气振动的能量被抵消，降低放音效果。这就要求串联使用时，一只扬声器的正极接另一只扬声器的负极依次地连接起来；并联使用时，各只扬声器的正极与正极相连，负极与负极相连，也就是说达到了同相位的要求。为此我们要确定扬声器的正、负极性。其方法如下： ① 将万用表置于电阻挡，将两只表笔分别接扬声器的两个引脚，仔细观察纸盆的运动方向。当有一直流电流接入扬声器时，纸盆向前运动，若改变直流电流的方向，纸盆则向后吸入。如果令某一输入端为正极，那么另一端则为负极。 ② 用一节或两节电池 (串联)，将电池的正、负极分别接扬声器的两个引脚，在电源接通的瞬间注意及时观察扬声器的纸盆振动方向，若纸盆向靠近磁铁的方向运动，此时电池的负极接的是扬声器的正极引脚
耳机	单声道耳机有两个引出点，检测时将万用表置于 R×200 Ω 挡，用表笔分别触耳机两个引脚，如果耳机发出"咯咯"的声音，则表明耳机正常。如果耳机没声音，万用表显示"1"，说明耳机开路。耳机开路故障多为导线和耳机，或导线和插头断裂。双声道耳机有三个引出点，插头顶端是公共点，中间的两个接触点分别是左、右声道接触点。检测时采用万用表的 R×200 Ω 挡，一支表笔接耳机的公共点，另一支表笔分别接触左、右声道触点，左、右声道应分别发出"咯咯"的声音。双声道耳机也易发生插头或耳机导线断裂故障
动圈式传声器	动圈式传声器有低阻抗和高阻抗两种。检测低阻的动圈式传声器时，用万用表 R×200 Ω 挡，将红、黑色表笔去接触传声筒插头的两端，正常情况下，传声筒应发出"咯咯"的响声。如果万用表显示的电阻值为无穷大，也没有"咯咯"的响声，则表明传声器有开路性故障；如果万用表显示值为零，也没有"咯咯"的响声，则说明传声器有短路性故障

1.7.2　谐振器

1．谐振器的分类及特点

谐振器就是指产生谐振频率的电子元件，常用谐振器为石英晶体谐振器和陶瓷谐振器，其实物图、特点及应用如表 1-7-4 所示。谐振器具有稳定、抗干扰性能良好的特点，广泛应用于各种电子产品中。石英晶体谐振器的频率精度要高于陶瓷谐振器，但成本也比陶瓷谐振器高。

表 1-7-4　谐振器的实物图、特点及应用

名称	电路符号	实 物 图	特 点 及 应 用
石英晶体谐振器	X		石英晶体谐振器又称为石英晶体,俗称晶振。利用石英晶体的压电效应而制成的谐振元件与半导体器件和阻容元件一起使用,便可构成石英晶体振荡器。石英晶体谐振器具有极高的频率稳定性,主要用在要求频率十分稳定的振荡电路中作谐振元件,如电子钟表的时基振荡器及游戏机中的时钟脉冲振荡器等
陶瓷谐振器			陶瓷谐振器的基本结构、工作原理、特性、等效电路及应用范围与晶振相似,除了在要求较高(主要是频率精度和稳定度)的电路中必须使用晶振之外,陶瓷谐振器几乎都可以代替晶振

2. 谐振器的选用

对于一个高可靠性的系统设计,晶体的选择非常重要,尤其设计带有睡眠唤醒(往往用低电压以求低功耗)的系统。谐振器的选择必须考虑：谐振频点、负载电容、激励功率、温度特性和长期稳定性。

3. 谐振器的检测和代换

一个质量完好的谐振器,外观应该整洁、无裂痕,引脚牢固可靠,用数字万用表就可以检测谐振器的好坏。表 1-7-5 介绍了谐振器的检测和代换方法。

表 1-7-5　谐振器的检测和代换

检 测 方 法	代　换
用万用表电阻挡测量谐振器引脚之间的阻值应该为无穷大。若测得阻值很小或为零,则可以断定谐振器已经损坏	① 在更换谐振器时,通常要用相同型号的新品,后缀字母尽量也要一致,否则很可能无法正常工作。不过对于一些要求不高的电路,则可以用频率相近的晶振代换。 　② 陶瓷谐振器损坏后,应使用原型号陶瓷谐振器或与原型号陶瓷谐振器的谐振频率相同的陶瓷谐振器代换
用数字万用表的电容挡测量其电容。将万用表置于电容 2000 pF 挡,将待测晶振插入电容器的插孔内,若万用表显示"1",则说明此晶体内部已漏电或短路;若测得电容值不稳定,则说明石英晶体内部接触不良;若测得电容值比正常值(用此表测同型号正常石英晶体所得电容值)小得多,甚至为零,说明晶体内部已开路;若测得电容值与正常值一样,说明此石英晶体是好的	

1.7.3　传感器

1. 传感器的分类及特点

传感器是一种检测装置,不仅能感受到被测量的信息,而且还能将检测感受到的信息,按一定规律变换成为电信号或其他所需形式的信息输出,以满足信息的传输、处理、存储、显示、记录和控制等要求。它是实现自动检测和自动控制的首要环节。

传感器主要由三部分组成,如图 1-7-1 所示。

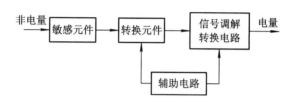

图 1-7-1　传感器的组成框图

敏感元件:直接感受被测物理量并对其进行转换的元件或单元。

转换元件:敏感元件的输出就是转换元件的输入,它把输入转换成电量参量。

转换电路:把转换元件输出的电量信号转换为便于处理、显示、记录或控制的有用电信号的电路。常用的电路有电桥、放大器、变阻器、振荡器等。

辅助电路:通常包括电源等。

传感器的原理各种各样,其种类十分繁多,分类方法也很多,但目前一般采用两种分类方法:一是按被测参数分类,如温度、压力、位移、速度等;二是按传感器的工作原理分类,如应变式、电容式、压电式、磁电式等。表 1-7-6 列出几种常用传感器的实物图、特点和应用。

表 1-7-6　常用传感器的实物图、特点及应用

名称	实　物　图	特　点　及　应　用
热电偶		热电偶具有构造简单,适用温度范围广,使用方便,承受热、机械冲击能力强以及响应速度快等特点,常用于高温区域、振动冲击大等恶劣环境以及适合于微小结构测温场合;但其信号输出灵敏度比较低,容易受到环境干扰信号和前置放大器温度漂移的影响,因此不适合测量微小的温度变化

续表一

名称	实　物　图	特点与应用
集成温度传感器	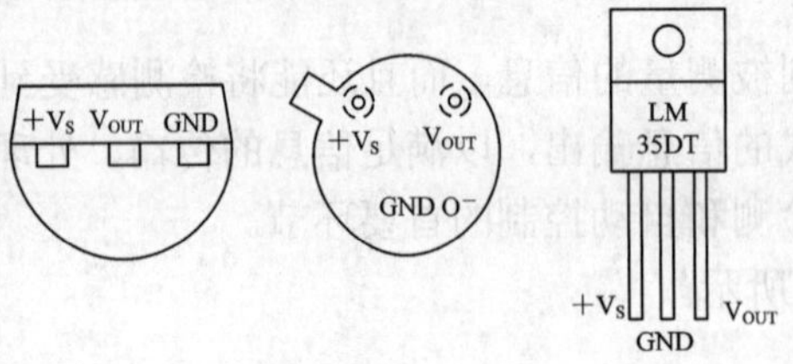 LM35封装型式 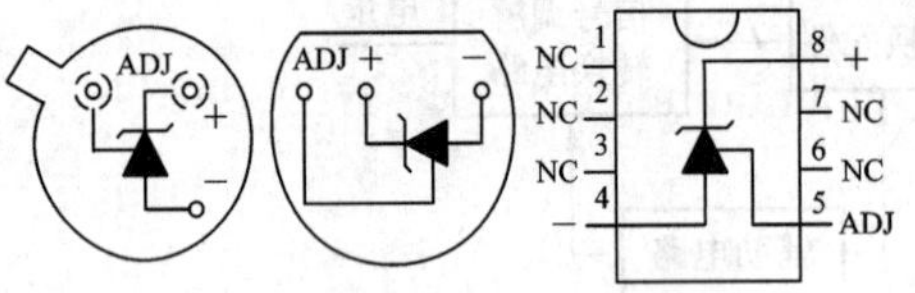 LM335封装形式	集成温度传感器输出线性好、测量精度高，传感驱动电路、信号处理电路等都与温度传感部分集成在一起，因而封装后的组件体积非常小、使用方便、价格便宜，故在测温技术中越来越得到广泛应用。 　　常用的集成温度传感器有 LM35\LM335\AD590\LM26\DS1820 等
霍尔电流传感器		霍尔电流传感器可以测量任意波形的电流参量，如直流、交流和脉冲波形等。也可以对瞬态峰值参数进行测量，其副边电路可以忠实地反映原边电流的波形。这一点是普通互感器无法与其相比的，因为普通的互感器一般只适用于 50 Hz 的正弦波。霍尔电流传感器的精度很高，一般的霍尔电流传感器在工作区域内的精度优于 1%，该精度适合于任何波形的测量
霍尔转速传感器		霍尔转速传感器是一种采用霍尔原理的转速传感器。它的感应对象为磁钢。当被测体上嵌入磁钢，随着被测物体转动时，传感器输出与旋转频率相关的脉冲信号，达到测速或位移检测的目的
霍尔位置传感器	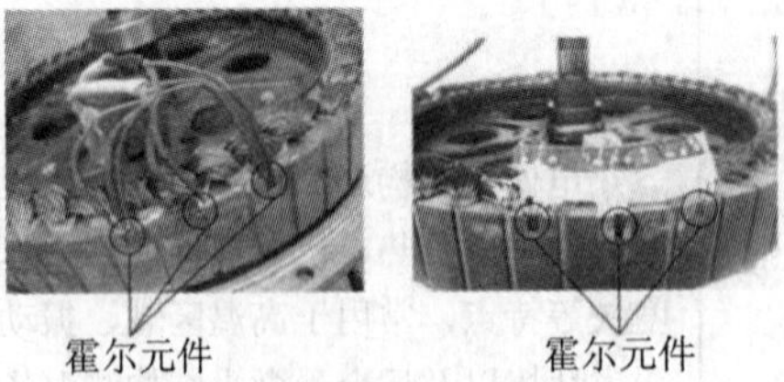 	霍尔位置传感器用于无刷电动机，其作用是告知控制器何时改变电动机电流的方向。不同电动机上安装霍尔元件的方式有多种。一般情况下，60°相位角的 3 个霍尔元件应平行放置；120°相位角的 3 个霍尔元件也应平行放置，但中间一个霍尔元件呈翻转状态

续表二

名称	实 物 图	特 点 与 应 用
压电式传感器		压电式传感器用于测量力和能等非电物理量的元件，如压力、加速度等。它的优点是频带宽、灵敏度高、信噪比高、结构简单、工作可靠和重量轻等。缺点是某些压电材料需要防潮措施，而且输出的直流响应差，需要采用高输入阻抗电路或电荷放大器来克服这一缺陷
红外线传感器		红外传感系统是用红外线为介质的测量系统，按照功能能够分成五类：(1) 辐射计，用于辐射和光谱测量；(2) 搜索和跟踪系统，用于搜索和跟踪红外目标，确定其空间位置并对它的运动进行跟踪；(3) 热成像系统，可产生整个目标红外辐射的分布图像；(4) 红外测距和通信系统；(5) 混合系统，是指以上各类系统中的两个或者多个的组合
光电耦合器		光电耦合器亦称光电隔离器，简称光耦，是开关电源电路中常用的器件。优点是：信号单向传输，输入端与输出端完全实现了电气隔离，输出信号对输入端无影响，抗干扰能力强，工作稳定，无触点，使用寿命长，传输效率高。广泛用于电气绝缘、电平转换、级间耦合、驱动电路、开关电路、斩波器、多谐振荡器、信号隔离、级间隔离、脉冲放大电路、数字仪表、远距离信号传输、脉冲放大、固态继电器(SSR)、仪器仪表、通信设备及微机接口中
光电开关		光电开关是一种利用感光元件对变化的入射光加以接收，并进行光电转换，同时加以某种形式的放大和控制，从而获得最终的控制输出"开"、"关"信号的器件。广泛应用于工业控制、自动化包装线及安全装置中作光控制和光探测装置
光电池		光电池是在光线照射下，直接将光能转换为电能的光电器件

2．传感器的选用

传感器在原理与结构上千差万别，如何根据具体的测量目的、测量对象以及测量环境合理地选用传感器，是在进行某个量的测量时首先要解决的问题。当传感器确定之后，与之相配套的测量方法和测量设备也就可以确定了。传感器的选用原则如表 1-7-7 所示。

表 1-7-7　传感器的选用

序号	选用要求	说　明
1	类型的选择	根据测量对象与测量环境确定传感器的类型，根据被测量的特点和传感器的使用条件考虑以下一些具体问题：量程的大小；被测位置对传感器体积的要求；测量方式为接触式还是非接触式；信号的引出方法，有线或是非接触测量；传感器的来源、价格等
2	灵敏度的选择	通常，在传感器的线性范围内，希望传感器的灵敏度越高越好
3	线性范围的选择	传感器的线性范围是指输出与输入成正比的范围，在选择传感器时，当传感器的种类确定以后首先要看其量程是否满足要求
4	稳定性的选择	传感器使用一段时间后，其性能保持不变化的能力称为稳定性。影响传感器长期稳定性的因素除传感器本身结构外，主要是传感器的使用环境。因此，要使传感器具有良好的稳定性，传感器必须要有较强的环境适应能力
5	精度的选择	传感器的精度只要满足整个测量系统的精度要求就可以，不必选得过高

3．光电耦合器的参数

常用光电耦合器的参数如表 1-7-8～表 1-7-10 所示。

表 1-7-8　部分光电耦合器的参数(输入部分为发光二极管，光敏二极管型)

参数和测试条件\型号		输　入　部　分			输　出　部　分			传　输　特　性			
		正向压降 U_F/V	I_R /μA	I_{FM} /mA	暗电流 I_D/μA	最大反相工作电压 U_{BM}/V	U_{BR} /V	传输比 CYR/%	响时间 t_r /ns	隔离阻抗 /Ω	输入/输出耐压
		$I_F = 10$ mA	$U_R = 5$ V		$U = U_R$	$I = 0.1$ μA	$I = 1$ μA	$I_F = 10$ mA $U = U_R$	$U_R = 10$ V $R_L = 50$ $f = 300$ Hz	$U_R = 10$ V	直流/V
二极管	CH201A	≤1.3	≤20	50	≤0.1	80	≥100	0.2～0.5	≤5	≤50	10¹⁰	1000
	CH201B							0.5～1				
	CH201C							1～2				
	CH201D							2～3				

表 1-7-9　部分光电耦合器的参数(输入部分为发光二极管，光敏三极管型)

参数和测试条件	输入部分			输出部分					
	正向压降 U_F /V	I_R /μA	I_{FM} /mA	暗电流 I_{CEO} /μA	击穿电压 $U_{BM(SAT)}$ /V	饱和压降 $U_{CE(SAT)}$ /V	响应时间 t_r /ns	隔离阻抗 /Ω	输入/输出耐压/V
型号	$I_F = 10$ mA	$U_R = 5$ V		$U_{CE} = 10$ V	$I_{CE} = 1$ μA	$I_F = 20$ mA $I_C = 1$ mA	$U_{CE} = 10$ V $R_L = 50$ Ω $I_F = 25$ mA $f = 100$ Hz	$U_R = 10$ V	直流/V
光敏三极管　GH301	≤1.3	≤20	50	≤0.1	≥15	≤0.4	≤3 μs	≥10^{10}	1000
光敏三极管　GH302				≤0.1	≥30	≤0.4			
光敏三极管　GH303				≤0.1	≥50	≤0.4			

表 1-7-10　部分光电耦合器的参数(输入部分为发光二极管，达林顿型)

参数和测试条件	输入部分			输出部分		传输特性			隔离特性		
	正向压降 U_F /V	I_R /μA	I_{FM} /mA	暗电流 I_{CEO} /μA	$U_{BM(SAT)}$ /V	$U_{CE(SAT)}$ /V	传输比 CYR /%	t_r /ns	隔离阻抗 /Ω	输入/输出耐压 /V	输入/输出电容/pF
型号	$I_F = 10$ mA	$U_R = 5$ V		$U_{CE} = 5$ V	$I_{CE} = 50$ μA	$I_F = 10$ mA $I_C = 10$ mA	$I_F = 5$ mA $U_C = 5$ V	0.5 ms	$U_R = 10$ V	直流/V	$f = 1$ MHz/pF
达林顿　GH331A	≤1.3	≤20	40	≤1	≥15	≤1.5	100~500	≤50 s	10^{10}	1000	≤1
达林顿　GH331B					≥15						
达林顿　GH332A					≥30						
达林顿　GH332B					≥30						

1.7.4　显示器件

1. LED 数码管

1) LED 数码管的分类及特点

LED 数码管也称半导体数码管，它具有体积小、功耗低、耐震动、寿命长、亮度高、单色性好、发光响应的时间短，能与 TTL、CMOS 电路兼容等优点，是目前数字电路中最常用的显示器件。基本的半导体数码管是由 7 个条状的发光二极管(LED)按图 1-7-2(左)所示排列而成的，可实现数字"0~9"及少量字符的显示，另外为了显示小数点，增加了 1 个点状的发光二极管。因此数码管就由 8 个 LED 组成，我们分别把这些发光二极管命名为"a、b、c、d、e、f、g、DP"，排列顺序如图 1-7-2(右)所示。

LED 数码管按段数分为七段数码管和八段数码管，八段数码管比七段数码管多一个发光二极管单元(多一个小数点显示)；按能显示多少个"8"，可分为 1 位、2 位、3 位、4 位等数码管；按发光二极管单元连接方式分为共阳极数码管和共阴极数码管。

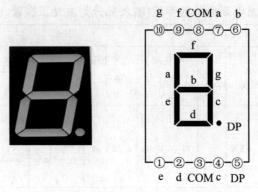

图 1-7-2　数码管外形图及引脚图

共阳极数码管是指将所有发光二极管的阳极接到一起形成公共阳极(COM)的数码管。共阳极数码管在应用时应将公共极 COM 接到 +5 V，当某一字段发光二极管的阴极为低电平时，相应字段就点亮。当某一字段的阴极为高电平时，相应字段就不亮。共阳极数码管内部连接如图 1-7-3 所示。

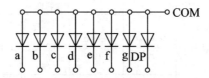

图 1-7-3　共阳极数码管的内部连接

共阴极数码管是指将所有发光二极管的阴极接到一起形成公共阴极(COM)的数码管。共阴数码管在应用时应将公共极 COM 接到地线 GND 上，当某一字段发光二极管的阳极为高电平时，相应字段就点亮。当某一字段的阳极为低电平时，相应字段就不亮。共阴极数码管内部连接如图 1-7-4 所示。

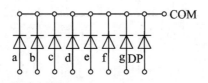

图 1-7-4　共阴极数码管的内部连接

2) 数码管的显示方式

数码管要正常显示，就要用驱动电路来驱动数码管的各个段码，从而显示出所需要的数字，因此根据数码管的驱动方式的不同，可以分为静态式和动态式两类。

(1) 静态显示驱动。静态驱动也称直流驱动。静态驱动是指每个数码管的每一个段码都由一个单片机的 I/O 端口进行驱动，或者使用如 BCD 码二-十进制译码器译码进行驱动。静态驱动的优点是编程简单、显示亮度高，缺点是占用 I/O 端口多，如驱动 5 个数码管静态显示则需要 $5 \times 8 = 40$ 根 I/O 端口来驱动，实际应用时必须增加译码驱动器进行驱动，这样就增加了硬件电路的复杂性。

(2) 动态显示驱动。数码管动态显示接口是单片机中应用最为广泛的一种显示方式之一，动态驱动是将所有数码管的 8 个显示笔划 "a、b、c、d、e、f、g、DP" 的同名端连在一起，另外为每个数码管的公共极 COM 增加位选控制电路，位选端由各自独立的 I/O 线控制，当单片机输出字形码时，所有数码管都接收到相同的字形码，但究竟是哪个数码管会显示出字形，取决于单片机对位选通 COM 端电路的控制，所以只要将需要显示的数码管的位选控制端打开，该位就显示出字形，没有选通的数码管就不会亮。通过分时轮流控制各个数码管的 COM 端，就使各个数码管轮流受控显示，这就是动态驱动。在轮流显示过程中，每位数码管的点亮时间为 1～2 ms，由于人的视觉暂留现象及发光二极管的余辉效应，尽管实际上各位数码管并非同时点亮，但只要扫描的速度足够快，给人的印象就是一组稳定的显示数据，不会有闪烁感，动态显示的效果和静态显示是一样的，但能够节省大量的 I/O 端口，而且功耗更低。

3) 数码管的引脚排列

数码管的引脚排列顺序在进行电路设计时非常重要，表 1-7-11 列出了常用的几种 LED 数码管的引脚图。

表 1-7-11　LED 数码管的外形及引脚排列

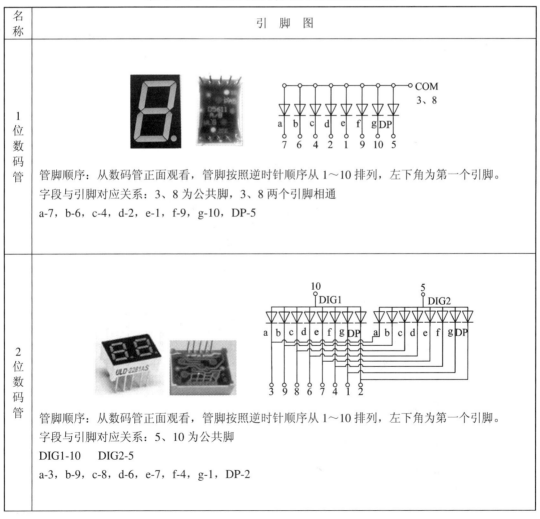

名称	引 脚 图
1 位数码管	管脚顺序：从数码管正面观看，管脚按照逆时针顺序从 1～10 排列，左下角为第一个引脚。 字段与引脚对应关系：3、8 为公共脚，3、8 两个引脚相通 a-7, b-6, c-4, d-2, e-1, f-9, g-10, DP-5
2 位数码管	管脚顺序：从数码管正面观看，管脚按照逆时针顺序从 1～10 排列，左下角为第一个引脚。 字段与引脚对应关系：5、10 为公共脚 DIG1-10　　DIG2-5 a-3, b-9, c-8, d-6, e-7, f-4, g-1, DP-2

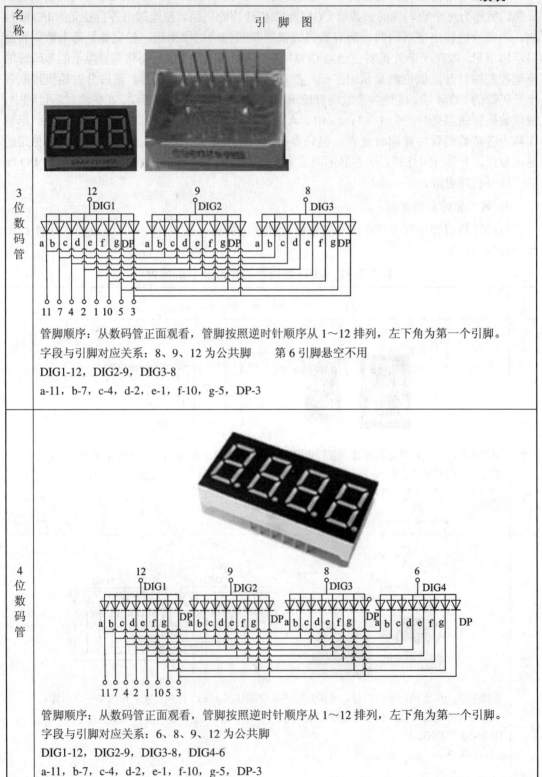

名称	引 脚 图
3 位 数 码 管	管脚顺序：从数码管正面观看，管脚按照逆时针顺序从 1～12 排列，左下角为第一个引脚。 字段与引脚对应关系：8、9、12 为公共脚　　第 6 引脚悬空不用 DIG1-12，DIG2-9，DIG3-8 a-11，b-7，c-4，d-2，e-1，f-10，g-5，DP-3
4 位 数 码 管	管脚顺序：从数码管正面观看，管脚按照逆时针顺序从 1～12 排列，左下角为第一个引脚。 字段与引脚对应关系：6、8、9、12 为公共脚 DIG1-12，DIG2-9，DIG3-8，DIG4-6 a-11，b-7，c-4，d-2，e-1，f-10，g-5，DP-3

4) LED 数码管的检测

将数字万用表置于二极管挡时，其开路电压为 +2.8V。用此挡测量 LED 数码管各引脚之间是否导通，可以识别该数码管是共阴极型还是共阳极型，并可判别各引脚所对应的笔段。检测方法如表 1-7-12 所示。

表 1-7-12 LED 数码管的检测方法

检测内容	检 测 图	说 明
判断公共端和连接方式	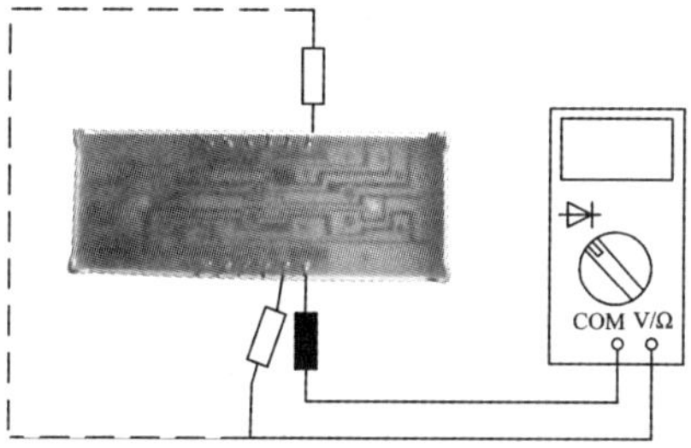 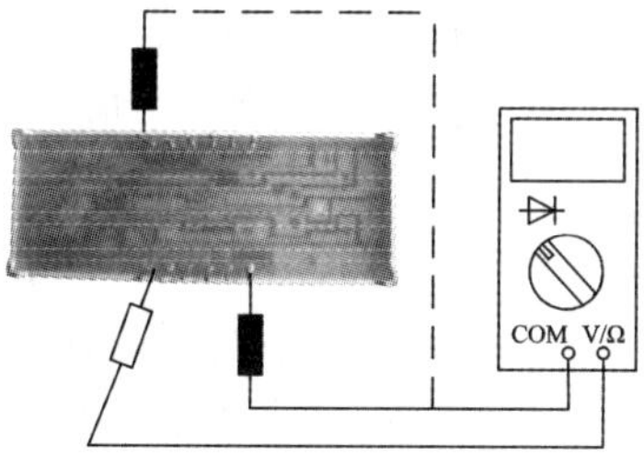	检测接线如左图所示。将数字万用表置于二极管挡，将红表笔搭在任意一引脚上，黑表笔依次在所有管脚上扫过，如果有一段亮，则黑表笔固定在亮的这个引脚上，红表笔扫过，看是不是八段每段都亮。如果是，则黑表笔所搭的引脚就是公共端，并且是共阴极数码管。 如果不是八段都亮，则将红表笔搭在任意一引脚上，黑表笔依次在所有管脚上扫过，如果不亮，则红、黑表笔互换一下，如果有一段亮，那红表笔固定在亮的这个引脚上，黑表笔扫过，看是不是八段每段都亮。如果是，那红表笔所搭的引脚就是公共端，并且是共阳极数码管。若八段不全亮，则说明红表笔所接不是公共端，则更换管脚继续查找。 注意：1 位、2 位数码管有两个公共端。3 位、4 位数码管分别有 3 个和 4 个公共端
判别引脚排列	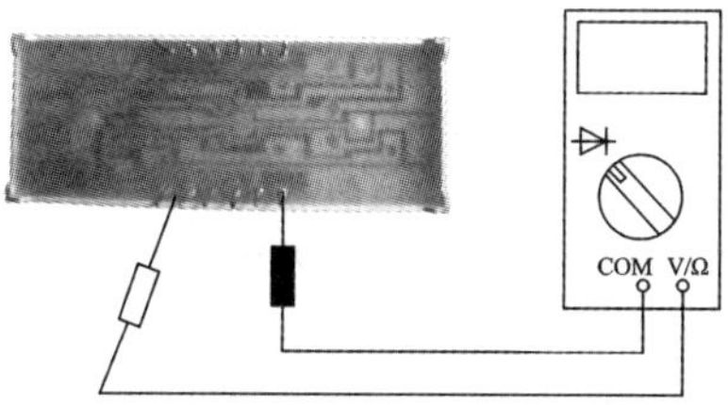	使用数字万用表二极管挡，如果是共阳极数码管，将红表笔固定接在公共端脚，黑表笔依次接触其他引脚时，数码管的 f、g、e、d、c、b、p 笔段先后分别发光，据此绘出该数码管的引脚排列(如果是共阴极数码管，则红、黑表笔互换)

 注意

在做上述测试时，应注意以下几点：

(1) 检测中，若被测数码管为共阳极类型，则只有将红、黑表笔对调才能测出上述结果。特别是在判别结构类型时，操作时要灵活掌握，反复试验，直到找出公共电极为止。

(2) 大多数 LED 数码管的小数点是在内部与公共电极连通的。但是，有少数产品的小数点是在数码管内部独立存在的，测试时要注意正确区分。

5) 常用 LED 数码管的参数

LED 数码管的大小规格很多，表 1-7-13 列出了几种数码管的参数。

表 1-7-13 几种 LED 数码管的参数

型号	起辉电流 /mA	亮度 /cd/m²	正向电压 /V	反向耐压 /V	波长范围 /Å	极限电流 /mA	材料
5EF31A	≤1	≥1500				15	
5EF31B	≤1	≥3000			6600～6800	15	G_aA_sAI
5EF32A	≤1.5	≥1500	≤2	≥5		30	
5EF32B	≤1.5	≥3000				30	
测试条件		$I_F = 1.5$ mA	$I_F = 1.0$ mA	$I_R = 50$ μF	$I_F = 1.5$ mA	每段	

2. 液晶显示器

1) 液晶显示器的介绍

液晶显示器又称 LCD 显示器，是利用液晶的电光效应和热光效应制成的显示器。液晶显示器件的表面为平板型结构，能显著减少显示图像的失真；功耗低，工作电压低(一般为 2～6 V)，工作电流小(一般为几个 μA/cm²)；易于集成，体积小；显示信息量大；寿命极长；无电磁污染。但是其机械强度低，易于损坏；工作温度范围窄，一般为 –10～+60℃；动态特性较差，响应时间和余辉时间较长(ms 级)。

液晶显示的分类方法有很多种，通常可按其显示方式分为段式、字符式、点阵式等。除了黑白显示外，液晶显示器还有多灰度有彩色显示等；根据驱动方式来分，可以分为静态驱动(Static)、单纯矩阵驱动(Simple Matrix)和主动矩阵驱动(Active Matrix)三种。液晶显示器各种图形的显示原理如表 1-7-14 所示。

表 1-7-14 液晶显示器各种图形的显示原理

种 类	显 示 原 理
线段的显示	线段的显示是通过段形显示像素实现的。段形显示像素是指显示像素为一个长棒形，也称笔段形。在数字显示时，常采用七段电极结构，即每位数由一个"8"字形公共电极和构成"8"字图案的七个段形电极组成，分别设置在两块基板上
字符的显示	用 LCD 显示一个字符时比较复杂，因为一个字符由 6×8 或 8×8 点阵组成，既要找到和显示屏幕上某几个位置对应显示 RAM 区的 8 字节，还要使每字节的不同位为"1"，其他的为"0"，为"1"的点亮，为"0"的不亮。这样一来就组成某个字符。但对于内带字符发生器的控制器来说，显示字符就比较简单了，可以让控制器工作在文本方式上，根据在 LCD 上开始显示的行列号及每行的列数找出显示 RAM 对应的地址，设立光标，在此送上该字符对应的代码即可
汉字的显示	汉字的显示一般采用图形的方式，事先从微机中提取要显示的汉字的点阵码(一般用字模提取软件)，每个汉字占 32 B，分左右两半，各占 16 B，左边为 1、3、5…右边为 2、4、6…根据在 LCD 上开始显示的行列号及每行的列数可找出显示 RAM 对应的地址，设立光标，送上要显示的汉字的第一字节，光标位置加 1，送第二个字节，换行按列对齐，送第三个字节……直到 32 B 显示完，就可以在 LCD 上得到一个完整的汉字

2) 1602 字符型 LCD 的介绍

字符型液晶显示模块是一种专门用于显示字母、数字、符号等点阵式 LCD，目前常用 16*1，16*2，20*2 和 40*2 行等模块。一般 1602 字符型液晶显示器实物如图 1-7-5 所示。

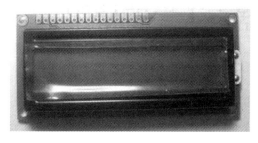

图 1-7-5　1602 字符型液晶显示器实物图

1602LCD 采用标准的 14 脚(无背光)或 16 脚(带背光)接口，各引脚接口说明如表 1-7-15 所示。

表 1-7-15　1602LCD 各引脚接口说明

编号	符号	引脚说明	编号	符号	引脚说明
1	VSS	电源地	9	D2	数据
2	VDD	电源正极①	10	D3	数据
3	VL	液晶显示偏压②	11	D4	数据
4	RS	数据/命令选择③	12	D5	数据
5	R/W	读/写选择④	13	D6	数据
6	E	使能信号⑤	14	D7	数据
7	D0	数据	15	BLA	背光源正极
8	D1	数据	16	BLK	背光源负极

注：　① VDD 接 5 V 正电源。② VL 为液晶显示器对比度调整端，接正电源时对比度最弱，接地时对比度最高，对比度过高时会产生"鬼影"，使用时可以通过一个 10 k 的电位器调整对比度。③ RS 为寄存器选择，高电平时选择数据寄存器，低电平时选择指令寄存器。④ R/W 为读/写信号线，高电平时进行读操作，低电平时进行写操作。当 RS 和 R/W 共同为低电平时可以写入指令或者显示地址；当 RS 为低电平而 R/W 为高电平时可以读忙信号；当 RS 为高电平而 R/W 为低电平时可以写入数据。⑤ E 端为使能端，当 E 端由高电平跳变成低电平时，液晶模块执行命令。

第2章　常用仪器与工具的使用

电子制作时，必须掌握常用电子测量仪器和工具的使用方法，这也就是常说的"工欲善其事，必先利其器"。

2.1　常用电子测量仪器的使用

2.1.1　万用表的使用

万用表亦称复用表或多用表，是目前最常用、最普及的工具类电测仪表，利用它可完成多种测量任务。万用表有两种类型，即指针万用表(VOM)和数字万用表(DMM)。两类仪表各具特色，互为补充。本节以 MF-47 型指针万用表和 VC9802A 型数字万用表为例，介绍万用表的使用。

1．MF-47 型指针万用表使用

1) 面板功能

MF-47 型指针万用表外观如图 2-1-1 所示。从图 2-1-1 中可以看出，MF-47 型指针万用表面板上主要有刻度盘、挡位选择开关、欧姆调零旋钮和一些插孔。

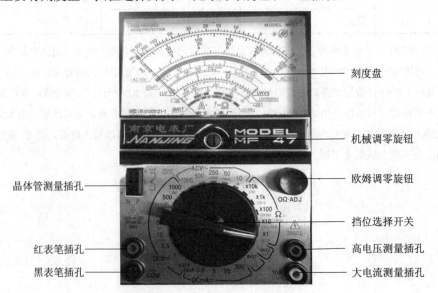

图 2-1-1　MF-47 型指针万用表外观

(1) 刻度盘。MF-47 型指针万用表刻度盘)(见图 2-1-2)由九条刻度线组成。MF-47 型指针万用表刻度盘、刻度线说明如表 2-1-1 所示。

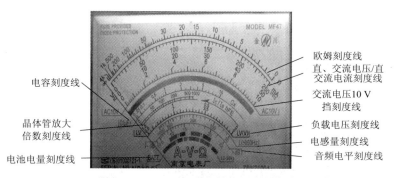

图 2-1-2　MF-47 型指针万用表刻度盘

表 2-1-1　MF-47 型万用表刻度盘、刻度线说明

序号	名　称	读 数 要 则
1	标有"Ω"符号的欧姆刻度线	在测量电阻阻值时查看该刻度线。这条刻度线最右端刻度表示的阻值最小，为 0；最左端刻度表示的阻值最大，为∞(无穷大)。在未测量时，表针指在左端无穷大处
2	标有"$\underset{\sim}{V}$"、"$\underset{\sim}{mA}$"符号的直、交流电压/直流电流刻度线	在测量直、交流电压和直流电流时都查看这条刻度线。该刻度线最左端刻度表示最小值，最右端刻度表示最大值。该刻度线下方标有 3 组数，它们的最大值分别是 250 V、50 V 和 10 V。当选择不同挡位时，要将刻度线的最大刻度看作该挡位最大量程数值(其他刻度也要相应变化)。若选择 50 V 挡位，就读取第二刻度线下最大刻度处标有 50 V 的这组读数读取测试数据,其他两组读数的意义以此类推
3	标有"AC10V"字样的为交流 10 V 挡专用刻度线	在将挡位开关拨至交流 10 V 挡测量时，查看该刻度线
4	标有"C(μF)"字样的为电容容量刻度线	在测量电容容量时查看该刻度线
5	标有"I_C/I_B hFE"字样的为晶体管放大倍数刻度线	在测量晶体管放大倍数时查看该刻度线
6	标有"LV"字样的为负载电压刻度线	在测量稳压二极管稳压值和一些非线性元件(如整流二极管、发光二极管和晶体管的 PN 结)正向压降时查看该刻度线
7	标有"L(H) 50 Hz"字样的为电感量刻度线	在测量电感的电感量时查看该刻度线
8	标有"+dB"字样的为音频电平刻度线	在测量音频信号电平时查看该刻度线
9	标有"BATT"字样的为电池电量刻度线	在测量 1.2～3.6 V 电池是否可用时查看该刻度线

(2) 挡位选择开关。当用万用表测量不同量时，应首先将挡位选择开关拨至与被测量相

应的挡位区域，然后在该区域根据被测量的大小选择具体的挡位。图 2-1-3 所示的挡位选择开关是多类挡位开关，除通路蜂鸣挡和电池电量挡外，其他各类挡位区域根据测量值大小又细分成多挡。

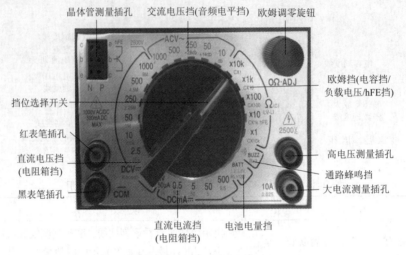

图 2-1-3　挡位选择开关及插孔

(3) 调零旋钮。指针万用表面板上的旋钮有机械调零旋钮和欧姆调零旋钮。机械调零旋钮在图 2-1-1 所示刻度盘下方的中间位置，欧姆调零旋钮在图 2-1-3 所示挡位选择开关的右上角位置。

机械调零旋钮的作用是：在使用万用表测量前，将表针调到刻度盘电压刻度线(第 2 条刻度线)的"0"刻度处(或欧姆刻度线的"∞"刻度处)。

欧姆调零旋钮的作用是：在使用欧姆挡或通路蜂鸣挡测量挡时，按一定的方法将表针调到欧姆刻度线的"∞"刻度处。

(4) 插孔。指针万用表的插孔如图 2-1-3 所示。在图 2-1-3 中左下角标有"$\overline{COM}$"字样的为黑表笔插孔，标有"+"字样的为红表笔插孔。图 2-1-3 中右下角标有"2500 $\underset{\sim}{V}$"字样的为高电压测量插孔(在测量大于 1000 V 而小于 2500 V 的电压时,红表笔需插入该插孔)，标有"10 A"字样的为大电流测量插孔(在测量大于 500 mA 而小于 10 A 的直流电流时，红表笔需插入该插孔)。图 2-1-3 中左上角标有"P"字样的为 PNP 型晶体管插孔，标有"N"字样的为 NPN 型晶体管插孔。

2) 测量原理

指针万用表内置一直流电流表，为了既能测直流电流，又能测量电压、电阻等电量，就需要给指针万用表添加相关的测量电路。下面仅就直流电流、直流电压、交流电压、电阻以及晶体管放大倍数等常用电量的测量来介绍指针万用表内部各种电路与直流电流表配合进行各种电量测量的原理。

(1) 直流电流的测量原理。指针万用表直流电流的测量原理如图 2-1-4 所示。图 2-1-4 中右端点画线框内的部分为指针万用表测直流电流时的等效电路，左端为被测电路。

在图 2-1-4 中，如果想测量流过白炽灯的电流大小，首先要将电路断开，然后将指针万用表的红表笔接 A 点(断口的高电位处)，黑表笔接 B 点(断口的低电位处)。这时被测电路的电流经 A 点和红表笔流进指针万用表。在指针万用表内部，电流经挡位开关 S 的"1"端后分作两路：一路流经电阻 R_1、R_2，另一路流经电流表，两电流在 F 点汇合后再从黑表笔流出进入被测电路。因为有电流流经电流表，所以电流表表针偏转指示被测电流的大小。

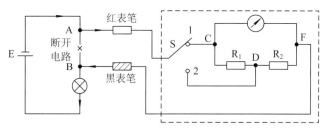

图 2-1-4　指针万用表直流电流的测量原理

当被测电路的电流很大时，为了防止流过电流表的电流过大导致表针无法正常指示或电流表被烧坏，可以将挡位开关 S 拨至"2"处(大电流测量挡)，这时从红表笔流入的大电流经开关 S 的"2"处到达 D 点，电流又分作两路：一路流经 R_2，另一路流经 R_1 和电流表，两电流在 F 点汇合后再从黑表笔流出。因为在测大电流时分流电阻小(测小电流时分流电阻为 R_1 和 R_2，而测大电流时，分流电阻为 R_2)，被分流掉的电流大，再加上 R_1 的限流，所以流过电流表的电流不会很大，电流表不会被烧坏，表针仍可以正常指示。

从上面的分析可知，在用指针万用表测量直流电流时有以下规律：

① 在用指针万用表测直流电流时，需要将电路断开，并且红表笔接断口的高电位处，黑表笔接断口的低电位处。

② 在用指针万用表测直流电流时，内部需要并联电阻进行分流，测量的电流越大，要求分流电阻越小，所以在选用大电流挡测量时，指针万用表内部的电阻很小。

(2) 直流电压的测量原理。指针万用表直流电压的测量原理如图 2-1-5 所示。图 2-1-5 中右端点画线框内的部分为指针万用表测直流电压时的等效电路，左端为被测电路。

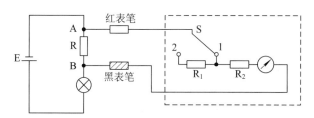

图 2-1-5　指针万用表直流电压的测量原理

在图 2-1-5 中，如果要测量被测电路中电阻 R 两端的电压(即 A、B 两点之间的电压)，应将红表笔接 A 点(R 的高电位端)，黑表笔接 B 点(R 的低电位端)，这时从 A 点会有一路电流流进红表笔，在指针万用表内部经挡位开关 S 的"1"端和限流电阻 R_2 后流经电流表，再从黑表笔流出到达 B 点。A、B 之间的电压越高(即 R 两端的电压越高)，流过电流表的电流越大，指针摆动幅度越大、指示的电压值越高。

如果 A、B 之间的电压很高，流过电流表的电流就会很大，表针摆动幅度就可能超出指示范围而无法正常指示或者电流表被烧坏。为避免这种情况的发生，在测量高电压时，可以将挡位开关 S 拨至"2"处(高电压测量挡)，这时从红表笔流入的电流经开关 S 的"2"端，再由 R_1、R_2 限流后流经电流表，然后从黑表笔流出。因为测高电压指针万用表内部的限流电阻大，所以流进内部电流表的电流不会很大，电流表不会被烧坏，表针可以正常指示。

由以上分析可知，在用指针万用表测量直流电压时有以下规律：

① 在用指针万用表测直流电压时，红表笔要接被测电路的高电位处，黑表笔接低电位处。

② 在用指针万用表测直流电压时，内部需要用串联电阻进行限流。测量的电压越高，要求限流电阻越大，所以在选用高电压挡测量时，指针万用表内部的电阻很大。

(3) 交流电压的测量原理。指针万用表交流电压的测量原理如图 2-1-6 所示。图 2-1-6 中右端点画线框内的部分为指针万用表测交流电压时的等效电路，左端为被测交流信号。

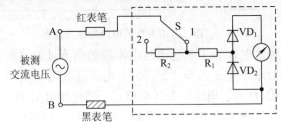

图 2-1-6　指针万用表交流电压的测量原理

从图 2-1-5 和图 2-1-6 中可以看出，指针万用表测交流电压与测直流电压时的等效电路大部分是一样的，但在测交流电压时增加了由两个二极管 VD_1、VD_2 构成的半波整流电路。因为交流信号的极性是随时变化的，所以红、黑表笔可以随意接在 A、B 点，为了叙述方便，将红表笔接 A 点，黑表笔接 B 点。

在测量时，如果交流信号为正半周，那么 A 点为正，B 点为负，则有电流从红表笔流入指针万用表，再经挡位开关 S 的"1"端、电阻 R_1 和 VD_1 流经电流表，然后由黑表笔流出到达交流信号的 B 点。如果交流信号为负半周，那么 A 点为负，B 点为正，则有电流从黑表笔流入指针万用表，经二极管 VD_2、电阻 R_1 和挡位开关 S 的"1"端，再由红表笔流出到达交流信号的 A 点。对于半波整流，测交流电压时只有半个周期有电流流过电流表，表针会摆动，并且交流电压越高，表针摆动的幅度越大，指示的电压越高。

如果被测交流电压很高，那么可以将挡位开关 S 拨至"2"处(高电压测量挡)，这时从红表笔流入的电流需要经过限流电阻 R_2、R_1，因为限流电阻大，故流过电流表的电流不会很大，电流表不会被烧坏，表针可以正常指示。

从上面的分析可知，在用指针万用表测量交流电压时有以下规律：

① 在用指针万用表测交流电压时，因为交流电压极性随时变化，所以红、黑表笔可以任意接在被测交流电压的两端。

② 在用指针万用表测交流电压时，内部需要用串联电阻进行限流，测量的电压越高，要求限流电阻越大，另外内部还需要整流电路。

(4) 电阻阻值的测量原理。指针万用表电阻阻值的测量原理如图 2-1-7 所示。图 2-1-7 中右端点画线框内的部分为万用表测电阻阻值时的等效电路，左端为被测电阻 Rx。由于电阻不能提供电流，所以在测电阻时，指针万用表内部需要使用直流电源(电池)。

电阻无正、负之分，故在测量电阻阻值时，红、黑表笔可以任意接在被测电阻两端。在测量电阻时，红表笔接在被测电阻 Rx 的一端，黑表笔接另一端，这时万用表内部电路与 Rx 构成回路。当有电流流过电路时，电流从电池的正极流出，在 C 点分作两路：一路经挡位开关 S 的"1"端、电阻 R_1 流到 D 点，另一路经电位器 RP、电流表流到 D 点，两电流在 D 点汇合后从黑表笔流出，再流经被测电阻 Rx，然后由红表笔流入，回到电池的负极。

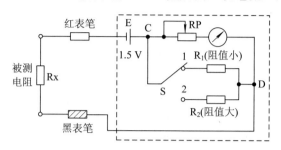

图 2-1-7　指针万用表电阻阻值的测量原理

被测电阻 Rx 的阻值越小，回路的电阻也就越小，流经电流表的电流也就越大，表针摆动的幅度越大，指示的阻值越小，这一点与测电压、电流是相反的(测电压、电流时，表针摆动幅度越大，指示的电压或电流值越大)，所以指针万用表刻度盘上电阻刻度线标注的数值大小与电压、电流刻度线是相反的。

如果被测电阻阻值很大，则流过电流表的电流就越小，表针摆动幅度很小，读数困难且不准确。为此，在测量高阻值电阻时，可以将挡位开关 S 拨至"2"处(高阻值测量挡)，接入的电阻 R_2 的阻值比低挡位的电阻 R_1 大，因为 R_2 阻值大，所以经 R_2 分流掉的电流小，流过电流表的电流大，表针摆动的幅度大，从而测量高阻值电阻时能够很容易从刻度盘准确读数。

从上面的分析可知，在用指针万用表测量电阻阻值时有以下规律：

① 在用指针万用表测电阻阻值时，指针万用表内部需要用到电池(在测电压、电流时，电池处于断开状态)。

② 在用指针万用表测电阻阻值时，指针万用表的红表笔接内部电池的负极，黑表笔接内部电池的正极。

③ 在用指针万用表测电阻阻值时，被测电阻阻值越大，表针摆动的幅度越小；被测电阻阻值越小，表针摆动的幅度越大。

(5) 晶体管放大倍数的测量原理。晶体管有 NPN 和 PNP 两种类型，它们的放大倍数测量原理基本相同。图 2-1-8 所示为 NPN 型三极管放大倍数的测量原理。图中右端点画线框内的部分为指针万用表测晶体管放大倍数时的等效电路，三个小圆圈分别为晶体管的集电极、基极和发射极插孔。

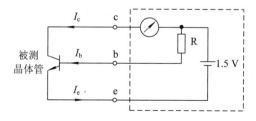

图 2-1-8　万用表测量三极管放大倍数原理图

将 NPN 型晶体管各极插入万用表相应的插孔后，指针万用表内部的电池就会为晶体管提供电源，此时三极管导通，有 I_b、I_c 和 I_e 电流流过晶体管。电流表串接在晶体管的集电极上，故 I_c 电流会流过电流表。因为晶体管基极接的电阻 R 的阻值是不变的，所以流过晶体管的电流也是不变的。根据 $I_c = \beta \cdot I_b$ 可知，在 I_b 不变的情况下，放大倍数 β 越大，I_c 电流也就越大，表针摆动的幅度也就越大。

从上面的分析可知，晶体管放大倍数的测量原理是：让三极管的 I_b 电流为固定值，被测的晶体管放大倍数越大，流过电流表的 I_c 电流也越大，表针摆动的幅度也就越大，指示的放大倍数就越大。

3) 使用方法

(1) 测量前准备。指针万用表在使用前需要安装电池、机械调零和插接表笔。

① 安装电池。在安装电池时，先将万用表后面的电池盖取下，然后将一节 2 号 1.5 V 干电池和一节 9 V 干电池分别安装在相应的电池插座中。安装时要注意两节电池的正负极性要与电池盒上标注极性一致。如果指针万用表不安装电池，那么电阻挡(兼作电容量/负载电压/hFE 挡)和通路蜂鸣挡将无法使用，但电压、电流挡仍可使用。

② 机械调零。机械调零过程如图 2-1-9 所示。将指针万用表平放在桌面上，观察表针是否指在电压/电流刻度线左端"0"位置(即欧姆刻度线最左端"∞"位置)，如果未指向该位置，可用螺钉旋具调节机械调零旋钮，让表针指在电压/电流刻度线左端"0"处(即欧姆刻度线最左端"∞"位置)即可。

③ 插接表笔。在用指针万用表进行测试前，首先要插接好红、黑两根表笔，即将红表笔插接在标有"+"字样的插孔，黑表笔插接在标有"$\overline{COM}$"字样的插孔中。

图 2-1-9　机械调零过程

(2) 直流电压的测量。MF-47 型指针万用表的直流电压挡位可细分为 0.25 V、1 V、2.5 V、10 V、50 V、250 V、500 V、1000 V、2500 V 共 9 挡。

直流电压的测量步骤如下：

① 测量前先估计被测电压的最大值，选择合适的挡位，即选择的挡位要大于且最接近估计的最大电压值，这样测量值更准确。若无法估计，可按由高挡位到低挡位逐次降低至合适挡位的方法进行测量。

② 测量时，将红表笔接被测电压的高电位处，黑表笔接被测电压的低电位处。

③ 读数时，找到刻度盘上直流电压刻度线，即第 2 条刻度线，观察表针指在该刻度线何处。由于第 2 条刻度线标有 3 组数(3 组数共用一条刻度线)，读哪一组数要根据所选择的

电压挡位来确定。例如，测量时选择的是 250 V 挡，读数时就要读最大值为 250 的那一组数，在选择 2.5 V 挡时仍读该组数，只是当指针指到 250 时应该看作是 2.5 V，该组刻度其他数字也要作相应变化。同样在选择 10 V、1000 V 挡测量时读最大值为 10 的那组数，在选择 50 V、500 V 挡位测量时要读最大值为 50 的那组数。

下面以测量电池电压为例，具体说明用指针万用表测量直流电压的过程，如表 2-1-2 所示。

表 2-1-2　用指针万用表测量直流电压的过程

步骤	内容	实 物 图 例	操作过程说明	注意事项及其他
1	选择挡位		测量前先估计被测电压的最大值，选择合适的挡位。估计一节电池的电压不会超过 10 V，因此将挡位选择开关拨至直流电压的 10 V 挡	选择的挡位要大于且最接近估计的最大电压值，这样测量值更准确。若无法估计，可按由高挡位到低挡位逐次降低至合适挡位的方法进行测量
2	接红、黑表笔		红表笔接电池的正极，黑表笔接电池的负极	红、黑表笔切勿接反，特别是被测量较大时，一旦接反，表针逆时针反转，轻则会打弯表针，重则会损坏表头
3	选表盘刻度线	选取第 2 条刻度线 	找到刻度盘上直流电压刻度线，且最大值为 10 那组数。可以选择 50 那组数，但读数误差较大	若选择最大值为 50 的那组数，则当指针指到 50 时应该看作是 10 V，该组刻度其他数字也要作相应变化(×0.2)
4	读数		在最大值为 10 的刻度线上，发现表针所指刻度对应数值为 8.8 和 9 之间，那么该电池电压大致为 8.85 V	也可以选择 50 V、250 V 挡，但准确度会下降

🐝 **注意**

在用指针万用表进行直流电压测量时，除了以上步骤外还需要注意以下几点：

(1) 当测量 1000～2500 V 电压时，应将挡位选择开关拨至 1000 V 挡，将红表笔插入 2500 V 专用插孔中，黑表笔仍插在 "COM" 插孔中，读数时选择最大值为 250 的那一组数。

(2) 直流电压 0.25 V 挡与直流电流 50 μA 挡是共用的。在选择该挡测直流电压时，可以测量 0.25 V 范围内的电压，读数时选择最大值为 250 的那一组数；在选择该挡测直流电流时，可以测量 50 μA 范围内的电流，读数选择最大值为 50 的那一组数。

(3) 直流电流的测量。MF-47 型指针万用表的直流电流挡位可细分为 50 μA、0.5 mA、5 mA、50 mA、500 mA、10 A 共 6 挡。

直流电流的测量步骤如下：

① 先估计被测电路电流可能的最大值，然后选取合适的直流电流挡位，选取的挡位应大于并且最接近估计的最大电流值。

② 测量时，先要将被测电路断开，再将红表笔接断开位置的高电位端，黑表笔接断开位置的另一端。

③ 读数时查看第 2 条刻度线，读数方法与直流电压测量读数相同。

下面以测量直流恒流源的电流大小来说明用指针万用表测量直流电流的过程，操作步骤如表 2-1-3 所示。

表 2-1-3   用指针万用表测量直流电流的过程

步骤	内容	实 物 图 例	操作过程说明	注意事项及其他
1	选择挡位	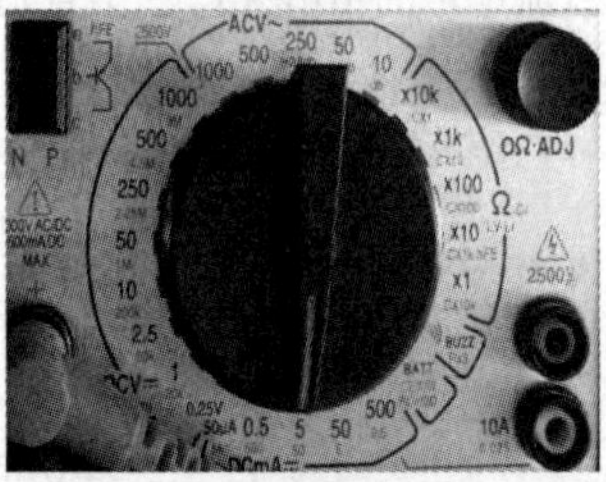	测量前先估计被测电流的最大值，选择合适的挡位。估计直流恒流源的电流不会超 5 mA，因此将挡位选择开关拨至直流电流的 5 mA 挡	选择的挡位要大于且最接近估计的最大电流值，这样测量值更准确。若无法估计，可按由高挡位到低挡位逐次降低至合适挡位的方法进行测量
2	接红、黑表笔	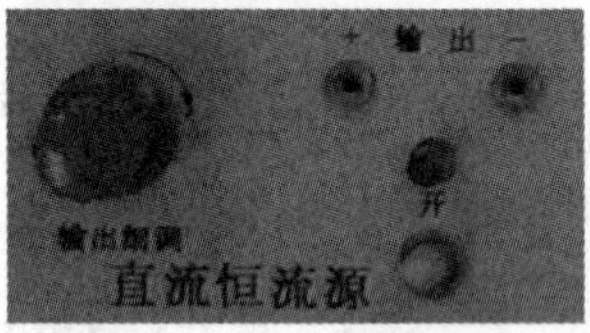	红表笔接直流恒流源输出端的高电位处，即标有 "+" 的插孔，黑表笔接直流恒流源输出端的低电位处，即标有 "−" 的插孔	如果红、黑表笔接反，则表针朝反方向摆动，即表针反转
3	选表盘刻度线	选取第 2 条刻度线 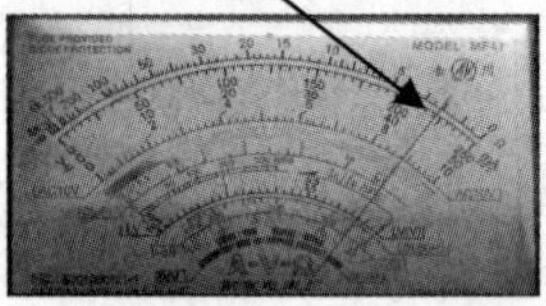	找到刻度盘上直流电流刻度线，且选最大值为 50 的那组数，也可以选择 10 或 250 组数来读数	当指针指到 50 时应该看作是 5 mA，该组刻度其他数字也要作相应变化 (×0.1)
4	读 数		发现表针所指刻度对应数值为 20，那么该直流恒流源输出电流为 2.00 mA	测量时也可以选择 50 mA、500 mA 挡，但准确度会下降

 注意

当测量 500 mA～10 A 电流时，应将红表笔应插入 10 A 专用插孔中，黑表笔仍插在 $\overline{COM}$ 插孔中不动，挡位选择开关拨至 500 mA 挡，测量时查看第 2 条刻度线，并选择最大值为 10 的那组数读数，单位为 A。

(4) 电阻阻值的测量。

MF-47 型指针万用表的欧姆挡可细分为 ×1 Ω、×10 Ω、×100 Ω、×1 kΩ、×10 kΩ 五挡。电阻阻值的测量步骤如下：

① 选择挡位。先估计被测电阻的阻值大小，选择合适的欧姆挡位。挡位选择的原则是：在测量时尽可能让表针指在欧姆刻度线的中央位置，因为表针指在刻度线中央位置时的测量值最准确。若不能估计电阻的阻值，可先选高挡位进行测量，当发现阻值偏小时，再换成合适的低挡位重新测量。

② 欧姆调零。挡位选好后要进行欧姆调零：先将红、黑表笔短接，观察表针是否指到欧姆刻度线(即第 1 条刻度线)的"0"刻度处，如果表针没有指在"0"刻度，可调节欧姆调零旋钮，将表针调到"0"刻度处。

③ 选择测量对象。红、黑表笔分别接被测电阻的两端。

④ 读数。读数时查看第 1 条刻度线，观察表针所指刻度数值，然后将该数值与挡位数相乘，得到的结果就是该电阻的阻值。

下面以测量一个标称阻值为 100 Ω 的电阻为例来说明欧姆挡的使用方法。操作步骤如表 2-1-4 所示。

表 2-1-4　用指针万用表测量电阻阻值的过程

序号	内容	实 物 图 例	操作过程说明	注意事项及其他
1	选择挡位	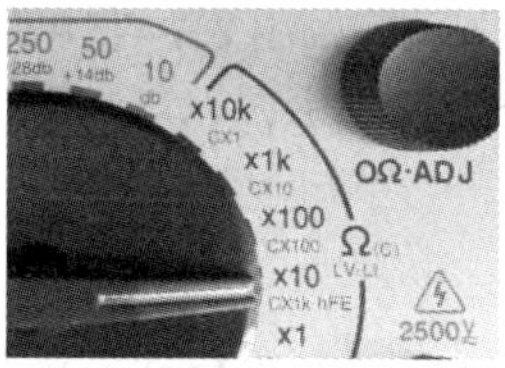	电阻的标称阻值为 100Ω，故选择"x10Ω"挡，然后进行欧姆调零	电阻测量时要选择使表针尽量指到刻度线中央的挡位进行测量。欧姆调零时双眼要正视表盘，防止视觉误差
2	电阻接红、黑表笔		观察指针是否指在"Ω"挡的零位，若不在，则调整"Ω"调零旋钮。将红、黑表笔分别接被测电阻两端，若测电路中的电阻，需将电阻与电路分离	电阻极性无正负之分，故红、黑表笔可随意接其两端，但是电阻测量时一定要断电
3	选表盘刻度线	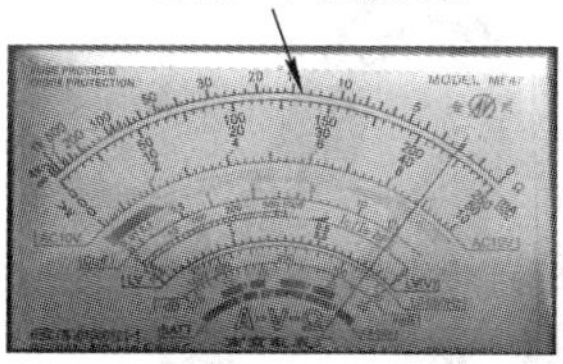	找到刻度盘上第 1 条刻度线	注意电阻测试刻度线大小变化的方向
4	读数	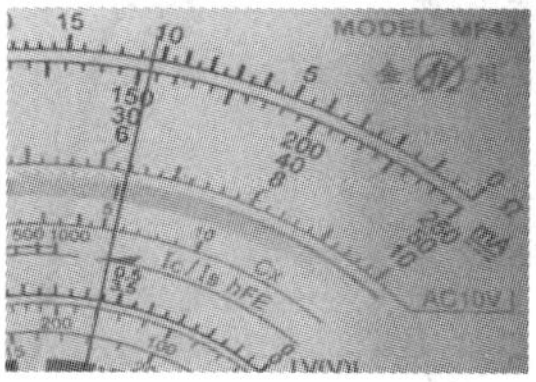	发现表针所指刻度对应数值为 10.5，则该电阻的阻值大约为 105 Ω	阻值是指针读数与选挡位的乘积(10.5 × 10 Ω，即 105 Ω)

注意

指针万用表使用时要按正确的方法操作，否则轻者会出现测量值不准确，重者会烧坏指针万用表，甚至发生触电事故，危害人身安全。指针万用表使用时的具体注意事项如下：

(1) 测量时不能选错挡位，特别是不能用电流或电阻挡来测电压，这样极易烧坏指针万用表。在指针万用表不使用时，可将挡位拨至交流电压最高挡(如 1000 V 挡)。

(2) 在测量直流电压或直流电流时，注意将红表笔接电源或电路的高电位，黑表笔接低电位。若表笔接错则测量表针会反偏，可能会损坏指针万用表。

(3) 若不能估计被测电压、电流或电阻值的大小，则应先用最高挡测量，再根据测得值的大小，换至合适的低挡位测量。

(4) 测量时，手不要接触表笔金属部位，以免触电或影响测量准确度。

(5) 测量电阻值和晶体管放大倍数时要进行欧姆调零，如果调零旋钮无法将表针调到刻度线的"0"处，应及时更换新电池。

(6) 指针万用表在测量电路电压时要并联在被测电路两端，测量电路电流时要串联在被测电路里，而测量电阻时一定要确定被测电阻与电源或电容器等元件断开。

2. VC9802A 型数字万用表使用

VC9802A 型数字万用表是目前市场上最常见的数字式万用表，它可以测量直流电压、直流电流、交流电压、电阻、晶体二极管以及三极管的直流电流放大系数 h_{FE} 等，完全能够满足一般初学者的需要。

1) 面板功能

VC9802A 型数字万用表外形如图 2-1-10 所示。前面板主要包括：液晶显示器、挡位选择开关、h_{FE} 插口、输入插孔等，后面板附有电池盒。VC9802A 型数字万用表的面板局部图如图 2-1-11 所示。

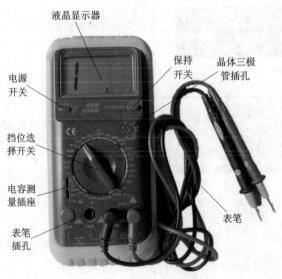

图 2-1-10　VC9802A 型数字万用表

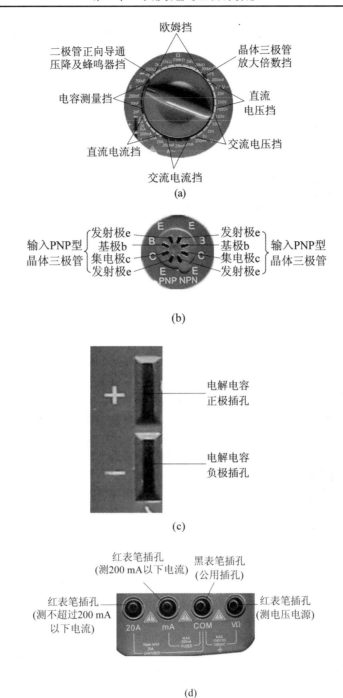

图 2-1-11　VC9802A 型数字万用表的面板局部图

(a) 挡位选择开关；(b) 晶体三极管插孔；(c) 电容插孔；(d) 表笔插孔

2) VC9802A 型数字万用表的使用方法

表 2-1-5 介绍使用 VC9802A 型数字万用表测量电阻、电压、电流、晶体二极管及三极管直流电流放大系数 h_{FE} 等的基本方法。

表 2-1-5　VC9802A 型数字万用表的使用方法

测量参数	操作示意图	操作说明	注意事项
测量电阻		将转换开关拨至"Ω"适当量程挡，红表笔插入"V/Ω"插孔，黑表笔插入"COM"插孔。若置于 20 MΩ 或 2 MΩ 挡，显示值以 MΩ 为单位，200 挡显示值以 Ω 为单位，其余各挡显示值以 kΩ 为单位	① 严禁带电测电阻，也不允许直接测量电池内阻。 ② 用低阻挡(如 200 Ω 挡)测电阻时，为减小误差，可先将两表笔短接，测出表笔引线电阻，据此修正测量结果。 ③ 用高阻挡测电阻时，应手持两表笔绝缘杆，防止人体电阻并入被测电阻而引起测量误差
测量直流电压		将转换开关拨至"V—"适当量程挡，黑表笔插入"COM"插孔，红表笔插入"V/Ω"插孔，开启电源开关，表笔接触测量点后，显示屏上便显示测量值。开关置 200 mV 挡，显示值以 mV 为单位，其余 4 挡以 V 为单位	① 输入的直流电压最大值不得超过 1000 V。 ② 将仪表与被测电路并联。 ③ 仪表具有自动转换并显示极性的功能，因此在测量直流电压时，可不必考虑表笔接法。 ④ 在测量低电平信号(幅度小于 0.5 V)时，必须考虑理想的屏蔽和接地，尽量使读数不受各种杂散信号的干扰。 ⑤ 在测量 1000 V 以下高电压时，必须有绝缘设施，使用高压接头，并且要遵守单手操作规则。 ⑥ 交、直流电压挡不可混用。若误用交流电压挡去测直流电压，或误用直流电压挡去测交流电压，将显示全零或在低位上出现跳字。 ⑦ 测量交流电压时，应用黑表笔接被测电压的低电位端(例如被测信号源的公共地端，220 V 交流电源的零线端等)，以消除仪表输入端对地(COM)分布电容的影响，减小测量误差
测量交流电压	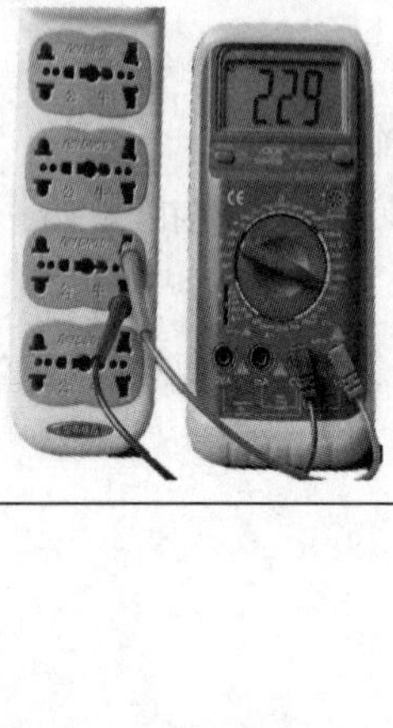	将转换开关拨至"V~"适当量程挡，表笔接法同上，测量方法与测量直流电压相同	输入的交流电压不得超过 750 V，且要求被测电压的频率范围为 45~500 Hz

测量参数	操作示意图	操作说明	注意事项
测量直流电流		测量由 9 伏电池、电阻、发光二极管组成电路的电流，首先将转换开关拨至"A-"适当量程挡，红表笔插入"mA"插孔，黑表笔插入"COM"插孔，把万用表串接入被测电路，接通电源，发光二极管亮。屏幕显示即为电路中流过的直流电流值。若开关置于 200 mA、20 mA、2 mA 三挡时，则显示值以 mA 为单位；当被测电流大于 200 mA 时，开关只能置 20 A 挡，红表笔应插入"20 A"插孔，显示值以 A 为单位。 　　测量交流电流：将转换开关拨至"A～"适当量程挡，其余操作与测量直流电流时相同	① 不能用电流量程测电压。 ② 红表笔应插入"20A"插孔测量大电流时，表笔接触被测点不能超过 10 秒
测量二极管		将转换开关拨至"▬▶▐▬"二极管挡，红表笔插入"V/Ω"插孔，黑表笔插入"COM"插孔，红表笔接二极管正极，黑表笔接二极管负极。当二极管正向接入时，测锗管应显示 0.150～0.300 V；测硅管应显示 0.500～0.700 V。若显示"1"，表示二极管内部开路；若显示全"0"，表示二极管内部短路	数字万用表电阻挡所提供的测试电流很小，测量二极管正向电阻时，要比模拟式万用表电阻挡的测量值高出许多倍。在这种情况下，建议改用二极管挡去测量 PN 结的正向电压，测量结果较为准确
测量三极管的 h_{FE} 值		首先用二极管挡判别三极管类型是"NPN"还是"PNP"管，然后将转换开关拨至 h_{FE} 位置，再将被测三极管根据类型选择"NPN"、"PNP"位置插入 h_{FE} 插孔，接通电源，显示屏显示 h_{FE} 值	注意三个管脚的顺序一定要放对插孔(详细判别方法见第 1 章晶体管检测)
测量电容值		将转换开关拨至"F"电容位置适当量程，再将被测电容插入电容插孔。接通电源，即可显示读数。若开关置于 200 nF、20 nF、2 nF 三挡时，显示值以 nF 为单位；若开关置于 200 μF、2 μF 二挡时，显示值以 μF 为单位	如果是电解电容，要注意正负极
检查线路通断		将转换开关拨至蜂鸣挡位置。红表笔插入"V/Ω"插孔。黑表笔插入"COM"插孔。若被测线路电阻低于 20 Ω，蜂鸣器发声，说明电路通。反之，则不通	仪表说明书中所规定发声阈值电阻的值仅为大致范围，应以实测值为准

3) VC9802A 型数字万用表的使用技巧

VC9802A 型数字万用表的使用技巧如表 2-1-6 所示。

表 2-1-6　VC9802A 型数字万用表的使用技巧

项　目	技 巧 说 明
液晶显示器使用	液晶显示器是利用外界光源的被动式显示器件，应在光线较明亮的环境中使用
仪表使用	仪表使用前，应先核对量程开关位置及两表笔所接入的插孔，无误后再接通电源进行测量。严禁在测量高电压或大电流时拨动开关
未知量测量	对大小不详的待测量，应先选择最高量程挡试测，然后根据显示结果选择适当的量程
显示值读取	刚测量时会出现跳数现象，应等显示值稳定后再读数
过载	倘若在测量时，仅最高位显示数字"1"，其他位均消失，说明仪表已发生过载，应选择更高的量程
测量极限值	在输入插孔旁边注明危险标记的数字，代表该插孔输入电压或电流的极限值。一旦超出就有可能损坏仪表，甚至危及操作者的安全
保持键使用	新型数字式万用表大多带读数保持键(HOLD)，按下此键即可将现在的读数保持下来，供读取数值或记录用。在连续测量时不需要使用此键，否则仪表不能正常采样并刷新测量值，刚开机时若固定显示某一数值且不随被测量值发生变化，就是误按下保持键而造成的，松开此键即转入正常测量状态
自动关机功能	VC9802A 型数字式万用表具有自动关机功能，当仪表停止使用或停留在某一挡位的时间超过 15 分钟时，能自动切断主电源，此时仪表不能继续测量，必须按动两次电源开关，才可恢复正常
量程开关位置	测量完毕，应将量程开关拨至最高电压挡，防止下次开始测量时不慎损坏仪表
更换电池	仪表测量误差增大，常常是因为电源电压不足，测量时应注意欠压指示符号，若符号被点亮，应及时更换电池。为延长电池使用寿命，每次测量结束应立即关闭电源
三极管 h_{FE} 测量	测量三极管 h_{FE} 值时，由于被测管工作于低电压、弱电流状态，因而测得的 h_{FE} 值仅供参考
测量电流	测量电流时应按要求将仪表串入被测电路，若无指示，应先检查 0.5 A 熔丝是否已接入
频率特性	数字式万用表频率特性较差，其交流电的频率范围为 45～500 Hz，且显示的是正弦波的有效值。因此，如被测电量是非正弦波或超出其频率范围，测量误差会较大

2.1.2　示波器的使用

1. 概述

示波器是一种用来观察各种周期性变化的电压和电流波形的电子仪器，可用来测量信号波形的形状、幅度、频率和相位等参数。它是电子制作中常用的电子测量仪器。

示波器的种类较多,主要有模拟示波器和数字存储示波器。示波器的主要特点如表 2-1-7 所示。

表 2-1-7 示波器的主要特点

主要特点	说 明
显示电信号的波形	便于观察波形的变化规律
测量灵敏度高	可测量幅度较小的信号,且有较强的过载承受能力
输入阻抗较高	对被测网络的影响较小
观察波形瞬变的细节	工作频率高,响应速度快,便于观察波形瞬变的细节

2. 模拟示波器使用

1) 面板功能

MOS-620 型示波器前面板图如图 2-1-12 所示。

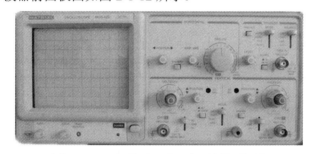

图 2-1-12 MOS-620 型示波器的前面板图

(1) 示波管调整部分实物面板如图 2-1-13 所示。各部分的名称、说明如表 2-1-8 所示。

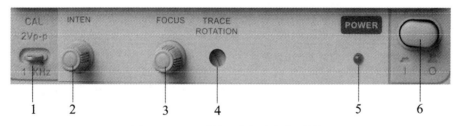

图 2-1-13 示波管调整部分实物面板图

表 2-1-8 示波管调整部分的名称说明

序号	名 称	说 明
1	校准信号	提供幅度为 $2U_{p-p}$,频率 1 kHz 的方波信号,用于校正 10:1 探头的补偿电容器和检测示波器垂直与水平的偏转因数
2	亮度	调节光迹的亮度
3	聚焦	调节光迹的清晰度
4	迹线旋转	调节光迹与水平刻度线水平
5	电源指示灯	电源接通时,灯亮
6	电源开关	电源接通或关闭

(2) 垂直偏转部分如图 2-1-14 所示，各开关和旋钮的名称、作用如表 2-1-9 所示。

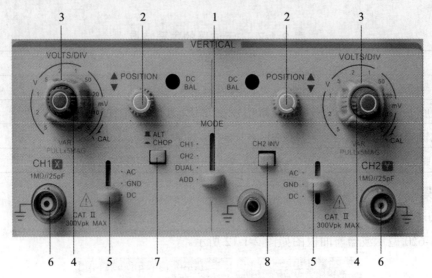

图 2-1-14　垂直偏转部分实物面板图

表 2-1-9　垂直偏转部分的名称、说明

序号	名　称	说　　明
1	显示模式	CH1：单独显示 CH1 通道的信号； CH2：单独显示 CH2 通道的信号； DUAL：同时显示两个通道的信号； ADD：显示两个通道的代数和 CH1+CH2 信号。按下 CH2 INV 按钮，为代数差 CH1－CH2 信号
2	垂直位移	调节光迹在屏幕上垂直方向的位置
3	垂直灵敏度	调节垂直偏转灵敏度从 5 mV/DIV～5 V/DIV 分 10 段
4	灵敏度 微调旋钮	连续调节波形显示的幅度，顺时针旋到底为"校准"位置。当该旋钮拉出后显示信号幅度扩大 5 倍
5	输入耦合 方式	用于选择被测信号输入垂直通道的耦合方式。 AC：交流耦合。 GND：垂直放大器的输入接地，输入端断开。 DC：直流耦合
6	垂直通道 输入端	CH1、CH2 两个通道被测信号的输入端
7	显示选择	在双踪显示时，放开此键，表示通道 1 与通道 2 交替显示(通常用在扫描速度较快的情况下)，当此键按下时，通道 1 与通道 2 同时断续显示(通常用于扫描速度较慢的情况下)
8	通道 2 的 信号反相	当此键按下时，通道 2 的信号以及通道 2 的触发信号同时反相

(3) 水平偏转部分实物面板如图 2-1-15 所示，各开关和旋钮的名称、说明如表 2-1-10 所示。

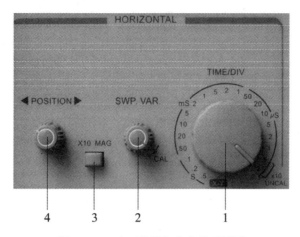

图 2-1-15 水平偏转部分实物面板图

表 2-1-10 水平偏转部分的名称、说明

序号	名　称	说　　明
1	水平扫描速度开关	扫描速度可以分 20 挡，从 0.2～0.5 s/DIV
2	水平微调旋钮	微调水平扫描时间，使扫描时间被校正到与面板上 TIME/DIV 指示的一致。TIME/DIV 扫描速度可连续变化，整个延时可达 2.5 倍甚至更多，当顺时针旋转到底为校正位置
3	扫描扩展开关	按下时扫描速度扩展 10 倍
4	水平位移	调节光迹在屏幕上的水平位置

(4) 触发部分如图 2-1-16 所示，各开关和旋钮的名称、说明如表 2-1-11 所示。

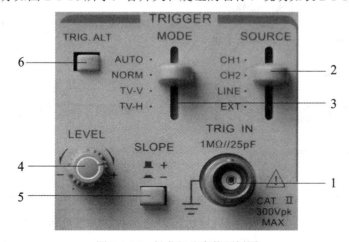

图 2-1-16 触发部分实物面板图

表 2-1-11　触发部分的名称、说明

序号	名　称	说　明
1	外触发输入插座	触发器选择外触发时，连接外部触发信号
2	触发源	内触发同步选择 CH1 或 CH2；电源同步信号选择 LINE；外触发选择 EXT
3	触发方式选择开关	AUTO：自动，当没有触发信号输入时扫描在自由模式下； NORM：常态，当没有触发信号时，踪迹处在待命状态并不显示； TV-V：电视场，当想要观察一场的电视信号时； TV-H：电视行，当想要观察一行的电视信号时
4	触发电平旋钮	显示一个同步稳定的波形，并设定一个波形的起始点。向"+"方向旋转触发电平向上移，向"－"方向旋转触发电平向下移
5	极性按键	触发信号的极性选择。"+"上升沿触发，"－"下降沿触发
6	触发交替选择	当垂直方式选择开关设定在 DUAL 或 ADD 状态，而且触发源开关选在通道 1 或通道 2 时，按下此键，它会交替选择通道 1 和通道 2 作为内触发信号源

(5) 附件。示波器探头(或称探极)为专用，如图 2-1-17 所示，是连接示波器与被测电路的测试线。常用的无源探头输入阻抗为 10 MΩ，17 pF(探头上的开关在 ×10 位置时)，其内部构成是一个 RC 并联电路，探头内的 RC 与示波器的输入电阻 R、输入电容 C 共同组成 RC 宽频带衰减器，衰减比 10：1。

应当指出，探头上的开关在 ×1 位置时，不仅输入阻抗降低，而且带宽也下降。因此，如果没有必要，则不要将开关放在 ×1 位置，特别是测量高频信号时。探头使用前应接入校准信号源观察波形，如果波形失真，则需要用小起子调节探头补偿旋钮，直至波形正常，衰减开关和补偿旋钮如图 2-1-18 所示。

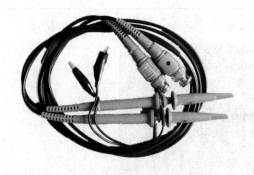

图 2-1-17　示波器专用探头

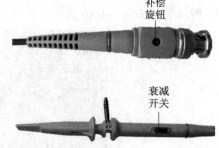

图 2-1-18　示波器专用探头衰减开关及补偿旋钮

2) 示波器的应用

(1) 测量前的自检。示波器在使用前首先要对仪器自身和示波器探头进行检测，方法是通过探头将校准信号引入示波器，观察显示波形并判断示波器是否正常。示波器自检的连线如图 2-1-19 所示，自检步骤如表 2-1-12 所示。

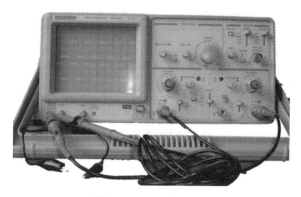

图 2-1-19　示波器自检

表 2-1-12　示 波 器 自 检

操作步骤	说　明
旋钮和开关位置	使用前首先将面板上所有按键弹起，垂直灵敏度微调旋钮和水平微调旋钮顺时针旋转到底，水平位移和垂直位移旋钮旋转到中间位置，显示模式开关打在 DUAL 位置，其他开关打在最上面位置
调节扫描基线	打开电源开关，屏幕上应该出现两条扫描基线，调节垂直位移旋钮让两条扫描基线在中间位置重合。如果基线看不清楚，可调整亮度和聚焦旋钮使其明亮清晰
旋上插头	捏住探头金属插头部分，将探头插入示波器输入插座并旋紧
接入校准信号源	将探头衰减倍数开关打在 ×1 位置，并将探头挂在校准信号源上，移动垂直位移旋钮，这时屏幕上应出现两个方波，读取频率和幅值，其值应为 1 kHz，2 V$_{p-p}$

(2) 参数测量要点。下面介绍使用示波器测量电压、相位、时间和频率的一般方法。需要强调的是，在使用模拟示波器进行测量时，示波器有关调节旋钮必须处于校准状态，例如测量电压时，Y 通道的衰减器调节旋钮必须处于校准位置。在测量时间时，扫描时间调节旋钮必须处于校准位置。只有这样测得的值才是准确的。

① 波形观测的基本操作方法。使用示波器观察波形或测量参数，需按一定的操作方法，才能快速得到所需结果。下面举例说明其波形观测的基本操作方法。

实例　观察一个 1 kHz 左右的正弦波(不要求测量周期和幅度)，连线如图 2-1-20 所示，操作方法如表 2-1-13 所示。

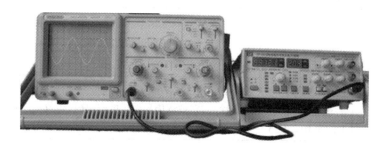

图 2-1-20　仪器连线图

表 2-1-13　波形观测基本操作方法

测量步骤	说　明
调出扫描基线	按表 2-1-12 前两步调出扫描基线
信号输入	将信号源信号接入 CH1 通道
耦合方式选择	将耦合方式置为 AC，垂直灵敏度旋钮打在适当的位置，此时屏幕上显示正弦波
完整显示	要显示正弦波一个以上的完整周期，可将时间因数(TIME/DIV)放在 0.5 ms/DIV 挡位。在定性观察时，垂直微调和扫描微调的位置可随意放置

 注意

示波器探头和信号源输出电缆的接地应连在一起。

② 测量交流电压幅值。首先将待测信号接入示波器 CH1 通道，再调节示波器各功能旋钮，使显示器上清晰、稳定显示如图 2-1-21 所示波形，然后按表 2-1-14 步骤进行测量。

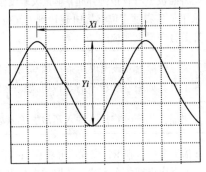

图 2-1-21　正弦波幅值周期测量

表 2-1-14　测量交流电压幅值

测量步骤	说　明
调出扫描基线	按表 2-1-12 前两步调出扫描基线
耦合方式选择	将耦合方式置为 DC 或 AC。如果待测信号频率很低或包含直流分量，而且对该直流分量也感兴趣，那么置为 DC。如果待测信号频率较高或对其所含的直流分量不感兴趣，只关心其交流分量，那么置为 AC
读出信号格数	将垂直灵敏度微调旋钮旋至校准(CAL)位置，读出信号峰–峰值所对应的垂直坐标格数 Yi(DIV)
计算信号幅值	该交流信号峰–峰值 $U_{p\text{-}p}$ 为 $$U_{p\text{-}p} = Yi(\text{DIV}) \times 灵敏度(\text{V/DIV})$$ 如果探头为 10∶1，则实际电压幅度应乘以 10
举例	若"VOLT/DIV"挡级放在"0.05 V/DIV"，由坐标刻度读出的峰–峰值为 2.5 DIV 并使用了 10∶1 的衰减探头，则被测信号电压的峰–峰值为：$U_{p\text{-}p}$ = 0.05 V/DIV × 2.5 DIV × 10 = 1.25 V

③ 测量信号频率或时间间隔。测量方法如表 2-1-15 所示。

表2-1-15 测量信号频率或时间间隔

测量步骤	说　明
波形调整	将时基微调旋钮旋至校准位置(CAL)，然后调节时基旋钮，使波形稳定显示一到两个周期
读格数	读出对应信号一周的水平刻度 $Xi(\text{DIV})$
信号周期	$T_s = X(\text{DIV}) \times 时基(t/\text{DIV})$
频率 f_s	$f_s = 1/T_s$

④ 测量相位差 φ。测量步骤如表2-1-16所示，显示器上显示的波形如图2-1-22所示。

表2-1-16 测量相位差

测量步骤	说　明
双踪示波	对同频不同相的信号相位差 φ 的测量方法是利用"双踪"同时显示被测信号
读时间差	信号的一个周期时间为 X_T，对应的相位为 360°，故应要找出两信号的零点(或峰值点)的时间差 X
相位差 φ	$\varphi = [X(\text{DIV}) / X_T(\text{DIV})] \times 360°$

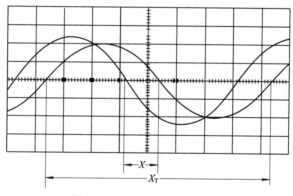

图2-1-22 同频不同相的信号

⑤ 测量上升(下降)时间。图 2-1-23 为脉冲上升(下降)时间示意图，测量方法步骤如表2-1-17所示。

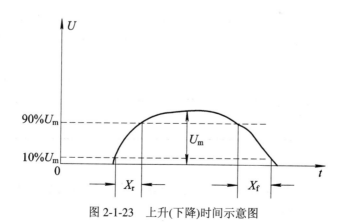

图2-1-23 上升(下降)时间示意图

表 2-1-17　测量上升(下降)时间

测量步骤	说　明
波形调整	见表 2-1-9
上升时间：X_r	$X_r = X_r(\text{DIV}) \times$ 时基(t/DIV)
下降时间 X_f	$X_f = X_f(\text{DIV}) \times$ 时基(t/DIV)

3. 数字存储示波器

数字存储示波器的前端电路与模拟示波器基本相同，包括探头、耦合方式、衰减、放大、位置调节等，但后续电路区别极大。

1) 数字存储示波器特点

数字存储示波器和模拟示波器相比较有表 2-1-18 所示的特点。

表 2-1-18　数字存储示波器特点

特　点	说　明
使用字符显示测量结果	用面板上的调节旋钮控制光标的位置，在屏幕上直接用字符显示光标处的量值。因此可避免人工读数的误差
可以长期存储波形	如果将参考波形存入一个通道，另一通道用来观测检查的信号，即可方便地进行波形比较；对于单次瞬变信号或缓慢变化的信号，只要设置好触发源和取样速度，就能自动捕捉并存入存储器，便于在需要时观测
可以进行预延迟	当采用预延迟时，不仅能观察到触发点以后的波形，也能观察到触发点以前的波形
有多种显示方式	例如"自动抹迹"方式，每加一次触发脉冲，屏幕上原来的波形就被新波形所更新，如放幻灯一样；又如"卷动"方式，此方法用于观察缓变的信号，当被测信号更换后，屏幕上显示的原波形将从左至右逐点变化为新波形
便于进行数据处理	例如，把数据取对数后再经 D/A 变换送去显示，此时屏幕上显示的是对数坐标上的图形
便于程控	可用多种方式输出。通过适当的接口，可以接受程序控制，又可以与绘图仪、打印机等连接

2) 主要技术指标

数字存储示波器与波形显示部分有关的技术指标与模拟示波器相似，与波形存储有关的主要技术指标如表 2-1-19 所示。

表 2-1-19 与波形存储有关的主要技术指标

指标概念	指标说明
最高取样速率	指单位时间内取样的次数，用每秒钟完成的 A/D 转换的最高次数来衡量。常以频率 f_s 来表示。 实时取样速率 $f_s = \dfrac{N}{t/\text{DIV}}$（$N$ 为每格的取样数，t/DIV 为扫描一格所用的时间即扫描时间因数）
存储带宽(B)	与取样速率 f_s 密切相关。根据取样定理，如果取样速率大于或等于信号频率的 2 倍，便可重现原信号。实际上，为保证显示波形的分辨率，往往要求增加更多的取样点，一般取 $N = 4 \sim 10$ 倍或更多，即存储带宽 $B = f_s/N$
分辨率	示波器能分辨的最小电压增量，即量化的最小单元。包括垂直分辨率(电压分辨率)和水平分辨率(时间分辨率)。垂直分辨率与 A/D 转换器的分辨率相对应，常以屏幕每格的分级数(级/DIV)或百分数来表示。水平分辨率由存储器的容量决定，常以屏幕每格含多少个取样点或用百分数来表示
存储容量	由采集存储器(主存储器)的最大存储容量来表示，常以字节为单位
读出速度	读出速度是指将数据从存储器中读出的速度，常用"时间/DIV"来表示

3) DS1062C 型数字存储示波器使用

(1) 面板简介。DS1062C 型数字存储示波器是小型、轻便式的两通道台式仪器，可以用地电压为参考进行测量，主要用来观察与测量电路中的各种波形，观察电路能否正常工作，测量波形的有效值、平均值、峰-峰值、上升时间、下降时间、频率、周期、正频宽、负频宽等。

RIGOL DS1062C 型数字存储示波器的面板如图 2-1-24 所示。

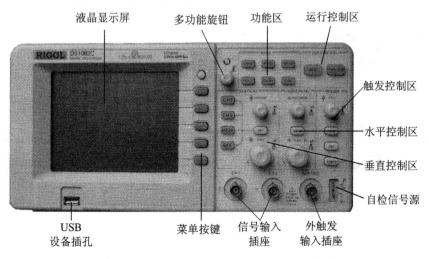

图 2-1-24 RIGOL DS1062C 型数字存储示波器的面板

液晶显示屏显示界面如图 2-1-25 所示。

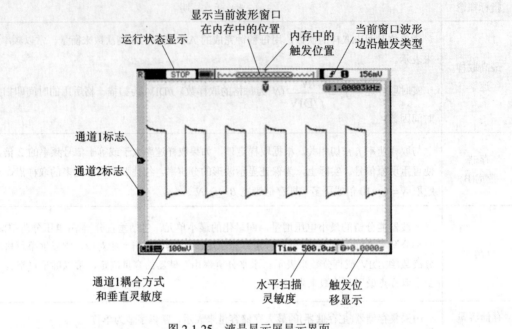

图 2-1-25　液晶显示屏显示界面

(2) 数字存储示波器应用实例。从应用角度来说，数字存储示波器面板布置简洁，按键和显示器的人机接口以及操作菜单化，直接显示测量结果，给操作者带来很大方便，大大提高测量效率。

① 测量前的自检。数字存储示波器使用前和模拟示波器一样都要进行自检，观察显示波形的幅值与频率是否和校准信号源的幅值与频率一样。自检测量电路的连接和波形显示如图 2-1-26 所示。操作步骤如表 2-1-20 所示。

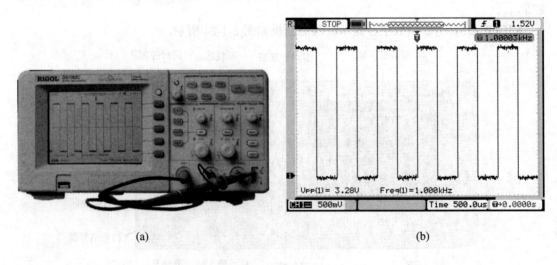

(a)　　　　　　　　　　　　　　　　(b)

图 2-1-26　数字示波器自检

(a) 数字示波器自检；(b) 屏幕显示的波形和参数

表 2-1-20　数字存储示波器自检

测量步骤	说　明
信号接入	将探头上的开关设定为 1×，从校准信号源接入信号到 CH1 插座
CH1 通道 参数设置	① 打开电源开关，这时屏幕有波形显示但不稳定； ② 在垂直控制区按下 CH1； ③ 根据显示屏显示，按照菜单耦合方式选择按第一个键选直流； ④ 带宽限制选择按第二个键选打开，这样可以有效滤除一些杂波； ⑤ 探头衰减有四个选项，按第三个键选择 1×； ⑥ 数字滤波对于自检波形可以按第四个键进入下级菜单，按第一个键选关掉； ⑦ 按第五个键进入菜单下一页，挡位调节按第二个键选可将垂直灵敏度旋钮设为粗调或细调，选为细调； ⑧ 反相按第三个键选关闭
波形显示 参数设置	① 在功能区按下 Measure； ② 根据显示屏显示按菜单信源选择按第一个键选 CH1； ③ 电压测量，按第二个键进入下级菜单，旋转多功能旋钮选择峰峰值显示； ④ 时间测量，按第三个键进入下级菜单，旋转多功能旋钮选择频率，被测波形的这两个参数就实时在屏幕下方显示； ⑤ 按第四个键清除测量，参数显示消失； ⑥ 按第五个键全部测量打开，则被测波形 18 个参数全部显示，再次按下该键全部消失
信号测量	按下运行控制区 AUTO 键，这时波形就稳定的显示在屏幕上
调整观察	可根据需要改变垂直、水平和触发功能区旋钮改变波形显示

② 测量两路信号。将两路波形接入示波器的两个通道，按图 2-1-27 所示连接，测量两路信号的操作步骤如表 2-1-21 所示。

表 2-1-21　测量两路信号

测量步骤	说　明
信号接入	将探头上的开关设定为 1×，将信号分别接入到 CH1 和 CH2 插座
通道参数设置	设置方法同表 2-1-16
波形显示 参数设置	① 在功能区按下 Measure； ② 信源如果选择 CH1，那么电压和时间测量就只针对 CH1 通道信号，选 CH2 一样； ③ 屏幕下最多显示三个参数，根据需要选择，按键选择 CH1、CH2 通道波形的峰–峰值和 CH2 通道波形的频率，也可通过打开全部测量观察
信号测量	按下运行控制区 AUTO 键，这时波形就稳定地显示在屏幕上
调整观察	可根据需要改变垂直、水平和触发功能区的旋钮改变波形显示

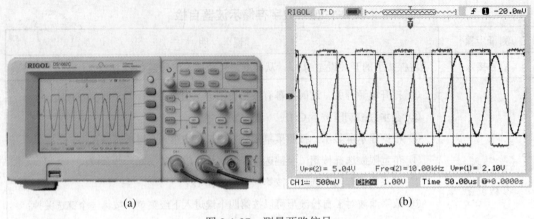

图 2-1-27　测量两路信号

(a) 数字示波器双踪显示；(b) 屏幕显示的波形和参数

2.1.3　信号发生器的使用

1. 概述

信号发生器是一种多波形信号源，能产生某种特定的周期性时间函数波形，如正弦波、方波和三角波，有的还可以产生锯齿波、矩形波(宽度和重复周期可调)、正负尖脉冲等。函数发生器有很宽的工作频率范围(从几毫赫兹到几十兆赫兹)。有的函数发生器还具有调制功能，可以进行调幅、调相、脉冲调制，还能进行调频，因而可成为低频扫频信号源。除了工作于连续波状态，有的函数发生器还能键控、门控或工作于外触发方式。

函数发生器在生产、测试、仪器维修和实验时可作为信号源使用。函数信号由专用的集成电路产生，扫描电路由多片运算放大器组成，以满足扫描宽度、扫描速率的需要，其宽带直流功放电路保证了输出信号的带负载能力以及输出信号的直流电平偏移受面板电位器的控制。

2. 使用方法

下面以 SP1641B 型函数信号发生器为例介绍其使用方法。

(1) SP1641B 面板，各按键、旋钮功能。图 2-1-28 所示为 SP1641B 型函数信号发生器前面板图，其面板上各按键、旋钮功能如表 2-1-22 所示。

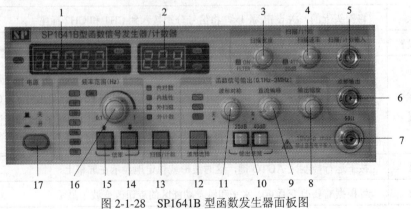

图 2-1-28　SP1641B 型函数发生器面板图

表 2-1-22　SP1641B 型函数发生器面板

序号	按键、旋钮	功能说明
1	频率显示窗口	显示输出信号的频率或外测频信号的频率
2	幅度显示窗口	显示函数输出信号和功率输出信号的幅度(50 Ω 负载时的峰–峰值)
3	扫描宽度调节旋钮	可调节扫频输出的频率范围。在外测频时，逆时针旋转到底(绿灯亮)，使外输入测量信号衰减 20 dB 后进入测量系统
4	扫描速率调节旋钮	调节此旋钮可以改变内扫描的时间长短
5	扫描/计数输入插座	当"扫描/计数"键选择外扫描状态或外测频功能时，外扫描控制信号或外测频率信号由此输入
6	点频输出插座	输出频率为 100 Hz 的正弦信号，输出幅度为 $2U_\text{p-p}(-1\sim+1\ \text{V})$，输出阻抗为 600 Ω
7	函数信号输出插座	输出多种波形受控的函数信号，输出幅度为 $20U_\text{p-p}(1\ \text{M}\Omega$ 负载)、$10U_\text{p-p}(50\ \Omega$ 负载)
8	函数信号功率输出调节旋钮	电压输出：调节范围为 0~20 dB。 功率输出：调节范围为 0~5 W 输出功率
9	函数输出信号直流电平偏移调节旋钮	调节范围：$-5\sim+5$ V(50 Ω 负载)、$-10\sim+10$ V(1 MΩ 负载)。当电位器处在关位置时，则为 0 电平
10	函数信号/功率信号输出幅度衰减开关	"20dB"、"40dB"键均不按下时，输出信号不经衰减，直接输出到插座口。"20dB"、"40dB"键分别按下，则可选择 20 dB 或 40 dB 衰减
11	输出波形对称性调节旋钮	改变输出信号的对称性。当旋钮处在关位置时，输出对称信号
12	函数输出波形选择按钮	选择正弦波、三角波、脉冲波输出
13	"扫描/计数"按钮	选择多种扫描方式和外测频方式
14	倍率递增选择按钮	每按此按钮一次可递增输出频率的 1 个频段
15	倍率递减选择按钮	每按此按钮一次可递减输出频率的 1 个频段
16	频率微调旋钮	微调输出信号频率
17	整机电源开关	按下此按键时，机内电源接通，整机工作。此键释放为关掉整机电源

(2) 信号输出及调节方式说明。SP1641B 型函数信号发生器的信号输出及调节方式如表 2-1-23 所示。

表 2-1-23　SP164B 型函数发生器信号输出及调节方式

输　出	说　　明
50 Ω 主函数 信号输出	① 以终端连接 50 Ω 匹配器的测试电缆，由前面板插座 7 输出函数信号。 ② 由频率选择按钮 15 或 16 选定输出函数信号的频段，由频率微调旋钮调整输出信号频率，直到所需的工作频率值。 ③ 由波形选择按钮 12 选定输出函数的波形分别获得正弦波、三角波、脉冲波。 ④ 由信号幅度选择器 11 和 8 选定和调节输出信号的幅度。 ⑤ 由信号电平设定器 9 选定输出信号所携带的直流电平。 ⑥ 输出波形对称调节器 10 可改变输出脉冲信号空度比
TTL/CMOS 脉冲信号输出	① 信号电平为标准 TTL 电平，或 CMOS 电平(输出高电平可调 5～15 V)，其重复频率、调控操作均与函数输出信号一致。 ② 将信号(终端不加 50 Ω 匹配器)由后面板输出插座输出
内扫描/扫频 信号输出	① 选定为内扫描方式。"扫描/计数"按钮 13 选定为"内扫描方式"。 ② 分别调节扫描宽度调节 3 和扫描速率调节器 4 获得所需的扫描信号输出。 ③ 函数输出插座 7、TTL 脉冲输出插座 6 均输出相应的内扫描的扫频信号
外测频 功能检测	① "扫描/计数"按钮 13 选定为"外计数方式"。 ② 用本机提供的测试电缆，将函数信号引入外部输入插座 5，观察显示频率应与"内"测量时相同

(3) 使用实例。用信号源输出一个 1000 Hz，$0.5U_{p-p}$ 的正弦波。信号源输出电缆接线图如图 2-1-29 所示，操作步骤如表 2-1-24 所示。

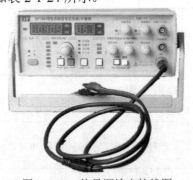

图 2-1-29　信号源输出接线图

表 2-1-24　信号输出操作步骤

操作步骤	说　　明
连接电路	将测试电缆连接在 50 Ω 输出插座上，电缆末端红夹子接信号输入点，黑夹子接地
调整频率	首先通过按键选择频率为 1 kHz，再调整微调旋钮，同时观察频率输出显示，调整为 1000 Hz
选择波形	通过波形选择按键选取正弦波
调整幅值	按下 20 dB 衰减按键，再观察显示，调整输出幅值调整旋钮，调整为 $0.5U_{p-p}$，这时信号源就是输出符合要求的信号

2.1.4　毫伏表的使用

TH2172 型交流毫伏表主要用于测量频率为 5 Hz～2 MHz，电压为 100 μV～300 V 的正弦波电压有效值。本仪器采用低噪声、宽频带放大器，具有测量准确度高，频率影响误差小，输入阻抗高的优点。并且具有交流电压输出功能和输入端保护功能。换量程不需调零，仪器使用方便。

1) 面板介绍

TH2172 型交流毫伏表面板主要由表头、电源开关、量程选择旋钮、输入插座、输出插座等组成，如图 2-1-30 所示。

图 2-1-30　TH2172 型交流毫伏表前面板

2) 使用方法

使用 TH2172 型交流毫伏表测量正弦波电压有效值方法比较简单，但有一些操作规程需要注意，否则会影响测量精度，使用方法如表 2-1-25 所示。

表 2-1-25　TH2172 型交流毫伏表的使用方法

步　骤	说　　明
调零	仪器开机前，先检查电表指针是否在"0"上，如果不在"0"上，用绝缘起子调节机械零位使指针指示"0"。
接通电源	将"量程"开关放在最大量程挡(300 V)，接通电源，指示灯应亮。指针大约有 5 秒钟不规则地摆动，这并不是一个故障，仪器很快就会稳定
量程选择	① 将"量程"置于最大挡，将测试电缆同轴端口接入输入插座。由于测量线两线不对称，其中有一个接线夹(黑色)为屏蔽层，同时又是毫伏表的接地线，所以在接线时，先将黑色夹子(地线)接入电路，再将红色夹子(信号线)接到被测点。 ② 接入后逐步减小量程，直到合适的量程表头有一指示为止。 ③ 如果读数小于满刻度 30%，逆时针方向转动量程旋钮逐渐地减小量程电压。当指针大于满刻度 30%又小于满刻度值时读出示值。 ④ 切勿用低量程挡测量高电压，否则将损坏仪器
测量结束	① 该点测量结束后，应先将"量程"放到大量程挡，拆下测量线。 ② 与接线的过程相反，拆线时先拆红色夹子(信号线)，再拆黑色夹子(地线)。 ③ 为防止感应信号过大造成毫伏表过载，测量线的两夹子在拆下后应短接在一起
度数	面板上电压表头有两个标尺(0～1 和 0～3)，使用不同的量程时，应在相应的表度尺上读数，并乘以合适的倍率
注意事项	长期不用，关掉电源

2.1.5 其他仪器的简介

前面介绍的几种仪器较为常用，还有一些仪器(如表 2-1-26 所示)在设计入门期用不到，但随着电路设计的复杂程度的提高一定会用到，下面简要说明。

表 2-1-26 测量仪器的功能说明

仪器	图 例	功 能 说 明
数字信号源		数字信号源主要应用 DDS 和频率锁相环技术，相对于模拟信号源可以产生极高的频率；具有极高的频率分辨率；输出频率的相对带宽很宽；具有极短的频率转换时间；具有在频率捷变时的相位连续性的特点
电子频率计		在电子技术领域内，频率与电压一样，也是一个基本参数。目前电子频率计已经大量采用大规模、超大规模集成电路，尤其是与微处理器相结合，实现了程控化和智能化。具有测量精度高、速度快、自动化程度高、直接数字显示、操作简便等特点。在电子频率计上附加参数转换电路，可以完成多参数、多功能测量
频率特性测试仪	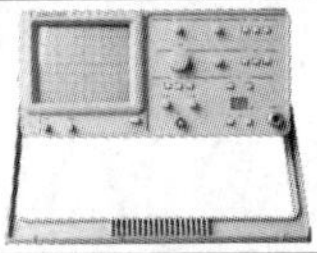	频率特性测试仪是利用示波管直接图示被测电路幅频特性曲线的仪器。它采用扫频信号作测试信号，是一种扫频测量仪器，故又称之为扫频仪
元件参数测试仪	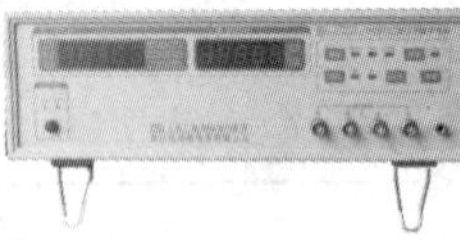	元件参数测试仪可以测量元件的电阻、电容和电感。测量这些参量的方法有交流电桥法、谐振法等经典的测量方法。随着电子技术的飞速发展，也可以将被测参量通过参数转换器变换成电压、电流或时间来进行测量。目前，数字化的元件参数测试仪器很多，如数字式微欧计、数字式高阻表、矢量阻抗法测试仪(高频自动阻抗电桥，矢量阻抗表)、数字式电容测量分选仪、数字式电感测量仪、数字 Q 表及 RCL 数字电桥等。左图就是一种 RCL 数字电桥
晶体管特性图示仪	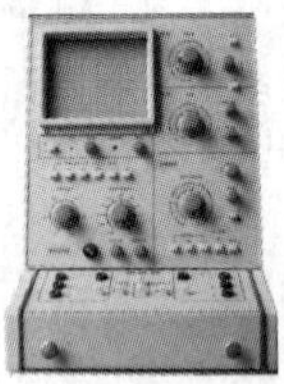	晶体管特性图示仪是一种用途广泛，可以在示波管屏幕上直接显示晶体管特性曲线簇的专用测试设备，通过屏幕前的标尺刻度还可以读测晶体管的各项具体参数。与其他同类直流测试仪器相比，它除了具有用途广泛、使用灵活和显示直观的特点之外，还具有一般测试仪器所没有的能反映测试全貌(在整个被测区域内)的独特优异之处，这就给晶体管器件的研制、改进、晶体管电路的设计和晶体管的合理应用提供了极大的方便，它是器件生产厂家与使用单位必不可少的重要测试设备
虚拟仪器		虚拟仪器(VI)以透明的方式把计算机资源(如微处理器、内存、显示器等)和仪器硬件(如 A/D、D/A、数字 I/O、定时器、信号处理等)的测量、控制能力结合在一起，通过软件实现对信号分析处理、表达及图形化用户接口等，用户在通用计算机平台上，根据需求定义和设计仪器的测试功能，使得使用者在操作这台计算机时，就像是在操作一台自己设计的测试仪器一样
直流稳压电源	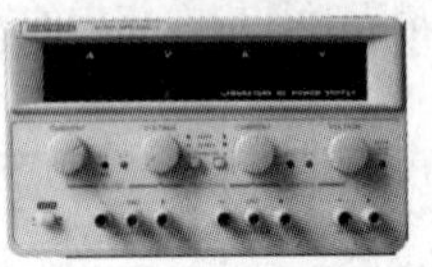	直流稳压电源在电子制作中必不可少，选择时要注意它的电压调整范围和最大输出电流

2.2　电子制作工具的使用

电子制作工具有常用、专用之分，常用工具主要有镊子、钳子、剪刀、螺丝刀、手钢锯、锤子、手电钻、锉刀等，专用工具主要有电烙铁、热熔胶枪、吸锡器等，下面分别进行使用说明。

2.2.1　普通工具的使用

在电子制作中，熟练使用工具可以达到事半功倍的效果，常用普通工具的使用实例如表 2-2-1 所示。

表 2-2-1　常用普通工具

工具名称	实物及使用图	使 用 说 明
镊子	 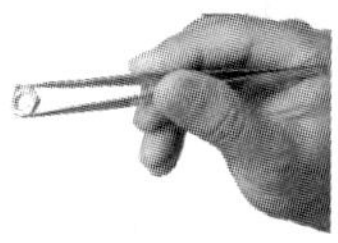 	镊子有直头镊子和弯头镊子两种。 现代电子元器件体积大多比较小，电路装配空间也常常比较狭小，这时，镊子就是必须的了。镊子还可用于焊接电子器件时帮助散热。比如在焊接晶体二极管和晶体三极管时，为了保护器件不因高温而损坏，可按左图所示，用镊子夹住管脚上方，帮助散热。 镊子应选用不锈钢材质的，要求弹性好、尖头吻合良好，总长度为 110～130 mm 为宜
锥子	 	锥子主要用来穿透电路板上被焊锡堵塞的元器件插孔以及钻孔进行定位等。常见的锥子有塑料柄、木柄和金属柄几种，其中金属柄的锥头可以更换
钢板尺	 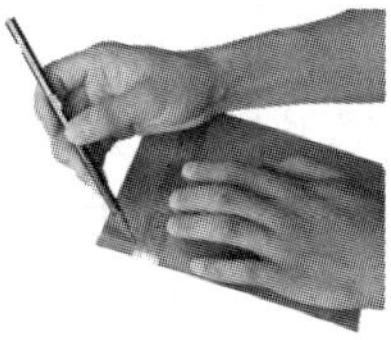	钢板尺主要用来测量元器件尺寸，也可以作为画直线的导向工具。由于常见钢板尺采用不锈钢材料制成，所以也称不锈钢直尺。钢板尺最小尺寸刻度线为 0.5 mm，其长度规格有 150 mm、300 mm、500 mm、1000 mm 等。初学者选购 150 mm 或 300 mm 的比较合适

续表一

工具名称	实物及使用图	使用说明
刀子		常用的刀子有铅笔刀和美工刀两种。铅笔刀可用来刮净元器件引线或印制电路板等焊接处的多余焊点。美工刀由刀架、可更换和伸缩的刀片组成，常用来切割各种材料和清除电路板、装置外壳等加工后出现的毛边。铅笔刀选购学生用普通小铅笔刀即可。美工刀有多种规格，一般以刀片的长度表示，选择刀片长度为 80 mm 的美工刀比较合适 另外，本书印制电路板制作方法中就有刀刻法，这就需要木刻刀或石刻刀，它们在工艺品店或文化用品店里可以买到，价格不是太贵
剪刀		 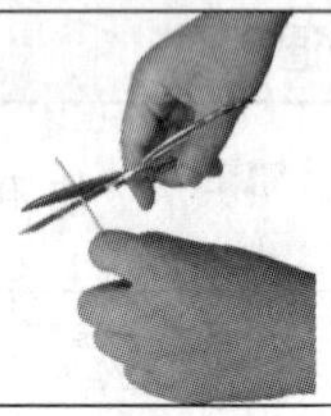 剪刀主要用来剪切各种导线、细小的元器件引脚及套管、绝缘纸、绝缘板等。使用比较熟练后，也可以用它来剥除导线的绝缘皮，起剥线钳的作用
螺丝刀		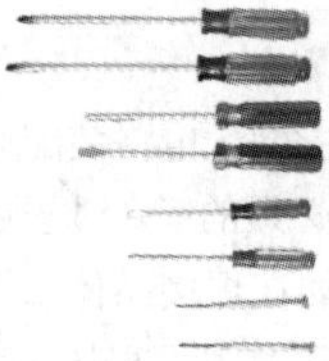 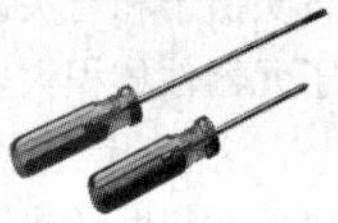 螺丝刀又叫改锥或起子，由柄、杆、头三部分组成。它种类很多，按柄部材料的不同，可分为木柄螺丝刀、塑料柄螺丝刀等；按头部形状的不同，可分为"一"字形和"十"字形螺丝刀两种，分别用以拧动不同槽型的螺钉
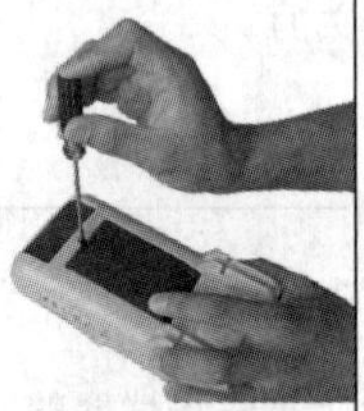	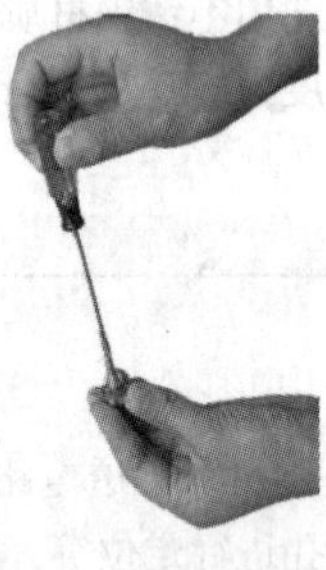	使用大螺丝刀时，右手手掌要顶住柄的末端，用右手的拇指、食指及其他 3 指紧紧握住螺丝刀柄，这样才能使出较大的力气。使用小螺丝刀时，一般不需要使太大的力气。 使用螺丝刀时要注意，应根据螺钉的大小，选用合适的螺丝刀。螺丝刀的刃口要与螺钉槽相吻合，不要凑合使用，以免损坏刀口或螺钉。操作时螺丝刀杆要与螺钉帽的平面相垂直，不要倾斜。"一"字形的螺丝刀口不平时，可用砂轮或粗石打磨。"十"字形螺丝刀刀口磨损时，可用钢锉锉好。此外，不要将螺丝刀当凿子用
尖嘴钳		 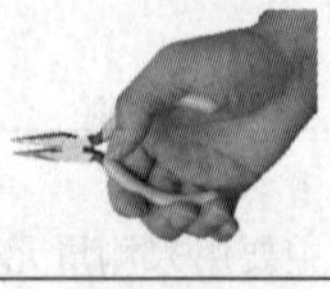 尖嘴钳由钳头、钳柄构成。和其他钳子相比，它的钳头细而尖，并带有刀口，钳柄上套有绝缘套。尖嘴钳适合在狭小的工作空间操作。 尖嘴钳在使用时可以平握，也可以立握。尖嘴钳的用途较广，但不要用于剪较粗的金属丝，以防止刀口损坏

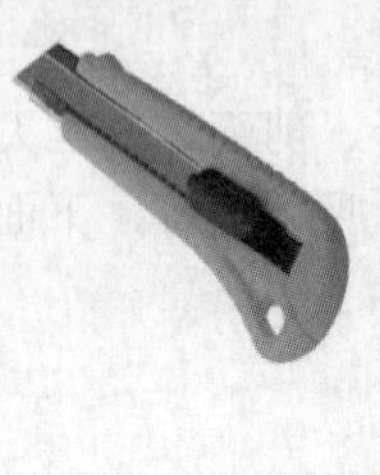

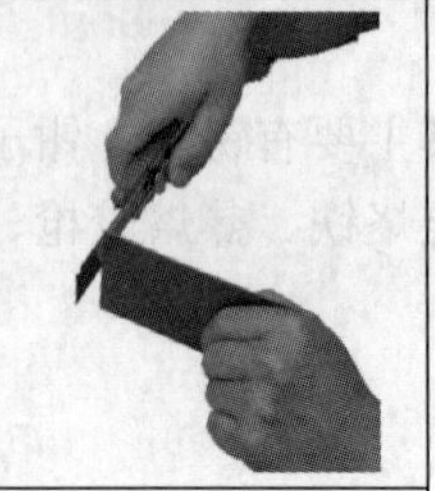

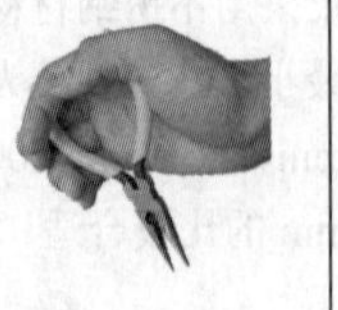

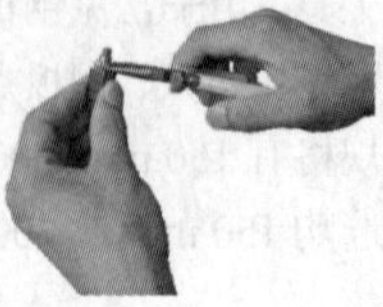

续表二

工具名称	实物及使用图	使用说明
斜口钳	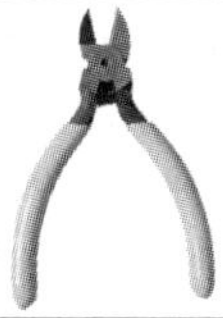 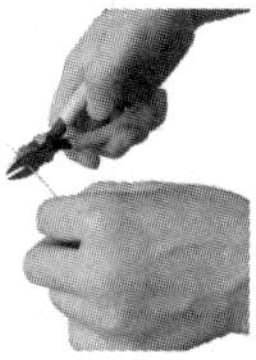 	斜口钳又叫偏口钳，它由钳头、钳柄和弹簧构成。斜口钳的刀口和钳头的一侧基本上在同一个平面上。 　　斜口钳的主要功能跟剪刀差不多，用于剪切，但由于它的刀口比较短而厚，所以可以用来剪切比较坚硬的元件引脚和较粗的连接线等。有的斜口钳刀口处还有小缺口，专门用来剥电线外皮。斜口钳在夹持导线的绝缘外皮时，要控制好刀口咬合力度，既要咬住绝缘外皮，又不会伤及绝缘层内的金属线芯。 　　使用时要注意不能用来剪硬度较大的金属丝，以防止钳头变形或断裂
平口钳	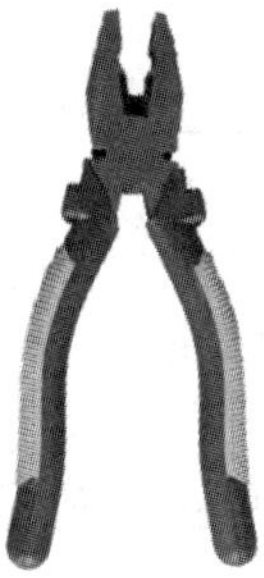 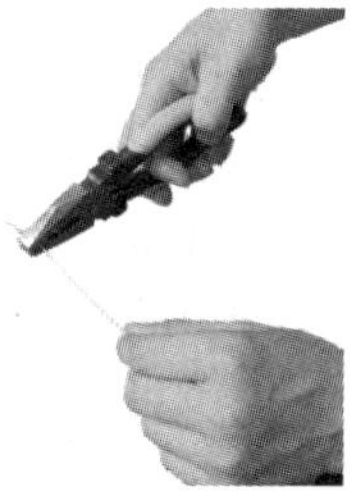  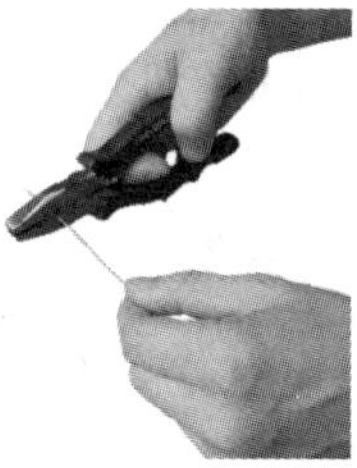	平口钳又叫钢丝钳，由钳头、钳柄两部分组成。钳头由钳口、齿口、刀口及铡口 4 部分组成，钳柄上套有耐压 500 V 的绝缘套。 　　钢丝钳功能较多，可以夹持、弯扭和剪切金属薄板，剪断较粗的金属线，还可以用来剥去导线的绝缘外皮，拧动螺母，起钉子等。 　　使用时用右手握住钳柄，根据需要分别使用钳头的 4 个部位：钳口用来夹持导线线头、弯绞导线及金属丝；齿口用来固紧或起松螺母；刀口用来剪切导线及金属丝，剖切并勒下软导线线头的绝缘层，使用时要使导线或金属丝与刀口平面相垂直，在剪断金属丝或导线时用力要猛，在咬切、勒掉导线线头的绝缘外皮时用力要适当，以防损伤导线的芯线；铡口用来铡切导线线芯和钢丝、铁丝等较硬的金属丝。 　　使用时要注意，不要用钢丝钳敲击金属物，否则会造成钳轴变形，使钢丝钳动作不灵活；不要用钢丝钳的刀口剪过粗或过硬的钢丝，以防止卷刃。要定期在钢丝钳的钳轴处注入润滑油，以保持平口钳动作灵活
剥线钳	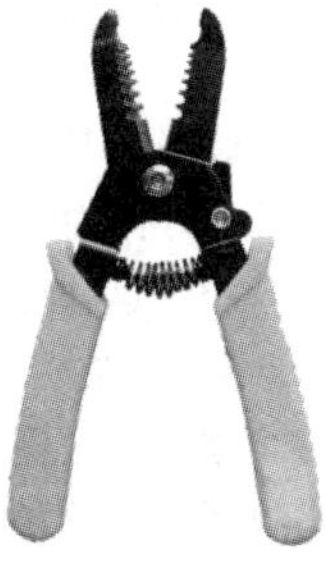 	剥线钳是专门用于剥除电线端部绝缘层的专用工具。 　　剥线钳主要由钳头和手柄组成，结构较复杂。钳头刀口处有口径为 0.5～3 mm 的多个切口，使用时应根据导线直径选择合适的切口。 　　使用剥线钳时，用右手握住钳柄，按左图所示进行操作。在使用剥线钳时还要注意，所选择的切口直径要稍大于线芯直径。如果切口的直径小于线芯直径，就会切伤芯线，剥线钳也会受到损伤

工具名称	实物及使用图	使用说明
台钳	 	对电子制作来说，台钳并不是必备的工具。但拥有一台如左图所示的可在工作台边沿或木凳子上卡固的小型台钳(也叫桌虎钳)，用来夹紧各种加工件，以便割锯、锉削和打孔等，就会显得十分得心应手。这种小型台钳附有小铁砧，可用锤子在它上面敲打小金属板、砸铆钉等，但不可在它上面敲击大体积的工件，否则台钳中的丝杠容易被砸弯，钳口也容易被砸坏
手钢锯	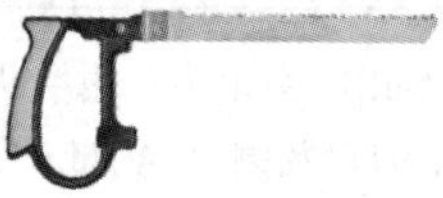	手钢锯主要由锯弓、锯条和手柄组成。锯弓通常是活动的，可以配用 200 mm、250 mm、300 mm 长的锯条。在锯弓上安装锯条时，锯齿尖端要朝前方，否则操作起来很困难；锯条的松紧要合适，一般以两个手指能将紧固锯条的元宝螺母拧紧为度。 在电子制作中，手钢锯一般只用来锯割体积不大的金属板或电路板等，所以购买一把小号的手钢锯就能满足需要
	 	手钢锯的使用方法如左图所示，如果锯割的是非金属材料，只要用左手拿住锯割件，右手握住手钢锯的手柄，在锯割部位来回推拉手钢锯就可以了；如果锯割的是小金属件，可先把锯割件夹在台钳上，然后用左手把稳锯弓头部，右手握住手柄来回推拉手钢锯。应当注意：往前推时要用力，往后拉时要乘势收回，不要用力过大，否则锯条很容易折断；要充分利用锯条的全长锯割，这样可以延长锯条的使用寿命
锉刀	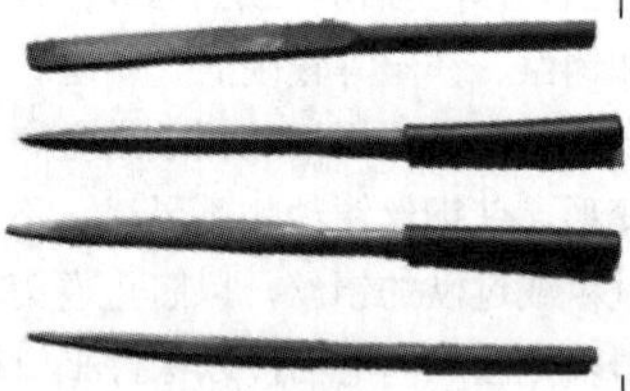 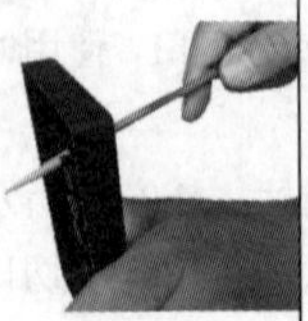 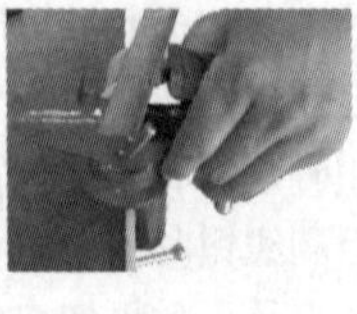	小钢锉可用来锉平机壳开孔处、电路板切割边的毛刺，以及锉掉电烙铁头上的氧化物等。钢锉的规格很多，电子爱好者选用左图所示的小型平锉(又称板锉)、三角锉等，便可满足各种需要。 小钢锉的使用方法如左图所示，只要用左手拿住锉削件，右手握住钢锉的手柄，将钢锉压在锉削部位，来回推拉钢锉就可以了；如果锉削的是小金属件，可先把锉削件夹在台钳或钢丝钳上，然后用钢锉进行锉削。要随时观察锉削的部位，通过右手控制、修正钢锉的运动方向、角度和压力，使锉削符合要求。 使用小钢锉时应当注意：钢锉质地硬脆，易断裂，不允许将小钢锉当作其他工具(如撬棒、锥子等)使用；一面用钝后再用另一面，并充分利用钢锉的全长，这样可以延长小钢锉的使用寿命。建议读者选购套装钢锉。它一般配有 10 个品种，有平锉、三角锉、方锉、半圆锉、扁圆锉、圆锉等，钢锉的齿纹又分单齿纹和双齿纹两种。这种套装件适应性较强，在加工各种形状和大小的安装孔时尤其适合

续表四

工具名称	实物及使用图	使用说明
锤子		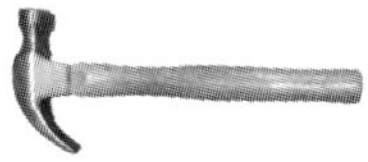 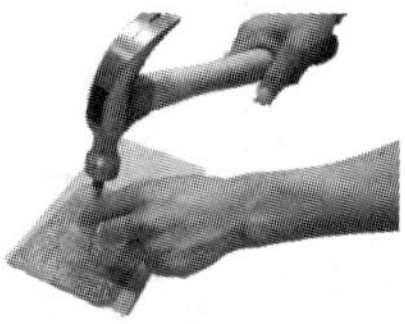 锤子又叫榔头、手锤、掌锤，在电子制作中，可用来敲击金属板、砸铆钉等。可选用如左图所示的能起钉子的羊角锤，在加工木制外壳时尤为适用
手电钻		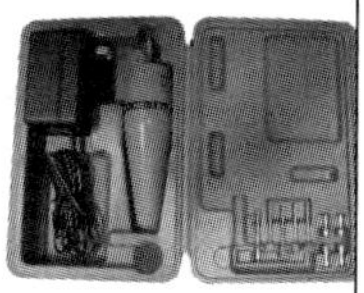 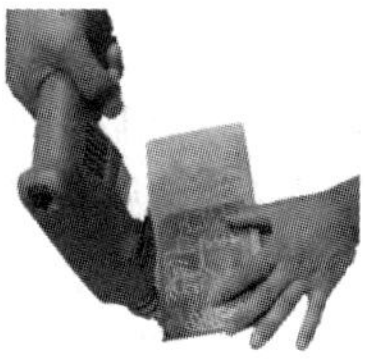   手电钻是一种携带方便的小型钻孔用工具，由小电动机、控制开关、钻夹头和钻头几部分组成。手电钻的规格是以钻夹头所能夹持钻头的最大直径来表示的，常见的有 Φ3 mm、Φ6 mm、Φ10 mm、Φ13 mm 等几种。 在电子制作中，手电钻主要用于在金属板、电路板或机壳上打孔。适合电子制作使用的小型手电钻实物如左图所示，其规格多为 Φ3 mm，可夹持最小直径为 Φ0.5 mm、最大为 Φ3 mm 的多种钻头。 使用手电钻打孔前，一般先要在钻孔的位置上用尖头冲子冲出一个定位小坑。尖头冲子可用普通水泥钉代替或用废钻头在砂轮上打磨而成。然后按左图所示钻孔，钻头应和加工件保持垂直，手施加适当的压力。刚开始钻孔时，要随时注意钻头是否偏移中心位置，如有偏移，应及时校正。校正时可在钻孔的同时适当给手电钻施加一个与偏移方向相反的水平力，逐步校正。钻孔过程中，给手电钻施加的垂直压力应根据钻头工作情况，凭感觉进行控制。孔将钻穿时，送给力必须减小，以防止钻头折断，或使钻头卡死等
刷子		  刷子用来清除电路板和机器内部的灰尘等

2.2.2 专用工具的使用

专用工具相对于普通工具而言，主要在电子制作中使用，表 2-2-2 给出了几种专用工具的使用实例，还有一些焊接工具将在焊接技术章节中进行介绍。

表 2-2-2 专 用 工 具

工具名称	实物和使用图	说　明
吸锡器		  吸锡器主要用于拆卸集成电路等多引脚元器件。使用中需要普通电烙铁配合才能完成吸锡工作，方法是用普通电烙铁融化焊点上的焊锡，再用吸锡器吸掉焊点上的焊锡
测电笔		 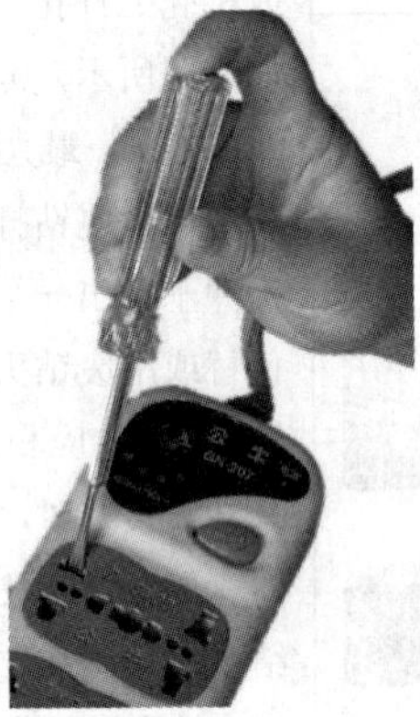 测电笔又称验电笔或试电笔，是一种用来测试电线、用电器和电气装置是否带电的工具，常做成钢笔式或起子式(螺丝刀式)，如左图所示。其内部由串联的高阻值电阻器、专用小氖管、弹簧等构成，笔的前端是金属探头，后部设有小氖管发光窗口，以及笔夹或金属帽，使用时作为手触及的金属部分。普通低压试电笔的电压测量范围为 60～500 V。测电笔的握法如左图所示，用手握住测电笔，使人手皮肤接触到笔末端的金属体(如笔夹或金属帽)，氖管小窗背光并朝向自己。但应注意皮肤切不可触及笔尖的金属体，以免发生触电事故。笔握妥后，用笔尖(钢笔式的笔尖或起子式的头)去接触测试点，观察氖管是否发光。如果氖管发光明亮，说明测试点带电。如果氖管不发光或仅有微弱的光，有可能是测试点表面不清洁，也有可能笔尖接触的是地线。正常的情况下，地线是不会使氖管发光的
热熔胶枪		热熔胶枪是用来加热熔化热熔胶棒的专用工具，热熔胶枪内部采用居里点≥280℃的 PTC 陶瓷发热元件，并有紧固导热结构，当热熔胶棒在加热腔中被迅速加热熔化为胶浆后，用手扣动扳机，胶浆从喷嘴中挤出，供粘固用

工具名称	实物和使用图	说　明
热熔胶枪	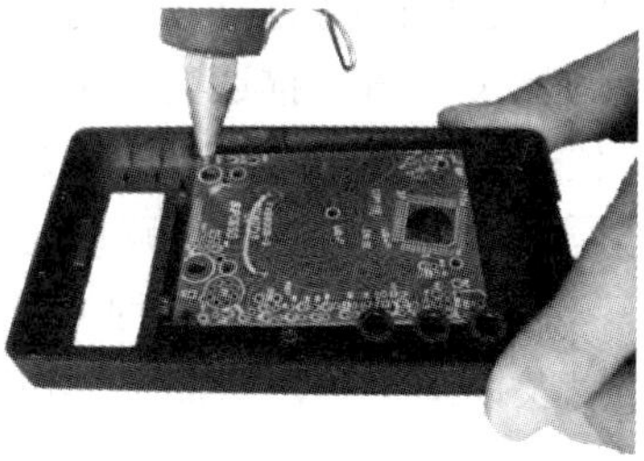	热熔胶是一种粘附力强、绝缘度高、防水、抗震的粘固材料，使用时不会造成环境污染。实践证明，无论是采用热熔胶粘固机壳，还是将印制电路板粘固在机壳内部，或将电子元器件粘固在绝缘板上，均显得灵活快捷，且装拆方便。但注意它不适宜粘接发热元器件和强振动部件。 　　按使用场合的不同，热熔胶枪分为大、中、小 3 种规格，并且有各种形状的喷嘴。电子制作时采用普通小号热熔胶枪，即可满足各种粘固要求。小号热熔胶枪的耗电一般为 10～15 W，使用 $\Phi7\ mm \times 200\ mm$ 的胶棒，喷嘴尺寸为 $\Phi2\ mm$。热熔胶枪适用于大批量粘固，但进行电子小制作时由于每次的粘固量不是很大，使用热熔胶枪反而发挥不出应有的优势，而且每次漏失的胶浆多于粘固所用的胶浆。可以采用电烙铁加热熔化热熔胶棒的方法进行粘固，也简便易行
皮老虎	 	皮老虎是一种清除灰尘的工具，也叫皮吹子，主要用于吹出电子作品壳体内部的少量的灰尘

第3章 电子电路识图基础

电子电路图是反映电子设备中各元器件的电气连接情况的图纸。电子电路图是电子产品和电子设备的"语言"。它是用特定的方式和图形文字符号描述的，可以帮助人们尽快熟悉设备的构造、工作原理，了解各种元器件、仪表的连接以及安装。通过对电路图的分析和研究，可以了解电子产品的电路结构和工作原理。因此，看懂电路图是学习电子技术的一项重要内容，是进行电子制作或修理的前提，也是电子技术爱好者必须掌握的基础。

本章主要介绍电子电路的读图步骤、方法以及读图实例，从而培养电子技术爱好者的读图能力，为电子制作打好基础。

3.1 电子电路识图的基本概念

电子电路识图，也称读图，是电子技术人员的一项基本功。若不会正确识图，就无法搞懂电子设备(系统)的工作原理，也不可能对它进行安装、调试以及生产出产品，更不可能对设备进行维护和修理以及改进。通过电子电路的识图，进一步弄懂设备的原理，就能更加正确、充分、灵活地使用电子设备。另外，具备了电子电路的识图能力，有助于迅速熟悉各种新型的电子仪器设备，可以学习别人工作中的成功经验，积累实践知识，提高专业技术水平。因此，在识读电子电路图时，应先了解一些电子电路识图的基本概念。

3.1.1 电子电路图的构成

电子电路图的表现形式具有多样性，这往往会使电子爱好者在学习、理解复杂电子电路工作原理时感到困难，更谈不上去设计各种电子电路，因此了解各种电子电路图的功能、特点、识图方法无疑对分析电路具有举足轻重的作用。常用的电子电路图一般由电原理图、方框图和装配(安装)图构成，如图 3-1-1 所示。

1. 电原理图

电原理图是电子产品非常重要的一种电路图，它详细、清晰、准确地记录了电子电路各组成部件及元器件之间的控制关系，是用来表示电子产品工作的原理图。图 3-1-2 为典型电子产品的电子电路原理图。

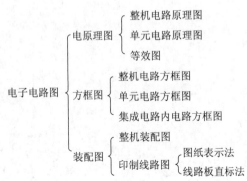

图 3-1-1 电子电路图的构成

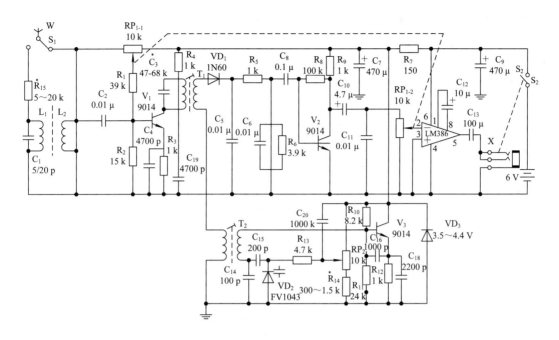

图 3-1-2 典型电子产品的电子电路原理图

图 3-1-2 给出了产品的电路结构、各单元电路的具体形式和单元电路之间的连接方式；给出了每个元器件的具体参数(如型号、标称值和其他一些重要参数)，为检测和更换元器件提供依据。有的电原理图还给出了许多工作点的电压、电流参数等，为快速查找和检修电路故障提供方便。除此以外，还提供了一些与识图有关的提示、信息。有了这种电路图，就可以研究电路的来龙去脉，也就是电流怎样在机器的元件和导线里流动，从而分析机器的工作原理。

电原理图根据其具体构成又可分为整机电路原理图和单元电路原理图。

1) 整机电路原理图的特点及应用

整机电路原理图是指通过一张电路图样便可将整个电路产品的结构和原理完整体现的原理图。根据电子产品的大小、功能等不同，其整机电路原理图也有简单和复杂之分，有些小型电子产品整机电路原理图仅由几个元器件构成，有些功能复杂的产品如空调器、电视机、计算机等，其整机电路原理图要复杂得多。

整机电路原理图包括了整个电子产品所涉及的所有电路，因此可以根据该电路从宏观上了解整个电子产品的信号流程和工作原理，对于学习、分析、检测和检修产品提供了重要的理论依据。该类电路图具有以下特点和功能：

(1) 电路图中包含元器件最多，是比较复杂的一张电路图。

(2) 表明了整个产品的结构、各单元电路的分割范围和相互关系。

(3) 电路中详细地标出了各元器件的型号、代号、额定电压、功率等重要参数，为检修和更换元器件提供了重要的参考数据。

(4) 复杂的整机电路原理图一般通过各种接插件建立各单元电路之间的连接关联，识别这些接插件的连接关系，更容易理清电子产品各电路板与电路板模块之间的信号传输关系。

(5) 同类电子产品的整机电路原理图具有一定的相似之处，因此可通过举一反三的方法练习识图；而不同类型的产品的整机电路原理图相差很大，但若能够真正掌握识读的方法，也能够做到"依此类推"。

2) 单元电路原理图的特点及应用

单元电路原理图是电子产品中完成某一个电路功能的最小电路单元。它可以是一个控制电路或某一级的放大电路等，该电路原理图是构成整机电路原理图的基本单元，如图 3-1-3 所示。

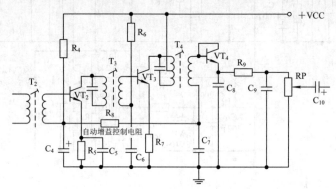

图 3-1-3　超外差式收音机自动增益控制(AGC)电路

图 3-1-3 为整个超外差式收音机电原理图中的一个功能单元。由于各种原因收音机接收的电台信号大小总是变化的，如果不对收音机的总的放大倍数加以控制，那么收音机将无法正常工作或工作不稳定，为此引入了自动增益控制(AGC)电路。

单元电路原理图具有以下特点及功能：

(1) 单元电路原理图中一般只画出了电路中各种元器件的电路符号和连接线以及附加说明等，相比整机电路原理图来说比较简单、清楚，便于识读和理解。

(2) 单元电路图是由整机电路原理图分割出来的相对独立的整体，因此其一般都标出了电路中各元器件的主要参数，如标称值、额定电压、额定功率或型号等。

(3) 单元电路图通常会用字母符号表示输入和输出的连接关系，该字母符号会与其所连接的另一个单元电路字母符号完全一致，表明在整机中这两个部分是进行连接的。

3) 等效电路图的特点

等效电路图是一种简化形式的电路图，它的电路形式与原电路有所不同，但电路所起的作用与原电路是一样的(等效的)。在分析一些电路时，采用等效电路图可方便对电路原理的理解。

等效电路在整机电路图中见不到，它出现在电路原理分析的图中，是一种为了方便电路工作原理分析而采用的电路图。分析电路时，用等效电路直接代替电路中的电路或元器件，通过等效电路的特性去理解电路的工作原理。用等效电路代替原电路中的电路或元器件的方法大致分为以下三种。

(1) 交流等效电路。等效电路只画出原电路中与交流信号相关的电路，省去直流电路，用于分析交流电路。画交流等效电路时，将原电路中的电容看成通路，电感看成开路。

(2) 直流等效电路。等效电路只画出原电路中与直流电路相关的电路，省去交流电路，用于分析直流电路。画直流等效电路时，将原电路中的电感看成通路，电容看成开路。

(3) 元器件等效电路。对于一些新型、特殊元器件，为了说明它的特性和工作原理，也可以使用等效电路去说明。

 注意

单元电路原理图相对简单一些，且电路中各器件之间采用最短的线进行连接，而实际的整机电路原理图中，由于电路中各单元电路之间的相互影响，有时候一个元器件可能会画得离其所属单元电路很远，由此电路中连线很长且弯弯曲曲，对识图和理解电路造成困扰。但整机电路原理图的整体性和宏观性又是单元电路所不及的，因此掌握其各自的特点和功能对进一步学习识图很有帮助。

2. 方框图

方框图是一种用线框、线段和箭头表示电路各组成部分之间相互关系的电路图，其中每个方框表示一个单元电路或功能部件，线段和箭头则表示单元电路间、各功能部件间的关系和电路中信号的走向，有时也称这种电路图为信号流程图。

方框图仅仅表示整个电子产品的大致结构，即包括了哪些部分，只能说明电子产品的轮廓、类型以及大致的工作原理，看不出电路的具体连接方法，也看不出元件的型号和数值。方框图一般在讲解某个电子电路的工作原理时采用。

方框图从其结构形式上可分为整机电路方框图、单元电路方框图和集成电路内部结构方框图等。

1) 整机电路方框图的特点及应用

整机电路方框图是指用方框、文字说明和连接线来表示电子产品的整机电路构成和信号传输关系的电路图。图 3-1-4 所示为一种收音机的整机电路方框图。

整机电路方框图是粗略表达整机电路图的方框图，通过该图可以了解到整机电路的组成和各部分单元电路之间的相互关系，并根据带有箭头的连线，了解到信号在整机各单元电路之间的传输途径及次序等。例如，图 3-1-4 中，根据箭头指示可以知道，在该收音机电路中，由天线接收的信号需先经过高频放大器、混频器、中频放大器后才送入检波器，最后经低频放大器后输出，由此可以简单地了解其大致的信号处理过程。

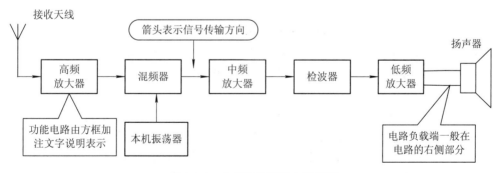

图 3-1-4　收音机的整机电路框图

 注意

整机电路方框图与整机电路原理图相比，方框图只是简单地将电路按照功能划分为几个单元，将每个单元画成一个方框，在方框中加上简单的文字说明，并用连线(有时用带箭头的连线)进行连接，来说明各个方框之间的关系。因此其体现了电路的大致工作原理，可作为识读电原理图前的索引，先简单了解整机由哪些部分构成，简单理清各部分电路关系，为分析和识读电原理图理清思路。

而前述的电原理图中则详细地绘制了电路的全部的元器件和它们的连接方式，除了详细地表明电路的工作原理外，还可以作为检修时选购替换元器件、研发时设计电路的依据。

2) 单元电路方框图的特点及应用

单元电路方框图是体现电路中某一功能电路部分的方框图，它相当于将整机电路框图其中一个方框的内容体现出来，属于整机电路框图下一级的方框图，如图 3-1-5 所示。

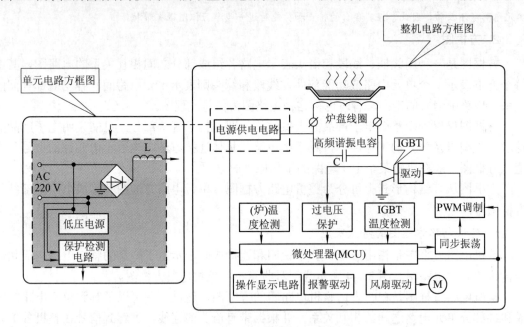

图 3-1-5　电磁炉的整机电路方框图和电源部分的单元电路方框图

单元电路方框图比整机电路方框图更加详细，通常一个整机电路方框图是由多个单元电路方框图构成的。

3) 集成电路内部结构方框图的特点及应用

集成电路的内部十分复杂，是由多种元器件构成的，若想了解集成电路的具体工作过程，就需要了解集成电路的内部结构。通常用方框图来表示集成电路内电路组成情况的电路称为内部结构方框图，如图 3-1-6 所示。

由图 3-1-6 可知，集成电路的各种功能由方框加入文字说明表示，而带箭头的线段表示出了信号传输的方向，由此能够直观地表示出集成电路某引脚是输入引脚还是输出引脚，更有利于识图。另外，在有些集成电路的内部方框图中，有的引脚上箭头是双向的，这种情况在数字集成电路中常见，这表示信号既能够从该引脚输入，也能从该引脚输出。

 注意

方框图是一种重要的电路图，对了解系统电路组成和各单元电路之间逻辑关系非常重要。一般方框图比较简洁，逻辑性强，便于记忆和理解，可直观地看出电路的组成和信号的传输途径，以及信号在传输过程中受到的处理过程等。

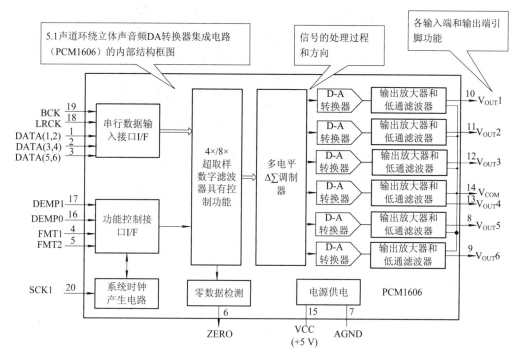

图 3-1-6　典型集成电路的内部结构方框图

3. 装配图

装配图是表示电路原理图中各功能电路、各元器件在实际线路板上分布的具体位置以及各元器件端子之间连线走向的图形，图 3-1-7 所示为音频放大器装配图。

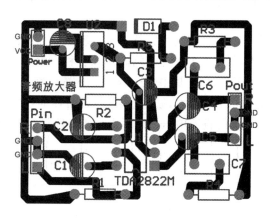

图 3-1-7　音频放大器装配图

装配图也就是布线图，如果用元件的实际样子表示的又叫实体图。原理图只说明电路的工作原理，看不出各元件的实际形状，以及在机器中是怎样连接的，具体的安装位置，而装配图就能解决这些问题。装配图一般很接近于实际安装和接线情况。

如果采用印刷电路板，装配图就要用实物图或符号画出每个元件在印刷板的什么位置，焊在哪些接线孔上，如图 3-1-8 所示。有了装配图就能很方便地知道各元件的位置，顺利地装好电子设备。

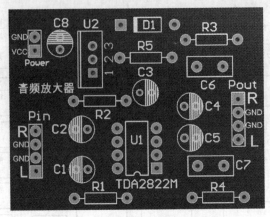

图 3-1-8　印刷电路板元件装配图

　　装配图有图纸表示法和线路板直标法两种。图纸表示法用一张图纸(称印制线路图)表示各元器件的分布和它们之间的连接情况，这也是传统的表示方式。线路板直标法是在铜箔线路板上直接标注元器件编号。这种表示方式的应用越来越广泛，特别是进口设备中大多采用这种方式。

　　图纸表示法和线路板直标法在实际运用中各有利弊。对于前者，若要在印制线路图纸上找到某一只需要的元器件则较方便，但找到后还需要和印制线路图上该器件编号与铜箔线路板相对照，才能发现所要找的实际元器件，有两次寻找、对照的过程，工作量较大。而对于后者，在线路板上找到某编号的元器件后就能一次找到实物，但标注的编号或参数常被密布的实际元器件所遮挡，不易观察。

3.1.2　电子电路的组成

　　任何复杂的电子电路都是由一些具有完整基本功能的单元电路组成的，也就是说任何复杂的电子电路都可以分解为若干个单元电路。比如各种直流稳压电源，其技术指标可能有所不同，但就其电路组成而言，都是由变压器降压电路、整流电路、滤波电路以及稳压电路等单元组成的，如图 3-1-9 所示。交流市电由变压器降压后，经整流输出脉动直流电压，然后经滤波电路变为比较平滑的直流电压，最后由稳压电路进行稳压输出。

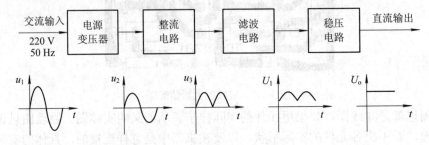

图 3-1-9　直流稳压电源的结构框图

　　复杂电路一旦被分解成若干个单元电路后，就可以从分析单元电路着手，了解各单元电路的工作原理、性能特性及有关参数，进而分析每个单元电路和整机电路之间的联系，了解电路的设计思想。

这种把整机电路或总电路分解成单元电路，再把单元电路和整机电路或总电路联系起来的过程，就是对复杂电子电路从整体到局部，再从局部到整体的分析、理解的过程。这种过程是学习电子电路不可缺少的，也是掌握电子技术知识的一个重要环节。

单元电路具有某一特定电路功能、通用性和组合性的特点。

1．某一特定的电路功能

单元电路(如由三极管组成的各种放大电路、电容电感等元件组成的振荡电路、集成运算放大器组成的各种应用电路)都具有各自特定的电路功能，是可以单独使用的。

2．通用性

电路的通用性表现为电路功能的基本性。例如，三极管放大电路最基本的功能是放大信号，几乎所有实际电路都包含三极管放大电路；又如振荡电路的基本功能是产生振荡波形，它广泛地应用于各种实际电路中。

3．组合性

由于单元电路都是具备特定功能的电路，因而在电子电路设计过程中，可以根据需要选择一个单元电路单独使用，也可以按一定的规律将多个单元电路恰当地组合在一起，成为一个新的电路。这种组合的过程，事实上是一个电路设计过程。

随着集成电路技术的发展，一块集成芯片配上一些外围元件就可完成许多特定的功能。例如在单片集成电路收音机中，一块集成芯片加上一些外围元件就可完成收音机的全部功能。对于像这类集成电路所组成的应用电路，也可以作为单元电路来使用。

3.2　电子电路识图步骤及要领

前述电子电路识图的基础知识，就是为了让读者对电子电路识图产生较深刻的印象。只有这样读者看到"电子电路图"中的元件符号，才能准确地找出实际的元件，然后把这些元件按线路图规定的位置进行一步一步地焊接，组成一台完整的电子设备。分析电路图，应遵循从整体到局部、从输入到输出、化整为零、聚零为整的思路和方法，用整机原理指导具体电路分析、用具体电路分析诠释整机工作原理。

3.2.1　电子电路图识图技巧

掌握电路图相应的识图技巧，对识读电路图尤为重要。识读时应从三个方面入手，即从元器件入手学识图、从单元电路入手学识图和从整机入手学识图。

1．从元器件入手学识图

如图 3-2-1 所示，在电子产品的电路板上有不同外形、不同种类的电子元器件，电子元器件所对应的文字标识、电路符号及相关参数都标注了元器件的旁边。

电子元器件是构成电子产品的基础，换句话说，任何电子产品都是由不同的电子元器件按照电路规则组合而成的。因此，了解电子元器件的基本知识，掌握不同元器件在电路图中的电路表示符号以及各元器件的基本功能特点是学习电路识图的第一步。

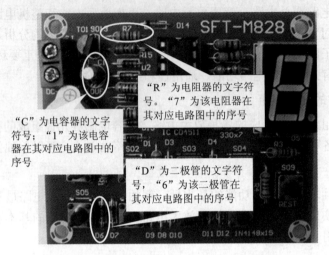

"C"为电容器的文字符号；"1"为该电容器在其对应电路图中的序号

"R"为电阻器的文字符号。"7"为该电阻器在其对应电路图中的序号

"D"为二极管的文字符号，"6"为该二极管在其对应电路图中的序号

图 3-2-1　电路板上电子元器件的标识和电路符号

2. 从单元电路入手学识图

单元电路就是由常用元器件、简单电路及基本放大电路构成的可以实现一些基本功能的电路，它是整机电路中的单元模块。例如，串、并联电路，RC、LC 电路，放大器，振荡器等。

如果说电路符号在整机电路中相当于一篇"文章"中的"文字"，那么单元电路就是"文章"中的一个段落。简单电路和基本放大电路则是构成段落的词组或短句。因此从单元电路入手，了解简单电路、基本放大电路的结构、功能、使用原则及注意事项对于电路识图非常有帮助。

3. 从整机入手学识图

电子产品的整机电路是由许多单元电路构成的。在了解单元电路的结构和工作原理的同时，弄清电子产品所实现的功能以及各单元电路间的关联，对于熟悉电子产品的结构和工作原理非常重要。例如，在影音产品中，包含有音频、视频、供电及各种控制等多种信号。如果不注意各单元电路之间的关联，单从某一个单元电路入手很难弄清整个产品的结构特点和信号流向。因此，从整机入手，找出关联，理清顺序是读懂电路图的关键。

 注意

学习电路识图，不仅要掌握一些规律、技巧和方法，还要具备一些扎实的理论基础知识才能够快速地学会、看懂电子产品的电路图。

(1) 熟练掌握电子产品中常用的电子元器件的基本知识。

电子产品中常用的电子元器件包括电阻器、电容器、电感器、二极管、晶体三极管、晶闸管、场效应晶体管、变压器、集成电路等，在学习电路识图时要充分了解它们的种类、特征以及在电路中的符号、在电路中的作用和功能等，根据这些元器件在电路中的作用，懂得哪些参数会对电路性能和功能产生什么样的影响，具备这些基本知识，是学习电路识图的必要条件。

(2) 熟练掌握基础电路的信号处理过程和工作原理。

由几个电子元器件构成的基本电路是所有电路图中的最小单元,例如整流电路、滤波电路、稳压电路、放大电路、振荡电路等。掌握这些基本电路的信号处理过程和原理,能够在学习过程中培养基本的识图思路,只有具备了识读基本电路的能力,才有可能进一步看懂、读通较复杂的电路。

(3) 理解电路图中相关的图形和符号。

熟悉和理解电路识图中常用的一些基本图形和符号,如电子元器件的连接点、接地、短路、断路、信号通道、控制器件等,可以了解电路各部分之间如何关联、如何形成回路等。

3.2.2　电子电路图识图步骤和要领

不同的电路,识图步骤也有所不同,下面根据电子电路应用的行业领域,分别介绍电原理图、方框图、装配图的识图步骤和要领。

1. 电原理图的识图步骤和要领

1) 整机电原理图的识图步骤和识图要领

若要了解一个整机电路原理,先要了解它的整机结构,再分别了解各个单元电路的结构,最后再将各单元电路相互连接起来,并弄懂整机各部分的信号变换过程,就完成了识图的过程。

(1) 整机电原理图的识图步骤。整机电原理图的识读可以按照以下四个步骤进行。

① 了解电子产品功能。电子产品的电路图是为了完成和实现这个产品的整体功能而设计的,搞清楚产品电路的整体功能和主要技术指标,便可以在宏观上对该电路图有一个基本的认识。

电子产品的功能可以通过其名称了解,例如:收音机是接收广播节目的产品,它将天线接收的高频载波进行选频(调谐)放大和混频,与本振信号相差形成固定中频的载波信号,再经中放和检波,将调制在载波上的音频信号取出,经低频功放去驱动扬声器;电风扇则是将电能转换为驱动扇叶转动机械能的设备。

② 找到整个电路图总输入端和总输出端。整机电原理图一般是按照信号处理的流程进行绘制的,按照一般人读书的习惯,通常输入端画在左侧,信号处理为中间主要部分,输出则位于整张图样的最右侧部分。比较复杂的电路,输入与输出的部位无定则,因此,分析整机电原理图可先找出整个电路图的总输入端和总输出端,即可判断出电路图的信号处理流程和方向。

③ 以主要元器件为核心将整机电原理图"化整为零"。在掌握整个电原理图的大致流程基础上,根据电路中的核心元器件将整机划分成一个一个的功能单元,然后将这些功能单元对应学过的基础电路,再进行分析。

例如,收音机整机电原理图的单元电路划分过程如图 3-2-2 所示。根据整机原理图中的主要功能部件和电路特征,可以将该电路划分成五个电路单元:高频放大电路、本机振荡电路、混频和中放电路、中频放大电路、中放和检波电路。然后可以更加细致地完成对电路原理和信号处理过程的分析。

④ 各个功能单元的分析结果综合"聚零为整",即将每个功能单元的结果综合在一起,

完成整机电路原理图的识图。

(2) 整机电原理图的识读要领。整机原理图的主要识图要领有以下几个方面：

① 部分单元电路在整机电路图中的具体位置。

② 单元电路的类型。

③ 直流工作电压供给电路分析。直流工作电压供给电路的识图是从右向左进行的对某一级放大电路的直流电路识图方向是从上向下。

④ 交流信号传输分析。一般情况下，交流信号的传输是从整机电路图的左侧向右侧进行分析的。

⑤ 对一些以前未见过的、比较复杂的单元电路的工作原理进行重点分析。

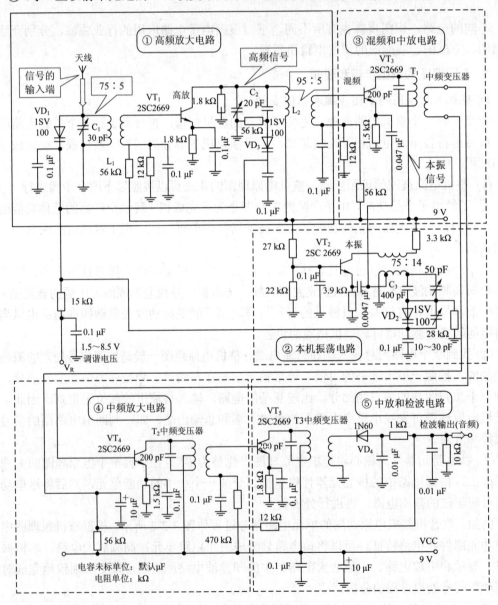

图 3-2-2　收音机整机电原理图的单元电路划分

注意

在对整机电路识图时, 如有可能, 将元器件安装图、整机布线图与电原理图对照识读, 这样更容易找到信号线索, 并且可以对元器件的外形特点和各元器件的协同工作有更加形象的认识, 这时再识读电原理图就会感觉电原理图变得更加形象、具体, 分析思路也更加清晰。

2) 单元电路原理图的识图步骤和识图要领

一个电子产品是由很多的单元电路组成的, 例如, 一部收音机是由高频放大器、本机振荡器、混频器、中频放大器、检波器及低频放大器等部分构成的; 一部录音机则是由话筒信号放大器、录音均衡放大器、偏磁/消磁振荡器、放音均衡放大器及音频功率放大器等部分构成的。要熟悉这些产品的结构和工作原理, 就应首先学会识读组成整机的各个单元电路。

(1) 单元电路原理图的识读步骤。

识读单元电路图时, 首先要将电路归类, 掌握电路的结构特点。例如, 分析电视机场扫描电路时, 应当分清其振荡级是间歇式振荡器、多谐式振荡器还是其他类型的振荡器, 其输出级是单管输出电路还是互补型对称式 OTL 电路。如果是较典型的简单电路, 可以根据原理图直接判断归类; 如果是复杂的电路, 则应化繁为简, 删减附属部件或电路, 保留主体部分, 简化成原理电路的形式。对于那些电路结构比较特殊或者一时难以判断的电路, 则应细致、耐心地把电路简化为等效电路。对模拟电路来说, 应当分析电路的等效直流电路和等效交流电路; 对于脉冲电路, 则要分析电路的等效暂态(过渡过程)电路。其次, 还可以将其进一步细分为几个更小的单元电路。

(2) 单元电路原理图的识读要领。

单元电路的种类繁多, 而各种单元电路的具体识图方法有所不同, 其主要识图要领有下列几个方面:

① 有源电路分析。有源电路就是需要直流电压才能工作的电路, 例如放大器电路。

对有源电路的识图, 首先分析直流电压供给电路, 此时将电路图中的所有电容器看成开路(因为电容器具有隔直特性), 将所有电感器看成短路(电感器具有通直的特性)。如图 3-2-3 所示是直流电路分析示意图。

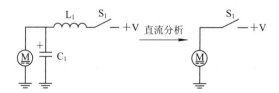

图 3-2-3　直流电路分析示意图

在整机电路的直流电路分析中, 电路分析的方向一般是先从右向左, 因为电源电路通常画在整机电路图的右侧下方。图 3-2-4 所示是整机电路图中电源电路位置示意图。

对具体单元电路的直流电路进行分析时, 再从上向下分析, 因为直流电压供给电路通常画在电路图的上方。图 3-2-5 所示是某单元电路直流电路分析方向示意图。

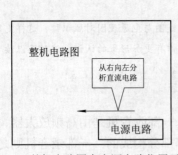
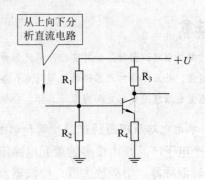

图 3-2-4　整机电路图中电源电路位置示意图　　　图 3-2-5　某单元电路直流电路分析方向示意图

　　② 信号传输过程分析。信号传输过程分析就是分析信号在该单元电路中如何从输入端传输到输出端，信号在这一传输过程中受到了怎样的处理(如放大、衰减、控制等)。图 3-2-6 所示是信号传输的分析方向示意图，是从左向右进行的。

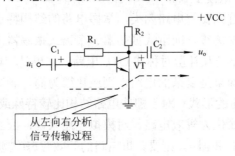

图 3-2-6　信号传输的分析方向示意图

　　③ 元器件作用分析。对电路中元器件作用的分析非常关键，能不能看懂电路的工作其实就是能不能搞懂电路中各元器件的作用。

　　元器件作用分析就是搞懂电路中各元器件所起的作用，主要从直流电路和交流电路两个角度来分析。例如，图 3-2-7 所示是发射极负反馈电阻电路。R_1 是 VT 管发射极电阻，对于直流而言，它为 VT 管提供发射极直流电流回路，为三极管能够进入放大状态提供了条件。对于交流信号而言，VT 管发射极输出的交流信号电流流过了 R_1，使 R_1 产生交流负反馈作用，能够改善放大器的性能。而且，发射极负反馈电阻 R_1 的阻值愈大，其交流负反馈愈强，性能改善得愈好。

图 3-2-7　发射极负反馈电阻电路

　　④ 电路故障分析。在搞懂电路工作原理之后，对元器件的故障分析才会变得比较简单，否则电路故障分析将寸步难行。

　　电路故障分析就是分析当电路中元器件出现开路、短路、性能变劣后，对整个电路的工作会造成什么样的不良影响，使输出信号出现什么故障现象。例如出现无输出信号、输出信号小、信号失真以及出现噪声等故障。

 注意

　　在单元电路中，晶体管和集成电路是关键性元器件，而对于电阻、电感、电容、二极管等元器件，则要根据具体情况具体分析，可以根据工作频率、电路中的位置、元器件参数来判断它们到底是关键性元器件还是辅助性元器件。在简化电路时，关键性元器件不能省略，而非主体的部件应当尽量省略，以显示出电路的基本骨架。

2. 方框图的识图步骤和要领

电子电路的特点是：其组成元件(如电阻、电容、晶体管等)的数量很多，而种类又比较少，往往不容易看懂图纸，不了解设计意图。因此比较复杂的电子设备都要绘制一张方框图，由方框图先了解电路的组成概貌，再与其电路图结合起来，就比较容易读懂电子电路图。

1) 方框图的识读步骤

方框图是粗略反映电子设备整机线路的图形。因此在识读时，首先要理解各功能电路的基本作用，然后再搞清信号的走向。如果单元电路为集成电路，则还需了解各引脚的作用。

图 3-2-8 所示是一个两级音频信号放大系统的方框图。从图中可以看出，这一系统电路主要由信号源电路、第一级放大器、第二级放大器和负载电路构成。从这一方框图也可以知道，这是一个两级放大器电路。

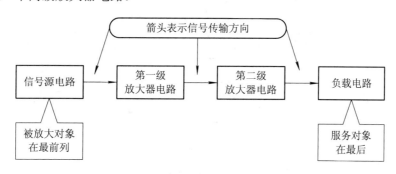

图 3-2-8　方框图示意图

2) 方框图的识读要领

方框图识图要领主要有以下几个方面：

(1) 分析信号传输过程。了解整机电路图中的信号传输过程时，主要是看方框图中箭头的指向。箭头所在的通路表示了信号的传输通路，箭头的方向指出了信号的传输方向。例如，在一些音响设备的整机电路方框图中，左、右声道电路的信号传输指示箭头采用实线和虚线来分开表示，如图 3-2-9 所示。

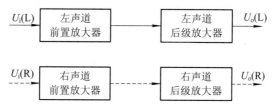

图 3-2-9　实线和虚线示意图

(2) 熟悉整机电路系统的组成。具体的电路比较复杂，所以会用方框图来完成。在方框图中可以直观地看出各部分电路之间的相互关系，即相互之间是如何连接的。特别是在控制电路系统中, 可以看出控制信号的传输过程、控制信号的来源及所控制的对象。

(3) 对方框图中集成电路的引脚功能进行了解。一般情况下, 在分析集成电路的过程中, 由于在方框图中没有集成电路的引脚作为资料, 可以借助于集成电路的内电路方框图进行了解、推理引脚的具体作用, 特别是要了解哪些是输入引脚、输出引脚和电源引脚, 而这三种引脚对识图非常重要。当引脚引线的箭头指向集成电路外部时, 这是输出引脚, 箭头指向内部时都是输入引脚。

例如, 图 3-2-10 所示集成电路方框图中, 集成电路的①脚引线箭头向里, 为输入引脚, 说明信号是从①脚输入到变频级电路中的, 所以①脚是输入引脚; ⑤脚引脚上的箭头方向朝外, 所以⑤脚是输出引脚, 变频后的信号从该引脚输出; ④脚是输入引脚, 输入的是中频信号, 因为信号输入到中频放大器电路中, 所以输入的信号是中频信号; ③脚是输出引脚, 输出经过检波后的音频信号。

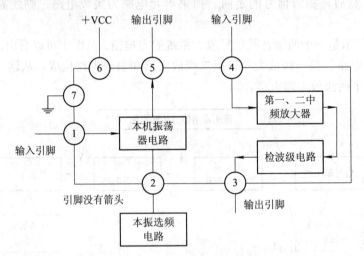

图 3-2-10 集成电路方框图示意图

当引线上没有箭头时, 例如图 3-2-10 所示集成电路中的②脚, 说明该引脚的外电路与内电路之间不是简单的输入或输出关系, 方框图只能说明②脚内、外电路之间存在着某种联系, ②脚要与外电路中本机振荡器电路中的有关元器件相连, 具体是什么联系, 方框图就无法表达清楚了, 这也是方框图的一个不足之处。

另外, 在有些集成电路内电路方框图中, 有的引脚上箭头是双向的, 如图 3-2-11 所示, 这种情况在数字集成电路中常见, 这表示信号既能够从该引脚输入, 也能从该引脚输出。

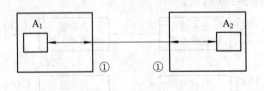

图 3-2-11 双向引脚示意图

 注意

方框图的识图要注意以下几点。

(1) 一般情况下，对集成电路的内电路是不必进行分析的，只需要通过集成电路内电路方框图来理解信号在集成电路内电路中的放大和处理过程。

(2) 方框图是众多电路中首先需要记忆的电路图，记住整机电路方框图和其他一些主要系统电路的方框图，是学习电子电路的第一步。

3. 装配图的识图步骤和要领

在设计、装配、安装、调试以及进行技术交流时，都要用到装配图，学会识读装配图是电子技术人员必备的一种能力。在识读时，首先要认识各元器件并能找出来，接着要了解其部件的功能，最后找出各器件的装配关系。

1) 元件分布图的识读步骤

识读元件分布图时可采用以下几个步骤：

(1) 找到典型元器件及集成电路。在元件分布图中各元器件的位置和标识都与实物相对应，由于该电路图简洁、清晰地表达了电路板中所有元件的位置关系，所以可以很方便地找到相应的元器件及集成电路。

(2) 找出各元器件、电路之间的对应连接关系，完成对电路的理解。电子产品电路板中，各元器件是根据元件分布图将元器件按对应的安装位置焊接在电路实物板中的，因此，分布图中元件的分布情况与实物完全对应。

2) 识读印制电路板图的方法

由于印制电路板图看起来比较"乱"，因此采用下列一些方法可以提高看图速度。

(1) 根据一些元器件的外形特征，可以比较方便地找到这些元器件，例如集成电路、功率放大管、开关件、变压器等。

(2) 对于集成电路而言，根据集成电路的型号，可以找到某个具体的集成电路。尽管元器件的分布、排列没有什么规律可言，但是同一个单元电路中的元器件相对而言是集中在一起的。

(3) 一些单元电路比较有特征，根据这些特征可以方便地找到它们。如整流电路中的二极管比较多，功率放大管上有散热片，滤波电容的容量最大、体积最大等。

(4) 找地线，电路板上的大面积铜箔线路是地线，一块电路板上的地线处处相连。另外，有些元器件的金属外壳接地。找地线时，上述任何一处都可以作为地线使用。在有些机器的各块电路板之间，它们的地线也是相连接的，但是当每块之间的接插件没有接通时，各块电路板之间的地线是不通的，这一点在检修时要注意。

(5) 在将印制电路板图与实际电路板对照过程中，在印制电路板图和电路板上分别画出一致的看图方向，以便拿起印制电路板图就能与电路板有同一个看图方向，省去每次都要对照看图的方向。

(6) 在观察电路板上元器件与铜箔线路的连接情况、观察铜箔线路走向时，可以用灯照着。

(7) 找某个电阻器或电容器时，不要直接去找它们，因为电路中的电阻器、电容器很多，寻找不方便，可以间接地找到它们，方法是先找到与它们相连的三极管或集成电路，再找到它们。或者根据电阻器、电容器所在单元电路的特征，先找到该单元电路，再寻找电阻器和电容器。

例如，在图 3-2-12 中，要寻找电路中的电阻 R_1，先找到集成电路 A_1，因为电路中的集成电路较少，找到集成电路 A_1 比较方便。然后利用集成电路的引脚分布规律找到②脚，即可找到电阻 R_1。

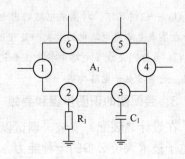

图 3-2-12　印制电路板图中寻找
元器件示意图

3) 识读印制电路板图的要领

(1) 找到典型的元器件。装配图是用于指导电子机械部件和整机组装的一份简图。其中，对元器件的认识是非常重要的步骤之一，只有对各元器件的结构和外形都掌握了，才可以很快找到典型的元器件。

(2) 弄清各器件之间的相对位置。装配关系在识读装配图中最重要的是将"零散"的器件通过线路组接到一起，完成整机的装配，所以正确安装各器件的位置应遵循整机布线图中的装配关系。

🐝 **注意**

在识读装配图时，应了解各种元器件的功能及工作原理，同时，还需要了解各部件的连接固定方式，这样会给组装整机带来帮助。

3.3　电子电路识图要求

1. 结合电子技术基础理论识图

无论是电视机、录音机，还是半导体收音机和各种电子控制线路的设计，都离不开电子技术基础理论。因此，要搞清电子线路的电气原理，必须具备电子技术基础知识。例如，交流电经整流后变成直流电，其原理就是利用晶体二极管具有单向导电特性而设计的。通常用 4 只或 2 只整流二极管组合起来，分别进行导通、截止的切换，以实现交流－直流变换的目的。

2. 结合电子元器件的结构和工作原理识图

在电子线路中有各种电子元器件，例如，在直流电源线路中，常用的有各种半导体器件、电阻、电容器件等。因此，在识读线路图时，首先应该了解这些电子器件的性能、基本工作原理以及在整个线路中的地位和作用。否则，无法读懂线路图。

3. 结合典型线路图识图

所谓典型线路，就是常见的基本线路，对于一张复杂的线路图，细分起来不外乎是由若干典型线路组成的。因此，熟悉各种典型线路图，它不仅在识图时能帮助我们分清主次环节，抓住主要矛盾，而且能帮助理解整机的工作原理。很多常见的典型电路，例如放大器、振荡器、电压跟随器、电压比较器、有源滤波器等，往往具有特定的电路结构，掌握常见的典型电路的结构特点，对于看图识图会有很大的帮助。

1) 放大电路的结构特点

放大电路的结构特点是具有一个输入端和一个输出端，在输入端与输出端之间的电子器件是晶体管或集成运放等放大器件，如图 3-3-1(a)和(b)所示。有些放大器具有负反馈。如果输出信号是由晶体管发射极引出的，则该电路是射极跟随器电路，如图 3-3-1(c)所示。

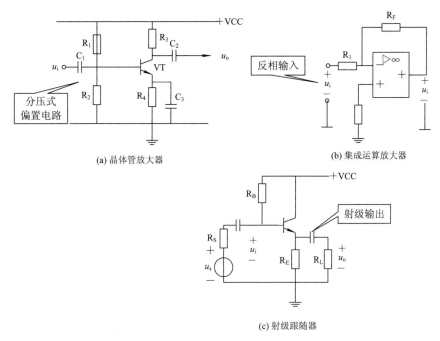

(a) 晶体管放大器　　　　　　　　　　　　(b) 集成运算放大器

(c) 射级跟随器

图 3-3-1　放大电路的结构

2) 振荡电路的结构特点

振荡电路的结构特点是没有对外的电路输入端，晶体管或集成运放的输出端与输入端之间接有一个具有选频功能的正反馈网络，将输出信号的一部分正反馈到输入端以形成振荡。图 3-3-2(a)所示为晶体管振荡器，晶体管 VT 的集电极输出信号，由变压器 T 倒相后正反馈到其基极，T 的初级线圈 L_1 与 C_2 组成选频回路，决定电路的振荡频率；图 3-3-2(b)所示为集成运放振荡器，在集成运放 IC 的输出端与同相输入端之间，接有 R_1、C_1、R_2、C_2 组成的桥式选频反馈回路，IC 输出信号的一部分经桥式选频回路反馈到其输入端，振荡频率由组成选频回路的 R_1、C_1、R_2、C_2 的值决定。

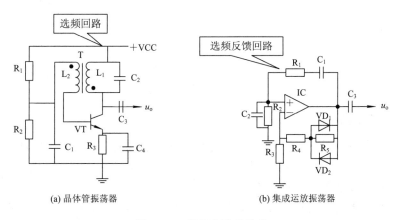

(a) 晶体管振荡器　　　　　　　　　　　　(b) 集成运放振荡器

图 3-3-2　振荡电路的结构

3) 差动放大器和电压比较器的结构特点

差动放大器和电压比较器的结构特点类似，都具有两个输入端和一个输出端，所不同的是：差动放大器电路中，集成运放的输出端与反相输入端之间接有一反馈电阻 R_F，使运放工作于线性放大状态，输出信号是两个输入信号差值，如图 3-3-3(a)所示；电压比较器电路中，集成运放的输出端与输入端之间则没有反馈电阻，使运放工作于开关状态($A=\infty$)，输出信号为 "U_{om}" 或 "$-U_{om}$"，如图 3-3-3(b)所示。

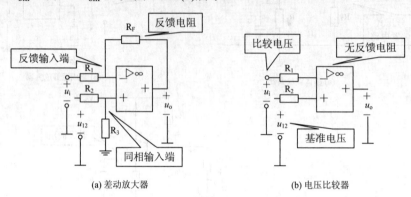

(a) 差动放大器　　　　　　　　　　　(b) 电压比较器

图 3-3-3　差动放大器和电压比较器的结构

4) 滤波电路的结构特点

滤波电路的结构特点是含有电容器或电感器等具有频率函数的元件，有源滤波器还含有晶体管或集成运放等有源器件，在有源器件的输出端与输入端之间接有反馈元件。有源滤波器通常使用电容器作为滤波元件，如图 3-3-4 所示。高通滤波器电路中电容器接在信号通路，如图 3-3-4(a)所示；低通滤波器电路中电容器接在旁路或负反馈回路，如图 3-3-4(b)所示；将低通滤波电路和高通滤波电路串联，并使低通滤波电路的截止频率大于高通滤波电路的截止频率，则构成带通滤波电路，如图 3-3-4(c)所示。

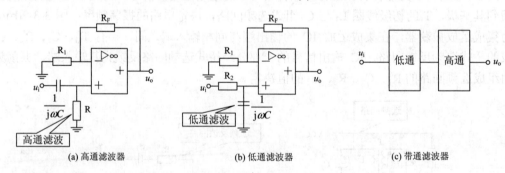

(a) 高通滤波器　　　　　　　　(b) 低通滤波器　　　　　　　(c) 带通滤波器

图 3-3-4　滤波电路的结构

4. 结合线路图的绘制特点识图

在电子线路图的设计中，通常是以功能原理程序进行的，因此将能完成同一功能的元器件聚集在一起，而交流信号在不同功能的放大电路中又往往用电容器耦合，等等。掌握了这些特点，对识读线路图会带来许多方便。

放大器、振荡器等单元电路都包括交流回路和直流回路，并且互相交织在一起，有些元器件只在一个回路中起作用，有些元器件在两个回路中都起作用。通常可以分别绘制出其交流等效电路和直流等效电路进行分析。

1) 交流等效电路

交流回路是单元电路处理交流信号的通路。对于交流信号而言，电路图中的耦合电容和旁路电容都视为短路；电源对交流的阻抗很小，且电源两端并接有大容量的滤波电容，也视为短路，这样便可绘出其交流等效电路。例如，图 3-3-5(a)所示晶体管放大器电路，按照上述方法绘出的交流等效电路如图 3-3-5(b)所示。

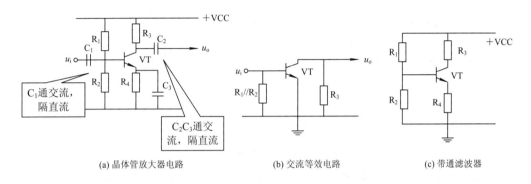

(a) 晶体管放大器电路　　　　(b) 交流等效电路　　　　(c) 带通滤波器

图 3-3-5　晶体管放大器电路及其等效电路

2) 直流等效电路

直流回路为单元电路提供正常工作所必需的电源。对于直流信号而言，电路图中所有电容均视为开路，可方便地绘出其直流等效电路。图 3-3-5(a)所示晶体管放大器电路的直流等效电路如图 3-3-5(c)所示。直流回路为晶体管 VT 提供直流工作电源并确定合适的静态工作点。

3.4　电子电路图识读实例

前面对电子电路的识图作了基本介绍，本节将通过 PJ-80 型无线电测向机进一步说明电子电路图的识读。

1. 无线电测向机

无线电测向机是无线电测向运动的重要器材。通过它可以测定电台所在的方向，寻找隐藏的电台。它是在普通半导体收音机的基础上安装了测向天线的小型无线电接收机。目前国内无线电测向机，按工作频段可分 2 米(超短波)波段测向机、80 米(短波)波段测向机和 160 米(中波)波段测向机，按电路程式可分为超外差式和直放式。

无线电测向接收机由三大部分组成，即测向天线、收信机、指示器。测向天线的作用是接收电台发出的无线电信号，并对来自不同方向的电波，产生不同的感应电势。收信机是对测向天线送来的感应电势进行放大、频率变换、解调等各种处理，变成指示器需要的信号。指示器则将收信机送来的电信号，通过声音或电表读数等显示，判断电台方向及距离等。

2. PJ-80 型无线电测向机

PJ-80 型测向机为普及型 3.5 MHz 频段直放式测向机，其具有电路简单、成本低、便于安装调试、运行性能好等特点，非常适用于在校园开展短距离无线电测向运动。

1) 方框图识图

PJ-80 型测向机电路基本框图如图 3-4-1 所示。它由测向天线、高频放大级、可调差拍振荡器、差拍检波器、低频放大级、功率放大级及耳机等组成，是直接交换型接收机(简写 DC 型)电路，是无线电接收电路中最简单的一种。直接交换是指接收到的高频信号的频率在解调变换为高频信号之前不作任何变化。

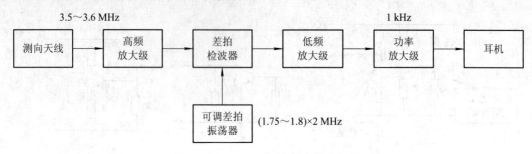

图 3-4-1　PJ-80 型测向机电路方框图

从图 3-4-1 方框图可见，PJ-80 型测向机没有本振级和中放级，在电路程式上和信号处理上，与超外差式测向机有一定的区别。

测向天线接收到 3.5～3.6 MHz 的等幅电报信号后，送至高频放大级进行放大。放大后的信号与可调差拍振荡器产生的 1.75～1.8 MHz 振荡信号的二次谐波一起加到差频检波级。调整差拍振荡器的频率，使其产生比接收信号高或低 1 kHz 的信号。此信号与高放输出信号进行差频检波，得到 1 kHz 的低频信号，然后再送至低频放大级和功率放大级对其进行放大，最后送至耳机。

在信号处理上，该机并不像超外差式测向机那样设有两个振荡器，一个是本机振荡器，产生比外来接收信号高或低 465 kHz 的高频振荡信号，与高频信号混频后，获得一个 465 kHz 的中频信号，再进行中频处理；另一个是差拍振荡器，产生比 465 kHz 中频信号高或低 1 kHz 的振荡信号，与中放输出信号差出 1 kHz 的低频信号。现在只用一个振荡器，直接差出了低频信号，同时起到了选台和差拍作用，省略了中频转换和处理，简化了电路。

2) 原理图识图

PJ-80 型测向机整机原理图如图 3-4-2 所示。

(1) 测向天线。测向天线部分由直立天线 W、单双向转换开关 S_1、调相电阻 R_{15}、磁性天线 L_1、L_2 及调谐电容 C_1 等组成。L_1 与 C_1 并联，调整 C_1，使天线回路谐振于 3.53 MHz。

(2) 高频放大级。高频放大级由晶体管 V_1、偏置电阻 R_1～R_4、耦合电容 C_2、谐振电容 C_3、旁路电容 C_4 及高放线圈 T_1 等组成。T_1 的初级线圈与 C_3 并联，调整 T_1 磁芯，谐振于 3.57 MHz，可与天线回路的谐振频率 3.53 MHz 进行参差调谐，使整个高频放大曲线在 3.5～3.6 MHz 的接收频率范围内均较平缓，即高放增益较均匀，如图 3-4-3 所示。为使测向机在近台区强信号时，高频放大级不出现信号阻塞现象，仍能维持正常的放大并保持良好的方向性，采用控制高放级工作点(调节 RP_{1-1})来控制高放增益。此方法不仅省略了衰减开关，而且可获得非常宽的增益控制范围。不过，改变工作点会造成一定的失真，但由于接收的是电报信号，在听觉上不会造成太大的影响。

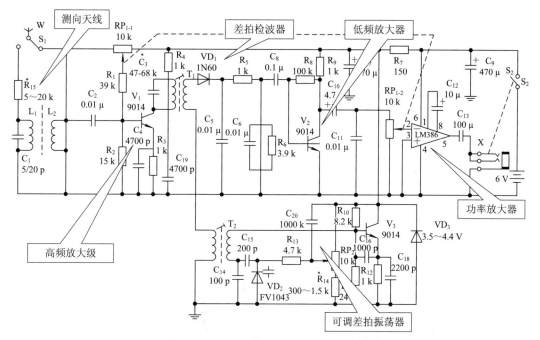

图 3-4-2　PJ-80 型无线电测向机整机原理图

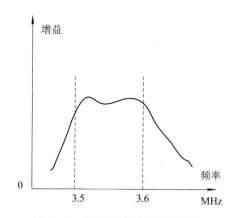

图 3-4-3　天线及高放回路调谐点

(3) 可调差拍振荡器。可调差拍振荡器由晶体管 V_3、差拍振荡线圈 T_2、变容二极管 VD_2、回路电容 C_{14}、C_{15}、C_{16}、C_{18} 及直流偏置电阻 R_{10}、R_{14}、RP_2 等组成，是典型的串联型电容三点式振荡电路。该机采用电调谐方式，即通过改变加在变容二极管 VD_2 上的偏置电压来改变 VD_2 两端的电容量，达到改变振荡频率的目的。RP_2、R_{13}、R_{14} 组成变容二极管 VD_2 的偏置电路，调节 RP_2 即可改变振荡频率。为得到较宽的频率变化范围，可选用电容量变化大的变容二极管，也可改变 R_{13}、R_{14} 的阻值。为提高电路的频率稳定性，选择温度系数较小的电容做回路谐振电容 C_{14}、C_{15}，采用稳压管 VD_3 来稳定振荡器的工作电压。

(4) 差拍检波器。差拍检波器由检波管 VD_1，RC 型滤波电路 C_5、C_6、R_5 及检波负载 R_6 组成。其中检波管是一个具有单向导电性的非线性器件，利用它可使两个不同频率的信号产生出许多新的频率成分。例如，除原有的两个频率外，还有两频率之和、两频率之差等。只有一个频率成分是经高放后的外来信号频率与差拍振荡器频率的二次谐波之差(约 1 kHz)。RC 型滤波电路是为了滤除检波后的高频成分，以便在 R_6 上获得低频电压。

(5) 低频放大级。当测向机离开电台距离较远时，R_6 两端的音频信号更弱，为了能清楚地辨认，先用低频三极管 V_2 对它进行一次放大，音频前置放大级由 V_2、R_8、R_9、C_8、C_{10} 等组成共发射级放大器，其中 R_8、R_9 为电压负反馈偏置电路，C_6、C_{10} 均为耦合电容。

(6) 音频功率放大级。音频前置放大后的信号经 C_{10} 耦合至集成电路 LM386 进行功率放大。C_{12} 为反馈电容，当 $C_{12} = 10$ pF 时，LM386 的电压增益可达 100 倍。电位器 RP_{1-2} 与高放级 RP_{1-1} 同轴控制，调节 RP_{1-2}，可改变输出信号的大小。C_{11} 是高频旁路电容器，可使音频信号中频率较高的分量短路入地而不被放大，以削弱耳机中刺耳的"嘶嘶"背景噪声。C_{13} 为输出耦合电容，X 为耳机插座兼电源开关。

3) 装配图识图

PJ-80 型无线电测向机的电路部分全部装焊在一块印刷电路板上。电路板上的元件排列如图 3-4-4 所示。

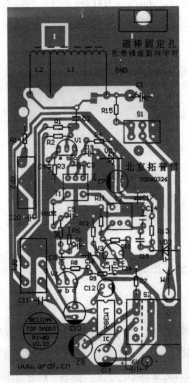 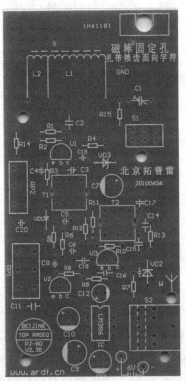

图 3-4-4　PJ-80 型无线电测向机元件装配图

为确保质量应先将所有零件的引脚用烙铁均匀地镀上一层薄薄的焊锡，然后再装焊到电路板上。T_1、T_2 二个线圈顶端的磁帽分别为黑色和白色，不能弄错。这两个线圈焊上后较难拆下，应事先用万用表低电阻挡确认，T_1 的三个相邻排列的引脚互相都能量通，而 T_2 的三个相邻引脚的中间引脚与其他任何引脚都不通。另外，VD_1、VD_2、VD_3 三个二极管外形相似，但型号规格各不相同，应正确加以区别。二极管、电解电容器、三极管和集成电路的插入方向都不能弄反。

第 4 章　电路设计与仿真软件

一个电路设计好后，需要对其进行仿真测试，及时修改电路中的不足，直到电路中的各功能都能实现时，再开始进行制作，以避免不必要的资源浪费。目前，市场上各类电路仿真软件有很多种，本章主要介绍 Multisim 10 软件、Proteus 软件、Keil μVision3 编译器及 Altium Designer 软件的简单使用。

4.1　Multisim 10 软件的使用

Multisim 10 软件是 National Instruments 公司于 2007 年 3 月推出的 NI Circuit Design Suit 10 中的一个重要组成部分，它可以实现原理图的捕获、电路分析、电路仿真、仿真仪器测试、射频分析、单片机等高级应用。其数量众多的元件数据库、标准化的仿真仪器、直观的捕获界面、简洁明了的操作、强大的分析测试、可信的测试结果，为众多电子爱好者及电子工程设计人员缩短电路调试及设计研发时间、强化电路实验学习立下了汗马功劳。

4.1.1　界面介绍

Multisim 10 软件安装过程比较简单，根据提示操作即可。安装完成后，启动 Multisim 10 软件，其主界面及主界面各功能如图 4-1-1 及表 4-1-1 所示。

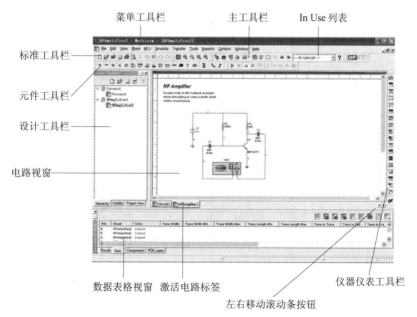

图 4-1-1　Multisim 10 软件主界面

表 4-1-1　Multisim10 工具栏

名　称	功　能
菜单工具栏	用于查找所有的命令
标准工具栏	包含常用的功能命令按钮
仪器仪表工具栏	包括了软件提供的所有仪器仪表按钮
元件工具栏	提供了从 Multisim 元件数据库中选择、放置元件到原理图中的按钮
电路视窗	也称作工作区，是设计人员设计电路的区域
设计工具栏	用于操控设计项目中各种不同类型的文件，也用于原理图层次的控制显示和隐藏不同的层
数据表格视窗	用于快速显示编辑元件的参数，还可以一步到位修改某些元件或所有元件的参数

　　Multisim 10 工具栏由 8 个工具栏组成，分别是 Standard Toolbar(标准工具栏)、Main Toolbar(主工具栏)、Simulation Toolbar(仿真工具栏)、View Toolbar(显示工具栏)、Graphic Annotation Toolbar(图形注释工具栏)、Components Toolbar(元件工具栏)、Virtual Toolbar(虚拟元件工具栏)和 Instruments Toolbar(仪器仪表工具栏)。使用工具栏上的按钮即可完成一个电路图的创建，表 4-1-2～表 4-1-6 是前 5 个工具栏的详细说明。

表 4-1-2　标准工具栏

Standard Toolbar (标准工具栏)	按　钮	快捷键	功　能
New		Ctrl + N	建立新文件
Open		Ctrl + O	打开一个文件
Open a Sample design			打开一个设计实例
Save File		Ctrl + S	保存文件
Print Circuit			打印电路图
Print Preview			预览打印电路
Cut		Ctrl + X	剪切元件
Copy		Ctrl + C	复制元件
Paste		Ctrl + V	粘贴元件
Undo		Ctrl + Z	撤销操作动作
Redo		Ctrl + Y	还原操作动作

表 4-1-3　主 工 具 栏

Main Toolbar (主工具栏)	按　钮	功　　能
Show or Hide Design Toolbar		显示或隐藏设计工具栏
Show or Hide Spreadsheet Bar		显示或隐藏数据表格视窗
Database Manager		打开数据库管理器
Create Component		创建一个新元件
Grapher/Analysis List		图形分析视窗/分析方法列表
Postprocessor		后期处理
Electrical Rules Checking		电气规则检查
Capture Screen Area		捕获屏幕
Go to Parent Sheet		跳转到父系表
Back Annotate from Ultiboard		修改 Ultiboard 注释文件
Forward Annotate to Ultiboard 10		创建 Ultiboard 注释文件
In Use List	--- In Use List ---	正在使用的元件列表
Help	?	帮助

表 4-1-4　仿 真 工 具 栏

Simulation Toolbar (仿真工具栏)	按　钮	快捷键	功　　能
Run/Resume Simulation	▶	F5	仿真运行按钮
Pause Simulation	❚❚	F6	暂停运行按钮
Stop Simulation	■		停止运行按钮
Pause Simulation at Next MCU Instruction Boundary	●		在下一个 MCU 分界指令暂停按钮
Step into			单步执行进入子函数
Step Over			单步执行越过子函数
Step Out			单步执行跳出子函数
Run to Cursor			跳转到光标处
Toggle Breakpoint			断点锁定
Remove all Breakpoints			解除断点锁定

表 4-1-5　显示工具栏

View Toolbar (显示工具栏)	按　钮	快捷键	功　　能
Toggle Full Screen			全屏显示
Increase Zoom		F8	放大显示
Decrease Zoom		F9	缩小显示
Zoom to Selected area		F10	区域放大
Zoom Fit to Page		F7	本页显示

表 4-1-6　图形注释工具栏

Graphic Annotation Toolbar (图形注释工具栏)	按钮	快捷键	功　能
Picture			放置文件图形
Polygon		Ctrl + Shift + G	放置多边形
Arc		Ctrl + Shift + A	放置弧形
Ellipse		Ctrl + Shift + E	放置椭圆
Rectangle			放置矩形
Multiline			放置折线
Line		Ctrl + Shift + L	放置直线
Place Text	A	Ctrl + Shift + T	放置文本
Place Comment			放置注释

在创建一个电路图之前，还需要设置自己习惯的软件运行环境和界面，其目的是方便画电路图、仿真和观察结果。设置全局属性的菜单为【Options】→【Global Preferences】，设置电路原理图属性的菜单为【Options】→【Sheet Properties】，设置用户界面的菜单为【Options】→【Customize User Interface】，用户可根据自己的偏好自行设置。

4.1.2　创建电路图的基本操作

要想创建一个电路图，首先选取自己所需要的元件及仪器仪表，本节主要讲述如何选取元件、仪器仪表及如何将其连成一个完整的电路。

1. 元件与元件参数设置

Multisim 10 提供的元件浏览器常用于从元件数据库中选择元件并将其放置到电路窗口

中。元件在数据库中按照数据库、组、族分类管理。选取时可直接在元件工具栏和虚拟工具栏中或在菜单【Place】下选择【Component】，单击后界面如图 4-1-2 所示。

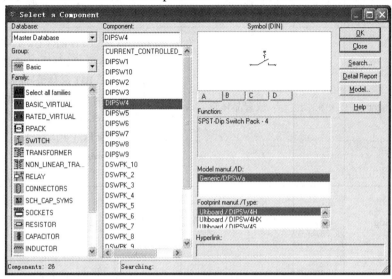

图 4-1-2　"Select a Component" 对话框

默认情况下，元件数据库是 Master Database(主数据库)，若需要从 Corporate Database(公共数据库)或 User Database(用户数据库)中选择元件，可以在 Database 下拉列表中选择相应的菜单；从【Family】(族)列表中选择所需的元件族；在元件列表中选择所需的元件，选择好后点击【OK】按钮即可。

在【Family】(族)中，深色背景的元件为虚拟元件，虚拟元件也可在 Virtual(虚拟)工具栏中选择，虚拟元件的特点就是其参数均为理想化且可随时修改元件的数值。

元件工具栏和虚拟工具栏具体情况如表 4-1-7 和表 4-1-8 所示。

表 4-1-7　元件工具栏

Components Toolbar (元件工具栏)	按钮	功　能	分　　类
Place Source	÷	放置电源	电源、电压信号源、电流信号源、控制功能模块、受控电压源、受控电流源等
Place Basic	∿	放置基本元件	基本虚拟器件、额定虚拟器件、排阻、开关、变压器、非线性变压器、继电器、连接器、插座、电阻、电容、电感、电解电容、可变电容、可变电感、电位器
Place Diode	⊬	放置二极管	虚拟二极管、二极管、齐纳二极管、发光二极管、全波桥式整流器、肖特基二极管、可控硅整流器、双向开关二极管、三端开关可控硅二极管、变容二极管、PIN 二极管

续表

Components Toolbar (元件工具栏)	按钮	功　能	分　　类
Place Transistor		放置晶体管	虚拟晶体管、NPN 晶体管、PNP 晶体管、达林顿 NPN 晶体管、达林顿 PNP 晶体管、达林顿晶体管阵列、BJT 晶体管阵列、绝缘栅双极型晶体管、三端 N 沟道耗尽型 MOS 管、三端 N 沟道增强型 MOS 管、三端 P 沟道增强型 MOS 管、N 沟道 JFET、P 沟道 JFET、N 沟道功率 MOSFET、P 沟道功率 MOSFET、单结晶体管、热效应管
Place Analog		放置模拟集成元件	模拟虚拟器件、运算放大器、诺顿运算放大器、比较器、宽带放大器、特殊功能运算放大器
Place TTL		放置 TTL 器件	74STD 系列及 74LS 系列
Place CMOS		放置 CMOS 器件	根据电压大小分类
Place MCU Module		放置 MCU 模型图	8051、PIC16、RAM、ROM
Place Advanced Peripherals		放置高级外围设备	键盘、LCD、终端显示模型
Place Misc Digital		放置数字元件	TTL 系列、VHDL 系列、VERILOG_HDL 系列
Place Mixed		放置混合元件	虚拟混合器件、定时器、模数_数模转换器、模拟开关
Place Indicator		放置指示器件	电压表、电流表、探测器、蜂鸣器、灯泡、十六进制计数器、条形光柱
Place Power Component		放置电源器件	保险丝、稳压器、电压抑制、隔离电源
Place Miscellaneous	MISC	放置混杂器件	传感器、晶振、电子管、滤波器、MOS 驱动
Place RF		放置射频元件	射频电容、射频电感、射频 NPN 晶体管、射频 PNP 晶体管、射频 MOSFET、隧道二极管、带状传输线
Place Electromechanical		放置电气元件	感测开关、瞬时开关、附加触点开关、定时触点开关、线圈和继电器、线性变压器、保护装置、输出装置

表 4-1-8 虚拟元件工具栏

Virtual Toolbar (虚拟元件工具栏)	按钮	功 能	分 类
Show Analog Family		放置虚拟运放	虚拟比较器、虚拟运放
Show Basic Family		放置虚拟基本器件	虚拟电阻、虚拟电容、虚拟电感、虚拟可变电阻、虚拟可变电容、虚拟可变电感、虚拟变压器等
Show Diode Family		放置虚拟二极管	虚拟二极管、虚拟齐纳二极管
Show Transistor Family		放置虚拟晶体管	虚拟 NPN 二极管、虚拟 PNP 二极管、虚拟场效应管
Show Measurement Family		放置虚拟测量元件	电压表、电流表、灯泡
Show Misc Family		放置虚拟混杂元件	虚拟 555 定时器、虚拟开关、虚拟保险丝、虚拟灯泡、虚拟单稳态器件、虚拟电动机、虚拟光耦合器、虚拟 PLL、虚拟数码管
Show Power Source Family		放置虚拟电源器件	直流电源、交流电源、接地
Show Rated Family		放置额定器件	虚拟额定三极管、虚拟额定二极管、虚拟额定电阻、虚拟额定变压器
Show Signal Source Family		放置虚拟信号源元件	交流电压源、交流电流源、FM 电流源、FM 电压源等

元件放在电路图上后，通常需要修改其参数，这时，只要双击元件即可，在弹出的元件属性对话框中修改其属性。元件属性对话框中包含多个页面，实际元件一般不需要修改其属性，除非有特殊需要，因为大量的实际元件完全可以满足研究、设计、教学的一般需要。虚拟元件的属性可以根据仿真的需要来设置，如果需要修改虚拟元件的参数，则必须明确知道被修改参数的意义。

2．仪器仪表工具

Multisim 10 中提供了许多实验仪器，而且还可以创建 LabVIEW 的自定义仪器。选取仪器操作与选取元器件操作方法基本相同，可以在仪器仪表工具栏中选取所需仪器仪表、也可以在菜单【Simulate】→【Instruments】下选择所需仪器仪表。各仪器仪表具体功能如表 4-1-9 所示。

表 4-1-9　仪器仪表工具栏

Instruments Toolbar (仪器工具栏)	按钮	中文名称	功　　能
Multimeter		万用表	可以测量交/直流电压、电流及电阻
Distortion Analyzer		失真度仪	典型的失真度分析用于测 20 Hz～100 kHz 之间信号的失真情况,包括对音频信号的测量。其设置界面如图 4-1-3 所示
Wattmeter		瓦特表	用于测量用电负载的平均电功率和功率因数
Oscilloscope		示波器	显示电压波形、周期的仪器。Multisim 软件中提供了多种示波器,其使用方法都是大同小异,图 4-1-4 所示为示波器面板
Function Generator		函数信号 发生器	用来产生正弦波、方波和三角波的仪器
Frequency Counter		频率计数器	用于测量信号的频率
Four Channel Oscilloscope		四踪示波器	允许同时监视 4 个不同通道的输入信号
Agilent Function Generator		安捷伦 33120A 信号发生器	具有高性能 15 MHz 合成频率且具备任意波形输出的多功能函数信号发生器
Bode Plotter		波特图仪	测量电路幅频特性和相频特性的仪器。波特图仪面板图如图 4-1-5 所示
Word Generator	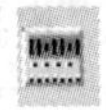	字符发生器	用于产生数字电路需要的数字信号。其面板图如图 4-1-6 所示
Logic Converter		逻辑转换器	可以执行对多个电路表示法的转换和对数字电路的转换
IV Analyzer		伏安特性 分析仪	用于测量二极管、PNP BJT、NPN BJT、PMOS、NMOS 的伏安特性曲线
Logic Analyzer		逻辑分析仪	用于显示和记录数字电路中各个节点的波形
Agilent Multimeter		安捷伦 34401A 万用表	6.5 位的高精度数字万用表
Network Analyzer		网络分析仪	用于测量电路的散射参数,也可以计算 H、Y、Z 参数
Agilent Oscilloscope		安捷伦 54622D 示波器	一个具备 2 通道和 16 逻辑通道的 100 MHz 带宽的示波器
Measurement Probe		测量探针	在电路的不同位置快速测量电压、电流及频率的有效工具
Spectrum Analyzer		频谱仪	测试频率的振幅
Tektronix Simulated Oscilloscope		泰克仿真 示波器	Tektronix TDS 2024 是一个 4 通道 200 MHz 带宽的示波器
LabVIEW		LabVIEW 仪器	可在此环境下创建自定义的仪器
Current Probe		电流探针	将电流转换为输出端口电阻丝器件的电压

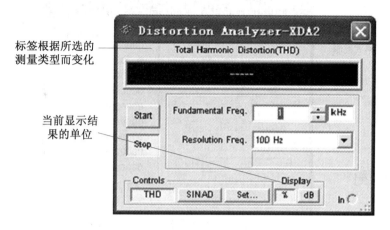

图 4-1-3　失真度仪界面设置

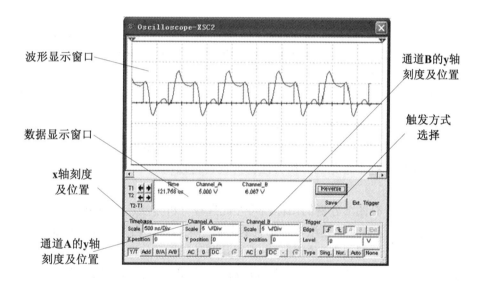

图 4-1-4　示波器面板图

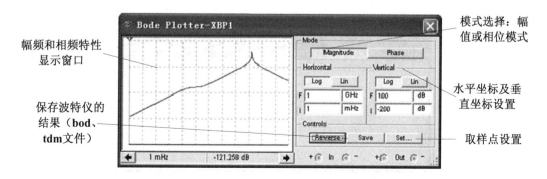

图 4-1-5　波特图仪面板图

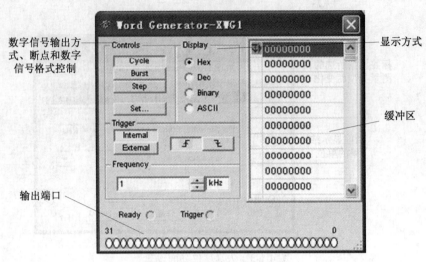

数字信号输出方
式、断点和数字
信号格式控制

显示方式

缓冲区

输出端口

图 4-1-6　字符发生器面板图

3. 电路连线

Multisim 软件中采取的是自动连线方式，当鼠标移至元件的一端时，出现十字型光标，单击引出导线，然后在要连接的元件端再次单击即可，使用起来非常方便。

4.1.3　分析方法

Multisim 软件的分析方法有很多，利用仿真产生的数据进行分析，对于电路分析和设计都非常有用，可以提高分析电路、设计电路的能力。Multisim 软件分析的范围也比较广泛，从基本分析方法到一些不常见的分析方法都有，并可以将一个分析作为另一个分析的一部分自动执行。

在主工具栏中，有图形分析的图标，可在此选择分析方法，也可单击菜单【Simulate】→【Analyses】命令选择分析方法。若想查看分析结果，可单击菜单【View】→【Grapher】命令，在【Grapher View】(图示仪)窗口中设置其各种属性，如图 4-1-7 所示。Multisim 软件总共有 18 种分析方法，在使用这些分析方法前要认识各种仿真分析的功能及设置其正确参数。下面介绍几种基本分析方法。

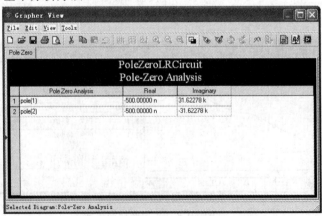

图 4-1-7　【Grapher View】窗口

1. 直流工作点分析(DC Operating Point Analysis)

直流工作点分析可用于计算静态情况下电路各个节点的电压、电压源支路的电流、元件电流和功率等数值。

打开需要分析的电路,单击菜单【Simulate】→【Analyses】→【DC Operating Point Analysis】命令,弹出直流工作点对话框,如图 4-1-8 所示。

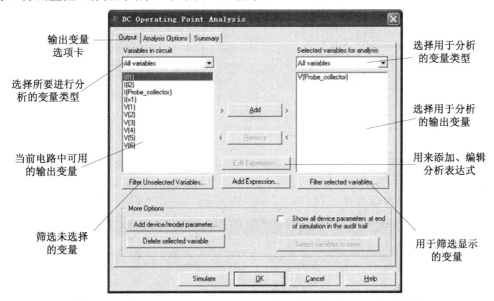

图 4-1-8 【DC Operating Point Analysis】对话框的【Output】标签页

所有参数选择好后点击【Simulate】按钮,进行直流工作点分析,弹出图示仪界面,显示计算出的所需节点的电压、电流数值。

2. 交流分析(AC Analysis)

交流分析可用于观察电路中的幅频特性及相频特性。分析时,仿真软件首先对电路进行直流工作点分析,以建立电路中非线性元件的交流小信号模型。然后对电路进行交流分析,并且输入的信号为正弦波信号。若输入端采用的是函数信号发生器,即使选择三角波或者方波,也将自动改为正弦波信号。

下面以图 4-1-9 所示的文氏桥为例,分析其幅频特性及相频特性。

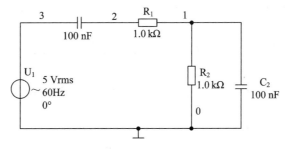

图 4-1-9 文氏桥电路

双击电源,弹出其属性对话框,可在【Value】(值)标签页中设置其交流分析的振幅和相位值,如图 4-1-10 所示。设置好后,单击菜单【Simulate】→【Analyses】→【AC Analysis】

命令，弹出【AC Analysis】对话框，在【Output】标签页中可以设置需要分析的变量，如图 4-1-11 所示。选好之后单击【Simulate】按钮，仿真结果如图 4-1-12 所示。

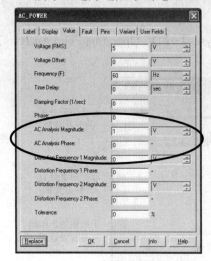

图 4-1-10　【Value】标签

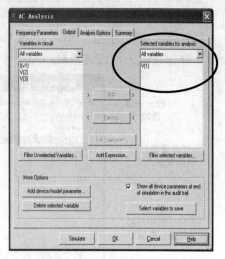

图 4-1-11　【Output】标签页

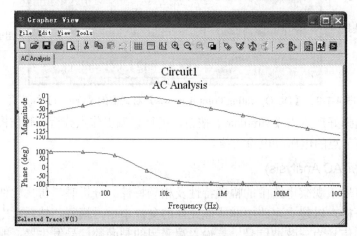

图 4-1-12　文氏桥电路 AC Analysis 分析显示窗口

3. 瞬态分析(Transient Analysis)

瞬态分析也叫时域瞬态分析，是观察电路中各个节点电压和支路电流随时间变化的情况，其实就是与用示波器观察电路中各个节点的电压波形一样。

在进行分析前，需要对其进行参数设置，单击菜单【Simulate】→【Analyses】→【Transient Analysis】命令，弹出【Transient Analysis】对话框，如图 4-1-13 所示。

如果需要将所有参数复位到默认值，则单击【Reset to default】(复位到默认)按钮即可。初始值条件，有如下四种：

【Set to Zero】(设置到零)：瞬态分析的初始条件从零开始；

【User-defined】(用户自定义)：由瞬态分析对话框中的初始条件开始运行分析；

【Calculate DC Operating Point】(计算直流工作点)：首先计算电路的直流工作点，然后使用其结果作为瞬态分析的初始条件；

【Automatically Determine Initial Conditions】(自动检测初始条件)：首先使用直流工作点作为初始条件，如果仿真失败，将使用用户自定义的初始条件。

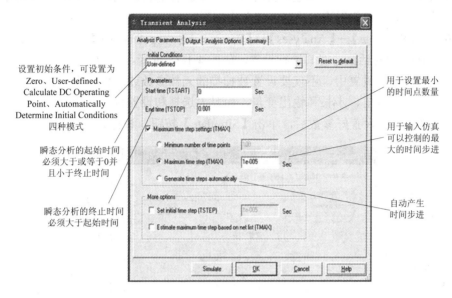

设置初始条件，可设置为 Zero、User-defined、Calculate DC Operating Point、Automatically Determine Initial Conditions 四种模式

瞬态分析的起始时间必须大于或等于0并且小于终止时间

瞬态分析的终止时间必须大于起始时间

用于设置最小的时间点数量

用于输入仿真可以控制的最大的时间步进

自动产生时间步进

图 4-1-13 【Transient Analysis】对话框

4．直流扫描分析(DC Sweep Analysis)

直流扫描分析是计算电路中某一节点的电压或某一电源分支的电流等变量随电路中某一电源电压变化的情况。

直流扫描分析的输出图形横轴为某一电源电压，纵轴为被分析节点的电压或某一电源分支的电流等变量随电路中某一电源电压变化的情况。

单击菜单【Simulate】→【Analyses】→【DC Sweep Analysis】命令，弹出【DC Sweep Analysis】(直流扫描分析)对话框，对其进行设置，如图 4-1-14 所示。设置好参数后，单击【Simulate】按钮，进行分析。

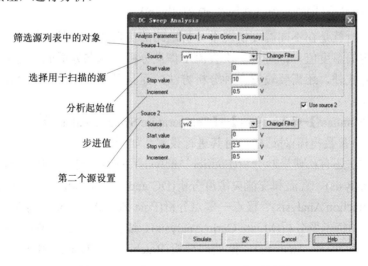

筛选源列表中的对象

选择用于扫描的源

分析起始值

步进值

第二个源设置

图 4-1-14 【DC Sweep Analysis】对话框

5．参数扫描分析(Parameter Sweep Analysis)

参数扫描分析是针对元件参数和元件模型参数进行的直流工作点分析、交流分析及瞬态分析。所以参数扫描分析给出的是一组分析图形。

单击菜单【Simulate】→【Analyses】→【Parameter Sweep Analysis】命令，弹出【Parameter Sweep】(参数扫描)对话框，对其进行设置，如图 4-1-15 所示。

在参数扫描分析设置中，不仅要设置被扫描的元件参数或元件模型参数，设置它们的扫描方式、初值、终值、步长和输出变量，而且要选择和设置直流工作点、瞬态分析或交流分析这三者之一。设置好参数后，单击【Simulate】按钮，进行分析。

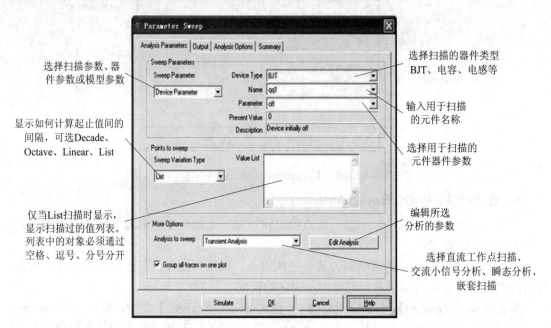

图 4-1-15　【Parameter Sweep】对话框

6．温度扫描分析(Temperature Sweep Analysis)

温度扫描分析就是在不同温度情况下分析电路的仿真情况。温度扫描分析的方法就是对于每一个给定的温度值，都进行一次直流工作点分析、瞬态分析或交流分析，所以除了设置温度扫描方式外，还需要设置一种分析方法，而且温度扫描分析仅会影响在模型中有温度属性的元件。

单击菜单【Simulate】→【Analyses】→【Temperature Sweep Analysis】命令，弹出【Parameter Sweep Analysis】(参数扫描)对话框，对其进行设置，如图 4-1-16 所示。

其他分析方法还有：傅里叶分析(Fourier Analysis)、噪声分析(Noise Analysis)、失真分析(Distortion Analysis)、直流和交流灵敏度分析(DC and AC Sensitivity Analysis)、传输函数分析(Transfer Function Analysis)、极点—零点分析(Pole-Zero Analysis)、最坏情况分析(Worst Case Analysis)、蒙特卡罗分析(Monte Carlo Analysis)、线宽分析(Trace Width Analysis)、嵌套扫描分析(Nested Sweep Analysis)、批处理分析(Batched Analysis)、用户自定义分析(User Defined Analysis)。

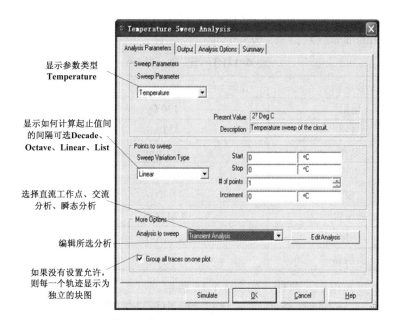

图 4-1-16　【Temperature Sweep Analysis】对话框

4.1.4　应用实例

Multisim 软件的特点就是，可以像实际做电子电路实验一样来进行电子电路仿真，还可以用前面介绍的各种电子仪器或是分析方法来对电子电路进行测试，学会使用该软件，可以为电子电路研究节省很多时间及经费。实践证明，先用该软件进行仿真，再进行实际实验，效果会更好。

下面总结出了利用 Multisim 软件仿真电路时的步骤：

(1) 从元件库中取出所需的各种元器件，注意更改其属性；

(2) 布置和摆正元器件；

(3) 连接电路，同时调整整体电路图的位置，使其看上去更美观、易懂；

(4) 选取仪器仪表，连接到电路中，测试电路的各种属性，注意修改仪器仪表属性；

(5) 接通电源，进行电路测试。

根据这些步骤，以 LM7805 稳压电源电路为例，介绍 Mulitisim 软件的使用方法。图 4-1-17 为 LM7805 稳压电源原理图。

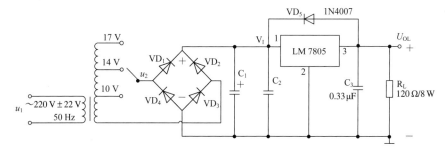

图 4-1-17　LM7805 稳压电源原理图

第一步：统计元器件清单，元件清单见表 4-1-10。单击元件工具栏中基本项按钮，弹出"Select a Component"对话框，从中选取所需元件。

表 4-1-10　元件清单

名　称	型　号	数　量
电阻	120 Ω	1
电容	470 μF	1
电容	0.1 μF	1
电容	0.33 μF	1
二极管	1N4007	1
稳压管	LM7805	1
桥堆	1G4B42	1
变压器		1

第二步：布置和摆正元器件，如图 4-1-18 所示。

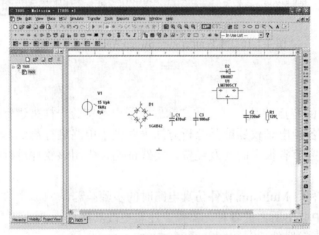

图 4-1-18　布置和摆正元器件

第三步：连接电路，并且调整整体电路图位置，如图 4-1-19 所示。

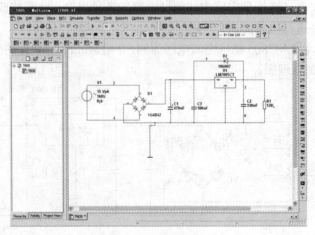

图 4-1-19　整体电路图

第四步：选取直流电压表，测量输出电压大小，如图 4-1-20 所示。

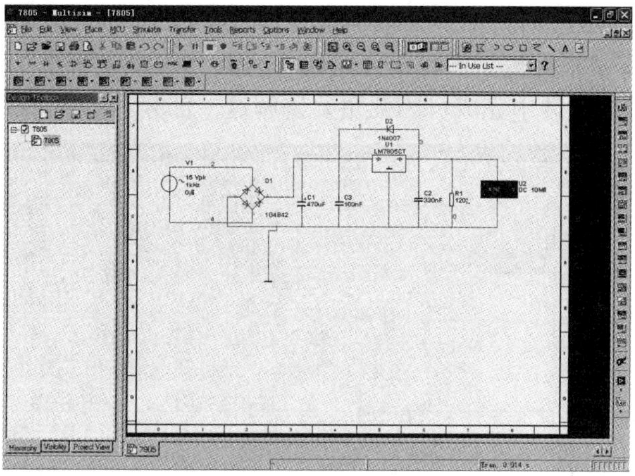

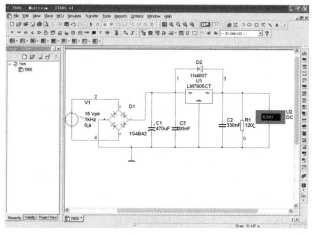

图 4-1-20　连接电压表图

第五步：单击运行按钮，观察电压表，得出测试结果，如图 4-1-21 所示。

图 4-1-21　测试结果图

4.2　Proteus 软件的使用

　　Proteus 软件是由英国 Labcenter Electronics 公司开发的 EDA 工具软件，已有近 20 年的历史，在全球得到了广泛的应用。

　　Proteus 软件功能非常强大，集多种功能与一身，不仅可以进行电路设计，还可进行制版、仿真等多项功能。该软件可以对电工、电子学科涉及的电路进行设计仿真与分析，还可以对微处理器进行设计与仿真，并且功能齐全，界面精彩，是近年来备受广大电子设计爱好者喜爱的一款新型 EDA 软件。

4.2.1　界面介绍

　　Proteus 软件包括 ISIS 和 ARES 两部分应用软件，具体功能为：原理图输入、混合模型、动态器件库、高级布线/编辑、CPU 仿真模型、ASF 高级图形。ISIS 主要是智能原理图输入系统，系统设计与仿真的基本平台；ARES 主要为高级 PCB 布线编辑软件。

　　Proteus 软件的安装根据提示操作即可完成，其中 ISIS 软件界面如图 4-2-1 所示。由于大部分仿真功能都在此软件中完成，因此主要讲解这一部分。

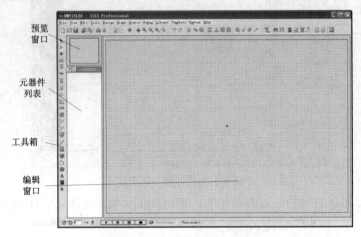

图 4-2-1　Proteus ISIS 软件界面

　　本软件中，主工具栏的用途与其他常用软件类似，用户可自行理解。下面主要介绍工具箱的用途，其功能如表 4-2-1 所示。

表 4-2-1　工 具 箱 菜 单

按钮	名　称	功　能
▲	Selection Mode	选择模式
⇥	Component Mode	拾取元器件
✛	Junction Dot Mode	放置节点
LBL	Wire Label Mode	标注线段或网络名
≣	Text Script Mode	输入文本
╫	Buses Mode	绘制总线
⬓	Subcircuit Mode	绘制子电路模块
⊟	Terminals Mode	在对象选择器中列出各种终端
⇥	Device Pins Mode	在对象选择器中列出各种引脚
⋈	Graph Mode	在对象选择器中列出各种仿真分析所需的图表
▣	Tape Recorder Mode	当对设计电路分割仿真时采用此模式
◎	Generator Mode	在对象选择器中列出各种激励源
⌇	Voltage Probe Mode	可在原理图中添加电压探针
⌇	Current Probe Mode	可在原理图中添加电流探针
▨	Virtual Instruments Mode	在对象选择器中列出各种虚拟仪器

4.2.2   Proteus ISIS 的电路图创建

用 Proteus 软件创建电路图与 Multisim 软件有相似之处，都是先选取元件，然后将元件进行连接，最后连接仪器仪表进行仿真。同样，在创建电路图之前也需要设置编辑环境。

打开 Proteus ISIS 软件，单击菜单【File】→【New Design】命令，弹出如图 4-2-2 所示对话框，选择合适的模板，一般选择 DEFAULT 模板。

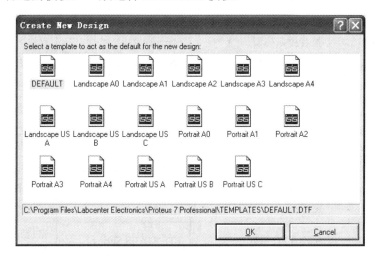

图 4-2-2　【Create New Design】对话框

在菜单【Template】中可根据需要设置字体、图形颜色等。设置好环境之后开始选取元件，Proteus ISIS 软件提供了大量元器件，单击菜单【Library】→【Pick Devices】命令或者单击元器件列表栏中的【P】按钮，弹出【Pick Devices】对话框，如图 4-2-3 所示。

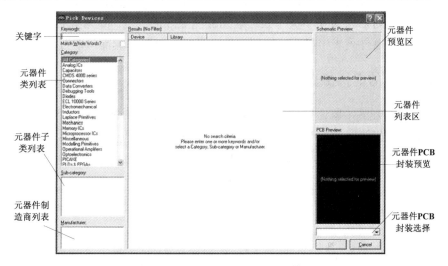

图 4-2-3　【Pick Device】对话框

Proteus ISIS 软件中的元件库也是按类存放的，即类—子类(或生产厂家)—元件。如果有自己的常用元件，可直接输入其名称来选取。另一种方法是按类查询，也是非常方便的。类元件分类示意如表 4-2-2 所示。

表 4-2-2　类元件分类示意表

Category(类)	含　义	Category(类)	含　义
Analog ICs	模拟集成器件	Capacitors	电容
CMOS 4000 series	CMOS 4000 系列	Connectors	接头
Data Converters	数据转换器	Debugging Tools	调试工具
Diodes	二极管	ECL 10000 series	ECL 10000 系列
Electromechanical	电机	Inductors	电感
Laplace Primitives	拉普拉斯模型	Memory ICs	存储器芯片
Microprocessor ICs	微处理器芯片	Miscellaneous	混杂器件
Modeling Primitives	建模源	Operational Amplifiers	运算放大器
Optoelectronics	光电器件	PLDs and FPGAs	可编程逻辑器件和现场可编程门阵列
Resistors	电阻	Simulator Primitives	仿真源
Speakers and Sounders	扬声器和声响	Switching and Relays	开关和继电器
Switching Devices	开关器件	Thermionic Valves	热离子真空管
Transducers	传感器	Transistors	晶体管
TTL 74 Series	标准 TTL 系列	TTL 74ALS Series	先进的低功耗肖特基 TTL 系列
TTL 74AS Series	先进的肖特基 TTL 系列	TTL 74F Series	快速 TTL 系列
TTL 74HC Series	高速 CMOS 系列	TTL 74HCT Series	与 TTL 兼容的高速 CMOS 系列
TTL 74LS Series	低功耗肖特基 TTL 系列	TTL 74S Series	肖特基 TTL 系列

把大类确定好后，再在小类中去选取元件能更方便一些。选取元件后，这些元件会在页面左下端的元器件列表中显示，需要哪些可直接拖曳到编辑窗口即可。

4.2.3　Proteus 的虚拟仿真工具

元器件选取好后，就需要选取激励源以及虚拟仪器来测试电路。本节主要介绍激励源及虚拟仪器。首先选取激励源，单击工具箱中【Generator Mode】按钮，其列表同时显示，如图 4-2-4 所示。各种类激励源意义如表 4-2-3 所示。

图 4-2-4　激励源显示列表

表 4-2-3　各种激励源示意表

名　称	符号	意　义
DC		直流信号发生器
SINE		正弦波信号发生器
PULSE		脉冲发生器
EXP	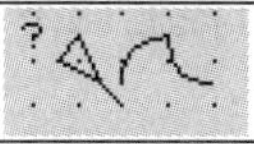	指数脉冲发生器
SFFM		单频率调频波发生器
PWLIN		分段线性激励源
FILE		FILE 信号发生器
AUDIO		音频信号发生器
DSTATE		数字单稳态逻辑电平发生器
DEDGE	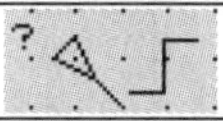	数字单边沿信号发生器
DPULSE		单周期数字脉冲发生器
DCLOCK		数字时钟信号发生器
DPATTERN		数字模式信号发生器
SCRIPTABLE		可用 BASIC 语言产生波形或数字脉冲信号

Proteus ISIS 还提供了很多虚拟仪器，单击工具箱中的【Virtual Instruments Mode】按钮，仪器列表如图 4-2-5 所示。各类仪器示意表如表 4-2-4 所示。

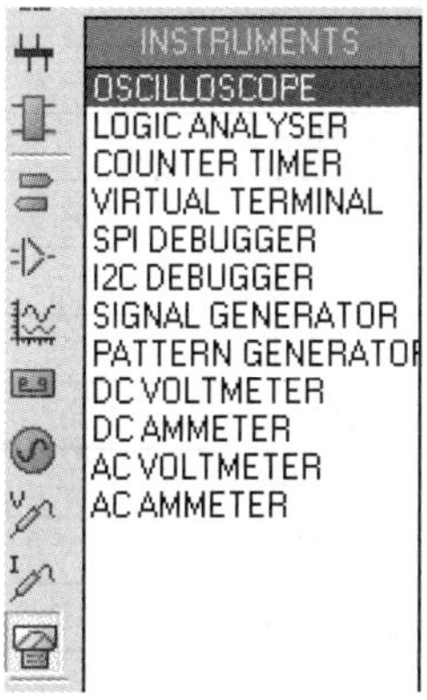

图 4-2-5　虚拟仪器列表

表 4-2-4　虚拟仪器示意表

名　称	含　义
OSCILLOSCOPE	示波器
LOGIC ANALYSER	逻辑分析仪
COUNTER TIMER	计数/定时器
VIRTUAL TERMINAL	虚拟终端
SPI DEBUGGER	SPI 调试器
I2C DEBUGGER	I^2C 调试器
SIGNAL GENERATOR	信号发生器
PATTERN GENERATOR	模式发生器
DC VOLTMETER	直流电压表
DC AMMETER	直流电流表
AC VOLTMTER	交流电压表
AC AMMETER	交流电流表

各仪器仪表的使用方法都非常简单，单击其图标就能打开仪表界面，这里就不做详细介绍了。整个电路搭建好后，可单击页面下端的仿真运行图标开始仿真，如图 4-2-6 所示。

图 4-2-6　仿真运行图标

Proteus ISIS 软件中有类似 Multisim 软件中的分析功能的图表分析，利用图表分析时，需要与电压探针或是电流探针相结合。图表分析可根据以下步骤来完成：

(1) 在电路被测点添加电压探针或是电流探针；

(2) 选择图表分析类型，并在原理图中拖出此图表分析类型框；

(3) 在图表框中添加探针；

(4) 设置图表属性；

(5) 单击图表仿真按钮生成所加探针对应的波形。

在 Proteus ISIS 工具箱中单击【Graph Mode】按钮，各种分析类型列表如图 4-2-7 所示。

图 4-2-7　图表分析类型

各图表分析类型含义如表 4-2-5 所示。

表 4-2-5　各类图表示意表

波形类别名称	含　义
ANALOGUE	模拟波形
DIGITAL	数字波形
MIXED	模数混合波形
FREQUENCY	频率响应
TRANSFER	转移特性分析
NOISE	噪声分析
DISTORTION	失真分析
FOURIER	傅里叶分析
AUDIO	音频分析
INTERACTIVE	交互分析
CONFORMANCE	一致性分析
DC SWEEP	直流扫描
AC SWEEP	交流扫描

以上介绍了 Proteus ISIS 软件中绘制电路图的基本操作，根据这些即可仿真大部分电路。

如果需要详细学习，可翻阅此软件相关书籍。

4.2.4　应用实例

下面通过实例来具体学习如何快速使用这款软件。以 LM386 功放电路为例，其电路图如图 4-2-8 所示。

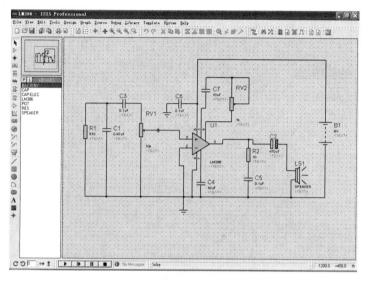

图 4-2-8　LM386 功率放大器

第一步，创建一个新的设计文件。

进入 Proteus ISIS 编辑环境，选择【File】→【New Design】菜单项，在弹出菜单中选择 DEFAULT 模板，并将新建的设计进行保存和命名。

第二步，设置工作环境。

打开【Template】菜单，对工作环境进行设置。在本例中，使用系统默认设置。

第三步，拾取元器件。

根据设计的电路图拾取元件，最好在拾取前列出所需的元器件列表。表 4-2-6 为元件列表。

表 4-2-6　元 器 件 清 单

元件名	含　义	所在库
BATTER	电池	Simulator Primitives
CAP	电容	Capacitors
CAP-ELEC	电解电容	Capacitors
LM386	LM386 芯片	Analog ICs
POT	可变电阻	Resistor
RES	电阻	Resistor
SPEAKER	扬声器	Speaker & Sounders

选择【Library】→【Pick Device】→【Symbol】菜单，弹出【Pick Device】界面，选取

上面所列元件，选取后，显示在元器件列表中，如图 4-2-9 所示。也可在关键字栏里输入所需的元件名称查找元器件。

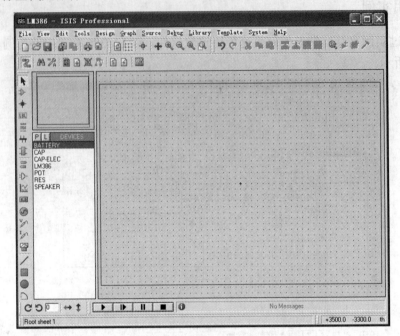

图 4-2-9　添加元器件

第四步，放置和编辑元器件。

在原理图中放置需要的元器件，首先选中元器件，再拖至原理图中放置，放置好后，双击元件，对该元件进行编辑，设置成自己所需数值。

第五步，电路连线。

将各个器件用导线连接，该软件可进行自动导线连接，只需用鼠标左键单击元件的一个端点拖动到连接的另外一个元件的端点，先松开左键后再单击鼠标左键，即完成一根连线。如果要删除一根连线，右键双击连线即可。完整电路图如图 4-2-8 所示。

第六步，电路的动态仿真。

可在主菜单中单击【System】→【Set Animation Options】菜单，设置仿真时电压及电流的颜色及方向，如图 4-2-10 所示。

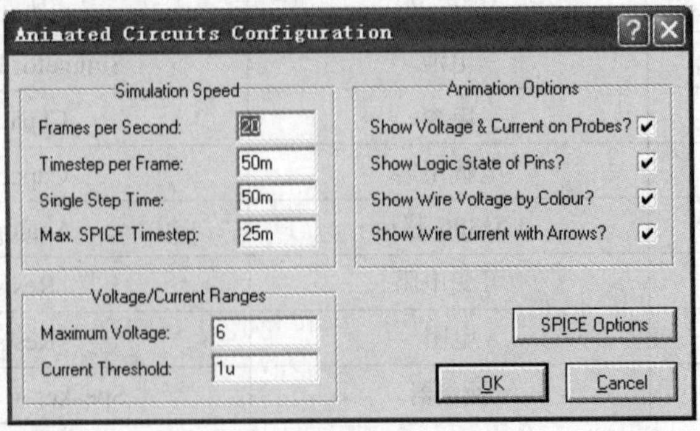

图 4-2-10　【Animated Circuits Configuration】对话框

设置好后，单击运行按钮，电路开始仿真。电路仿真图如图 4-2-11 所示。

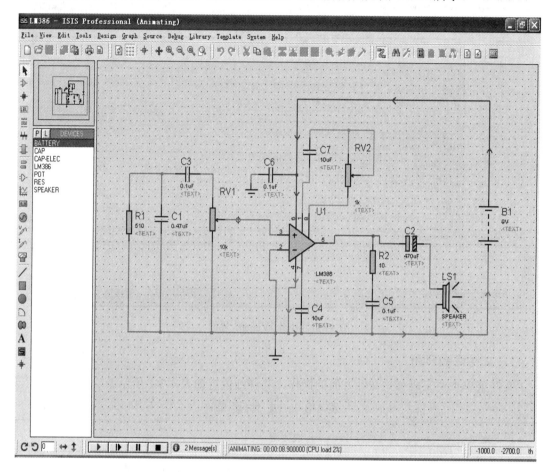

图 4-2-11　LM386 功放仿真图

4.3　Keil μVision3 的使用

　　Keil μVision3 软件，它集项目管理、编译工具、代码编写工具、代码调试以及完全仿真于一体，而且还提供了第三方软件接口，适合个人开发或是人数较少的团队开发。这一款功能强大且操作简易的软件，为广大现代电子爱好者提供了平台。

4.3.1　界面介绍

　　Keil μVision3 软件可在 Windows 95/98/2000/XP/Vista 平台上运行，其源级浏览器功能利用符号数据库使用户可以快速浏览源文件，用户可通过详细的符号信息来优化变量存储器；文件查找功能可在指定的若干种文件中进行全局文件搜索；工具菜单功能允许启动指定的用户应用程序，也就是连接第三方软件。Keil μVision3 界面如图 4-3-1 所示。

　　下面介绍几种常用工具栏及相应命令。

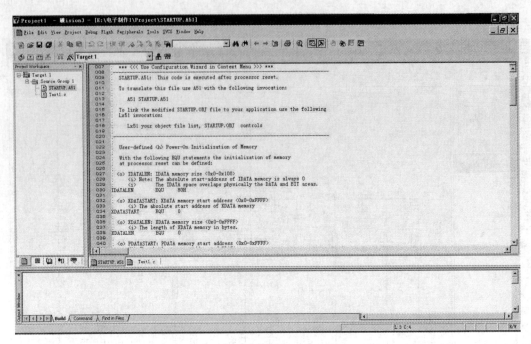

图 4-3-1　Keil μVision3 界面

1. 文件菜单(File)

文件菜单主要完成有关文件方面的操作，其详细内容如表 4-3-1 所示。

表 4-3-1　文 件 菜 单

File 菜单	工具栏符号	快捷键	描　　述
New		Ctrl + N	创建一个新的源文件或文本文件
Open		Ctrl + O	打开已有的文件
Close			关闭当前的文件
Save		Ctrl + S	保存当前的文件
			保存所有打开的源文件和文本文件
Save as…			保存并重新命名当前的文件
Device Database			维护 μVision3 器件数据库
Print Setup			设置打印机
Print		Ctrl + P	打印当前的文件
Print Preview			打印预览
Text 2			最近打开的源文件或文本文件
Exit			退出 μVision3，并提示保存文件

2．编辑菜单(Edit)

编辑菜单主要完成有关编辑方面的操作，其详细内容如表 4-3-2 所示。

表 4-3-2 编 辑 菜 单

Edit 菜单	工具栏符号	快捷键	描　　述
		Home	将光标移到行的开始处
		End	将光标移到行的结尾处
		Ctrl + Home	将光标移到文件的开始处
		Ctrl + End	将光标移到文件的结尾处
		Ctrl + ←	将光标移到上一个单词
		Ctrl + →	将光标移到下一个单词
		Ctrl + A	选中当前文件中的所有文字
Undo		Ctrl + Z	撤销上一次操作
Redo		Ctrl + Shift + Z	重做上一次撤销的命令
Cut		Ctrl + X	将选中的文字剪切到剪贴板
		Ctrl + Y	将当前行的文字剪切到剪贴板
Copy		Ctrl + C	将选中的文字复制到剪贴板
Paste		Ctrl + V	粘贴剪贴板的文字
Indent Selected Text			将选中的文字向右缩进一个制表符位
Unident Selected Text			将选中的文字向左缩进一个制表符位
Toggle Bookmark		Ctrl + F2	在当前行放置书签
Goto Next Bookmark		F2	将光标移到下一个书签
Goto Previous Bookmark		Shift + F2	将光标移到上一个书签
Clear All Bookmarks			清除当前文件中的所有书签
Find		Ctrl + F	在当前文件中查找文字
		F3	继续向前查找文字
		Shift + F3	继续向后查找文字
		Ctrl + F3	查找光标处(选中)的单次
		Ctrl +]	查找匹配的花括号、圆括号、方括号(使用这个命令时请将光标移到一个花括号、圆括号或方括号的前面)
Replace		Ctrl + H	替换特定的文字
Find in Files…			在几个文件中查找文字

3. 视图菜单(View)

视图菜单用于打开相应的观察窗口，其详细内容如表 4-3-3 所示。

表 4-3-3 视 图 菜 单

View 菜单	工具栏符号	描　　述
Status Bar		显示或隐藏状态栏
File Toolbar		显示或隐藏文件工具栏
Build Toolbar		显示或隐藏编译工具栏
Debug Toolbar		显示或隐藏调试工具栏
Project Window		显示或隐藏工程窗口
Output Window		显示或隐藏输出窗口
Source Browser		打开源(文件)浏览器窗口
Disassembly Window		显示或隐藏反汇编窗口
Watch & Call Stack Window		显示或隐藏观察和堆栈窗口
Memory Window		显示或隐藏存储器窗口
Code Coverage Window		显示或隐藏代码覆盖窗口
Performance Analyzer Window		显示或隐藏性能分析窗口
Symbol Window		显示或隐藏符号变量窗口
Serial Window #1		显示或隐藏串行窗口 1
Serial Window #2		显示或隐藏串行窗口 2
Toolbox		显示或隐藏工具箱
Periodic Window Update		在运行程序时，周期刷新调试窗口
Workbook Mode		显示或隐藏工作簿窗口的标签
Options…		设置颜色、字体、快捷键和编辑器选项

4. 工程菜单(Project)

工程菜单主要完成工程相关操作，其详细内容如表 4-3-4 所示。

表 4-3-4　工 程 菜 单

Project 菜单	工具栏符号	快捷键	描　　述
New Project…			创建一个新的工程
Import μVision1 Project…			输入一个 μVision1 工程文件
Open Project…			打开一个已有的工程
Close Project…			关闭当前的工程
Target Environment			定义工具系列、包含文件、库文件的路径
Targets, Groups, Files			维护工程的对象、文件组和文件
Select Device for Target			从器件数据库选择一个 CPU
Remove…			从工程中删去一个组或文件
Options…		Alt + F7	设置对象、组或文件的工具选项
	🛠️		设置当前目标的选项
	Target 1 ▾		选择当前目标
File Extensions			选择文件的扩展名以区别不同的文件类型
Build Target	🔨	F7	转换修改过的文件并编译成应用
Rebuild Target	🔨		重新转换所有的源文件并编译成应用
Translate…	🔧	Ctrl + F7	转换当前的文件
Stop Build	✖️		停止当前的编译进程
Text 3			打开最近使用的工程文件

5．调试菜单(Debug)

调试菜单主要用于工程调试，其详细内容如表 4-3-5 所示。

表 4-3-5　调 试 菜 单

Debug 菜单	工具栏符号	快捷键	描　　述
Start/Stop Debugging	ⓓ	Ctrl + F5	启动或停止 μVision3 调试模式
Go	📄	F5	运行(执行)，直到下一个有效的断点
Step	↷	F11	跟踪运行程序
Step Over	↷	F10	单步运行程序

续表

Debug 菜单	工具栏符号	快捷键	描　　述
Step out of Current function	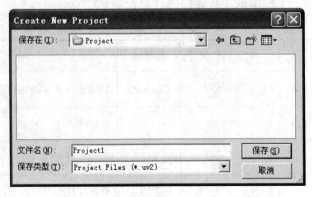	Ctrl + F11	执行到当前函数的程序
Stop Running		ESC	停止程序运行
Breakpoints…			打开断点对话框
Insert/Remove Breakpoint			在当前行设置/清除断点
Enable/Disable Breakpoint			使能/禁能当前行的断点
Disable All Breakpoints			禁能程序中所有断点
Kill All Breakpoints			清除程序中所有断点
Show Next Statement			显示下一条执行的语句/指令
Enable/Disable Trace Recording			使能跟踪记录，可以显示程序运行轨迹
View Trace Records			显示以前执行的指令
Memory Map…			打开存储器空间配置对话框
Performance Analyzer…			打开性能分析器的设置对话框
Inline Assembly…			对某一行重新汇编，可以修改汇编代码
Function Editor			编辑调试函数和调试配置文件

4.3.2　Keil µVision 的工程应用

　　Keil 本身是一个纯软件的仿真，如果要进行硬件仿真，还需要连接类似 TKS 仿真器来进行。Keil 是通过创建工程项目来实现单片机仿真的。本节主要介绍如何开发一个工程。

　　单击菜单【Project】→【New Project…】命令，弹出如图 4-3-2 所示【Create New Project】对话框，选择保存路径并给该工程命名，然后单击【保存】按钮。

图 4-3-2　【Create New Project】对话框

保存好新建工程后，会自动弹出【Options for Target ' Target 1'】对话框，如图 4-3-3 所示。

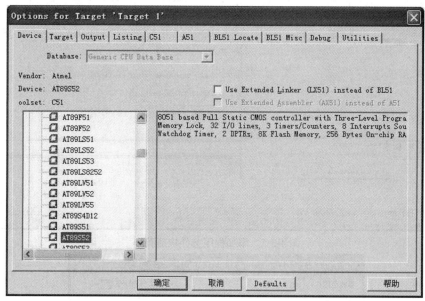

图 4-3-3　【Options for Target ' Target 1'】对话框

在该对话框中可以选择 MCS-51 单片机的型号，因为不同型号的 51 芯片内部的资源是不同的，Keil 将根据选择的单片机型号为工程进行 SFR 的预定义，以及在软硬件仿真中提供易于操作的外设浮动窗口等。选择好后，单击"确定"按钮。

工程建好后，需要创建程序文件，单击菜单【File】→【New】命令，出现 Text 1 的新文件窗口。这时用户可以把该文件进行保存，单击菜单【File】→【Save As】命令，出现另存为对话框，如图 4-3-4 所示，输入文件名及其后缀，后缀名为 C，则为 C 程序，后缀名为 ASM，则为汇编语言。文件保存路径最好在工程目录下，便与用户管理。

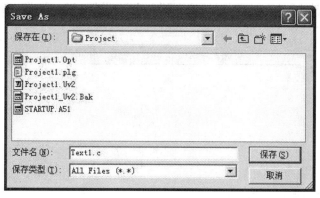

图 4-3-4　【Save As】对话框

创建好程序文件,还需要将此程序文件添加到该工程中,单击工程窗口的 Source Group 1, 如图 4-3-5 所示，在弹出的快捷菜单中选择【Add File to Group 'Source Group 1'】，弹出如图 4-3-6 所示的【Add File to Group 'Source Group 1'】对话框，选择 Text1.C 文件，单击【添加】按钮。在工程窗口【Source Group 1】目录下可看到 Text1 文件，如图 4-3-7 所示。

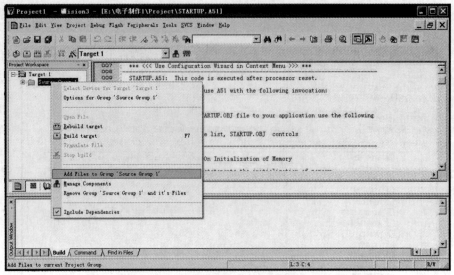

图 4-3-5　添加程序文件快捷菜单

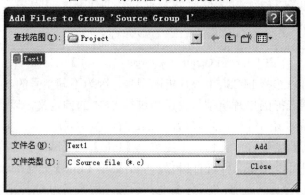

图 4-3-6　【Add File to Group 'Source Group1'】对话框

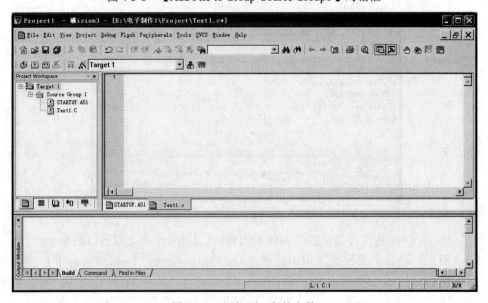

图 4-3-7　添加到工程的文件

　　添加文件后，图 4-3-6 所示的对话框可能不会关闭，如果重复添加文件，就会出现如图 4-3-8 所示的错误提醒，用户只需单击【确定】按钮，就可返回到之前的对话框了。

图 4-3-8　重复添加文件的错误提醒

　　删除文件的方法很简单，只要右键单击工程窗口中需要删除的文件，在弹出的菜单中选择【Remove File 'Textl.C'】即可，如图 4-3-9 所示。

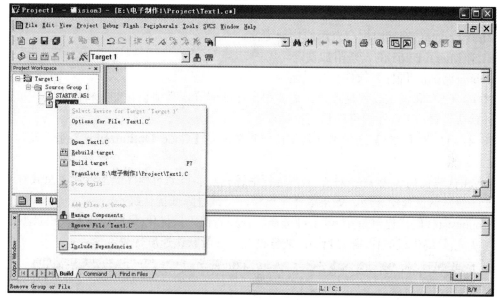

图 4-3-9　删除文件快捷菜单

　　要进行仿真，还需要对工程进行更进一步的详细设置。右键单击工程窗口中的【Target 1】，选择【Options for Target 'Target 1'】，弹出如图 4-3-10 所示的对话框。

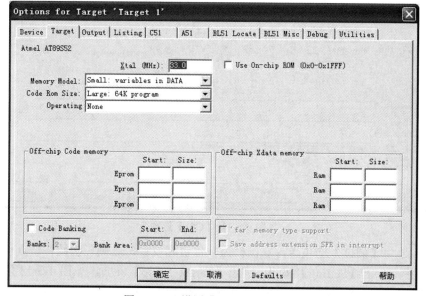

图 4-3-10　设置【Target 1】对话框

在此对话框中有很多选项卡，其内容如下：

Device(驱动)：选择芯片类型及其型号。

Target(目标)：用户最终系统的工作模式的设定，它决定用户系统的最终框架。

Output(输出)：输出工程文件的设定，其中可以设定生成 HEX 文件，如果要硬件实验，必须选此功能。

Listing(列表)：列表文件的输出格式设定。

C51：使用 C51 处理一些设定。

A51：使用 A51 处理一些设定。

BL51 Locate：连接时用户资源的物理定位。

BL51 Misc：BL51 的一些附加设定。

Debug(调试)：硬件和软件仿真设定。

其中，C51 和调试设置最重要，需要用户仔细配置，其他设置如无特殊需要，可以采用软件默认设置。下面主要介绍这两个选项卡。

图 4-3-11 为【C51】选项卡，其中比较重要的是【Code Optimization】组，设置内容如下：

Level(代码优化等级)：在对 C 语言进行编译时，能自动对程序做出优化，总共有 9 级优化，一般默认选择第 8 级，如果编译时出错，可试着降低优化级别。

Emphasis(代码优化侧重)：有 3 种选择，分别为代码量优化(最终生成的代码量小)；代码速度优先(最终生成的代码速度快)；缺省设置。一般默认速度优先。

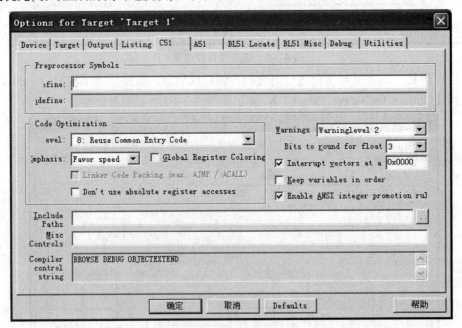

图 4-3-11 【C51】选项卡

图 4-3-12 为【调试】选项卡，左侧栏为软件仿真设置，右侧栏为硬件仿真设置。在硬件仿真设置中，单击【Setting】按钮，弹出【Target Setup】界面，如图 4-3-13 所示。不同的仿真器有不同的设置界面，详细资料参考相应的使用手册。

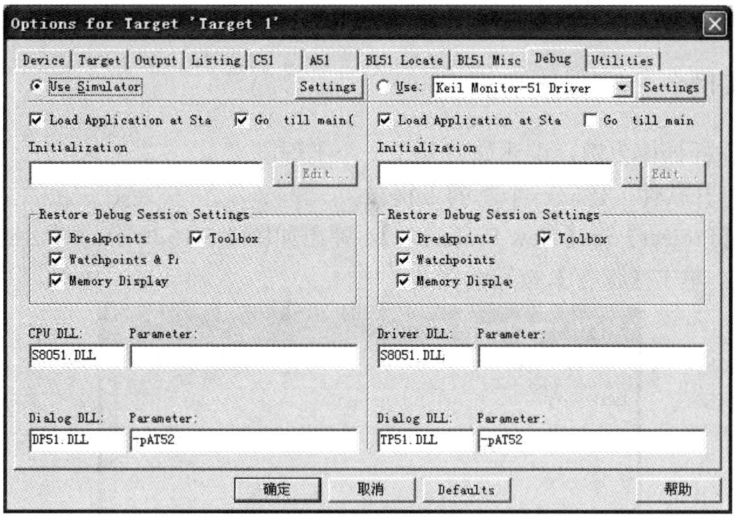

图 4-3-12 【调试】选项卡

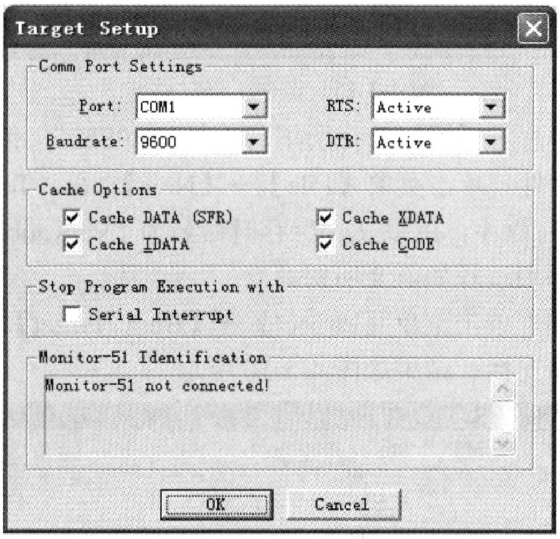

图 4-3-13 【Target Setup】对话框

工程设置完成并且编写好程序后，必须经过编译和连接才能够进行硬件或者软件的仿真，如果在编译中出现错误，则需要重新编译，可根据提示进行修改。编译输出无错视窗如图 4-3-14 所示。

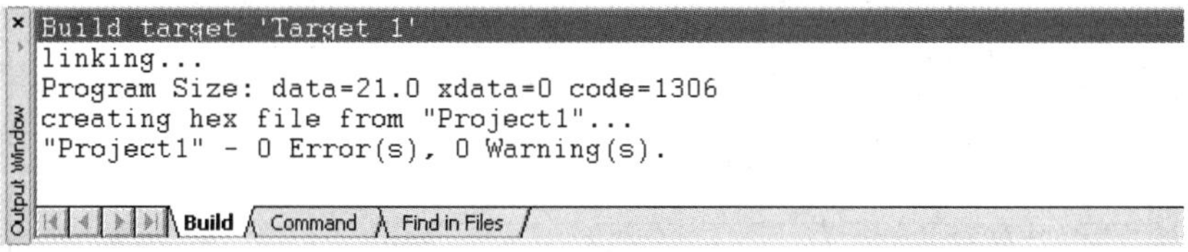

图 4-3-14 编译输出窗口

编译完成后可运行程序，运行方式有单步跟踪(Step into)、单步运行(Step over)、运行到光标处(Run till cursor)、全速运行。

关于单片机的内容，读者还可以查询相关其他资料，或者在互联网上可以查找相关知识。关于仿真器的信息，可查询相关说明。单片机工程的开发涉及的内容很多，对于初学者来说，还需要在工作和学习中不断积累。

4.3.3 应用实例

本节以制作摇摇棒为例，讲述如何开发一个工程。

第一步，打开软件，建立一个新的工程。

单击菜单【Project】→【New Project…】，弹出如图 4-3-15 所示的对话框，输入文件名"yaoyaobang"，单击【保存】按钮。

图 4-3-15　保存工程对话框

保存后，弹出选择芯片对话框，选择所用芯片"AT89S52"，使用默认设置即可。

第二步，创建程序文件。单击菜单【File】→【New】，在"Text 1"中输入程序并保存该文件，该程序为 C 语言程序，所以文件保存时命名为"yaoyaobang.c"。创建好之后，将该文件添加到工程中，添加过程如前文所讲。

第三步，编译、连接。单击菜单【Project】→【Built Target】，对当前文件进行连接，如果修改程序，则需重新连接。结果如图 4-3-16 所示。

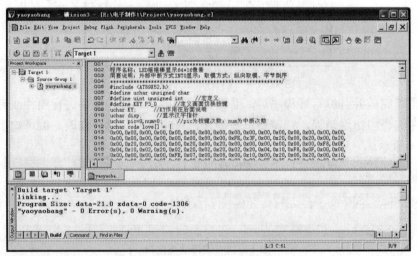

图 4-3-16　摇摇棒程序文件

第四步，连接仿真器，进行软、硬件仿真即可，这里就不再继续介绍了，用户可根据自己的需要选择仿真器。

关于单片机的知识内容可参考相关的专业书籍。

4.4　Altium Designer 软件的使用

Altium Designer 软件是 Altium 公司继 Protel DXP 软件之后推出的一款一体化的电子产品开发系统。这款软件通过把原理图设计、电路仿真、PCB 绘制编辑、拓扑逻辑自动布线、信号完整性分析和设计输出等技术的完美融合，为用户提供了全新的设计解决方案，使用户可以轻松进行设计。该款软件可使电路设计的质量和效率大大提高。本节主要介绍 Altium Designer 14 软件的原理图设计及 PCB 的设计与制作这两个常用功能，其它功能用户可根据需要自行查阅资料。

4.4.1　界面介绍

正确安装及注册 Altium Designer 14 软件后，打开界面，如图 4-4-1 所示。

图 4-4-1　Altium Designer 14 软件界面

界面打开一般默认为英文菜单，如果需要设置中文菜单，可选择菜单【DXP】→【Preferences】，打开如图 4-4-2 所示界面。

图 4-4-2　【Preferences】界面

选中界面下方的【Use localized resources】项，弹出如图 4-4-3 所示对话框，点击【OK】按钮，然后关闭软件，重新启动 Altium Designer 14 软件，即可变为中文界面，如图 4-4-4所示。

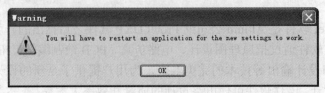

图 4-4-3　警告对话框

图 4-4-4　中文界面

在图 4-4-4 中【Home】页为主功能区。左侧为【Files】面板，可点击页面下方的【System】键切换菜单，如图 4-4-5 所示。

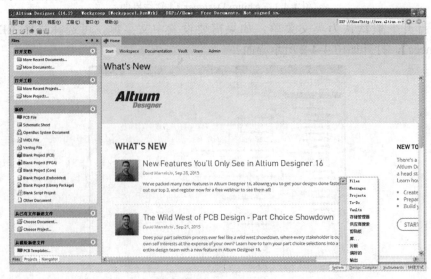

图 4-4-5　切换菜单

在图 4-4-4 中右侧的标签栏中有库文件的选项，设计原理图必须要用库面板，如图 4-4-6 所示。主菜单中各项与常用软件菜单项基本类似，将在后面两小节中对应各功能做具体介绍。

图 4-4-6　库面板

Altium Designer 14 软件同样引入了工程(.PrjPCB)的概念，每个工程中都包括原理图文件(.SchDoc)、元器件库文件(.SchLib)、网络报表文件(.NET)、PCB 设计文件(.PcbDoc)、PCB 封装库文件(.PcbLib)、报表文件(.REP)、CAM 报表文件(.Cam)等，工程文件的作用是建立与单个文件之间的链接关系，方便电路设计的组织和管理。

在使用 Altium Designer 14 软件时，首先要建立一个工程文件，在工程文件下再建立原理图文件、PCB 文件等，这样各文件之间可形成有效链接。下面讲述如何建立一个工程文件。

打开 Altium Designer 14 软件，点击菜单【文件】→【新建】→【工程】→【PCB 工程】，如图 4-4-7 所示。工程文件建立后，在左侧页面上出现如图 4-4-8 所示【Projects】面板。

图 4-4-7　建立工程文件　　　　　　　　　　　图 4-4-8　工程文件

工程文件中常用的文件为原理图文件及 PCB 文件，所以工程文件建好后，点击菜单【文件】→【新建】→【原理图】，建立原理图文件，如图 4-4-9 所示。之后点击菜单【文件】→【新建】→【PCB】，建立 PCB 文件，如图 4-4-10 所示。左侧的工程文件夹下可以看到相应的文件名称，可通过点击文件名称切换显示各文件。

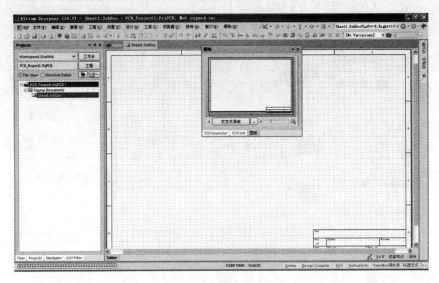

图 4-4-9　原理图文件

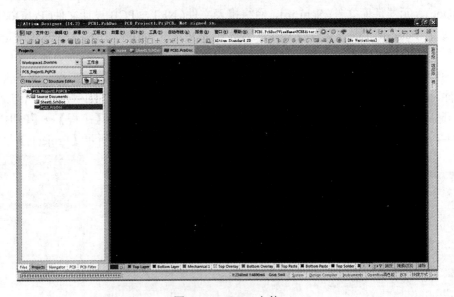

图 4-4-10　PCB 文件

在工程页中右键点击各文件名，可将相应的工程文件、原理图文件及 PCB 文件保存。

4.4.2　原理图文件的设计与绘制

原理图编辑界面主要由菜单栏、工具栏、编辑窗口、文件标签、面板标签、状态栏、项目面板等组成，如图 4-4-11 所示。

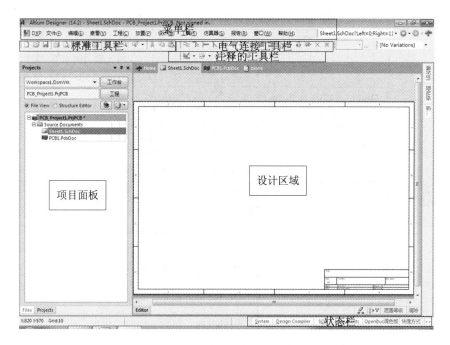

图 4-4-11　原理图默认设计窗口

在绘制原理图之前，可先对其系统参数进行设置，点击菜单【DXP】→【参数选择】，弹出如图 4-4-12 所示对话框，在右侧的【Schematic】项下可进行各项设置。

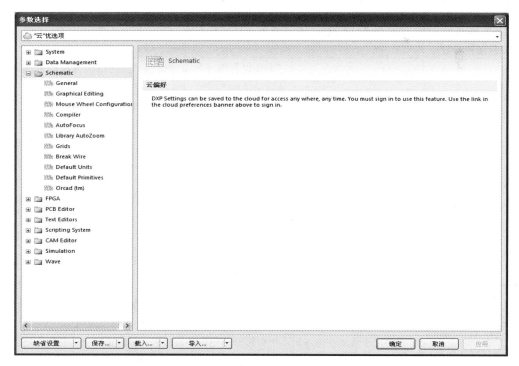

图 4-4-12　原理图参数设置对话框

参数设置项中各项内容及功能如表 4-4-1 所示。

表 4-4-1　参数设置各项内容及功能

类	分　项	功　能
General (原理图常规参数)	直角拖拽	在拖动一个元器件时，与元器件连接的导线将与该元器件保持直角关系，若未选中该选项，将不保持直角关系
	Optimize Wire & Buses (优化导线和总线)	防止导线、贝塞尔曲线或总线间的相互覆盖
	元件割线	将一个元器件放置在一条导线上时，如果该元器件有两个引脚在导线上，则该导线自动被元器件的两个引脚分成两段，并分别连接在两个引脚上
	使能 In-Place 编辑	其功能是当光标指向已放置的元器件标识、字符、网络标号等文本对象时，选中它们后，单击或者使用快捷键 F2 可以直接在原理图编辑窗口内修改其文本内容，而不需要进入参数属性对话框。若该选项未选中，则必须在参数属性对话框中编辑修改文本内容
	显示 Cross-Overs (交叉跨越)	在未连接的两条十字交叉导线的交叉点显示弧形跨越
	Pin 方向	引脚方向，在元器件的引脚上显示信号的方向符号
	图纸入口方向	在层次原理图设计中使用
	端口方向	在层次原理图设计中关联端口使用
Graphical Editing (图形编辑)	主要用来设置绘图相关参数	
Mouse Wheel Configuration (鼠标滚轮参数)	主要用来设置鼠标按钮的配置	
Compilr (编译器参数)	"错误和警告"选项组	主要设置编译器编译时所产生的错误级别和警告是否显示及显示的颜色
	"自动连接"选项组	当选中"显示在线上"复选框时，选择适当的"大小"和"颜色"，在放置连接导线时，只要导线的起点或终点在另一条导线上(T 形连接时)、元器件引脚与导线 T 形连接或几个元器件的引脚构成 T 形连接时，系统就会在交叉点上自动放置一个节点；如果是跨过一条导线，(即十字形连接)，系统在交叉点不会自动放置节点。因此，如果需要连接两条十字交叉的导线，必须手动放置节点
	"手动连接状态"选项组	选中"显示"复选框，可以手动放置已设定大小和颜色的节点
	"编译扩展名"选项组	为选中的对象显示扩展的编译名称
AutoFocus (自动聚焦参数)	主要用于设置在放置、移动和编辑对象时是否使图纸显示自动聚焦等功能	
Library AutoZoom (库自动变焦参数)	主要用于设置在库编辑器中编辑原理图器件符号时，编辑窗口自动变焦的功能	
Girds (网格参数)	主要是指设置图纸网格参数	

续表

类	分　项	功　　能
Break Wire (切割导线参数)	主要设置切割长度及显示等	
Default Units (长度单位参数)	英制单位系统	可选择单位有 mil、inche，系统默认的是 10 mils 和 Auto-Imperial。如果选择 Auto-Imperial，只要长度为 500 mils，系统会自动将单位切换为 inches
	公制单位系统	可选择的单位有 mm、cm、metres 和 Auto-Metric。如果选择 Auto-Metric，只要数值大于 100 mm，系统会自动将单位切换为 cm，只要数值大于 100 cm，系统会自动将单位切换为 m
Default Primitives (图件默认参数)	元件列表下拉框	单击元件列表右侧的下拉按钮会弹出一个下拉列表，其中包括几个工具栏的对象属性选择，一般选择 All，即全部对象都可以在 Primitives 窗口显示出来
	元器件列表框	在该列表框可以进行某图件的属性设置
	"复位"按钮	在选中图件时，单击该按钮，将复位图件的属性参数，即复位到安装的初始状态。单击"复位所有"按钮，将复位所有图件对象的属性参数
	"永久的"复选框	选中"永久的"选项，即永久锁定了属性参数
Oread (原理图导入)	对原理图的复制封装等进行设计	

完成参数设置后，可通过电气连接工具栏或【放置】菜单放置元器件。其中电气连接工具栏各项功能如表 4-4-2 所示。

表 4-4-2　电气连接工具栏各项功能

菜单名称	图标	功　　能
导线		放置导线
总线		放置总线
信号线束		放置信号线束
总线进口		放置总线入口
网络标号	Net	放置网络标号
GND 端口		放置 GND 端口
VCC 电源端口	Ucc	放置 VCC 电源端口
器件		放置器件
图表符		放置图表符
图纸入口		放置图纸入口
器件图表符		放置器件图表符
线束连接器		放置线束连接器
线束入口		放置线束入口
端口		放置端口
ERC 检查	✕	放置忽略 ERC 检查节点

在绘制原理图时，首先需要放置元器件，点击放置器件按钮，弹出如图 4-4-13 所示界面，点击【选择】按钮，弹出如图 4-4-14 所示界面，在该界面中选择所需元器件。

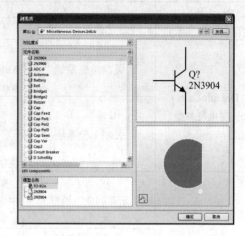

图 4-4-13　放置器件界面　　　　　　　　图 4-4-14　器件选择界面

在图 4-4-14 的界面中，【库】这一项表示所选器件所在的库，点击▓图标可添加所需的库，【元件名称】列表中所列为该库的各元件，右上角图形为元件符号，右下角图形为元件的封装外形。选择好元件后，点击【确定】按钮，在页面中摆放元器件，摆放好的界面如图 4-4-15 所示。

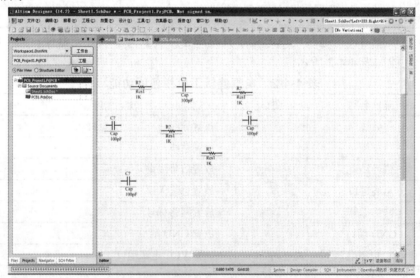

图 4-4-15　原理图设计界面

元器件摆放好后，点击放置导线图标 ≈，鼠标移动到元件的引脚上，此时出现如图 4-4-16 所示的红色叉形符号，单击左键开始绘制导线，在另一元件的引脚上再次单击，将成功绘制导线，如图 4-4-17 所示。

重复上述过程，将所有导线绘制完毕。如果导线有交叉，则需放置节点，点击菜单【放置】→【手工节点】，在导线的交叉处放置节点，如图 4-4-18 所示，一般在绘制导线时，导线交叉都会自动显示节点连接。

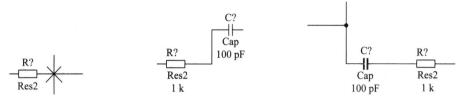

图 4-4-16　导线绘制过程　　　　图 4-4-17　导线绘制完成　　　　图 4-4-18　放置节点

在 Altium Designer 14 软件中除了在元器件引脚之间连接导线表示电气连接之外，还可以通过放置网络标号来建立元器件引脚之间的电气连接。通常在原理图中，网络标号被附加在元件的管脚、导线、电源/地符号等具有电气特性属性的对象上，说明被附加对象所在的网络，如图 4-4-19 所示。

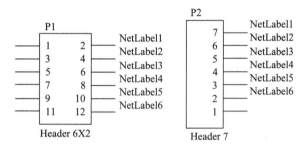

图 4-4-19　放置网络标号

图 4-4-19 中标号相同的节点表示引脚相连。点击放置节点图标 Net，在所需放置网络标号处单击即可放置节点。

4.4.3　PCB 文件的设计与绘制

PCB 绘图界面如图 4-4-20 所示。

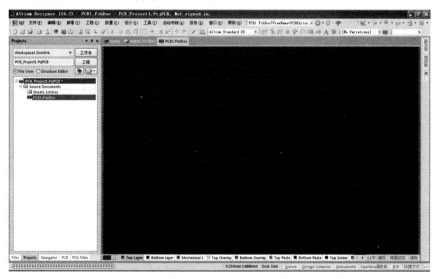

图 4-4-20　PCB 绘图界面

在绘制 PCB 图之前需要设置系统参数，在 PCB 图界面上，单击菜单【DXP】→【参数选择】或菜单【工具】→【优先选项】，弹出如图 4-4-21 所示界面，选择【PCB Editor】项。

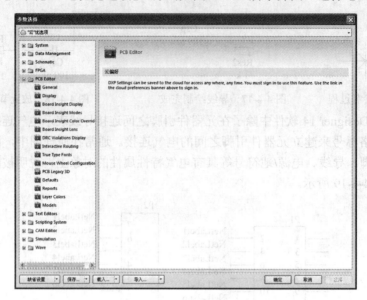

图 4-4-21　PCB 参数设置

PCB 版图系统参数共分为 15 大类，具体功能如表 4-4-3 所示。

表 4-4-3　PCB 版图系统参数设置

类	分　项	功　　能
General (常规参数)	编辑选项	在线 DRC。可在线设计规则检查，在设计过程中，系统会自动进行 DRC 检查。 Snap To Center。可捕获对象中心，若选中单击对象，光标会自动对准对象的中心。 智能元件 Snap。单击元器件时，光标自动捕获最近的引脚。 移除复制品。可自动删除重复。 确认全局编译。全局编辑控制。 保护锁定的对象。被锁定对象不能被编辑。 确定被选存储清除。存储器清除控制。 智能 Track Ends。智能轨迹到终端，在设计过程中，飞线会指向导线的端点
	其他	撤销/重做。设置可恢复次数。 旋转步骤。设置放置元器件时，按下空格键后元器件逆时针旋转的角度；可以是任意角度值，正值表示逆时针旋转，负值表示顺时针旋转。 指针类型。鼠标光标类型选择。 比较拖拽。元器件拖动模式选择，用于设置拖动元器件时相连的导线是否跟随，保持连接
	米制显示精度	用来设置显示精度。编辑该参数时需要关闭所有的 PCB 文件和库文件，该设置在重新启动 Altium Designer 软件后生效
	自动扫描选项	用来设置自动变焦显示(缩放)风格
	空间向导选项	设置空间导航选项

续表一

类	分　项	功　　能
General (常规参数)	多边形 重新覆铜	主要用于设置覆铜后，编辑过程中有导线与铜重叠或交叉时，覆铜是否重灌
	文件格式修改报告	用来设置禁止文件格式更改报告模式
	从应用中粘贴	可以设置从其他应用程序粘贴的格式
Display (显示参数)	DirectX 选项	如果可能请使用 DirectX 复选框，选中时，【测试 DirectX】按钮被激活，单击该按钮开始测试用户系统安装的 DirectX，在 DirectX 中可以使用低变焦
	图像极限	线，设置布线的宽度阈值； 串，设置字符串像素高度阈值
	默认 PCB 视图配置	可设置默认 PCB 阅览为二维 PCB 或三维 PCB 模型
	3D 选项	可设置显示简单的 3D 模型或 STEP 模型
	高亮选项	完全高亮。即选中的对象以当前的颜色高亮填充突出显示。 在高亮的网络上显示全部原始的，选中该项时，在单层模式下显示所有层的对象(包括隐藏层中的对象)，当前层高亮显示
	显示选项	重新刷新层。设计层切换时自动刷新界面。 使用 Alpha 混合，如果用户的显卡不支持 Alpha Blending，重绘或者速度很慢时，请关闭该功能
	默认 PCB 库显示配置	可设置默认阅览的库为二维 PCB 库或三维 PCB 库 层拖拽顺序，其功能是设置各层的先后顺序
Bord Insight Display (PCB 编辑器板观察器显示参数)	焊盘与过孔选项	包含项有应用智能显示颜色、透明背景、背景色、最小/最大字体尺寸、字体名、字体类型、最小对象尺寸
	Live 高亮	使能的，选中时高亮显示有效。 仅换键时实时高亮，只有当按下 Shift 键时显示才有效
	可获取的 单层模式	隐藏其他层。可将其他层隐藏。 其余层亮度刻度。其他层采用灰度显示模式。 其余层单色。其他层采用单色显示模式
Board Insight Color Overrides (观察器颜色覆盖参数)	基本模式	用于设置基础图案类型
	缩小行为	用于设置缩小显示设置类型
Board Insight Lens (板观察器透镜)	主要用于设置板观察期的透镜参数	
DRC Violations Display (DRC 冲突显示参数)	用于设置 PCB 编辑器的 DRC 冲突显示参数	
Interactive Routing (交互式布线参数)	用于设置 PCB 编辑器的交互式布线参数，交互式布线就是手工布线	

续表二

类	分 项	功 能
True Type Fonts (字体参数)	用于设置 PCB 编辑器的字体参数	
Mouse Wheel Configuration (鼠标滚轮参数)	用于设置 PCB 编辑器的鼠标滚轮参数，用户可以选择不同的组合键来对应列表框中相应的功能	
PCB Legacy 3D (三维模型参数)	用于设置 PCB 编辑器的三维模型参数	
Default (默认参数)	用于设置 PCB 编辑器的默认参数	
Reports (报告参数)	用于设置 PCB 编辑器的报告参数	
Layer Colors (层颜色设置)	用于设置 PCB 编辑器的层颜色参数	
Models (模型参数)	用于设置 PCB 编辑器的模型参数	

PCB 图绘制可由原理图导入，也可自己绘制。由原理图导入时需把原理图文件与 PCB 文件放入在同一 PCB 工程下，如图 4-4-22 所示。

图 4-4-22 工程文件夹

在原理图文件界面中单击菜单【设计】→【Update PCB Document PCB2.PcbDoc】或在 PCB 文件界面中单击菜单【设计】→【Update Schematics in PCB_Project2.PrjPCB】，弹出如图 4-4-23 所示菜单，单击【生效更改】按钮，会逐次检查各器件连接情况，再单击【执行更改】按钮，原理图将导入到 PCB 文件中，如图 4-4-24 所示，元器件之间的连线表示其电气连接。

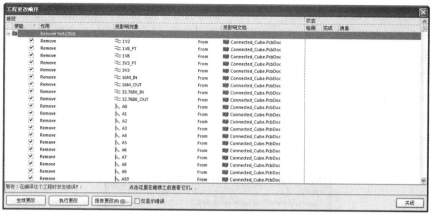

图 4-4-23　工程更改顺序对话框

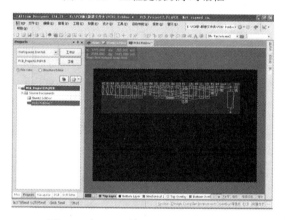

图 4-4-24　元器件导入到 PCB 文件中

PCB 图也可以像原理图一样直接在 PCB 文件中进行绘制，放置对象的命令集中在【放置】菜单中，工具栏中也有对应图标，但是很多功能并不常用，这里只介绍常用的几种功能，具体如表 4-4-4 所示。

表 4-4-4　【放置】菜单各项功能

【放置】菜单	图　标	功　能
交互式布线		放置元器件之间的导线
焊盘		放置焊盘，对焊盘、孔洞信息均可进行设置
过孔		放置过孔
圆弧(边沿)		放置圆弧，放置过程中按 Tab 键或双击放置完成的全圆
填充		放置矩形填充区域
多边形覆铜		进行覆铜，有三种模式，为实心填充、网格填充、无填充
字符串		放置字符串，可设置其高度、字体、放置层等
器件		放置元器件

　　器件放置好后，进行布局操作，可自动布局也可手动布局，单击菜单【工具】→【器件布局】→【自动布局...】。手动布局即用鼠标拖动元件在 PCB 文件中摆放，一般情况下，自动布局的元件有些会叠加，均需手动布局调整。对于器件少的电路，也可直接采用手动布局。

　　布局完成后，进行布线操作，同样可自动布线也可手动布线。自动布线时，单击菜单【自动布线】→【全部】，系统会弹出【Situs 布线策略】对话框，如图 4-4-25 所示，可对布线层及规则等进行设置。自动布线后，有些线会出现不合理的情况，可手动布线进行删除等操作。PCB 布线是一个复杂的过程，需要考虑多方面因素，所以通常是自动布线与手动布线相结合。

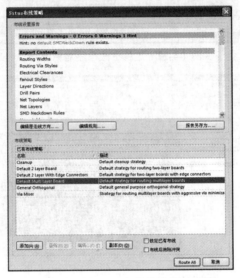

图 4-4-25　【Situs 布线策略】对话框

　　在编辑 PCB 文件时，通常需要设计其规则，单击菜单【设计】→【规则...】，即可对 PCB 编辑设计规则，界面如图 4-4-26 所示。

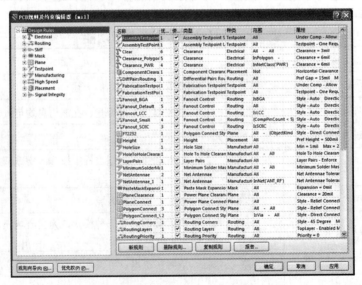

图 4-4-26　规则设计界面

由于规则项比较多，这里只做简单介绍，如表 4-4-5 所示，具体规则可查阅相关文献。

表 4-4-5　PCB 规则介绍

名　称	功　能
Electrical (电气规则)	在对 PCB 进行 DRC 电气检测检查时，违反这些规则的对象将会变成绿色以提示用户，其包含 4 个子类
Routing (布线规则)	在对 PCB 进行自动或手动布线时不能违反这些规则，其包含 7 个子类
SMT (表贴技术规则)	主要用于设置电路板表贴元件布线时遵循的规则，其包含 3 个子类
Mask (阻焊层规则)	主要用于设置电路板阻焊层的规则，其包含 2 个子类
Plane (电源层规则)	主要用于设置电路板内部电源/接地层规则，其包含 3 个子类
Testpoint (测试点规则)	主要用于设置有关测试点的规则，在进行自动布线、DRC 检查及测试点的放置时遵循这条规则。有时为了方便调试电路，在设计 PCB 时引入一些测试点，一般测试点连接在网络上，与焊盘和过孔类似。该项包含 2 个子类
Manufacturing (制造规则)	主要用于设置受电路板制造工艺所限制的布线规则，其包含 4 个子类
High Speed (高频规则)	主要用于设置与高频有关的布线规则，其包含 6 个子类
Placement (布局规则)	主要用于设置有关元件布局规则，其包含 6 个子类
Signal Integrity (信号完整性规则)	主要用于设置信号完整性规则，这些规则将会被用于对 PCB 信号完整性的分析，其包含 13 个子类

4.4.4　应用举例

本节将以一个 NPN 型三极管放大电路为例介绍如何通过手动布局及自动布线完成 PCB 图的绘制。

首先，打开 Altium Designer 14 软件，点击菜单【文件】→【新建】→【工程】→【PCB 工程】，建立一个新工程。继续点击菜单【文件】→【新建】→【原理图】，建立原理图文件，点击菜单【文件】→【新建】→【PCB】，建立 PCB 文件。保证原理图文件及 PCB 文件在同一个工程下并将所有文件保存。

然后，在原理图界面上绘制原理图。点击工具栏图标 ，放置所需原器件。具体器件如表 4-4-6 所示。

表 4-4-6　器 件 列 表

名　称	数量	所 在 库
电阻	5 个	Miscellaneous Devies. IntLib→Res2
电容	3 个	Miscellaneous Devies. IntLib→Cap
电位器	1 个	Miscellaneous Devies. IntLib→Rpot
NPN 型三极管	1 个	Miscellaneous Devies. IntLib→NPN1

由于这里只介绍绘制 PCB 图，并不进行仿真，故没有要求元器件的取值。将这些元器件选出后，在原理图页面上摆放整齐，如图 4-4-27 所示。

点击放置导线图标 ≋ ，将元器件连接起来，如图 4-4-28 所示。

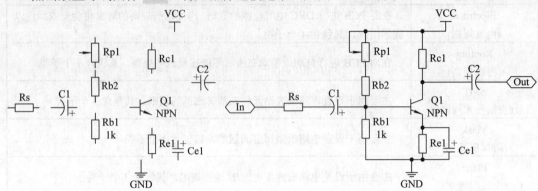

图 4-4-27　器件摆放在原理图页面　　　　　　图 4-4-28　导线连接后原理图

保存后点击菜单【设计】→【Update PCB Document PCB2.PcbDoc】，出现如图 4-4-29 所示界面，点击【生效更改】按钮后，再点击【执行更改】按钮，器件导入到 PCB 文件中，如图 4-4-30 所示。

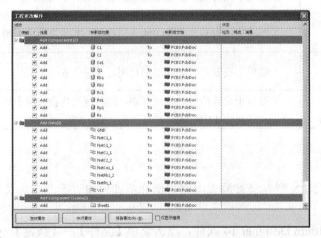

图 4-4-29　工程更改顺序界面

将器件手动布局，摆放合理，如图 4-4-31 所示。

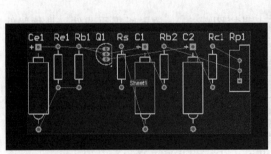

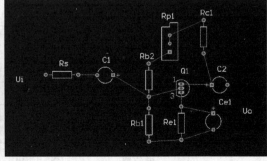

图 4-4-30　器件导入至 PCB 图　　　　　　图 4-4-31　手动布局界面

点击菜单【自动布线】→【全部】，进行自动布线，弹出【Situs 布线策略】界面，由于该电路比较简单，只做单面板，点击【编辑层走线方向...】按钮，弹出【层说明】对话框，如图 4-4-32 所示。

点击【当前设置】栏下的【Toplayer】栏对应的【Automatic】按钮，选择【Not Used】项，之后点击【确定】按钮。布线规则中一般对线的宽度进行设定，点击【编辑规则】按钮，弹出【PCB 规则及约束编辑器】对话框，在【Routing】规则栏下的【Width】项编辑布线规则，如图 4-4-33 所示。默认单位为"mil"，可使用快捷键"Ctrl + Q"或单击菜单栏左上角切换为"mm"。

图 4-4-32　【层说明】界面

图 4-4-33　布线规则设置对话框

在界面中可对布线的宽度进行设置，这里设置底层布线宽度首选为 1.5 mm，最小宽度为 0.5 mm，最大宽度为 3 mm。设置完成后，点击【确定】按钮。其他项默认不做修改，点击【Route All】按钮。开始进行布线，并出现布线信息对话框，如图 4-4-34 所示。

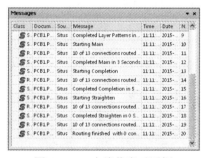

图 4-4-34　布线信息对话框

直到【Message】栏的最后一行出现"Routing finished with 0 contentions(s) Failed to complete 3 connection(s) in 9 seconds"字样，表示布线在 9 秒内完成，有 3 根线未连接。关闭【Message】对话框，出现如图 4-4-35 所示界面。

再将未完成的连线进行手动布线，点击放置交互式布线图标 ，完成所有元器件的布线，并局部调整布线位置，如图 4-4-36 所示。

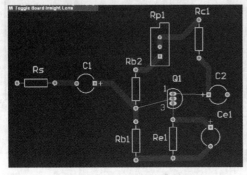 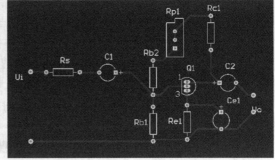

图 4-4-35　自动布线完成界面　　　　　图 4-4-36　PCB 布线完成

至此，PCB 图绘制就完成了，用户可根据需要再添加泪滴或覆铜等后续工作。本节对 Altium Designer 14 软件只做了简单介绍，该款软件的功能十分强大，有专门的文献资料对其进行讲解，如需深入了解，可查阅相关文献。

4.5　其他常用电路仿真软件简介

在一些电子电路设计中，还会用到其他仿真软件，例如 PSpice 等，以及一些其他编程软件如 IAR、Eclipse 等，算法仿真的有 Matlab 等软件。

PSpice 是美国 Microsim 公司在 Spice 2G 的基础上升级并用于 PC 机上的 Spice 版本，使 Spice 软件不仅可以在大型机上运行，同时也可以在微型机上运行。随后，PSpice 的版本越来越高。高版本的 PSpice 不仅可以分析模拟电路，而且还可以分析数字电路及数模混合电路。其模型库中的各类元器件、集成电路模型多达数千种，且精度很高。PSpice 的 Windows 版建立了良好的人机界面，以窗口及下拉菜单的方式进行人机交流，并在书写源程序的文本文件输入方式基础上，增加了输入电路原理图的图形文件输入方式，操作直观快捷，给使用者带来极大方便。目前，很多模电教学书籍中均采用该软件来进行仿真。

其他软件用户可根据需要查阅相关文献。

第 5 章　印制电路板的设计与制作

在电子制作时，通常要根据确定的电路原理图，结合机箱尺寸，元器件大小、重量以及电路特点等因素，设计和制作印制电路板。本章所讨论的印制电路板的设计与制作，主要是指适合电子爱好者手工或实验室进行单件电子产品的制作方法。若要大批量制作印制电路板，则需送到工厂进行加工，其制作方法可查阅相关资料。

5.1　印制电路板的基础知识

5.1.1　印制电路板概述

1. 印制电路板的概念

印制电路板(Printed Circuit Board，PCB)亦称印制线路板，简称印制板。印制电路板是电子设备的一种极其重要的基础组装部件，它广泛用于家用电器、仪器仪表、计算机等各种电子设备中。如果在某样设备中有电子零件，那么它们也都是镶在大小各异的 PCB 上。除了固定各种小零件外，PCB 的主要功能是提供其上各项零件的相互电气连接。图 5-1-1 为未装配元器件的 PCB，图 5-1-2 为已装配元器件的 PCB。

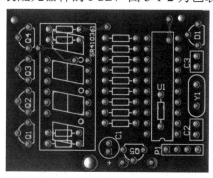

图 5-1-1　未装配元器件的 PCB　　　　　　　图 5-1-2　装配元器件的 PCB

PCB 上的绿色或是棕色，是阻焊漆的颜色。这层是绝缘的防护层，可以保护铜线，也可以防止零件被焊到不正确的地方。在阻焊层上另外会印刷上一层丝网印刷面，通常在这上面会印上文字与符号(大多是白色的)，以标示出各零件在板子上的位置。丝网印刷面也被称作图标面。图 5-1-3 为有白色图标面的绿色 PCB，图 5-1-4 为没有图标面的棕色 PCB。

一般来说，印制电路板是由基板和印制电路两部分组成的，具有导线和绝缘底板的双重作用。

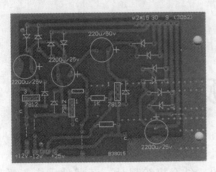

图 5-1-3　有白色图标面的绿色 PCB

图 5-1-4　没有图标面的棕色 PCB

通常把未装载元器件的印制电路板称做基板，它的主要作用是作为元器件的支撑体，利用基板上的印制电路，通过焊接将元器件连接起来。同时它还有利于板上元器件的散热。基板的两面分别称为元件面和焊接面。元件面安装元件，元件的引出线通过基板的插孔，在焊接面的焊盘处通过焊接将线路连接起来。

基板大体可以分为两类，一类是无机类基板，它主要是陶瓷板或瓷釉包覆钢基板；另一类是有机类基板，这类基板采用增强材料(如玻璃纤维布、纤维纸等)浸以树脂黏合，然后烘干成坯料，再覆上铜箔(铜箔纯度大于 99.8%，厚度约在 18～105 μm)，经高温高压处理而制成。这类基板俗称覆铜板，英文简称 CCL(Copper Clad Laminates)。

印制电路则是在基板上采用印刷法制成的导电电路图形，它包括印制线路和印刷元件(采用印刷法在基板上制成的电路元件，如电容器、电感器等)。

2．印制电路板的分类

印制电路板的种类很多，按照印制电路的不同，可以将印制电路板分成单面印制板、双面印制板、多层印制板和软性印制板。表 5-1-1 为印制电路板的分类和特点。

表 5-1-1　印制电路板的分类和特点

种类	实物图	概念及特点
单面印制板	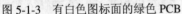单面 PCB 表面 单面 PCB 底面	单面印制板就是在一个面上有印制电路的印制板，即在最基本的 PCB 上，零件集中在其中一面，导线则集中在另一面上。因为导线只出现在其中一面，所以就称这种 PCB 为单面板。 单面板在设计线路上有许多严格的限制(因为只有一面，布线间不能交叉而必须绕独自的路径)，在早期的电子产品中使用较多，但目前随着电子产品精密度的提高，这种印制板在高精度复杂的电子产品中不常用。 初学者进行电子制作时，由于使用的元器件不多，大多采用单面板来完成

续表

种类	实 物 图	概念及特点
双面印制板	 双面 PCB 表面 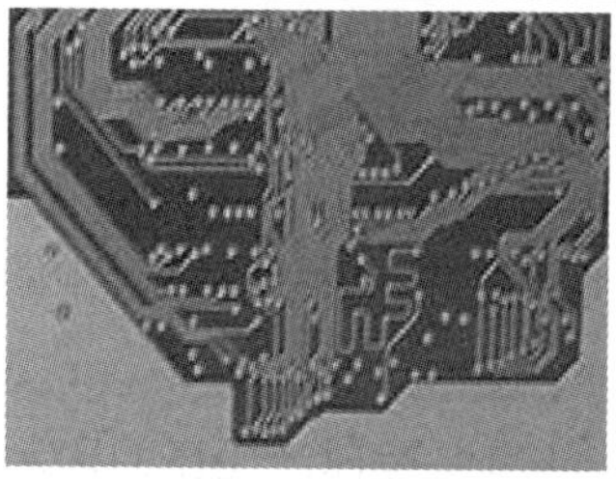 双面 PCB 底面	双面印制板就是指在印制板正反两面都有导电图形的印制电路板。 　　这种电路板的两面都有布线。不过要用上两面的导线，必须要在两面间有适当的电路连接才行。这种电路间的"桥梁"叫做导孔。 　　导孔是在 PCB 上，充满或涂有金属的小洞，它可以与两面的导线相连接。因为双面板的面积比单面板大了一倍，而且因为布线可以互相交错(可以绕到另一面)，它更适合用在比单面板更复杂的电路上
多层印制板	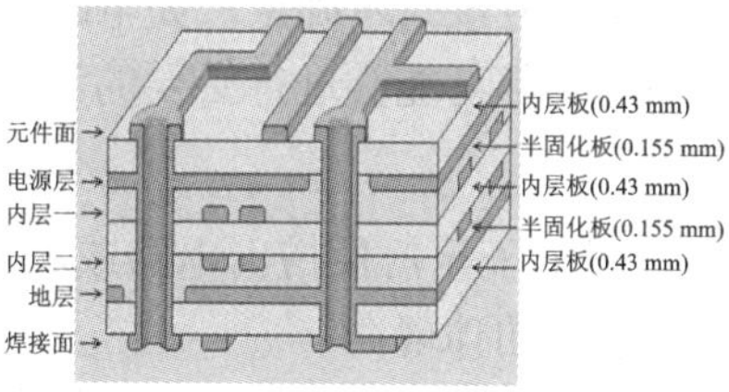 元件面 电源层 内层一 内层二 地层 焊接面 内层板(0.43 mm) 半固化板(0.155 mm) 内层板(0.43 mm) 半固化板(0.155 mm) 内层板(0.43 mm)	多层印制板是指由三层或三层以上导电图形构成的印制电路板。它通常是将导电图形与绝缘材料层交替层压合成的。 　　在多层板中，各面导线的电气连接采用埋孔和盲孔技术。 　　多层印制板实现了在单位面积上更复杂的电连接，与集成电路配合，提升了电子产品的精度，缩短了信号的传输距离，减少了元器件的焊接点，降低了故障率及信号的干扰，提高了整机的可靠性
软性印制板		软性印制板是采用软性基材制成的印制电路板，它也被称为柔性印制板或挠性印制板。 　　软性印制板的最大特点是体积小、重量轻，可以折叠、卷缩和弯曲，常用于连接不同平面间的电路或活动部件，实现三维布线。其挠性基材可与钢性基材互连，用以替代接插件，从而有效地保证在振动、冲击、潮湿等环境下的可靠性

3．印制电路板的特点

　　印制电路板的出现与发展，给电子工业带来了重大的改革，极大地促进了电子产品的更新换代。印制电路板具有许多独特的功能和优点，概括起来有：

　　(1) 印制电路板实现了电路中各个元器件间的电气连接，代替了复杂的布线，减少了传统方式下的接线工作量，简化了电子产品的装配、焊接、调试工作。

(2) 印制电路板缩小了整机体积，降低了产品成本，提高了电子设备的质量和可靠性。

(3) 印制电路板具有良好的一致性，它可以用于标准化设计，有利于装备生产的自动化和焊接的机械化，提高了生产率。

(4) 印制电路板装备的部件具有良好的机械性能和电气性能，使电子设备实现单元组合化，使经过装配调试的整块印制电路板作为一个备件，便于整机产品的互换与维修。

5.1.2 印制电路板设计前的准备

1. 设计目标

1) 功能和性能

表面上看，根据电路原理图进行正确地逻辑连接后其功能就可以实现、性能也可以保证稳定，但随着电子技术的飞速发展，信号的速率越来越快，电路的集成度越来越高，仅仅做到这一步已远远不够了。目标能否很好完成，无疑是印制板设计过程中的重点，也是难点。

2) 工艺性和经济性

工艺性和经济性都是衡量印制板设计水平的重要指标。优良的印制电路板应该能方便加工、维护、测试，同时在生产制造成本上有优势。

2. 设计前准备工作

进入印制板设计阶段前，许多具体要求及参数应该基本确定，如电路方案、整机结构、板材外形等。不过在印制板设计过程中，这些内容都可能会进行必要的调整。

1) 确定电路方案

设计出的电路方案首先应进行实验验证，用电子元器件搭出电路或者用计算机仿真，这不仅是原理性和功能性的体现，同时也是工艺性的体现。

(1) 通过对电气信号的测量，调整电路元器件的参数，改进电路的设计方案。

(2) 根据元器件的特点、数量、大小以及整机的使用性能要求，考虑整机的结构尺寸。

(3) 从实际电路的功能、结构与成本，分析成品适用性。

通过对电路实验的结果进行分析，以下几点将得到确认：

(1) 电路原理。整个电路的工作原理和组成，各功能电路的相互关系和信号流程。

(2) 印制电路板的工作环境及工作机制。

(3) 主要电路参数。

(4) 主要元器件和部件的型号、外形尺寸及封装。

2) 确定整机结构

当电路和元器件的电气参数和机械参数得以确定时，整机的工艺结构还仅仅是初步成型，在后面的印制板设计过程中，需要综合考虑元件布局和印制电路布设这两方面因素，才可能最终确定。

3) 确定印制板的板材、形状、尺寸和厚度

(1) 印制板的板材。对于印制板基板材料的选择，不同板材的机械性能与电气性能有很大的差别。目前国内常用覆铜板的种类见表 5-1-2。

表 5-1-2　常用覆铜板及特点

名　　称	标称厚度/mm	铜箔厚/μm	特　　点	应　　用
覆铜酚醛纸质层压板	1.0，1.5，2.0，2.5，3.0，3.2，6.4	50～70	多呈黑黄色或淡黄色。价格低，阻燃强度低，易吸水，不耐高温	中低档民用品，如收音机、录音机等
覆铜环氧纸质层压板	1.0，1.5，2.0，2.5，3.0，3.2，6.4	35～70	价格高于覆铜酚醛纸质层压板，机械强度、耐高温和防潮湿等性能较好	工作环境好的仪器、仪表及中档以上民用品
覆铜环氧玻璃布层压板	0.2，0.3，0.5，1.0，1.5，2.0，3.0，5.0，6.4	35～50	多呈青绿色并有透明感。价格较高，性能优于覆铜环氧纸质层压板	工业、军用设备，计算机等高档电器
覆铜聚四氟乙烯玻璃布层压板	0.25，0.3，0.5，0.8，1.0，1.5，2.0	35～50	价格高，介电常数低，介质损耗低，耐高温，耐腐蚀	微波、高频、航空航天
聚酰亚胺覆铜板	0.2，0.5，0.8，1.2，1.6，2.0	35	重量轻，用于制造绕性印制电路板	工业装备或消费类电子产品，如计算机、仪器仪表等

确定板材主要是从整机的电气性能、可靠性、加工工艺要求、经济指标等方面考虑。

通常情况下，希望印制板的制造成本在整机成本中只占很小的比例。对于相同的制板面积来说，双面板的制造成本是一般单面板的 3～4 倍以上，而多层板至少要高到 20 倍以上。分立元器件的引线少，排列位置便于灵活变换，其电路常用单面板。双面板多用于集成电路较多的电路。

(2) 印制板的形状。印制电路板的形状由整机结构和内部空间的大小决定，外形应该尽量简单，最佳形状为矩形(正方形或长方形，长：宽 = 3：2 或 4：3)，避免采用异形板。当电路板面板尺寸大于 200 mm × 150 mm 时，应考虑印制电路板的机械强度。

(3) 印制板的尺寸。尺寸的大小根据整机的内部结构和板上元器件的数量、尺寸及安装、排列方式来决定，同时要充分考虑到元器件的散热和邻近走线易受干扰等因素。主要考虑以下几点：

① 面积应尽量小，面积太大，则印制线条长而使阻抗增加，抗噪声能力下降，成本也高。

② 元器件之间保证有一定间距，特别是在高压电路中，更应该留有足够的间距。

③ 要注意发热元件安装散热片占用面积的尺寸。

④ 板的净面积确定后，还要向外扩出 5～10 mm，便于印制板在整机中的安装固定。

(4) 印制板的厚度。覆铜板的厚度通常为 1.0 mm、1.5 mm、2.0 mm 等。在确定板的厚度时，主要考虑对元器件的承重和振动冲击等因素。如果板的尺寸过大或板上的元器件过重，都应该适当增加板的厚度或对电路板采取加固措施，否则电路板容易产生翘曲。

在选定了印制板的板材、形状、尺寸和厚度后，还要注意查看铜箔面有无气泡、划痕、凹陷、胶斑，以及整块板是否过分翘曲等质量问题。

4) 确定印制板对外连接的方式

印制板是整机的一个组成部分，必然存在对外连接的问题。例如，印制板之间、印制板与板外元器件、印制板与设备面板之间，都需要电气连接。这些连接引线的总数要尽量少，并根据整机结构选择连接方式，总的原则应该使连接可靠、安装、调试、维修方便，成本低廉。印制板对外的连接方式如表 5-1-3 所示。

表 5-1-3 印制板对外的连接方式

连接方式	图 例	连 接 特 点
导线焊接方式连接		导线焊接方式连接的优点是成本低，可靠性高，可以避免因接触不良而造成的故障，缺点是维修不够方便，一般适用于对外引线比较少的场合。 采用导线焊接方式应该注意以下几点： ① 线路板的对外焊点尽可能引到整板的边缘，按统一尺寸排列，以利于焊接与维修。 ② 在使用印制板对外引线焊接方式时，为了加强导线在印制板上连接的可靠性，要避免焊盘直接受力，印制板上应该设有穿线孔。连接导线先由焊接面穿过穿线孔至元件面，再由元件面穿入焊盘的引线孔焊好，如左图所示。 ③ 将导线排列或捆扎整齐，通过线卡或其他紧固件将线与板固定，避免导线因移动而折断
插接件连接	 	在比较复杂的仪器设备中，经常采用接插件连接方式。这种"积木式"的结构不仅保证了产品批量生产的质量，也降低了成本，同时为调试、维修提供了极为便利的条件。 印制板插座：板的一端做成插头，插头部分按照插座的尺寸、接点数、接点距离、定位孔的位置等进行设计。此方式装配简单、维修方便，但可靠性较差，常因插头部分被氧化或插座簧片老化而接触不良
		插针式接插件：插座可以装焊在印制板上，在小型仪器中用于印制电路板的对外连接
		带状电缆接插件：扁平电缆由几十根并排粘合在一起，电缆插头将电缆两端连接起来，插座的部分直接装焊在印制板上。电缆插头与电缆的连接不是焊接，而是靠压力使连接端上的刀口刺破电缆的绝缘层来实现电气连接，其工艺简单可靠。 这种方式适于低电压、小电流的场合，能够可靠地同时连接几路或几十路微弱信号，不适合用在高频电路中

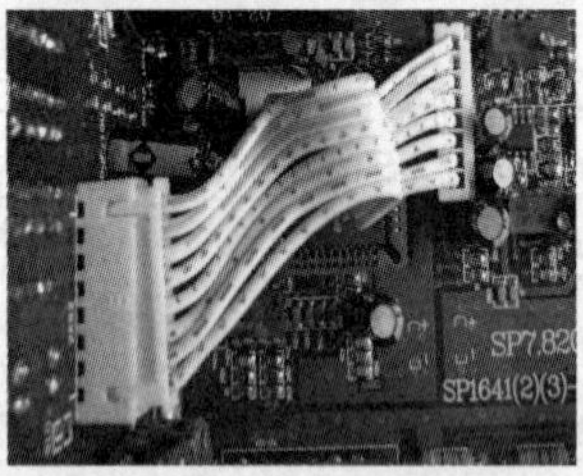

5) 印制板固定方式的选择

印制板在整机中的固定方式有两种，一种采用插接件连接方式固定；另一种采用螺钉紧固。将印制板直接固定在基座或机壳上，这时要注意当基板厚度为 1.5 mm 时，支承间距不超过 90 mm；而厚度为 2 mm 时，支承间距不超过 120 mm，支承间距过大，抗振动或冲击能力降低，影响整机的可靠性。

5.2　印制电路板的设计

印制电路板的设计是将电路原理图转换成印制板图，并确定加工技术要求的过程。一般来说，印制电路板的设计是电子知识的综合运用，需要有一定的技巧和丰富的经验。这主要取决于设计者对电路原理的熟悉程度，元器件布局、布线的工作经验。对于初学者来说，首先要熟练掌握电路的原理和一些基本布局、布线原则。然后通过大量的实践，在实践中摸索、领悟并掌握布局、布线原则，积累经验，才能不断地提高印制电路板的设计水平。

5.2.1　印制电路板的设计理念

印制电路板设计应做到正确、可靠、合理、经济。

1．设计正确

这是印制电路板设计最基本、最重要的要求。印制电路板设计应准确实现电路原理图的连接关系，避免出现"短路"和"断路"这两个简单而致命的错误。

2．设计可靠

这是印制电路板设计中较高一层的要求。连接正确的电路板不一定可靠性好，例如板材选择不合理，板厚及安装固定不正确，元器件布局布线不合理等，都可能导致印制电路板不能可靠地工作。

从可靠性的角度讲，结构越简单，使用面积越小，板材层数越少，可靠性越高。

3．设计合理

这也是印制电路板设计中更深的一层，更不容易达到的要求。一个印制板组件，从印制板的制造、检验、装配、调试到整机装配、调试、直到使用维修，无不与印制板的设计合理与否息息相关，例如板材形状选得不好将使加工困难；引线孔太小将使装配困难；没留测试点将使调试困难；板外连接选择不当将使维修困难；等等。

4．设计经济

印制电路板设计的经济性与前几个要求有着密切关系。通常情况下，应从所选择的板材、印制板的尺寸、连接导线的选用、表面涂覆材料等方面考虑印制板设计的经济性，降低印制板的造价。但应注意，廉价的选择可能造成工艺性、可靠性变差，使制造费用、维修费用上升。

以上四条，相互矛盾又相辅相成，不同用途、不同要求的产品侧重点不同，设计时应做到具体问题具体分析，具体产品具体对待，综合考虑以求最佳方案。

5.2.2 印制电路板的排版布局

印制电路板设计的主要内容是把电子元器件在一定的印制板面积上合理地布局排版，这是印制电路板设计中最重要的一环，关系着整机是否能够稳定、可靠地工作。

印制电路板排版设计不是简单地按照电路原理图把元器件通过印制线条连接起来就行了，而是要考虑电路的特点和要求，对元器件及其连线在印制板上进行合理的排版布局。布局是否合理不仅影响后面的布线工作，而且对整个电路板的性能也有影响。这里将介绍排版布局的要求和一般原则，力求使初学者掌握普通印制板的设计知识，使排版设计尽量合理。

1．印制板布局的基本要求

印制板布局的基本要求有以下几点：

(1) 首先要保证电路功能和性能指标。

(2) 在此基础上满足工艺性、检测、维修方面的要求。

工艺性包括元器件排列顺序、方向、引线间距等生产方面的考虑，在批量生产以及采用自动插装机时尤为突出。考虑到印制板间测试信号注入或测试，设置必要的测试点或调整空间，以便有关元器件的替换和维护。

(3) 适当兼顾美观性，元器件排列整齐，疏密得当。

2．整机电路的布局原则

1) 就近原则

当印制板对外连接确定后，相关电路部分应该就近安排，避免走远路，绕弯子，尤其忌讳交叉穿梭。

2) 信号流向布放原则

将整个电路按照功能划分成若干个电路单元，按照电信号的流向，逐个依次安排各个功能电路单元在印制板上的位置，使布局便于信号流通，并使信号流尽可能保持一致的方向：从上到下或从左到右。

(1) 与输入、输出端直接相连的元器件应安排在输入、输出接插件或连接件的地方。

(2) 对称式的电路，如桥式电路、差动放大器等，应注意元件的对称性，尽可能使其分布参数一致。

(3) 每个单元电路，应以核心元件为中心，围绕它进行布局，尽量减少和缩短各元器件之间的引线和连接。如以三极管或集成电路等元件作为核心元件时，可根据其各电极的位置布排其他元件。

3) 优先考虑特殊元器件位置的原则

在着手设计的板面决定整机电路布局时，应该分析电路原理，首先决定特殊元件的位置，然后再安排其他元件，尽量避免可能产生干扰的因素。

(1) 发热量较大的元件，应加装散热器，尽可能放置在有利于散热的位置以及靠近机壳处。热敏元件要远离发热元件。

(2) 对于重量超过 15 g 的元器件(如大型电解电容)，如果必须安装到电路板上，不能只靠焊盘焊接固定，而应另加支架或紧固件等辅助固定措施，如图 5-2-1 所示。

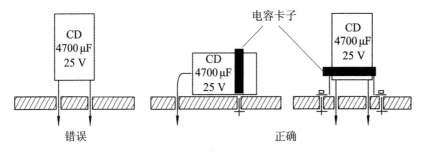

图 5-2-1　大型元器件的安装

(3) 尽可能缩短高频元器件之间的连线，设法减少它们的分布参数和相互间的电磁干扰。易受干扰的元器件应加屏蔽。

(4) 同一板上的有铁芯的电感线圈，应尽量相互垂直放置，且应远离以减少相互间的耦合。

(5) 某些元器件或导线之间可能有较高的电位差，应加大它们之间的距离，以免放电引起意外短路。高压电路部分与低压部分的元器件之间的距离应不少于 2 mm。

(6) 高频电路与低频电路不宜靠太近。

(7) 电感器、变压器等器件放置时要注意其磁场方向，尽量避免磁力线对印制导线的切割。

(8) 显示用的发光二极管等，因为在应用过程中要用来观察，应该考虑放置于印制板的边缘处。

4) 便于操作的原则

(1) 对于电位器、可调电容、可调电感等可调元器件的布局，应考虑整机的结构要求。若是机内调节，应放在印制板上方便调节的地方；若是机外调节，其位置要与调节旋钮在机箱面板上的位置相对应。

(2) 为了保证调试、维修时的安全，特别要注意对于带高电压的元器件，要尽量布置在操作时人手不易触及的地方。

3. 元器件的布局与安装

1) 元器件的布局

在印制板的排版设计中，元器件的布设是至关重要的，它不仅决定了板面的整齐美观程度以及印制导线的长度和数量，对整机的性能也有一定的影响。元件的布设应遵循以下几点原则：

(1) 元件在整个板面上的排列要均匀、整齐、紧凑。单元电路之间的引线应尽可能短，引出线的数目应尽可能少。

(2) 元器件不要占满整个板面，注意板的四周要留有一定的空间。位于印制板边缘的元件，距离板的边缘应该大于 2 mm。

(3) 每个元件的引脚要单独占一个焊盘，不允许引脚相碰。

(4) 对于通孔安装，无论单面板还是双面板，元器件一般只能布设在板的元件面上，不能布设在焊接面。

(5) 相邻的两个元件之间，要保持一定的间距，以免元件之间的碰接。个别密集的地方需加装套管。若相邻的元器件的电位差较高，要保持不小于 0.5 mm 的安全距离，如图 5-2-2 所示。

    (6) 元器件的布设不得立体交叉和重叠上下交叉，避免元器件外壳相碰，如图 5-2-3 所示。

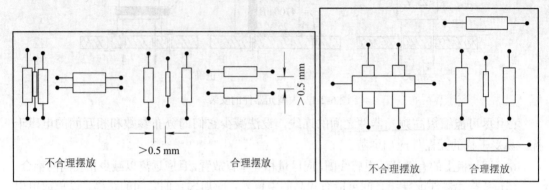

图 5-2-2   元件间安全间隙   图 5-2-3   元件避免交叉布设

    (7) 元器件的安装高度要尽量低，一般元件体和引线离开板面不要超过 5 mm，如图 5-2-4 所示。过高则承受振动和冲击的稳定性较差，容易倒伏与相邻元器件碰接。如果不考虑散热问题，元器件应紧贴板面安装。

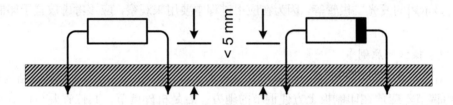

图 5-2-4   元件体和印制板的间距

    (8) 根据印制板在整机中的安装位置及状态，确定元器件的轴线方向。应使体积较大的元器件的轴线方向在整机中处于竖立状态，这样可以提高元器件在板上的稳定性，如图 5-2-5 所示。

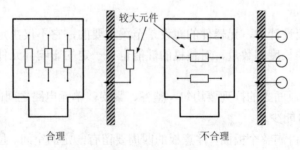

图 5-2-5   元器件的布设方向

2) 元器件的排列格式

    元器件在印制板上的排列格式与产品种类和性能要求有关，通常有不规则排列、规则排列以及栅格排列三种，如表 5-2-1 所示。

表 5-2-1　元器件的排列格式

排列方式	图　例	排　列　特　点
不规则排列	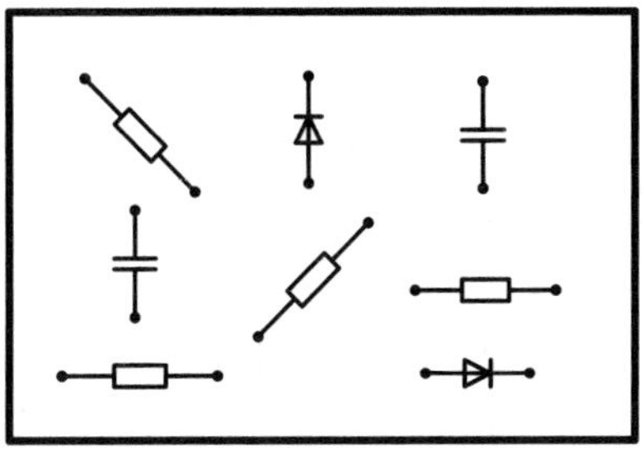	不规则排列也称为随机排列。元器件的轴线方向彼此不一致，在板上的排列顺序也没有一定规则。 　　这种方式排列的元器件，看起来显得杂乱无章，但由于元器件不受位置与方向的限制，印制导线布设方便，可以缩短、减少元器件的连线，降低了板面印制导线的总长度。这对于减少线路板的分布参数、抑制干扰很有好处，特别对于高频电路极为有利。此方式一般还在立式安装固定元器件时被采纳
规则排列	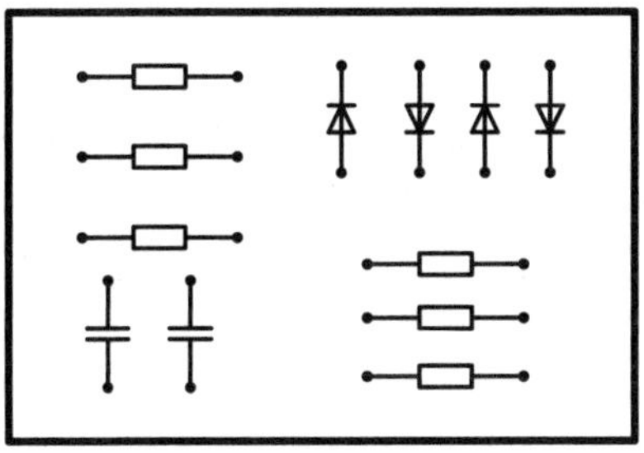	规则排列也称为坐标排列。元器件的轴线方向排列一致，并与板的四边垂直、平行。这种排列格式美观、易装焊，并便于批量生产。 　　除了高频电路之外，一般电子产品中的元器件都应当尽可能平行或垂直地排列，卧式安装固定元器件的时候，更要以规则排列为主。此方式特别适用于版面相对宽松、元器件种类相对比较少而数量较多的低频电路。电子仪器中的元器件常采用这种排列方式。元器件的规则排列要受到方向和位置的一定限制，印制板上导线的布设要复杂一些，导线的长度也会相应增加
栅格排列	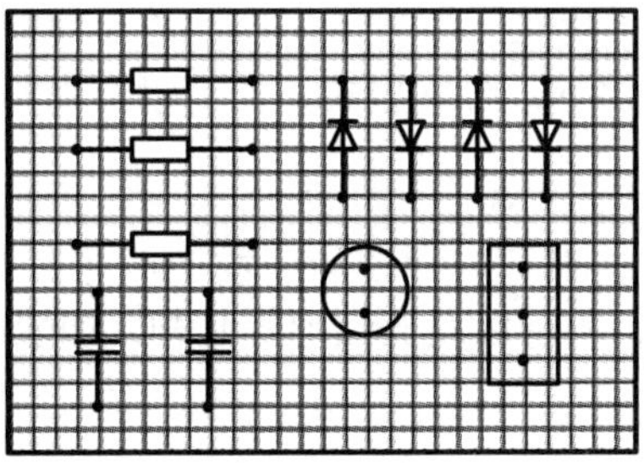	栅格排列也称为网格排列。与规则排列相似，但要求焊盘的位置一般在正交网格的交点上。这种排列格式整齐美观、便于测试维修，尤其利于自动化设计和生产。 　　栅格为等距正交网格，在国际 IEC 标准中栅格格距为 2.54 mm(0.1 英寸) = 1 个 IC 间距

3) 元器件的安装方式

在将元件按原理图中的电气连接关系安装在电路板上之前，事先应通过查资料或实测元件，确定元件的安装数据，这样再结合板面尺寸的面积大小，便可选择元器件的安装方式了。

在印制板上，元器件的安装方式可分为卧式与立式两种。卧式是指元件的轴向与板面平行，立式则是垂直的。元器件的安装方式如表 5-2-2 所示。

表 5-2-2 元器件的安装方式

安装方式	图 例	安 装 特 点
立式安装	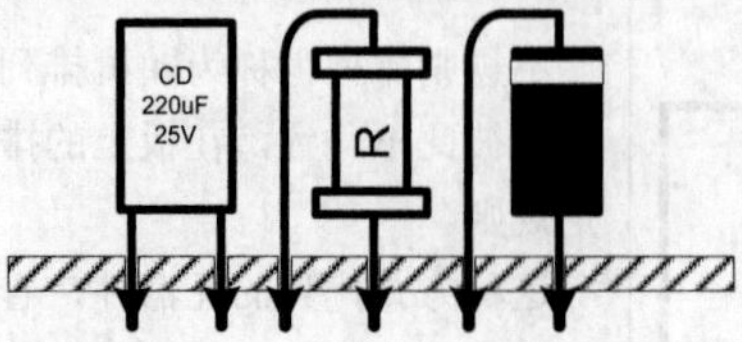	立式安装的元器件占用面积小,单位面积上容纳元器件的数量多。 这种安装方式适合于元器件排列密集紧凑的产品。立式安装的元器件要求体积小、重量轻,过大、过重的元器件不宜使用
卧式安装	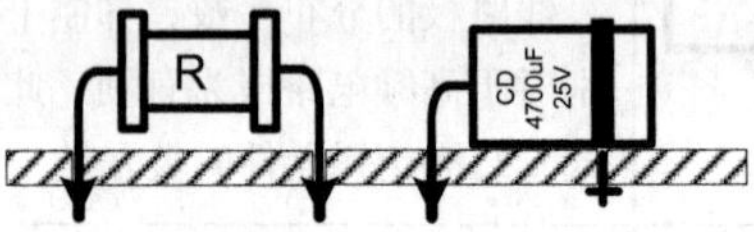	与立式安装相比,卧式安装的元器件具有机械稳定性好、板面排列整齐、标记字迹显示清楚,便于查找和维修等优点,卧式安装使元器件的跨距加大,两焊点之间容易走线,导线布设十分有利。 无论选择哪种安装方式进行装配,元器件的引线都不要齐根弯折,应该留有一定的距离,不少于 2 mm,以免损坏元件
混合式安装	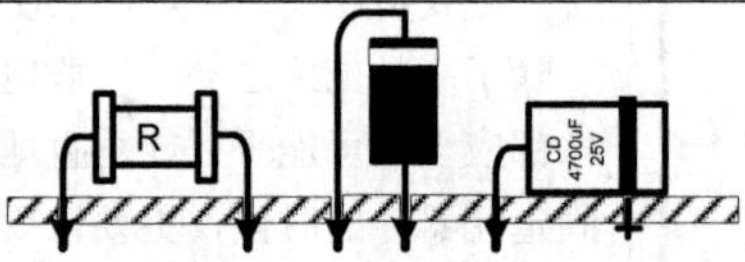	根据整机空间情况,采用立式和卧式两种混合安装方式

5.2.3 印制电路的设计原则

元器件在印制板上的固定是靠引线焊接在焊盘上实现的,元器件彼此之间的电气连接则要靠印制导线。因此,在印制电路的设计中,要遵循焊盘、孔和印制导线的设计原则。

1. 焊盘的设计

焊盘是印制在引线孔周围的铜箔部分,供焊装元器件的引线和跨接导线用。设计元器件的焊盘时,要综合考虑该元器件的形状、大小、布置形式、振动以及受热情况、受力方向等因素。

1) 焊盘的形状

焊盘的形状很多,常见的有圆形、岛形、方形以及椭圆形等几种,如表 5-2-3 所示。

2) 焊盘的大小

圆形焊盘的大小尺寸主要取决于引线孔的直径和焊盘的外径(其他焊盘种类可参考其确定)。

(1) 引线孔的直径。引线孔钻在焊盘中心,孔径应该比焊接的元器件引线的直径略大一些,这样才能便于插装元器件,但是孔径也不宜过大,否则在焊接时不仅用锡量多,也容易因为元器件的活动而形成虚焊,使焊接的机械强度降低,同时过大的焊点也可能造成焊盘的剥落。

元器件引线孔的直径优先采用 0.6 mm、0.8 mm、1.0 mm 和 1.2 mm 等尺寸。在同一块电路板上,孔径的尺寸规格应尽量统一,要避免异形孔,以便加工。

表 5-2-3　焊 盘 的 形 状

焊盘形状	图　　例	特　　点
圆形焊盘		最常用的焊盘形状，焊盘与引线孔是同心圆，焊盘的外径一般为孔的 2～3 倍。在同一块板上，除个别大元件需要大孔以外，一般焊盘的外径应一致，这样不仅美观，而且容易绘制。 　圆形焊盘多在元件规则排列方式中使用，双面印制板也多采用圆形焊盘
岛形焊盘		焊盘与焊盘之间的连线合为一体，犹如水上小岛，故称为岛形焊盘。岛形焊盘常用于元件的不规则排列，特别是当元器件采用立式不规则固定时更为普遍。 　岛形焊盘适合于元器件密集固定，可大量减少印制板导线的长度与数量，能在一定程度上抑制分布参数对电路造成的影响，可以说，它是顺应高频电路的要求而形成的。另外，焊盘与印制导线合为一体后，铜箔的面积加大，焊盘和印制导线的抗剥强度增加能降低覆铜板的档次，降低产品成本
方形焊盘		印制板上元器件体积大、数量少且线路简单时，多采用方形焊盘。 　这种形式的焊盘设计制作简单，精度要求低，容易实现。在一些手工制作的印制板中，只需用刀刻断或刻掉一部分铜箔即可。 　在一些大电流的印制板上也多用这种形式，它可以获得大的载流量
椭圆焊盘		这种焊盘既有足够的面积增强抗剥强度，又在一个方向上尺寸较小有利于中间走线。常用于双列直插式集成电路器件或插座类元件。 　焊盘的形状还有泪滴式、开口式、矩形、多边形以及异形孔等多种，在印制电路设计中，不必拘泥于一种形式的焊盘，要根据实际情况灵活变换

　(2) 焊盘的外径。在单面电路板上，焊盘的外径一般比引线孔的直径大 1.3 mm 以上，即若焊盘的外径为 D，引线孔的直径为 d，应有：

$$D \geqslant d + 1.3 \text{ mm}$$

　在高密度的单面电路板上，焊盘的最小直径可以为：$D_{\min} \geqslant d + 1$ mm。

　在双面电路板上，焊盘的外径可以比单面电路板的略小一些，当 $d \leqslant 1$ mm 时，应有 $D_{\min} \geqslant 2d$。

　设计时，在不影响印制板的布线密度的情况下，焊盘的外径宜大不宜小，否则会因焊盘外径过小，在焊接时出现粘断或剥落。

3) 焊盘的定位

元器件的每个引出线都要在印制板上占据一个焊盘，焊盘的位置随元器件的尺寸及其固定方式而改变。总的定位原则是：焊盘位置应该尽量使元器件排列整齐一致，尺寸相近的元件，其焊盘间距应力求统一。这样，不仅整齐、美观，而且便于元器件装配及引线弯脚。

(1) 对于立式固定和不规则排列的板面，焊盘的位置可以不受元器件尺寸与间距的限制。

(2) 对于卧式固定和规则排列的板面，要求每个焊盘的位置及彼此间距离必须遵守一定标准。

(3) 对于栅格排列的板面，要求每个焊盘的位置一定在正交网格的交点上。

无论采用哪种固定方式或排列规则，焊盘的中心距离印制板的边缘一般应在 2.5 mm 以上，至少应该大于板的厚度。

2. 孔的设计

印制电路板上孔的种类主要有过孔、引线孔、安装孔和定位孔。

1) 过孔

过孔是印制电路的重要组成部分之一，是连接电路的"桥梁"，也称为通孔或金属化孔。主要用作各层间电气连接。过孔的孔壁圆柱面上用化学沉积的方法镀上一层金属。

过孔一般分为三类：盲孔、埋孔和通孔。盲孔位于印刷线路板的顶层和底层表面，是将几层内部印制电路连接并延伸到印制板一个表面的导通孔；埋孔位于印刷线路板内层，是连接内部的印制电路而不延伸到印制板表面的导通孔；通孔则穿过整个线路板。其中通孔在工艺上易于实现，成本较低，因此使用也最多，但要注意：通孔一般只用于电气连接，不用于焊接元件。

一般而言，设计过孔时有以下原则：

(1) 尽量少用过孔。对于两点之间的连线而言，经过的过孔太多会导致可靠性下降。

(2) 过孔越小则布线密度越高，但过孔的最小极限往往受到技术设备条件的制约。一般过孔的孔径可取 0.6~0.8 mm。

(3) 需要的载流量越大，所需的过孔尺寸越大，如电源层和地层与其他层联接所用的过孔就要大一些。

2) 引线孔

引线孔也称为焊盘孔，兼有机械固定和电气连接的双重作用。引线孔的孔径取决于元器件引线的直径大小。

3) 安装孔

安装孔主要用于机械安装印制板或机械固定大型元器件，其孔径按照安装需要选取，优选系列为 2.2 mm、3.0 mm、3.5 mm、4.0 mm、4.5 mm、5.0 mm、6.0 mm。

4) 定位孔

定位孔主要用于印制板加工和检测定位，可以用安装孔代替。一般采用三孔定位方式，孔径根据装配工艺选取。

3. 印制导线的设计

焊盘之间的连接铜箔即为印制导线。设计印制导线时，更多要考虑的是其允许载流量和对整个电路电气性能的影响。

1) 印制导线的宽度

印制导线的宽度主要由铜箔与绝缘基板之间的粘附强度和流过导线的电流强度来决定，宽窄要适度，与整个板面及焊盘的大小相协调。一般情况下(印制板上的铜箔厚度多为 0.05 mm)，导线的宽度选在 1～1.5 mm 之间就完全可以满足电路的需要。印制导线宽度与最大工作电流的关系见表 5-2-4。

表 5-2-4　印制导线最大允许工作电流

导线宽度/mm	1	1.5	2	2.5	3	3.5	4
导线电流/A	1	1.5	2	2.5	3	3.5	4

(1) 对于集成电路的信号线，导线的宽度可以选 1 mm 以下，甚至 0.25 mm。

(2) 对于电源线、地线及大电流的信号线，应适当加大宽度。若条件允许，电源线和地线的宽度可以放宽到 4～5 mm，甚至更宽。

只要印制板面积及线条密度允许，就应尽可能采用较宽的印制导线。

2) 印制导线的间距

导线之间的间距，应当考虑导线之间的绝缘电阻和击穿电压在最坏的工作条件下的要求。印制导线越短，间距越大，绝缘电阻按比例增加。

导线之间距离在 1.5 mm 时，绝缘电阻超过 10 MΩ，允许的工作电压可达 300 V 以上；间距为 1 mm 时，允许电压为 200 V。一般设计中，间距/电压的安全参考值见表 5-2-5。

表 5-2-5　印制导线间距最大允许工作电压

导线间距/mm	0.5	1	1.5	2	3
工作电压/V	100	200	300	500	700

设计印制导线间距时，应按如下原则进行考虑：

(1) 导线间距设计通常应等于导线宽度，但不小于 1 mm；对于微型设备，间距应不小于 0.4 mm。

(2) 如果导线间电压大于 300 V，则导线间距应大于 1.5 mm，否则印制导线间易出现跳火、击穿现象，导致基板表面碳化或破裂。

(3) 对于低频、低电位电路，导线间距主要取决于焊接工艺。

(4) 对于高电位、低电压电路，导线间距取决于抗电强度。电位差越大，间距应越大。

(5) 对于高频电路，导线间距主要取决于允许的分布电容和电感。导线间距越大，分布电容越小；两导线的平行长度越大，分布电容也越大。

3) 避免导线的交叉

在设计印制板时，应尽量避免导线的交叉。在设计单面板时，可能遇到导线绕不过去而不得不交叉的情况，这时可以在板的另一面(元件面)用导线跨接交叉点，即"跳线"、"飞线"，当然，这种跨接线应尽量少。使用"飞线"时，两跨接点的距离一般不超过 30 mm，"飞线"可用 1 mm 的镀铝铜线，要套上塑料管。

4) 印制导线的形状与走向

由于印制板上的铜箔粘贴强度有限，浸焊时间较长会使铜箔翘起和脱落，同时考虑到印制导线的间距，因此对印制导线的形状与走向是有一定要求的。

(1) 以短为佳，能走捷径就不要绕远。尤其对于高频部分的布线应尽可能短且直，以防自激。

(2) 除了电源线、地线等特殊导线外，导线的粗细要均匀，不要突然由粗变细或由细变粗。

(3) 走线平滑自然为佳，避免急拐弯和尖角，拐角不得小于 90°，否则会引起印制导线的剥离或翘起，同时尖角对高频和高电压的影响也较大。最佳的拐角形式应是平缓的过渡，即拐角的内角和外角都是圆弧，如图 5-2-6 所示。

(4) 印制导线应避免呈一定角度与焊盘相连，要从焊盘的长边中心处与之相连，并且过渡要圆滑，如图 5-2-6 所示。

(5) 有时为了增加焊接点(焊盘)的牢固，可在单个焊盘或连接较短的两焊盘上加一小条印制导线，即辅助加固导线，也称工艺线(如图 5-2-6 所示)，这条线不起导电的作用。

(6) 导线通过两焊盘之间而不与它们连通时，应与它们保持最大且相等的间距(如图 5-2-7 所示)；同样，导线之间的距离也应当均匀地相等并保持最大。

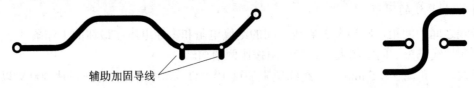

图 5-2-6　印制导线的拐角、导线与焊盘连接以及辅助加固导线　　　　图 5-2-7　导线通过焊盘

(7) 如果印制导线的宽度超过 5 mm，为了避免铜箔因气温变化或焊接时过热而鼓起或脱落，要在线条中间留出圆形或缝状的空白处——镂空处理(如图 5-2-8 所示)。

图 5-2-8　导线中间开槽

(8) 尽量避免印制导线分支(如图 5-2-9 所示)。

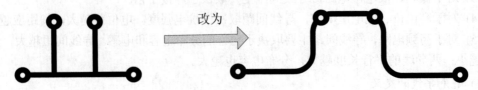

改为

图 5-2-9　避免印制导线分支

(9) 在板面允许的条件下，电源线及地线的宽度应尽量宽一些，即使面积紧张一般也不要小于 1 mm。特别是地线，即使局部不允许加宽，也应在允许的地方加宽以降低整个地线系统的电阻。

5) 导线的布局顺序

在印制导线布局的时候，应该先考虑信号线，后考虑电源线和地线。因为信号线一般比较集中，布置的密度也比较高；而电源线和地线比信号线宽很多，对长度的限制要小一些。

5.2.4　印制电路板的抗干扰设计

干扰现象在电器设备的调试和使用中经常出现，其原因是多方面的，除外界因素造成干扰外，印制板布线不合理、元器件安装位置不当等都可能产生干扰。如果这些干扰在排版设计时不给予重视并加以解决，将会使设计失败，电器设备不能正常工作。因此，在印制电路板的设计中，为了使所设计的产品能够更有效地工作，就必须考虑它的抗干扰能力。印制电路板的抗干扰设计与具体电路有着密切的关系，这里仅就几项常用措施做一些说明。

1. 地线设计

电路中接地点的概念表示零电位，其他电位均相对于这一点而言。在实际的印制电路板上，地线并不能保证是绝对零电位，往往存在一个很小的非零电位值。由于电路中的放大作用，这小小的电位便可能产生影响电路性能的干扰。

消除地线布设不合理而造成干扰的方法主要有以下几点。

1) 尽量加粗接地线

若接地线很细，接地电位则随电流的变化而变化，致使电子设备的定时信号电平不稳，抗噪声性能变坏。因此应将接地线尽量加粗，使它能通过三倍于印制电路板的允许电流。如有可能，接地线的宽度应大于 3 mm。

2) 单点接地

单点接地(也称一点接地)是消除地线干扰的基本原则，即将电路中本单元(级)的各接地元器件尽可能就近接到公共地线的一段或一个区域里(如图 5-2-10(b)所示)，也可以接到一个分支地线上(如图 5-2-10(c)所示)。

(1) 这里所说的"点"是可以忽略电阻的几何导电图形，如大面积接地、汇流排、粗导线等。

(2) 单点接地除了本单元的板内元器件外，还包括与本单元直接连接或通过电容连接的板外元器件。

(3) 为防止因接地元器件过于集中而造成排列拥挤，在一级电路中可采用多个分支(分地线)，但这些分支不可与其他单元的地线连接。

(4) 高频电路采用大面积接地方法，不能采用分地线，但单点接地一样十分必要：将本单元(级)的各接地元器件尽可能安排在一个较小的区域里。

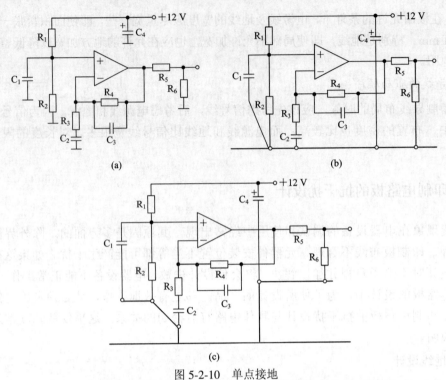

图 5-2-10　单点接地

(a) 原理图；(b) 布线示意图①；(c) 布线示意图②

另外，当一块印制电路板由多个单元电路组成、一个电子产品由多块印制电路板组成时，都应该采用单点接地方式以消除地线干扰(如图 5-2-11 所示)。

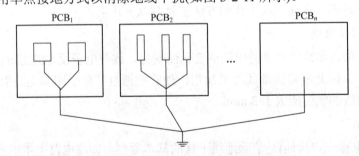

图 5-2-11　多板多单元单点接地

3) 合理设计板内地线布局

通常一块印制电路板都有若干个单元电路，板上的地线是用来连接电路各单元或各部分之间接地的。板内地线布局主要应防止各单元或各部分之间的全电流共阻抗干扰。

(1) 各部分(必要时各单元)的地线必须分开，即尽量避免不同回路的电流同时流经某一段共用地线。

① 在高频电路和大电流回路中，尤其要讲究地线的接法。把"交流电"和"直流电"分开，是减少噪声通过地线串扰的有效方法。

② 电路板上既有高速逻辑电路，又有线性电路，应使它们尽量分开，而两者的地线不要相混，分别与电源端地线相连。同时要尽量加大线性电路的接地面积。

③ 对于既有小信号输入端、又有大信号输出端的电路，它们的接地端务必分别用导线

引到公共地线上，不能共用一根接地线。

(2) 为消除或尽量减少各部分的公共地线段，总地线的引出点必须合理。

(3) 为防止各部分通过总地线的公共引出线而产生的共阻抗干扰，在必要时可将某些部分的地线单独引出。特别是数字电路，必要时可以按单元、按工作状态或按集成块分别设置地线，各部分并联汇集到一点接地(如图 5-2-12 所示)。

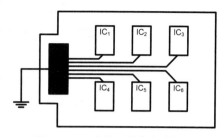

图 5-2-12　多单元数字电路接地

(4) 设计只由数字电路组成的印制电路板的地线系统时，将接地线做成闭环路可以明显地提高抗噪声能力。因为印制电路板上有很多集成电路元件，尤其遇有耗电多的元件时，因受接地线粗细的限制，会在地线上产生较大的电位差，引起抗噪声能力下降。若将接地线构成环路，则会缩小电位差值，提高电子设备的抗噪声能力。

板内地线布局方式有并联分路式、汇流排式、大面积接地和一字形地线等几种形式，如表 5-2-6 所示。

表 5-2-6　板内地线布局方式

地线布局方式	图　例	布　局　特　点
并联分路式	子电路1　子电路2　子电路3　子电路4	一块板内有几个子电路(或几级电路)时，各子电路(各级)地线分别设置，并联汇集到一点接地
汇流排式		该方式适用于高速数字电路，布设时板上所有 IC 芯片的地线与汇流排接通。汇流排是由 0.3～0.5 mm 铜箔板镀银而成，直流电阻很小，又具有条形对称传输线的低阻抗特性，可以有效减少干扰，提高信号传输速度
大面积接地		该方式适用于高频电路，布设时板上所有能使用的面积均布设为地线。采用这种布线方式的元器件一般都采用不规则排列并按信号流向布设，以求最短的传输线和最大的接地面积
一字形地线		当板内电路不复杂时，采用一字形地线布设较为简单明了。布设时要注意地线应足够宽且同一级电路接地点尽可能靠近，总接地点在最后一级

2．电源线设计

任何电子仪器都需要电源供电，并且大多数直流电源是由交流电通过降压、整流、稳压后供出的。供电电源的质量会直接影响整机的技术指标，因此在排版设计中电源及电源线的合理布局对消除电源干扰有着重要的意义。

1）稳压电源的布局

稳压电源在布局时尽可能安排在单独的印制板上。这样可以使电源印制板的面积减小，便于放置在滤波电容和调整管附近，有利于在调试和检修设备时将负载与电源断开。而当电源与电路合用印制板时，在布局中应避免稳压电源与电路元件混合布设或是使电源和电路合用地线。这样的布局不仅容易产生干扰，同时也给维修带来麻烦。

2）电源线的布局

尽管电路中有电源的存在，合理地布设电源线对抑制干扰仍有着决定性作用。

(1) 根据印制线路板电流的大小，尽量加宽电源线宽度，减少环路电阻。同时，应使电源线、地线的走向和数据传递的方向一致，这样有助于增强抗噪声能力。

(2) 在设计印制电路时应当尽量将电源线和地线紧紧布设在一起，以减少电源线耦合所引起的干扰。

(3) 退耦电路应布设在各相关电路附近，而不要集中放置在电源部分。这样既影响旁路效果，又会在电源线和地线上因流过脉动电流造成窜扰。

(4) 由于末级电路的交流信号往往较大，因此在安排各部分电路内部的电源走向时，应采用从末级向前级供电的方式。这样的安排对末级电路的旁路效果最好。

3．电磁兼容性设计

电磁兼容性是指电子设备在各种电磁环境中仍能够协调、有效地进行工作的能力。印制板使元器件紧凑，连接密集，如果设计不当则会产生电磁干扰，给整机工作带来麻烦。电磁干扰无法完全避免，只能在设计中设法抑制。

1）采用正确的布线策略

(1) 选择合理的导线宽度。由于瞬变电流在印制线条上所产生的冲击干扰主要是由印制导线的电感成分造成的，因此应尽量减小印制导线的电感量。印制导线的电感量与其长度成正比，与其宽度成反比，因而短而精的导线对抑制干扰是有利的。时钟引线、行驱动器或总线驱动器的信号线常常载有大的瞬变电流，因而印制导线要尽可能地短。对于分立元件电路，印制导线宽度在 1.5 mm 左右时，即可完全满足要求；对于集成电路，印制导线宽度可在 0.2~1.0 mm 之间选择。

(2) 避免印制导线之间的寄生耦合。两条相距很近的平行导线，它们之间的分布参数可以等效为相互耦合的电感和电容，当信号从一条线中通过时，另外一条线路内也会产生感应信号——平行线效应。

平行线效应与导线长度成正比，所以为了抑制印制板导线之间的串扰，布线时导线越短越好并尽可能拉开线与线之间的距离。在一些对干扰十分敏感的信号线之间设置一根接地的印制线，可以有效地抑制串扰。

(3) 避免成环。由无线电理论可知，一定形状的导体对一定波长的电磁波可实现发射或接收——天线效应。在高频电路的印制板设计中，天线效应尤其不可忽视。

印制板上的环形导线相当于单匝线圈或环形天线，使电磁感应和天线效应增强。布线时最好按信号去向顺序，忌迂回穿插，以避免成环或减少环形面积。

(4) 远离干扰源或交叉通过。布线时信号线要尽量远离电源线、高电平导线这些干扰源。如果实在无法躲避，最好采用井字形网状布线结构——交叉通过。对于单面板用"飞线"过渡；对于双面板印制板的一面横向布线，另一面纵向布线，交叉孔处用金属化孔相连。

(5) 一些特殊用途的导线布设要点。

① 反馈元件和输入和输出导线连接时，设置不当容易引入干扰。布线时输出导线要远离前级元件，避免干扰。

② 时钟信号引线最容易产生电磁辐射干扰，走线时应与地线回路相靠近，驱动器应紧挨着连接器。

③ 总线驱动器应紧挨其欲驱动的总线。对于那些离开印制电路板的引线，驱动器应紧挨着连接器。

④ 数据总线的布线应每两根信号线之间夹一根信号地线。最好是紧挨着最不重要的地址引线放置地线回路，因为后者常载有高频电流。

(6) 印制导线屏蔽。有时某种信号线密集地平行排列，而且无法摆脱较强信号的干扰，可采取大面积屏蔽地、专置地线环、使用专用屏蔽线等措施来解决干扰的问题。

(7) 抑制反射干扰。为了抑制出现在印制线条终端的反射干扰，除了特殊需要之外，应尽可能缩短印制线的长度和采用慢速电路。必要时可加终端匹配，即在传输线的末端对地和电源端各加接一个相同阻值的匹配电阻。根据经验，对一般速度较快的 TTL 电路，其印制线条长于 10 cm 以上时就应采用终端匹配措施。匹配电阻的阻值应根据集成电路的输出驱动电流及吸收电流的最大值来决定。

2) **设法远离干扰磁场**

(1) 电源变压器、高频变压器、继电器等元件由于通过交变电流所形成的交变磁场，会因闭合线圈(导线)的垂直切割而产生感生环路电流，对电路造成干扰。因此布线时除尽量不形成环形通路外，还要在元件布局时选择好变压器与印制板的相对位置，使印制板的平面与磁力线平行。

(2) 扬声器、电磁铁、永磁式仪表等元件由于自身特性所形成的恒定磁场，会对磁棒、中周线圈等磁性元件和显像管、示波管等电子束元件造成影响。因此元件布局时应尽可能使易受干扰的元件远离干扰源，并合理地选择干扰与被干扰元件的相对位置和安装方向。

3) **配置抗扰器件——去耦电容**

在印制板的抗干扰设计中，经常要根据干扰源的不同特点，选用相应的抗扰器件：用二极管和压敏电阻等吸收浪涌电压；用隔离变压器等隔离电源噪声；用线路滤波器等滤除一定频段的干扰信号；用电阻器、电容器、电感器等元件的组合对干扰电压或电流进行旁路、吸收、隔离、滤除、去耦等处理。其中为防止电磁干扰通过电源及配线传播，而在印制板的各个关键部位配置适当的滤波去耦(退耦)电容已成为印制板设计的常规做法之一。

去耦电容通常在电路原理图中并不反映出来。要根据集成电路芯片的速度和电路的工作频率选择电容量(可按 $C = 1/f$，即 10 MHz 取 0.1 μF)，速度越快、频率越高，则电容量越小且需使用高频电容。

去耦电容的一般配置原则是：

(1) 电源输入端跨接一个 10~100 μF 的电解电容器(如果印制电路板的位置允许，采用 100 μF 以上的电解电容器效果会更好)，或者跨接一个大于 10 μF 的电解电容和一个 0.1 μF 的陶瓷电容并联。当电源线在板内走线长度大于 100 mm 时应再加一组。该处的去耦电容一般可选用钽电解电容。

(2) 原则上，每个集成电路芯片都应布置一个 0.1 μF~680 pF 之间的瓷片电容，这种方法对于多片数字电路芯片更不可少。如遇印制板空隙不够，可每 4~8 个芯片布置一个 1~10 pF 的钽电解电容器。应注意，去耦电容必须要加在靠近芯片的电源端(VCC)和地线(GND)之间(如图 5-2-13 所示)，这一要求同样适用于那些抗噪声能力弱、关断时电流变化大的器件和 ROM、RAM 等存储型器件。

(3) 去耦电容的引线不能太长，尤其是高频旁路电容不能有引线。

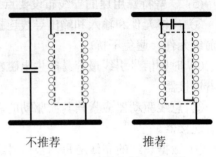

不推荐　　　　　　推荐

图 5-2-13　滤波去耦电容布设

4．器件布置设计

印制板上器件布局不当也是引发干扰的重要因素，所以应全面考虑电路结构，合理布置印制板上的器件。

(1) 印制板上器件布局应以尽量获得较好的抗噪声效果为首要目的。将输入/输出部分分别布置在板的两端；电路中相互关联的器件应尽量靠近，以缩短器件间连接导线的距离；工作频率接近或工作电平相差大的器件应相距远些，以免相互干扰。易产生噪声的器件、小电流电路、大电流电路等应尽量远离逻辑电路，如有可能，应另做印制板。例如，常用的以单片机为核心的小型开发系统电路，在设计印制板时，宜将时钟发生器、晶振和 CPU 的时钟输入端等易产生噪声的器件相互靠近布置，让有关的逻辑电路部分尽量远离这类噪声器件。同时，考虑到电路板在机柜内的安装方式，最好将 ROM、RAM、功率输出器件以及电源等易发热器件布置在板的边缘或偏上方部位，以利于散热(如图 5-2-14 所示)。

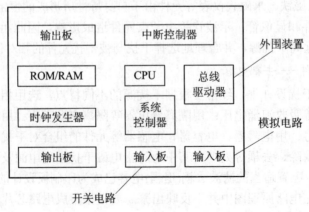

图 5-2-14　单片机开发系统的器件布置

(2) 在印制电路板上布置逻辑电路,原则上应在输出端子附近放置高速电路,如光电隔离器等,在稍远处放置低速电路和存储器等,以便处理公共阻抗的耦合、辐射和串扰等问题,在输入/输出端放置缓冲器,用于板间信号传送,可有效防止噪声干扰(如图 5-2-15 所示)。

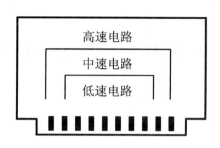

图 5-2-15　逻辑电路的布置

(3) 如果印制板中有接触器、继电器、按钮等元件,操作时均会产生较大火花放电,必须采用相应的 RC 电路来吸收放电电流。一般情况下,R 取 1~2 kΩ,C 取 2.2~47 μF。

(4) CMOS 的输入阻抗很高,且易受感应,因此在使用时对不用引脚要接地或接正电源。

5. 散热设计

多数印制电路板都存在着元器件密集布设的现实问题,电源变压器、功率器件、大功率电阻等发热元器件所形成"热源",将可能对电路乃至整机产品的性能造成不良影响。一方面许多元件如电解电容、瓷介电容等是典型的怕热元件,而几乎所有的半导体器件都有程度不同的温度敏感性;另一方面印制电路板基材的耐温能力和导热系数都比较低,铜箔的抗剥离强度随工作温度的升高而下降(印制电路板的工作温度一般不能超过 85℃)。因此,如何做好散热处理是印制电路板设计中必须考虑的问题。

印制电路板散热设计的基本原则是:有利于散热,远离热源。

1) 特别"关照"热源的位置

(1) 热源外置。将发热元器件放置在机壳外部,如许多的电源设备就将大功率调整管固定于金属机壳上,以利散热。

(2) 热源单置。将发热元器件单独设计为一个功能单元,置于机内靠近板边缘容易散热的位置,必要时强制通风,如台式计算机的电源部分。

(3) 热源高置。发热元器件在印制电路板上安装时,切忌贴板。

2) 合理配置器件

从有利于散热的角度出发,印制板最好是直立安装,板与板之间的距离一般不应小于 2 cm,而且器件在印制板上采用合理的排列方式,可以有效地降低印制电路的温升,从而使器件及设备的故障率明显下降。

(1) 对于采用自由对流空气冷却的设备,最好是将集成电路(或其他器件)按纵长方式排列(如图 5-2-16(a)所示);对于采用强制空气冷却的设备,最好是将集成电路(或其他器件)按横长方式排列(如图 5-2-16(b)所示)。

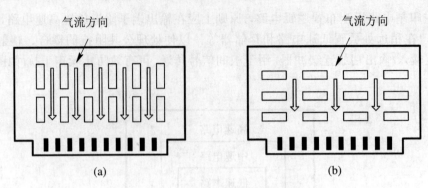

图 5-2-16　元器件板面排列的散热设计

(a) 纵长方式排列；(b) 横长方式排列

(2) 同一块印制板上的器件应尽可能按其发热量大小及散热程度分区排列，发热量小或耐热性差的器件(如小信号晶体管、小规模集成电路、电解电容等)放在冷却气流的最上流(入口处)，发热量大或耐热性好的器件(如功率晶体管、大规模集成电路等)放在冷却气流最下游。

(3) 在水平方向上，大功率器件尽量靠近印制板边沿布置，以便缩短传热路径；在垂直方向上，大功率器件尽量靠近印制板上方布置，以便减少这些器件工作时对其他器件造成的温度的影响。

(4) 对温度比较敏感的器件最好安置在温度最低的区域(如设备的底部)，千万不要将它放在发热器件的正上方，多个器件最好是在水平面上交错布局。

(5) 设备内印制板的散热主要依靠空气流动，空气流动时总是趋向于阻力小的地方，所以在印制电路板上配置器件时，要避免在某个区域留有较大的空域(如图 5-2-17(a)所示)。整机中多块印制电路板的配置也应注意同样的问题。

如果因工艺需要板面必须有一定的空域，可人为添加一些与电路无关的零部件，以改变气流使散热效果提高(如图 5-2-17(b)所示)。

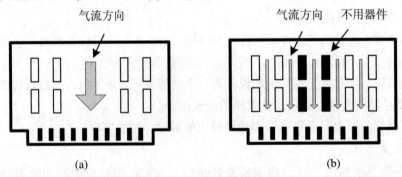

图 5-2-17　板面加引导散热

(a) 气流过于集中；(b) 气流趋于合理

6. 板间配线设计

板间配线会直接影响印制板的噪声敏感度，因此，在印制板联装后，应认真检查、调整，对板间配线作合理安排，彻底清除超过额定值的部位，解决设计中遗留的不妥之处。

(1) 板间信号线越短越好，且不宜靠近电源线，或可采取两者相互垂直配线的方式，以减少静电感应、漏电流的影响，必要时应采取适宜的屏蔽措施；板间接地线需采用"一点接地"方式，切忌使用串联型接地，以避免出现电位差。地线电位差会降低设备抗扰度，是时常出现误动作的原因之一。

(2) 远距离传送的输入/输出信号应有良好的屏蔽保护，屏蔽线与地应遵循一端接地的原则，且仅将易受干扰端屏蔽层接地。应保证柜体电位与传输电缆地电位一致。

(3) 当用扁平电缆传输多种电平信号时，应用闲置导线将各种电平信号线分开，并将该闲置导线接地。扁平电缆力求贴近接地底板，若串扰严重，可采用双绞线结构的信号电缆。

(4) 交流中线(交流地)与直流地严格分开，以免相互干扰，影响系统正常工作。

5.2.5　印制电路板图的绘制

印制电路板图也称印制板线路图，是能够准确反映元器件在印制板上的位置与连接的设计图纸。图中焊盘的位置及间距、焊盘间的相互连接、印制导线的走向及形状、整板的外形尺寸等，均应按照印制板的实际尺寸(或按一定的比例)绘制出来。绘制印制电路板图是把印制板设计图形化的关键和主要的工作量，设计过程中考虑的各种因素都要在图上体现出来。

目前，印制电路板图的绘制有计算机辅助设计(CAD)与手工设计两种方法。手工设计比较费事，首先需要在纸上绘出不交叉单线图，而且往往要反复几次才能最后完成，但是，这对初学者掌握印制板设计原则还是很有帮助的，同时 CAD 软件的应用也仍然是这些设计原则的体现。

1. 手工设计印制电路板图

手工设计印制电路板图适用于一些简单电路的制作，设计过程一般要经过以下几步。

1) 绘制外形结构草图

印制电路板的外形结构草图包括对外连接草图和外形尺寸图两部分，无论采用何种设计方式，这一步骤都是不可省略的。同时，这也是印制板设计前的准备工作的一部分。

(1) 对外连接草图。草图需根据整机结构和要求确定，一般包括电源线、地线、板外元器件的引线、板与板之间的连接线等，绘制时应大致确定其位置和方向。

(2) 外形尺寸草图。印制板的外形尺寸受各种因素的制约，一般在设计时大致已确定，从经济性和工艺性出发，应优先考虑矩形。

印制板的安装、固定也是必须考虑的内容，印制板与机壳或其他结构件连接的螺孔位置及孔径应明确标出。此外，为了安装的需要，某些特殊元器件或插接定位用的孔、槽等几何形状的位置和尺寸也应标明。

对于某些简单的印制板，上述两种草图也可合为一种。

2) 绘制不交叉单线图

电路原理图一般只表现出信号的流程及元器件在电路中的作用，以便于分析与阅读电路原理，不用去考虑元器件的尺寸、形状以及引出线的排列顺序。所以，在绘制手工设计图时，首先要绘制不交叉单线图。除了应该注意处理各类干扰并解决接地问题以外，不交叉单线图设计的主要原则是保证印制导线不交叉地连通。

(1) 将原理图上应放置在板上的元器件根据信号流或排版方向依次画出，集成电路要画出封装管脚图。

(2) 按原理图将各元器件引脚连接。在印制板上导线交叉是不允许的，要避免这一现象：一方面要重新调整元器件的排列位置和方向；另一方面可利用元器件中间跨接(如让某引线从别的元器件脚下的空隙处"钻"过去或从可能交叉的某条引线的一端"绕"过去)以及利用"飞线"跨接这两种办法来解决。

好的单线不交叉图，元件排列整齐、连线简洁、"飞线"少且可能没有。要做到这一点，通常需多次调整元器件的位置和方向。

3) 绘制排版草图

为了制作出制板用的底图(或黑白底片)，应该绘制一张正式的草图。参照外形结构草图和不交叉单线图，要求板面尺寸、焊盘位置、印制导线的连接与走向、板上各孔的尺寸及位置，都要与实际板面一致。

绘制时，最好在方格纸或坐标纸上进行，具体步骤如表 5-2-7 所示。

表 5-2-7　绘制排版草图

绘制步骤	图　例	绘制要点
设置外形尺寸	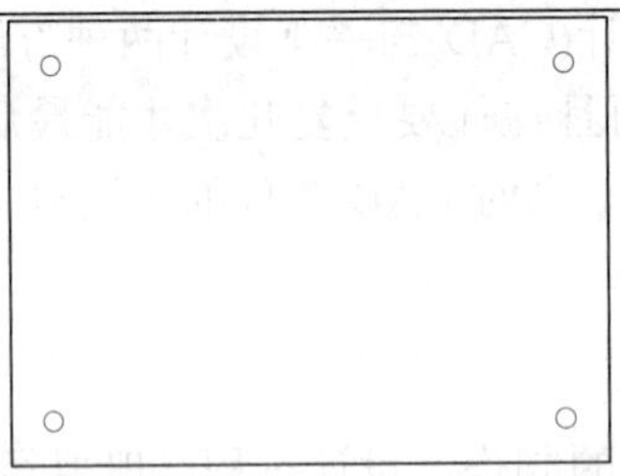	画出板面的轮廓尺寸，边框的下面留出一定空间，用于说明技术要求。 板面内四周留出不设置焊盘和导线的一定间距(一般为 5～10 mm)。绘制印制板的定位孔和板上各元器件的固定孔
排列元件	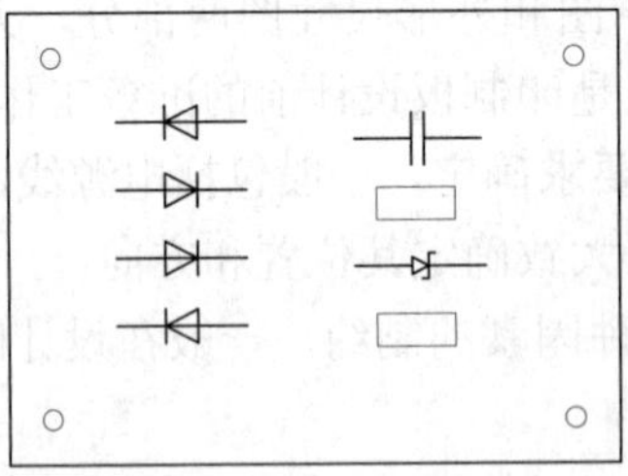	确定元器件的排列方式，用铅笔画出元器件的外形轮廓。注意元器件的轮廓与实物对应，元器件的间距要均匀一致。元件布局采用以下方法进行： ① 实物法。将元器件和部件样品在板面上排列，寻求最佳布局。 ② 模板法。有时实物摆放不方便，可按样本或有关资料制作有关元器件和部件的图样样板，用以代替实物进行布局。 ③ 经验对比法。根据经验参照可对比已有的印制电路来设计布局
确定焊盘	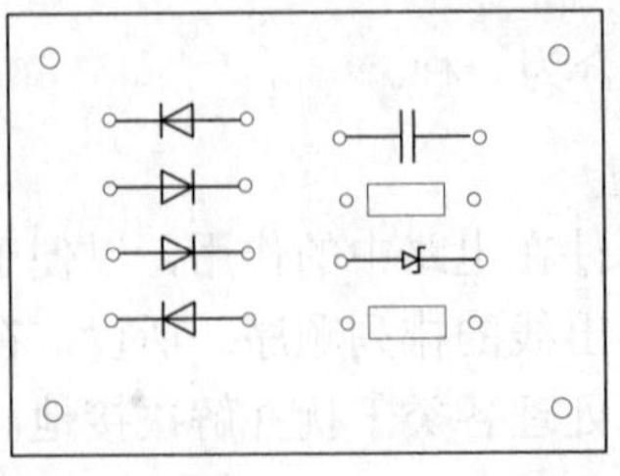	确定并标出焊盘的位置

续表

绘制步骤	图　例	绘制要点
勾画印制导线	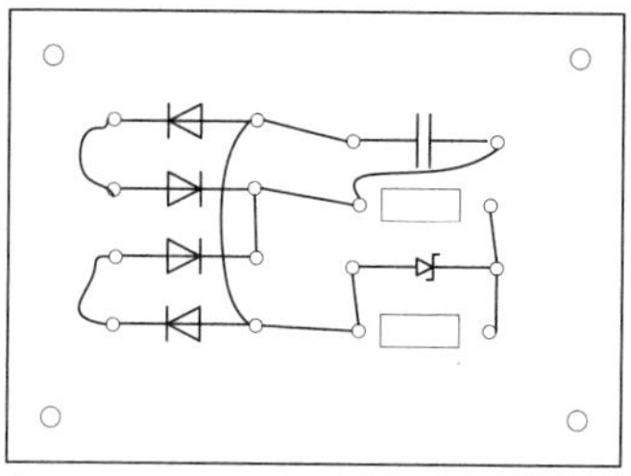	画印制导线时，不必按照实际宽度来画，只标明其走向和路径即可，但要考虑导线间的距离
整理导线	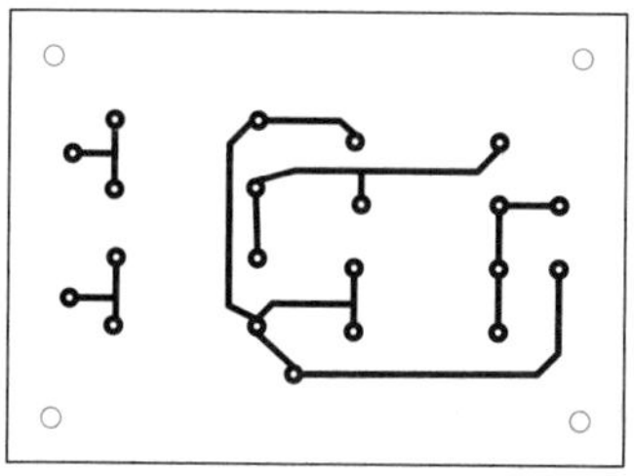	核对无误后，重描焊盘及印制导线，描好后擦去元器件实物轮廓图，使手工设计图清晰、明了
标明技术要求	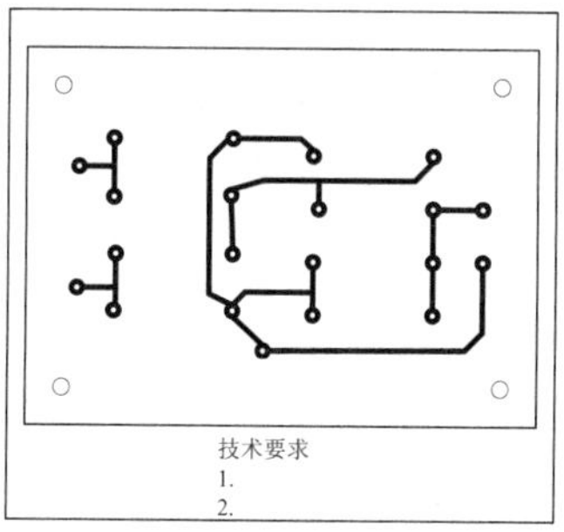 技术要求 1. 2.	标明焊盘尺寸、导线宽度以及各项技术要求

 注意

对于双面印制板来说，还要考虑以下几点：

① 手工设计图可在图的两面分别画出，也可用两种颜色在纸的同一面画出。无论用哪种方式画，都必须让两面的图形严格对应。

② 元器件布在板的一个面，主要印制导线布在无元件的另一面，两面的印制线尽量避免平行布设，应当力求相互垂直，以便减少干扰。

③ 印制线最好分别画在图纸的两面，如果在同一面上绘制，应该使用两种颜色以示区别，并注明这两种颜色分别表示哪一面。

④ 两面对应的焊盘要严格地一一对应，可以采用针在图纸上扎穿孔的方法，将一面的焊盘中心引到另一面。

⑤ 两面上需要彼此相连的印制线，在实际制板过程中采用金属化孔实现。

⑥ 在绘制元件面的导线时，注意避让元件外壳和屏蔽罩等可能产生短路的地方。

2. 计算机辅助设计印制电路板图

随着电路复杂程度的提高以及设计周期的缩短，印制电路板的设计已不再是一件简单的工作。传统的手工设计印制电路板的方法已逐渐被计算机辅助设计(CAD)软件所代替。

采用 CAD 设计印制电路板的优点是十分显著的：设计精度和质量较高，利于生产自动化；设计时间缩短、劳动强度减轻；设计数据易于修改、保存并可直接供生产、测试、质量控制用；可迅速对产品进行电路正确性检查以及性能分析。

印制电路板 CAD 软件很多，Protel DXP 2004 是目前较流行的一种。Protel DXP 2004 是 Altium 公司推出的基于 Windows XP/2000 平台的全 32 位完整的板卡级设计系统，它以全新的设计理念拓展了 Protel 软件的原设计领域，保证了从电路原理图设计开始直到印制电路板生产制造和文件输出的无缝连接，是第一套完整的板卡级设计系统，真正实现了多个复杂设计功能在单个应用程序中的集成，具有强大的功能、友好的界面、方便易学的操作性能等优点。一般而言，利用 Protel DXP 2004 设计印制板最基本的过程可以分为三大步骤。

1) 电路原理图的设计

利用 Protel DXP 2004 的原理图设计系统(Schematic)所提供的各种原理图绘图工具以及编辑功能绘制电路原理图。

2) 产生网络表

网络表是电路原理图设计(SCH)与印制电路板设计(PCB)之间的一座桥梁，它是电路板自动设计的灵魂。网络表可以从电路原理图中获得，也可以从印制电路板中提取。

3) 印制电路板的设计

借助 Protel DXP 2004 提供的强大功能实现电路板的版面设计，完成高难度的工作。

印制电路板图只是印制电路板制作工艺图中比较重要的一种，另外还有字符标记图、阻焊图、机械加工图等。当印制电路板图设计完成后，这些工艺图也可相应得以确定。

字符标记图因其制作方法也被称为丝印图，可双面印在印制板上，其比例和绘图方法与印制电路板图相同。

阻焊图主要是为了适应自动化焊接而设计，由与印制板上全部的焊盘形状一一对应又略大于焊盘形状的图形构成的。一般情况下，采用 CAD 软件设计印制电路板时，字符标记图和阻焊图都可以自动生成。

5.2.6 手工设计印制电路板实例

通常情况下，印制电路板的手工设计可归纳为确定电路、印制板的尺寸、元器件布局以及绘制印制电路板图等几步。下面以简单稳压电源为例，讲解手工设计印制电路板的过程。

1. 选定电路

初学者在进行电子制作时，首先要确定原理电路，并对电路进行仿真验证。对于已经很成熟的电子线路，有典型的电路形式和元器件种类可供选择，不必再做验证，可直接采用。

本例的稳压电源电路比较简单，主要由整流、滤波以及稳压三部分组成，可以说其电路原理图已是十分"经典"(如图 5-2-18 所示)。

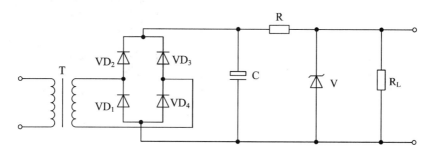

图 5-2-18　整流稳压电源电路原理图

2．印制板的形状、尺寸

印制板的形状、尺寸往往受整机及外壳等因素的制约。

在本例中，稳压电源中电源变压器体积太大，不适合安装在印制板上(只考虑它占用一定的机壳内的空间)，这样印制板的形状、尺寸就相对大体确定了。

3．印制板上排列元器件

本例中，元器件的排列采用规则排列。

(1) 印制板上留出安装孔位置。

(2) 按电路图中各个组成部分从左到右排列元件，注意间隔均匀(如图 5-2-19 所示)。先排整流部分的元件(VD_1、VD_2、VD_3、VD_4)，四个二极管平行排列；再排滤波部分(电容 C、电阻 R)、稳压管 V 及取样电阻 R_L。

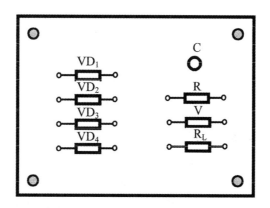

图 5-2-19　整流稳压电源印制板上元器件的安排

4．绘制印制电路板图(排版草图)

根据印制板上元器件的安排，勾画印制导线，绘制单线不交叉图(如图 5-2-20 所示)。绘制时不必按照实际宽度来画，只标明其走向和路径，但要考虑导线间的距离。

用相对应的单线不交叉图做参照，可以非常快捷地绘制出排版草图(如图 5-2-21 所示)。

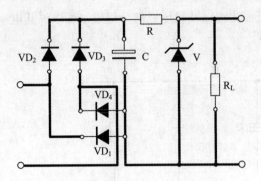

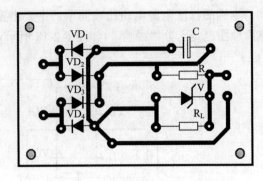

图 5-2-20　整流稳压电源电路单线不交叉图　　　　图 5-2-21　整流稳压电源印制板图

5.2.7　计算机辅助设计印制电路板实例

以图 5-2-22 所示酒精探测仪电路为例，通过 Protel DXP 2004 绘制一块单面印制板，并讲解计算机辅助设计印制电路板的设计过程。

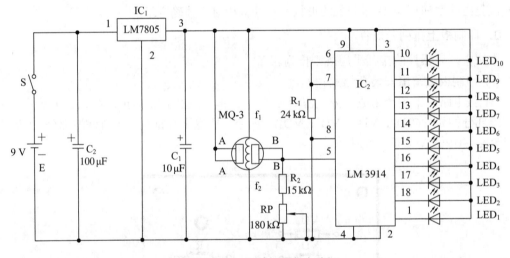

图 5-2-22　酒精探测仪电路

1．创建一个新的 PCB 设计文件

在 Protel DXP 2004 中创建一个 PCB 文件有两种方法。

方法一：进入 Protel DXP 2004 系统，执行菜单命令【文件】→【创建】→【项目】→【PCB 项目】，就可以生成一个新的文件项目，将新建的项目另存为"酒精探测仪.PRJPCB"。执行菜单命令【文件】→【创建】→【PCB 文件】，创建一个新的 PCB 设计文件，这时弹出 PCB 绘图编辑环境，同时在 PCB 编辑区出现一个带有栅格的空白图纸，然后进行人工定义板子的尺寸。此时会自动默认一文件名，将其另存为"酒精探测仪.PCBDOC"。

方法二：使用 PCB 向导创建新的文档。

2．电路板设计的规划和环境设置

在 Protel DXP 2004 系统中按照表 5-2-8 进行电路板设计的规划和环境设置。

表 5-2-8　电路板设计的规划和环境设置

步骤	图　解	设置说明
设置电路板层	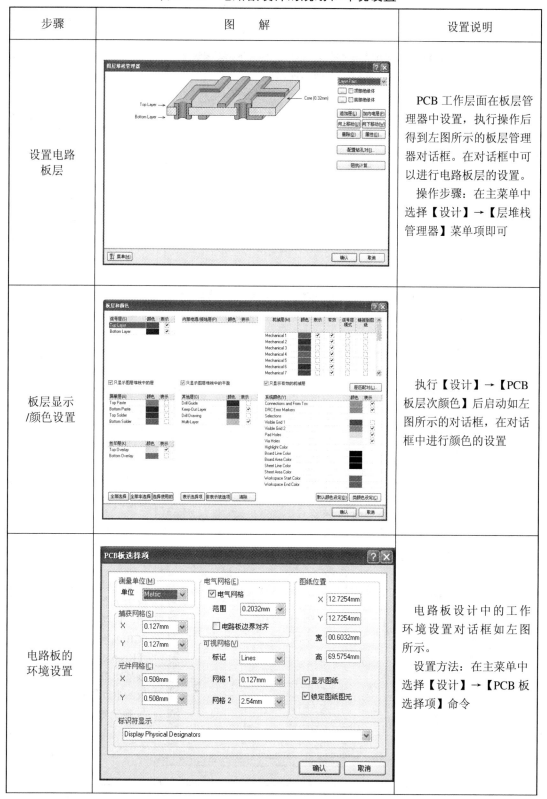	PCB 工作层面在板层管理器中设置，执行操作后得到左图所示的板层管理器对话框。在对话框中可以进行电路板层的设置。 操作步骤：在主菜单中选择【设计】→【层堆栈管理器】菜单项即可
板层显示/颜色设置		执行【设计】→【PCB 板层次颜色】后启动如左图所示的对话框，在对话框中进行颜色的设置
电路板的环境设置		电路板设计中的工作环境设置对话框如左图所示。 设置方法：在主菜单中选择【设计】→【PCB 板选择项】命令

续表

步骤	图　解	设置说明
设置系统环境参数	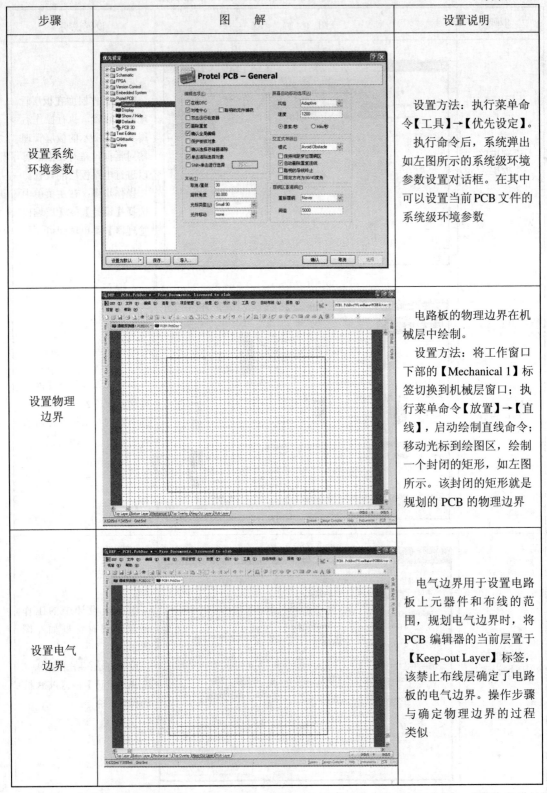	设置方法：执行菜单命令【工具】→【优先设定】。执行命令后，系统弹出如左图所示的系统级环境参数设置对话框。在其中可以设置当前 PCB 文件的系统级环境参数
设置物理边界		电路板的物理边界在机械层中绘制。设置方法：将工作窗口下部的【Mechanical 1】标签切换到机械层窗口；执行菜单命令【放置】→【直线】，启动绘制直线命令；移动光标到绘图区，绘制一个封闭的矩形，如左图所示。该封闭的矩形就是规划的 PCB 的物理边界
设置电气边界		电气边界用于设置电路板上元器件和布线的范围，规划电气边界时，将 PCB 编辑器的当前层置于【Keep-out Layer】标签，该禁止布线层确定了电路板的电气边界。操作步骤与确定物理边界的过程类似

3. 单面电路板布线设置

在 Protel DXP 2004 系统中按照表 5-2-9 进行单面电路板布线设置。

表 5-2-9　单面电路板布线设置

步骤	图　　解	设置说明
布线设置	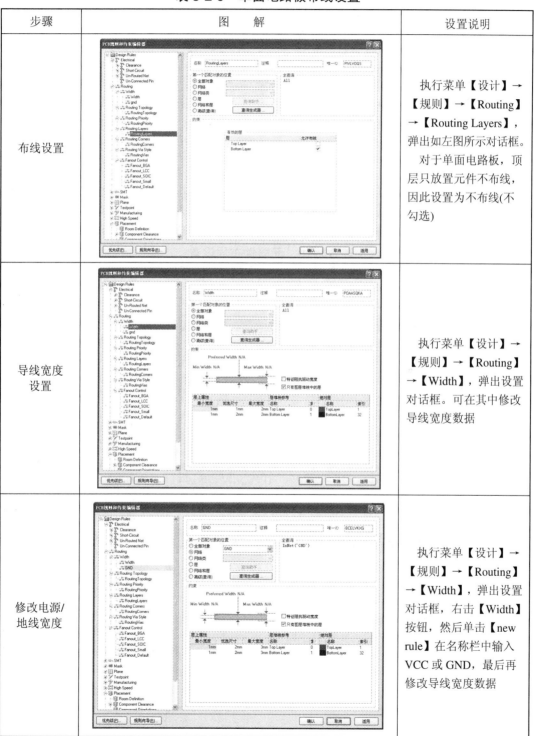	执行菜单【设计】→【规则】→【Routing】→【Routing Layers】，弹出如左图所示对话框。 对于单面电路板，顶层只放置元件不布线，因此设置为不布线(不勾选)
导线宽度设置		执行菜单【设计】→【规则】→【Routing】→【Width】，弹出设置对话框。可在其中修改导线宽度数据
修改电源/地线宽度		执行菜单【设计】→【规则】→【Routing】→【Width】，弹出设置对话框，右击【Width】按钮，然后单击【new rule】在名称栏中输入 VCC 或 GND，最后再修改导线宽度数据

4. 载入网络表和元器件封装

在完成了 PCB 编辑环境的设置并规划了 PCB 后，就可以将元器件放置到 PCB 中进行布局和布线等操作了。元器件可以通过手动放置，也可以自动放置。自动放置元器件就是指从原理图文件中导入网络表及元器件封装，这也是 PCB 设计中最常用的方法。

载入网络表和元器件的封装有两种方法。

方法一：在原理图编辑器中执行菜单命令【设计】→【Update PCB】。

方法二：在 PCB 编辑器中执行菜单命令【设计】→【Import Changes From】。

5. 元件布局

网络表和元器件载入了 PCB 编辑环境后，就可以进行元器件的布局了。一般情况下，元器件载入 PCB 环境后是堆放在 PCB 的左下角位置，此时是无法进行布线操作的。因此在布线以前应首先进行元器件的布局操作。元器件布局就是把堆放在一起的元器件合理地分布在 PCB 上，以便布线的顺利完成。PCB 上元器件的布局分为自动布局和手动调整布局两种。一般情况下，用户在对元器件布局时，需要将两种布局结合起来使用。

在 Protel DXP 2004 系统中按照表 5-2-10 进行元器件的布局设置。

表 5-2-10　元器件布局设置

步骤	图　解	设置说明
自动布局	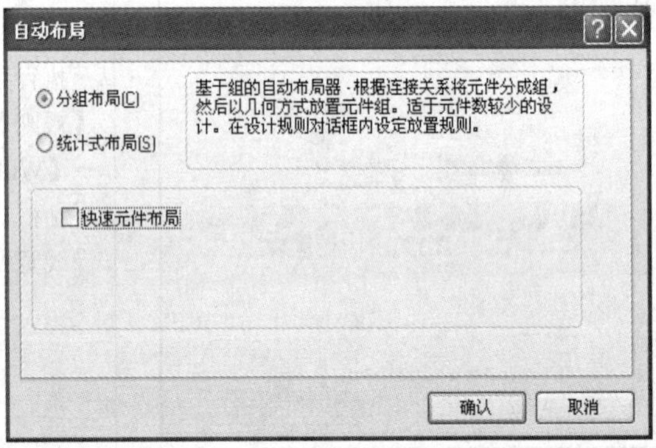 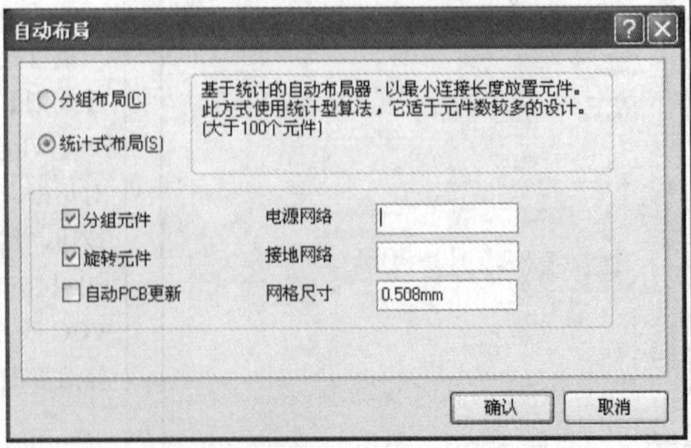	执行菜单命令【工具】→【放置元件】→【自动布局】，系统弹出【自动布局】对话框。在该对话框中，有两个复选框，分别是【分组布局】和【统计式布局】。 　　在对话框中进行相应的操作即可完成自动布局设置。 　　一般情况下，元器件的自动布局结果都不是很理想，存在很多不合理的地方。因此，在完成了自动布局后，还要进行手工调整布局，以使元器件的布局更加合理，这样有利于元器件的连接

续表

步骤	图　　解	设置说明
手动调整布局	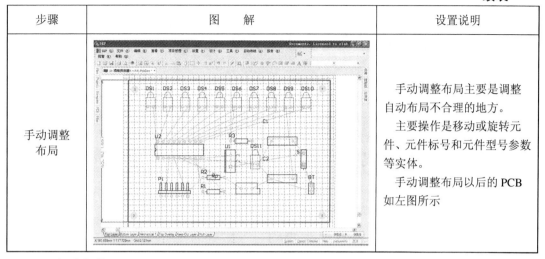	手动调整布局主要是调整自动布局不合理的地方。 主要操作是移动或旋转元件、元件标号和元件型号参数等实体。 手动调整布局以后的 PCB 如左图所示

6. 自动布线

在 Protel DXP 2004 系统中按照表 5-2-11 进行自动布线设置。

表 5-2-11　自动布线设置

步骤	图　　解	设置说明
自动布线设置		执行菜单命令【自动布线】→【设定】，系统弹出【Situs 布线策略】对话框。 在对话框中进行相应的操作即可完成布线策略设置
自动布线		执行菜单命令【自动布线】→【全部对象】，系统弹出【Situs 布线策略】对话框，单击【Route All】按钮，开始对全部对象自动布线

续表

步骤	图　　解	设置说明
自动布线	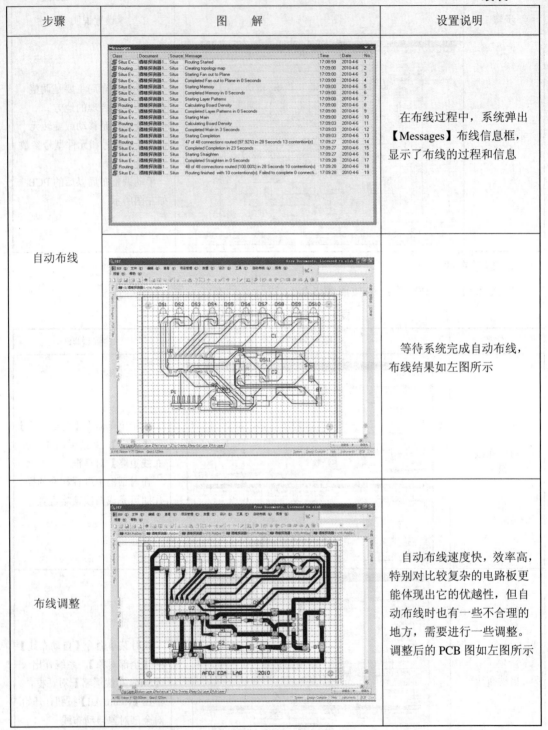	在布线过程中，系统弹出【Messages】布线信息框，显示了布线的过程和信息
		等待系统完成自动布线，布线结果如左图所示
布线调整		自动布线速度快，效率高，特别对比较复杂的电路板更能体现出它的优越性，但自动布线时也有一些不合理的地方，需要进行一些调整。调整后的 PCB 图如左图所示

7. 验证完成的 PCB 设计

选择主菜单命令【工具】→【设计规则检查】，启动设计规则检查器对话框如图 5-2-23

所示。选择所有选项为默认值，单击【运行设计规则检查】按钮，即可得到信息。

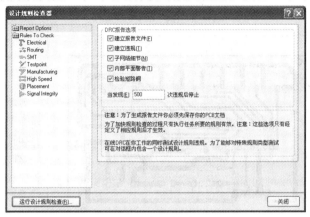

图 5-2-23 设计规则检查器对话框

8. 打印输出

在 Protel DXP 2004 系统中按照表 5-2-12 进行打印输出设置。

表 5-2-12 打印输出设置

步骤	图 解	设置说明
设置 PCB 页面	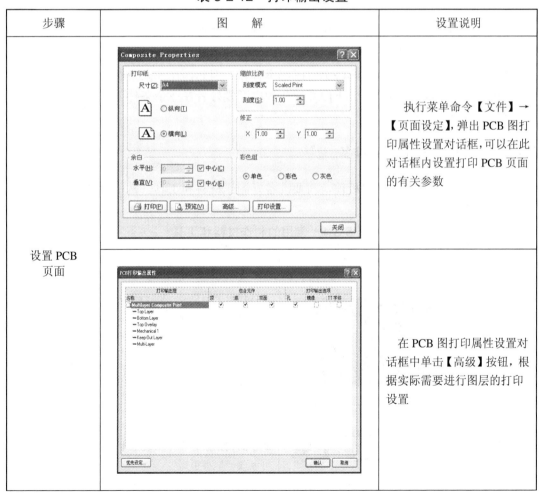	执行菜单命令【文件】→【页面设定】，弹出 PCB 图打印属性设置对话框，可以在此对话框内设置打印 PCB 页面的有关参数
		在 PCB 图打印属性设置对话框中单击【高级】按钮，根据实际需要进行图层的打印设置

续表

步骤	图　解	设置说明
打印预览	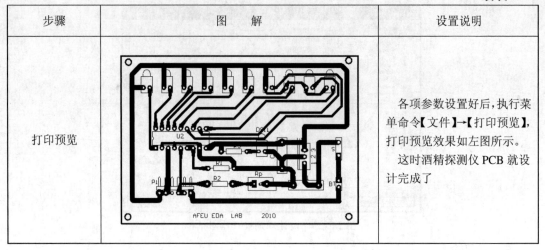	各项参数设置好后，执行菜单命令【文件】→【打印预览】，打印预览效果如左图所示。 这时酒精探测仪 PCB 就设计完成了

5.3　印制电路板的手工制作

电子爱好者进行业余制作或科技创新活动时，经常只需要制作一、二块印制电路板，按照正规的工艺步骤，送到专业厂家进行 PCB 加工，结果往往因加工周期太长而耽误时间，加工费用也比较高，从时间和经济上考虑都不合算。因此，在业余条件下掌握几种手工自制印制板的简单方法是必要的。下面介绍几种电子爱好者在业余条件下容易掌握的手工制作印制电路板的方法。

5.3.1　制作材料和工具的准备

在进行手工制作印制电路板前，需要准备好制作材料和工具。常用的制作材料和工具如表 5-3-1 所示。

表 5-3-1　常用的制作材料和工具

名　称	实物图	用途与使用
覆铜箔板		选择覆铜箔板时，除了要考虑尺寸大小之外，还应注意基板的绝缘材料。 一般情况下，选用 1～1.5 mm 厚的覆铜箔板为宜。如果印制板面积较大，电路元器件较多或较重，以及需要在板上安装波段开关等受力元件时，应选择较厚的覆铜箔板
下料工具		可用钢锯下料，也可自制一些简便工具。如将用断了的钢锯条，在一头装上木柄或用布条缠住，即可制成一把小手锯

续表

名　称	实 物 图	用 途 与 使 用
锉刀		印制板裁剪以后，其边缘常带有许多毛刺，可用锉刀或砂纸将印制板的四周打磨光滑
水砂纸		覆铜箔板在加工、运输和存放过程中，会在表面生成一层氧化膜。为便于印制电路图形的腐蚀，可用水砂纸、去污粉等将铜箔表面清洗干净，去除表面油污及氧化膜
描图笔		描图笔用来描绘印制板上印制电路图形。手工描绘可用小楷笔(小毛锥)、绘图用的鸭嘴笔，也可用蘸水钢笔改制成专用的描图笔
腐蚀液	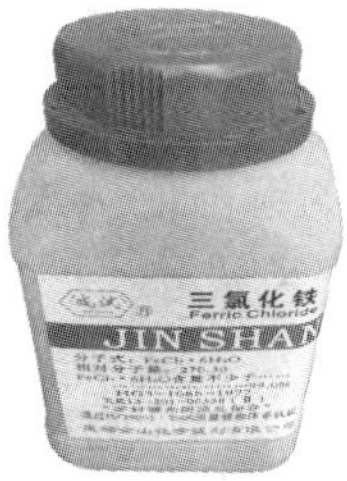	制作印制电路板，大多采用三氯化铁腐蚀液，该腐蚀液可反复使用多次。因三氯化铁有腐蚀作用，使用时应多加小心，用后要注意妥善保存
容器		用三氯化铁腐蚀液腐蚀印制板时，必须有一个耐酸蚀的容器来盛放腐蚀液及印制电路板，一般常用塑料、搪瓷、陶瓷等容器
钻孔工具	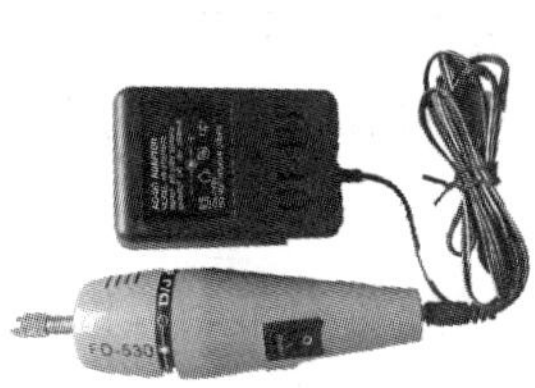	印制板上的电路图形制作完成后，还需在安装元器件的位置上，钻出一定直径的孔。 业余条件下，可用手电钻打孔。因手电钻的钻头很细，使用时应注意用力的均匀性，防止钻头损坏
小刀		印制板腐蚀好之后，可能会有局部线路腐蚀不彻底，出现印制导线边缘有毛刺的现象，这时可用小刀通过修版工作进行清除

5.3.2 制作印制电路板的步骤

下面介绍手工制作印制电路板的步骤和过程。

1．下料

按设计好的印制板尺寸裁剪覆铜箔板。其做法是：先按照尺寸画线，然后用钢锯或自制的手锯沿线锯下。也可用"划刀"在板的两面一刀刀地划出痕迹来，当划痕足够深时，轻轻用力将板掰开。覆铜箔板裁剪好以后，用砂纸或锉刀将裁剪边打磨平整。

2．清洗覆铜板

采用棉纱蘸去污粉擦洗，或用水砂纸打磨的方法清洗覆铜板，使覆铜板的铜箔面露出原有的光泽，然后用清水冲洗干净。清洗后的覆铜板晾干或烘干后，便可进行下一步的工作了。

3．复写印制电路底图或贴膜

将设计好的印制电路图用复写纸复写在覆铜板的铜箔表面上。复写时，笔的颜色应和底图的有所区别，这样便于区别描过的部分和未描的部分，防止漏描。也可采用 1:1 的贴膜法，贴置印制导线和焊盘于铜箔上。

4．腐蚀

首先把三氯化铁溶液倒入容器中，随后把需要腐蚀的印制板放在容器中。为了缩短腐蚀时间，可用筷子夹少量棉纱，在腐蚀液中轻轻擦抹覆铜板。在腐蚀过程中，应注意观察腐蚀的进展情况，腐蚀时间太短，印制板上应腐蚀掉的铜箔依然残存；腐蚀时间太长，则会造成应保留部分的铜箔受到损伤，使线条边缘出现锯齿状等。

5．清洗

印制板腐蚀好之后，将印制电路板取出，可用棉纱浸水蘸去污粉，或蘸酒精、汽油擦洗印制板，以去掉防酸涂料，最后用清水将印制板冲洗干净。

6．修整

用单面刀片或锋利的小刀修整未腐蚀部分或毛刺等。

7．钻孔

对照设计图在需要钻孔的位置，用中心冲打上定位"冲眼"以备钻孔。安装一般元器件，孔径约为 0.7～1 mm；若是固定孔，或大元器件的孔，孔径约为 2～3.5 mm。

8．涂助焊剂

为了防止铜箔表面氧化和便于焊接元器件。在打好孔的印制板铜箔上，用毛笔蘸上松香水轻轻地涂上一层，晾干即可。

5.3.3 印制电路板的腐蚀方法

印制电路基板的制版结束以后，就可对其进行腐蚀了。所谓腐蚀，就是将印制电路板铜箔上被油漆等保护的导线、焊盘等保存下来，而腐蚀掉没有被抹上保护层的铜箔。但在腐蚀之前，要仔细检查应保护图形的质量，修整线条和焊盘等。

1. 腐蚀用的容器及工具

印制电路板的尺寸有大有小，有各种形状。一般常用塑料盘或搪瓷盘来盛腐蚀液，但这样会出现一些问题。如有时不易找到合适尺寸的盘子，另外腐蚀液也不易洗净，使用过的盘子，总要留下腐蚀液的痕迹。下面介绍适合电子爱好者适用的简易容器及工具。

1) 用纸盒作腐蚀液容器

找一块塑料薄膜或塑料袋，然后根据所要腐蚀电路板的大小，找一个高为 40～60 mm 的纸盒或盒盖，将塑料薄膜垫在里面，就可以倒进腐蚀液进行腐蚀了。如果塑料薄膜较薄，可以两层叠起来使用。

2) 自制软刷子

为了加快腐蚀速度，并且使板上各部分铜箔腐蚀速度一样，应该使用软刷子轻轻刷铜箔面。如果用普通棕刷，由于腐蚀溶液的腐蚀，棕刷上的铁皮极易损坏。因此可自制一个软刷子来使用，具体方法是：

找一只竹筷子或一根细木棍，将医用纱布绷带或布条，剪成 50～100 mm 的小段，捆在竹筷或细木棍头上，软刷子就制成了。自制的软刷子外形示意图如图 5-3-1 所示。

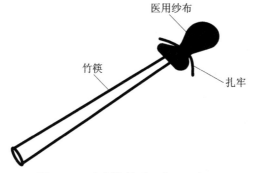

图 5-3-1　自制的软刷子外形示意图

由于自制的刷很软，不易损坏覆铜板上的覆盖层，尤其在加工线条很细的铜箔板时，用这种软刷子刷后效果更好。

2. 腐蚀液的调配

用作印制电路板的腐蚀液类型较多，以下几种方法配制的溶液均可用来作为腐蚀液。

1) 三氯化铁

三氯化铁是印制电路板常用的腐蚀剂，通常与水的比例按 1∶5 或 1∶10 进行配制。三氯化铁的浓度应为 28%～42%。三氯化铁腐蚀剂温度在 38～54℃时，腐蚀效果最佳。

2) 重铬酸钾

用 100 g 蒸馏水和 20 g 碳酸铵与 1 g 重铬酸钾(也可用铬酸钠)配制的溶液，也是较好的印制电路板腐蚀剂。

3) 氯酸钾 + 盐酸

以氯酸钾 1 g，浓度 15%的盐酸 40 mL 的比例配制成的腐蚀液，擦抹在电路板上需要腐蚀的地方，就可以将不需要的铜箔板腐蚀掉。

4) 过氧化氢＋浓盐酸

将浓度为 31% 的工业用过氧化氢(双氧水)与浓度为 37% 的工业用盐酸和水按 1∶3∶4 的比例进行配制。操作时应先把四份水倒入盘中，再倒入三份盐酸，用玻璃棒搅拌均匀后再缓慢地加入一份过氧化氢，继续用玻璃棒搅拌均匀，就可以把印刷好的铜箔板放入腐蚀液，大约五分钟左右即可腐蚀完毕。取出腐蚀好的铜箔板，立即放入清水中冲，擦干后即可使用了。腐蚀过程中可晃动线路板以加快腐蚀速度。

3. 印制电路板的腐蚀

将涂(或贴)有防腐蚀膜的覆铜板放入装有腐蚀剂的容器中进行腐蚀，腐蚀液应将覆铜板全部浸入，没有被涂(或贴)盖的铜箔就会被腐蚀掉。腐蚀的速度与浓度和温度有关，同时不断拨动，以加快对铜的腐蚀。在成批生产的情况下，腐蚀剂宜用双氧水和盐酸。

 注意

在使用双氧水和盐酸腐蚀液时，必须先放盐酸，后放双氧水，由于腐蚀性很强，应注意安全。

在冬季，为了加快铜箔的腐蚀，可以对溶液使用水浴加热法进行适当的加温，但为防止将涂(或贴)的膜被泡掉，温度不宜过高(不要超过 40℃)。采用上述方法可加快印制电路板的腐蚀速度，缩短腐蚀时间，使腐蚀时间一般控制在 20 分钟左右。在印制电路板腐蚀过程中，可用小刷轻轻刷扫，但不要用力过猛，以免将涂(或贴)的膜刮掉。待完全腐蚀后，取出腐蚀好的印制电路板用清水清洗。

4. 印制电路板腐蚀后的处理

印制电路板腐蚀好后，还要进行以下处理。

1) 去膜

将清水冲洗干净的印制电路板放入热水中浸泡一段时间以后，就可以将涂(贴)的膜剥下，未擦净的地方可用稀料清洗，直至干净为止。

2) 去除氧化膜

当涂(贴)的膜剥下，待印制电路板晾干以后，用布蘸上去污粉在板上反复地擦拭，以擦去铜箔上的氧化膜，使印制电路及焊盘露出铜的光亮本色为止。

 注意

用布擦拭铜箔时，应按某一固定的方向擦，以使铜箔反光方向一致，这样看起来比较美观。将擦光亮的印制电路板再用水冲洗干净后，晾干即可。

3) 涂抹助焊剂

为了容易焊接，保证印制电路板的导电性能和防止锈蚀，印制电路板制好后，先要在印制电路板的铜箔上涂抹一层助焊剂。用作印制电路板的助焊剂的类型较多，常用的是松香助焊剂。其配制方法：用无水酒精(纯度为 95% 以上)200 mL，松香 30 g 混合溶解以后再加入 1 滴三乙醇胺即可。

助焊剂涂抹方法：将配制好的助焊剂立即涂在洗净晾干的印制电路板的焊盘上，以帮助提高焊接性能，以防烫坏印制线和焊盘。

4) 涂抹阻焊剂

涂抹阻焊剂的作用是防短路、防锈、防潮等。涂抹阻焊剂这一工序，既可在印制电路板涂抹助焊剂以后进行，也可在印制电路板上的元器件组装、调试结束以后进行，可根据实际情况来确定。

用作印制电路板的阻焊剂类型较多，常用以下方法配制的溶液作为阻焊剂。

配制方法：准备无水酒精、松胶以及碱性绿若干(这几种材料在化工商店均可买到)。松胶可用干桃胶代替，碱性绿可用绿染料代替。将上述准备好的材料，按 7.5∶2.3∶0.2(无水酒精、松胶、碱性绿)的重量比进行混合。

混合的顺序：先将酒精、松胶在带盖玻璃瓶中(防止酒精挥发)放置 1～2 天，待松胶完全溶化后加少量碱性绿，待碱性绿充分溶解后即可使用。必须注意的是：碱性绿不应放置过多，以免使保护漆的颜色过深，影响美观。

阻焊剂涂抹方法：先将印制电路板擦洗干净后晾干。将阻焊剂搅拌均匀，用排笔或单支毛笔蘸适量的阻焊剂涂在印制电路板的表面，待其干后再涂第二次，通常只要涂抹 2～3 次即可。

涂好阻焊剂的印制电路板，放置数小时后待阻焊膜干透，用小刀刮去焊盘上的阻焊膜。配制好的阻焊剂在使用中若觉得液体太稠，还可以加适量的无水酒精进行稀释，然后再投入使用。

目前，市场上还有一种紫外光固化绿油作为阻焊剂效果也很好，使用也较方便，如图 5-3-2 所示。

图 5-3-2　紫外光固化绿油

5.3.4　制作印制电路板的方法

适合初学者业余条件下手工制作印制电路板的方法有以下几种。

1. 描图蚀刻法

描图蚀刻法是一种十分常用的制板方法。由于最初使用调和漆作为描绘图形的材料，因而也称漆图法。具体步骤如下：

(1) 下料。按实际设计尺寸剪裁覆铜板(剪床、锯割均可)，去四周毛刺。

(2) 覆铜板的表面处理。由于加工、储存等原因，覆铜板的表面会形成一层氧化层。氧化层会影响底图的复印，为此在复印底图前应将覆铜板表面清洗干净，具体方法是：用水砂纸蘸水打磨，用去污粉擦洗，直至将底板擦亮为止，然后用水冲洗，用布擦干净后即可使用。这里切忌用粗砂纸打磨，否则会使铜箔变薄，且表面不光滑，影响描绘底图。

(3) 拓图(复印印制电路)。拓图，即用复写纸将已设计好的印制板排版草图中的印制电路拓在已清洁好的覆铜板的铜箔面上。注意复印过程中，草图一定要与覆铜板对齐，并用胶带纸粘牢(如图 5-3-3 所示)。拓制双面板时，覆铜板与草图应有 3 个不在一条直线上的点定位。

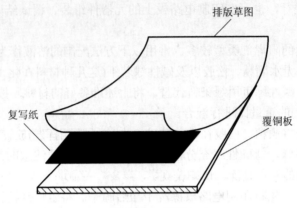

图 5-3-3　拓图

复写图形可采用单线描绘法：印制导线用单线，焊盘以小圆点表示，也可以采用能反映印制导线和焊盘实际宽度和大小的双线描绘法(如图 5-3-4 所示)。

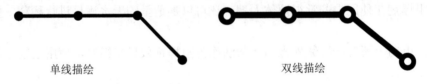

单线描绘　　　　　　　　　　双线描绘

图 5-3-4　复写草图

复写时，描图所用的笔，其颜色(或品种)应与草图有所区别，这样便于区分已描过的部分和没描过的部分，防止遗漏。

复印完毕后，要认真复查是否有错误或遗漏，复查无误后再把草图取下。

(4) 钻孔。拓图后检查焊盘与导线是否有遗漏，然后在板上打样冲眼，以定位焊盘孔。用小冲头对准要冲孔的部位(焊盘中央)打上一个一个的小凹痕，便于以后打孔时不至于偏移位置。

(5) 描图(描涂防腐蚀层)。为能把覆铜板上需要的铜箔保存下来，就要将这部分涂上一层防腐蚀层，也就是在所需要的印制导线、焊盘上加一层保护膜。这时，所涂出的印制导线宽度和焊盘大小要符合实际尺寸。

首先准备好描图液(防腐液)，一般可用黑色的调和漆，漆的稀稠要适中，一般调到用小棍蘸漆后能往下滴为好。另外，各种抗三氧化铁蚀刻的材料均可以用作描图液，如虫胶油精液、松香酒精溶液、蜡、指甲油等。

描图时应先描焊盘：用适当的硬导线蘸点漆料，漆料要蘸得适中，描线用的漆稍稠，点时注意与孔同心，大小尽量均匀(如图 5-3-5(a)所示)。焊盘描完后再描印制导线图形，可用鸭嘴笔、毛笔等配合尺子，注意直尺不要与板接触，可将两端垫高，以免将未干的图形蹭坏(如图 5-3-5(b)所示)。

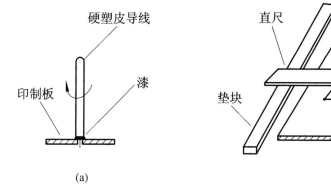
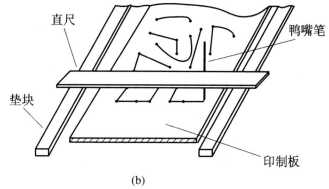

图 5-3-5　描图法示意图

(a) 画焊盘；(b) 画图形

(6) 修图。描好后的印制板应平放，让板上的描图液自然干透，同时检查线条和焊盘是否有麻点、缺口或断线，如果有，应及时填补、修复。再借助直尺和小刀将图形整理一下，沿导线的边沿和焊盘的内外沿修整，使线条光滑，焊盘圆滑，以保证图形质量。

(7) 蚀刻(腐蚀电路板)。蚀刻液一般为三氯化铁($FeCl_3$)溶液，将描修好的板子浸没到溶液中，使铜箔面正好完全被浸没为限，太少不能很好地腐蚀电路板，太多容易造成浪费。

在腐蚀过程中，为了加快腐蚀速度，要不断轻轻晃动容器和搅动溶液，或用毛笔在印制板上来回刷洗，但不可用力过猛，防止漆膜脱落。如嫌速度还太慢，也可适当加大三氯化铁的浓度，但浓度不宜超过 50%，否则会使板上需要保存的铜箔从侧面被腐蚀；另外也可通过给溶液加温来提高腐蚀速度，但温度不宜超过 50℃，太高的温度会使漆层隆起脱落，以致损坏漆膜。

蚀刻完成后应立即将板子取出，用清水冲洗干净残存的腐蚀液，否则这些残液会使铜箔导线的边缘出现黄色的痕迹。

(8) 去膜。用热水浸泡后即可将漆膜剥落，未擦净处可用稀料清洗，也可用水砂纸轻轻打磨去膜。

(9) 修板。将腐蚀好的电路板再一次与原图对照，用刀子修整导线的边沿和焊盘的内外沿，使线条光滑，焊盘圆滑。

(10) 涂助焊剂。涂助焊剂的目的是为了便于焊接，保护导电性能，保护铜箔，防止产生铜锈。

首先必须将电路板的表面做清洁处理，晾干后再涂助焊剂：用毛刷、排笔或棉球蘸上溶液均匀涂刷在印制板上；然后将板放在通风处，待溶液中的酒精自然挥发后，印制板上就会留下一层黄色透明的松香保护层。

另外，防腐助焊剂还可以使用硝酸银溶液。

2．贴图蚀刻法

用描图法自制印制电路板虽然简单易行，但描绘质量很难保证。近年来，电子器材商店已有一种薄膜图形出售，这种具有抗蚀能力的薄膜厚度只有几微米，图形种类有几十种，都是印制电路板上常见的图形，有各种焊盘、接插件、集成电路引线和各种符号等。这些图形贴在一块透明的塑料软片上，使用时可用刀尖把图形从软片上挑下来，转贴到覆铜板上。焊盘和图形贴好后，再用各种宽度的抗蚀胶带连接焊盘，构成印制导线，整个图形贴好以后即可进行腐蚀。这种方法就称为贴图蚀刻法，用此法制作的印制板效果极好，与照相制版所做的板子几乎没有质量上的差别。

在使用贴图蚀刻法制作印制电路板时，首先依照设计导线宽度将胶带切成合适宽度，然后按照设计图形贴到覆铜板上。电子器材商店有各种不同宽度贴图胶带，也有将各种常用印制图形如 IC，印制板插头等制成专门的薄膜，使用更为方便。无论采用何种胶条，都要注意贴粘牢固，特别边缘一定要按压紧贴，否则腐蚀溶液侵入将使图形受损。

3. 铜箔粘贴法

铜箔粘贴法是手工制作印制电路板最简捷的方法，既不需要描绘图形，也不需要腐蚀。只要把各种所需的焊盘及一定宽度的导线粘贴在绝缘基板上，就可以得到一块印制电路板。具体方法与贴图蚀刻法很类似，只不过所用的贴膜不是抗蚀薄膜，而是用铜箔制成的各种电路图形。铜箔背面涂有压敏胶，使用时只要用力挤压，就可以把铜箔图形牢固地粘贴在绝缘板材上。目前，我国已有一些电子器材商店出售这种铜箔图形，但因价格较高，使用并不广泛。

4. 刀刻法

对于一些电路比较简单，线条较少的印制板，可以用刀刻法来制作。在进行布局排版设计时，要求导线形状尽量简单，一般把焊盘与导线合为一体，形成多块矩形。由于平行的矩形图形具有较大的分布电容，因此刀刻法制板不适合高频电路。

刻刀可以用废的钢锯条自己磨制，要求刀尖既硬且韧。制作时按照拓好的图形，用刻刀沿钢尺刻画铜箔，使刀刻深度把铜箔划透。然后，把不需要保留的铜箔的边角用刀尖挑起，再用钳子夹住把它们撕下来(如图 5-3-6 所示)。印制板刻好后，再进行打孔，并检查印制板上有无没撕干净的铜箔或毛刺(可用砂纸轻轻打磨，进行修复)，最后清洁表面，上助焊剂。

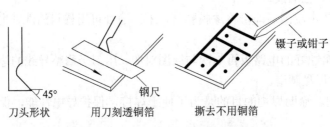

图 5-3-6 　刀刻法制作印制板

5. 热转印法

热转印法是目前电子爱好者制作少量实验板的最佳选择。它利用了激光打印机墨粉的防腐蚀特性，具有制板快速(20 分钟)，精度较高(线宽 15 mil，间距 10 mil)，成本低廉等特点，但由于涂阻焊剂和过孔金属化等工艺的限制，这种方法还不能方便制作任意布线双面板，只能制作单面板和所谓的"准双面板"。

热转印法主要采用了热转移的原理，利用激光打印机的"碳粉"(含黑色塑料微粒)受激光打印机的硒鼓静电吸引，在硒鼓上排列出精度极高的图形及文字，在消除静电后，转移到经过特殊处理的专用热转印纸上，并经高温熔化热压固定，形成热转印纸板，再将该热转印纸覆盖在覆铜板上，由于热转印纸是经过特殊处理的，通过高分子技术在它的表面覆盖了数层特殊材料的涂层，使热转印纸具有耐高温不粘连的特性，当温度达到 180.5℃时，在高温和压力的作用下，热转印纸对融化的墨粉吸附力急剧下降，使融化的墨粉完全吸附在覆铜板上，覆铜板冷却后，形成紧固的有图形的保护层，经过腐蚀后即可形成做工精美的印制电路板。

热转印法的实现，需要的主要设备及材料有激光打印机、转印机、热转印纸等。制作方法如下：

(1) 用激光打印机将印制电路板图形打印在热转印纸上。打印后，不要折叠、触摸其黑色图形部分，以免使版图受损。

(2) 将打印好的热转印纸覆盖在已做过表面清洁的覆铜板上，贴紧后送入制版机制版。只要覆铜板足够平整，用电熨斗熨烫几次也是可行的。

(3) 覆铜板冷却后，揭去热转印纸。

其余蚀刻、去膜、修板、涂助焊剂等步骤同描图法。

6. 感光法

感光法是目前手工制作印制电路板质量最高的一种方法。它是使用一种专用的覆铜板，其铜箔层表面预先涂布了一层感光材料，故称为"预涂布感光覆铜板"，也叫做"感光板"。它具有快速、保密、优质的特点，操作熟练后，可制出精度达 0.1 mm 的走线！

感光法制作印制电路板所需的主要设备及材料：激光打印机，感光电路板、两块大小适中的玻璃、透明菲林(或半透明硫酸纸)、显像剂、三氯化铁、钻孔工具等。

感光法的制作方法如下：

(1) 原稿制作。用电路设计软件把电路图设计好，然后用打印机以透明胶片、半透明硫酸纸打印出底图。

 注意

① 打印时要注意电路图打印墨水(碳粉)浓度较高，使用单色打印以获得最高解析度。

② 线路部分如有透光破洞，要用油性黑笔修补。

③ 打印稿面需保持清洁无污物。

(2) 裁切。先用裁纸刀切断保护膜，再用锯子或裁纸刀按所需尺寸裁好线路板。感光板也可用小刀将上下两面各割深约 0.2 mm 左右刀痕，再予以折断。

(3) 曝光。撕掉保护膜(不要刮伤感光膜面)，将透明或半透明的原稿放在感光板上，用玻璃紧压原稿及感光板，按压越紧密，解析度越好。

(4) 显像。用塑料盆将显像剂按 5 g 兑水 300～500 mL 的比例稀释成显像液(要用冷水)灌入容器备用。

 注意

① 已曝光的感光板膜面朝上放入显像液，每隔数秒轻摇容器，使铜箔清晰显现且不再有绿色雾状冒起则显像完成。

② 显像完成后在清水中浸泡 2 分钟，取出阴干或用吹风机吹干。

③ 显像时水的温度以 15～30℃为好，显像双面板时注意不要让盆底损伤膜面。

④ 使用后的显像液不要再灌回容器内。

(5) 修膜。为了确保膜面无任何损伤，将干燥的感光板进行全面检查，如有短路处用小刀刮净，断线处用油性笔等修补。

(6) 蚀刻。用塑料盆盛三氯化铁加水配成腐蚀液(温度40～50℃时效果较好)，放入感光板10～20分钟腐蚀完成。

 注意

① 感光板放入腐蚀液后约20秒再拿起来检视，非线性部分的铜箔应为粉红色，若为亮绿色即显像不足，用清水将其洗净后再显像一次，但注意不要过度(显影时间适当减少)。

② 蚀刻时注意勿伤膜面，以防蚀断线路。

③ 感光板只能使用酸性腐蚀液，不能使用碱性腐蚀液。

(7) 除膜。感光膜可直接焊接(要使用高质焊锡)，如需去除，可用布蘸较浓的显像液或酒精抹去，去掉膜层后用松香溶液涂一遍打磨好的电路板，既可以助焊，又可以防止氧化。

5.3.5　印制电路板的检验与修复

1．印制电路板的检验

印制电路板制好以后，必须经过必要的检验，才能进行电路元器件的组装。印制板的检验主要通过以下几种方法进行。

1) 外观检验

外观检验简单易行，借助直尺、卡尺、放大镜等简单的工具，对要求不高的印制板可以进行质量把关。外观检验的主要内容包括：

(1) 外形尺寸与厚度，特别是与插座、导轨配合的尺寸，检验是否在要求的范围内。

(2) 导电图形的完整和清晰，有无短路、断路、毛刺等。

(3) 表面有无凹痕、划伤、针孔以及粗糙现象。

(4) 焊盘孔及其他孔的位置及孔径有无漏打或打偏现象。

(5) 镀层平整光亮，无凸起、缺损现象。

(6) 阻焊剂应均匀牢固，位置准确，助焊剂也应均匀。

(7) 板面平直无明显翘曲，翘曲度过大应进行矫正。

(8) 字符标记清晰、干净，无渗透、划伤、断线。

2) 连通性检验

连通性检验可使用万用表对导电图形的连通性能进行检测，重点检验双面板的金属化孔和多层板的连通性能。

3) 绝缘性能检验

绝缘性能检验是指检测同一层不同导线之间或不同层导线之间的绝缘电阻，以确认印制板的绝缘性能。检测时应在一定温度和湿度下按印制板标准的要求进行。

4) 可焊性检验

可焊性检验是指检验焊料对导电图形的润湿性能，用润湿、半润湿和不润湿表示。

润湿表示焊料在导线或焊盘上能充分扩展，形成粘附性连接；半润湿是指焊料润湿焊盘表面后，因润湿不佳而造成焊料回缩，在基底金属上留下一层薄焊料层；不润湿是指焊盘表面不能粘附焊料的情况。

5) 镀层附着力检验

镀层附着力检验可采用胶带试验法。将质量好的透明胶带粘到要测试的镀层上，按压均匀后快速掀起胶带一端扯下，镀层无脱落为合格。

此外，还有铜箔抗剥强度、镀层成分、金属化孔抗拉强度等多种指标，应根据印制板的要求选择检测内容。

2. 印制电路板的修复

由于各种原因，印制导线可能会出现划痕、缺口、针孔、断线等现象，这些现象会造成导线截面积的减小。另外，焊盘或印制导线的起翘也是一种缺陷。对于印制导线出现以上的缺陷，只允许每根导线最多修复两处，一般情况下每块印制电路板返修不得超过六处，修复后的导线宽度和导线间距应在允许的公差之内。

1) 印制导线断路的修复

(1) 跨接法。

① 跨接点尽量选用元器件的引线、金属化孔或接线柱。

② 清除跨接点处表面的涂覆层，并用异丙醇清洗干净，再用烙铁头除去跨接点处的多余焊料。

③ 截取一段镀锡导线，并且每一端都绕接在元件的引线上或连接在金属化孔中(如图 5-3-7 所示)。

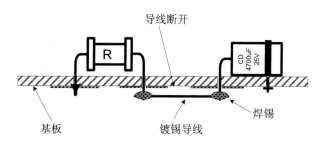

图 5-3-7　跨接连线法

④ 将跨接点涂上焊剂，进行锡焊。

⑤ 用异丙醇清洗跨接处的残渣。

⑥ 跨接导线较长时，应套上聚四氟乙烯套管。

跨接法操作简单，印制电路板的正反两面都可以进行跨接。

(2) 搭接法。

① 首先应去除印制导线上返修处的表面涂覆层，即可用橡皮擦把断路处(至少 8 mm)擦干净，再用异丙醇清洗。

② 截一段镀锡铜导线(长 20 mm 左右)，放在断路处的印制导线上涂上焊剂，然后进行锡焊(如图 5-3-8 所示)。

③ 用异丙醇把焊接处的焊剂残渣清洗干净。

④ 在返修区内涂上少量的环氧胶合剂，并使其固化。

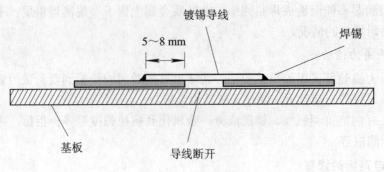

图 5-3-8　搭接导线法

(3) 补铜箔法。

① 用外科手术刀把印制导线损坏的部分剥除，用磨石把已剥除印制导线的基板部位打毛，然后用洁净的布蘸上异丙醇进行清洗。

② 按照被剥除印制导线的形状剪一片带有环氧树脂粘接剂的薄膜，再按薄膜的形状或稍长于薄膜剪一条铜箔。

③ 把薄膜放在已打毛的原印制导线的位置上，再放上已打光的并用异丙醇清洗过的铜箔。

④ 用烙铁压住铜箔的中心，从两端拉紧铜箔，加上焊剂、焊料，把铜箔的端部与原有的印制导线焊接好。

⑤ 用异丙醇清洗掉连接部位的焊接残渣，再涂上表面涂料。

2) 印制导线起翘的修复

当印制导线的一部分与基板脱开，但又保持不断时，叫做导线起翘。起翘的导线长度超过本根导线总长度的二分之一时，则无返修价值。常用修复起翘导线的方法有两种：

(1) 在印制导线的底面涂环氢树脂。

① 把印制导线起翘部位的表面及其基板清除干净，把基板打毛，然后用异丙醇清洗干净这些部分。

② 在起翘导线的底面和基板上，均匀地涂上环氧树脂，在起翘的导线部位加压，并使之粘牢固化。需要时应涂上表面涂料。操作时一定要注意不要把起翘的导线弄断。

(2) 在印制导线表面涂环氧树脂。

当印制电路板上元器件的密度很高，又不能在印制导线的底面挤入环氧树脂时才用此法。

① 把起翘的印制导线表面及其周围的基板表面打磨干净，并用异丙醇清洗干净。

② 在起翘的导线表面及其周围的基板上，均匀地涂上环氧树脂，环氧树脂涂层应稍微厚些，并使之固化。

应该注意的是，以上两种方法粘接的印制导线，在固化之前不得进行其他加工。

5.3.6　刀刻法制作印制电路板实例

初学者在进行电子制作时，由于所用元器件比较少，印制电路板都很简单，这时采用刀刻法制作印制电路最为方便。下面通过图解的方式介绍刀刻印制电路板的制作过程。

1. 需要准备的工具和材料

刀刻法制作印制电路板需要的主要工具和材料为：单面覆铜箔板、钢锯、钢板尺、刻刀、尖嘴钳、钻孔工具，如图 5-3-9 所示。

图 5-3-9　刀刻法制作印制电路板主要工具和材料

2. 制作电路

店铺来客告知器的原理电路如图 5-3-10 所示。它巧妙地利用了环境自然光线突然变暗这一传感信号来触发模拟声电路工作。光敏电阻器 R_L、三极管 VT_1 和周围阻容元器件等构成了感光式脉冲触发电路，模拟声集成电路 A、功率放大三极管 VT_2 和扬声器 B 等构成了音响发生电路。

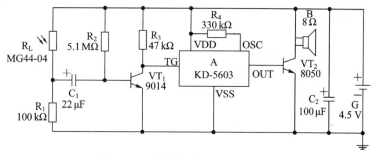

图 5-3-10　店铺来客告知器原理电路

图 5-3-11 为店铺来客告知器印制板接线图。

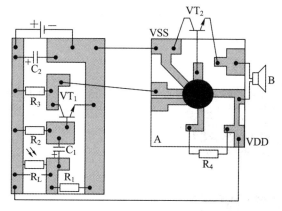

图 5-3-11　店铺来客告知器印制板接线图

3. 印制电路板的制作过程

1) 裁取覆铜板

刀刻法制作的电路板一般都比较简单，所以通常采用厚度 1 mm 的单面覆铜板就可以满足要求。图 5-3-11 的印制电路板约为 40 mm × 25 mm，按照表 5-3-2 所示，先用钢板尺、铅笔在单面覆铜板的铜箔面画出 40 mm × 25 mm 的裁取线，再用手钢锯沿画线的外侧锯得所用单面覆铜板，最后用细砂纸(或砂布)将覆铜板的边缘打磨平直光滑。

表 5-3-2 裁 取 覆 铜 板

步骤	图 解	操 作 说 明
画线	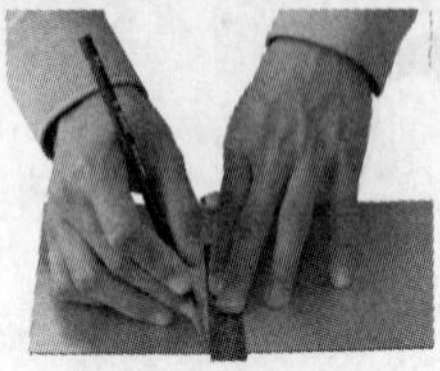	按照设计印制电路板的尺寸，在单面覆铜板的铜箔面上画出裁取线
裁取	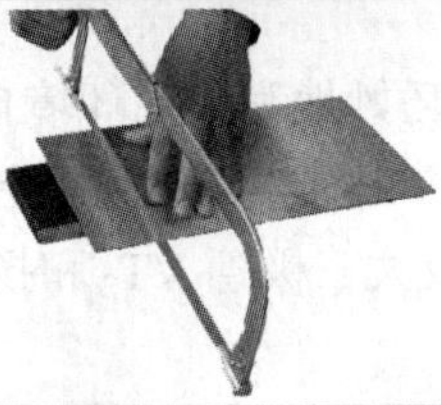	根据画出的裁取线，用手钢锯沿画线的外侧锯得所用单面覆铜板
打磨		用细砂纸(或砂布)将覆铜板的边缘打磨平直光滑

2) 刀刻覆铜板

刻制印制电路板所用的工具有刻刀、钢板尺和尖嘴钳，刻制流程如表 5-3-3 所示。

表 5-3-3 刀 刻 覆 铜 板

步骤	图 解	操 作 说 明
走线		对照所给出的印制电路板接线图，用钢板尺、铅笔在单面覆铜板的铜箔面画出 1:1 除箔走线
标记		为了避免出错，可在欲除去的铜箔上用铅笔画出斜线作为标记

续表

步骤	图 解	操 作 说 明
刻划		用钢板尺对齐待刻的画线,用锋利的刻刀沿直尺刻划,把要剔除的覆铜箔条的两边都刻透。 刻划要领是,用刀尖部分接触铜箔,用力不要太大,要保持线条笔直,不要指望第一刀就能划透铜箔,以第一刀刻划出的印道作为基础,紧接着连划3~5刀,方可刻划透铜箔
铲卷		将两条刻缝线间的铜箔条端头用刻刀铲卷起来
去除铜箔		用尖嘴钳(或直头手术钳)夹住铜箔条端头,将铜箔条卷绕后撕掉。残留的铜箔,可用刻刀铲除
打磨边沿		刀口上的毛刺和铜箔上的氧化物等,可用细砂纸(或砂布)打磨至光亮

3) 钻孔

在业余条件下,可将元器件直接焊在铜箔上,这样可省去在印制电路板上钻元器件安装孔的麻烦,而且可以很直观地对照着印制电路板接线图焊接元器件,不易出错,这对于简单的电路尤为适用。但是大多数制作电路还是要求给印制电路板钻出元器件安装孔。

钻孔前,先用锥子在需要钻孔的铜箔上扎出一个凹痕,这样钻孔时钻头才不会滑动。也可用尖头冲子(或铁钉)在需要钻孔处冲一个小坑,效果是一样的。钻孔时,钻头要对准铜箔上的凹痕,钻头要和电路板垂直,并适当施加压力。钻孔步骤如表5-3-4所示。

表 5-3-4　钻　　孔

步骤	图 解	操 作 说 明
定位	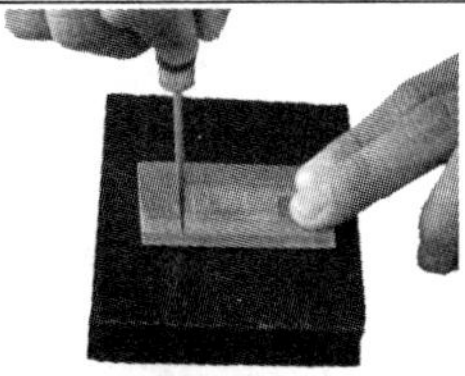	用锥子在需要钻孔的铜箔上扎出一个凹痕,或用尖头冲子(或铁钉)在需要钻孔处冲一个小坑,防止钻孔时钻头出现滑动
打孔	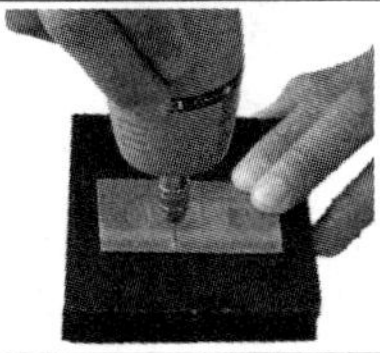	钻头要对准铜箔上的凹痕,钻头要和电路板垂直,并适当施加压力

注意

钻孔时还要注意，装插一般小型元器件引脚的孔径应为 0.8～1 mm，装插稍大元器件引脚和电线的孔径应为 1.2～1.5 mm，装固定螺钉的孔径一般为 3 mm，应根据元器件引脚的实际粗细等选择合适的钻头。如果没有适当大小的钻头，可先钻一个小孔，再用斜口小刀把孔适当扩大就行；对于个别更大的孔，可用尖头小钢锉或圆锉进一步加工。

4) 涂抹助焊剂

对钻完孔的印制电路板，用细砂纸轻轻打磨(或用粗橡皮擦拭)，去除铜箔表面的污物和氧化层后，用小刷子在铜箔面上均匀地涂刷上一层自己配制的松香酒精溶液(俗称"松香水")，并让其风干。涂刷松香酒精溶液既保护铜箔不被氧化，又便于焊接。涂抹助焊剂步骤如表 5-3-5 所示。

表 5-3-5　涂抹助焊剂

步骤	图解	操作说明
打磨		用细砂纸轻轻打磨(或用粗橡皮擦拭)，去除铜箔表面的污物和氧化层
涂刷	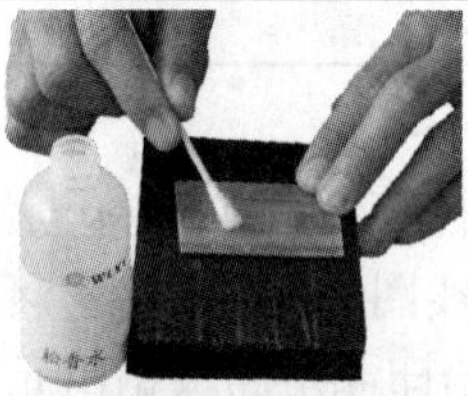	用小刷子在铜箔面上均匀地涂刷上一层松香酒精溶液，并让其风干
完成	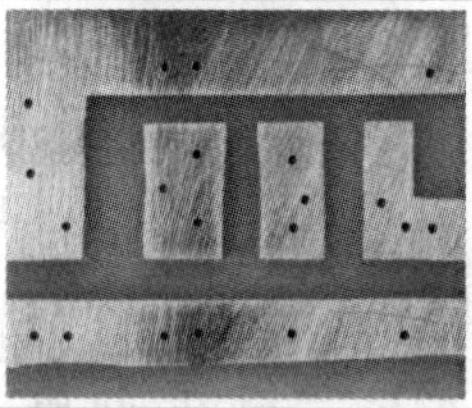	这样一块用刀刻法制成的印制电路板就做好了

 注意

初学者画电路板图中线路的时候应注意尽量用直线，刻刀不适宜走曲线，制作有集成元件或有 3 脚以上元器件的电路板时，在画电路板图时一定要注意元器件的方向，元器件的引脚应与电路板图反过来，因为画的电路图是在电路板面，而元器件装在元器件面。

5.3.7　热转印法制作印制电路板实例

电子爱好者在制作比较复杂的电路板时，由于电路元器件较多，线路复杂，因此用刀刻法制作印制电路板就显得力不从心了，这时，热转印法就成为目前制作电路板的最佳选择。下面通过图解的方式介绍热转印法制作单面印制电路板的过程。

1．需要准备的工具和材料

热转印法制作印制电路板需要的主要工具和材料为：单面覆铜板，热转印纸，激光打印机，电熨斗(快速制版机)，油笔，钢锯片，美工刀，腐蚀液，电钻，尺子，细砂纸，透明胶等，如图 5-3-12 所示。

图 5-3-12　热转印法制作印制电路板的主要工具

2．制图

用 EDA 软件(Protel、Power PCB)布线，这里以 Protel DXP 2004 为例。从计算机中调出设计好的 PCB 文件，如图 5-3-13 所示。

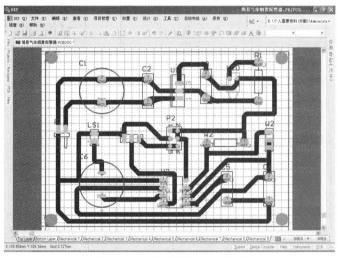

图 5-3-13　设计好的 PCB 文件

 注意

在使用 Protel DXP 2004 布线时要注意以下几点：

(1) 元件的尺寸。元件的尺寸在热转印中是非常重要的，它直接关系到整个板子的排版，元件是否能很轻松地安装进去。

建议：用游标卡尺直接量取实物的大小。主要测量的几个地方如元件的外框直径，引脚内间距，引脚外间距。在测量时，最好将这些量在草稿纸上记录下来，便于制作元件时用。如果没有游标卡尺或者没有实物，可以去下载该元件的 Datasheet，在 Datasheet 的最后面都有对于该元件的不同封装的标准尺寸。如果是用贴片元件，在制作封装时要注意引脚要比 Datasheet 上长出个 10 mil 左右，这样便于以后焊接。

(2) 导线的宽度。用热转印的方法可以做出 10 mil 的线宽，但断线的可能性比较大。

　　建议：布线时尽量用 20 mil 以上的线宽规则，这样的线不容易断，转印更容易成功，电源线和地线布线时尽可能宽。另外导线间距要大于 10 mil，焊盘间距最好大于 15 mil。

　　(3) 焊盘的大小。

　　建议：设置焊盘大小为 75～80 mil。这样钻孔时才不至于将焊盘损坏。孔的直径可以全部设成 10～15 mil，不必是实际大小，以利于钻孔时钻头对准。还有一些特殊的焊盘，按情况而定。将焊盘设的太小，钻孔时将遇到很大的麻烦。

3．设置打印

　　PCB 图设计好以后，还需对 Protel 进行打印设置(如表 5-3-6 所示)。Protel 打印设置很有讲究，为了提高成功率，可以在一张 A4 纸上将 PCB 图排满，这样只需要一张转印纸就可以制作多块电路板了。在正式打印之前，用普通的激光打印机打印在一张白纸上看看效果。

表 5-3-6　设　置　打　印

步骤	图　解	操 作 说 明
页面设置		单击【文件】→【页面设定】→【缩放比例】中的【刻度模式】，选择 ScaledPrint，将【刻度】设置为 1.00；彩色组选择【单色】
输出设置		单击【页面设定】中【高级】按钮，打开【PCB 打印输出属性】设置，勾选【孔】
打印底层设置(以单面板为例)		在【PCB 打印输出属性】中，分别双击 Top Layer，TopOverlayr 和 Multi-Layer。将它们中的【自由图元】，【元件图元】及【其他】都要选择【隐藏】。其他设置默认

4. 打印

把画出来的电路图调整好，用激光打印机打印到热转印纸上面。热转印纸的光面上由于有一层蜡，非常光滑，因此，墨粉很难完全粘附在热转印纸上。通常可采取使用橡皮把转印纸的光面全部擦一遍，直到热转印纸对着光看，不像原先那么反光，有一点亚光的感觉即可，如图 5-3-14 所示。

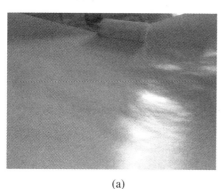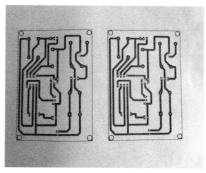

(a)　　　　　　　　　　　　　　(b)

图 5-3-14　打印电路图

(a) 处理热转印纸；(b) 打印好的电路图

5. 裁取覆铜板

用小钢锯裁剪覆铜板到合适大小，注意在裁剪时留点余量，不要小了，毕竟锯条也是有厚度的，用木工砂纸打磨，使边界光滑平整。裁取覆铜板步骤如表 5-3-7 所示。

表 5-3-7　裁 取 覆 铜 板

步骤	图　解	操 作 说 明
画线		按照所设计的印制板实际尺寸，在单面覆铜板的铜箔面画出裁取线
裁取		根据画出的裁取线，用手钢锯沿画线的外侧锯得所用单面覆铜板
打磨		用细砂纸(或砂布)将覆铜板的边缘打磨平直光滑并将表面的油污及氧化层打磨掉，使之光滑
		打磨过的单面覆铜板

6. 固定电路图

把打印好的转印纸有电路图的一面平铺到覆铜板有铜的一面上，用透明胶带固定一个边。转印纸要剪掉多余的，留少量的边就行了。如果用快速制版机转印，应在即准备推入制版机的边上贴上透明胶带。这一点很关键，避免运转中的错位而造成整个制作过程失败。固定电路图的步骤如表 5-3-8 所示。

表 5-3-8　固定电路图

步骤	图　解	操 作 说 明
裁剪转印纸	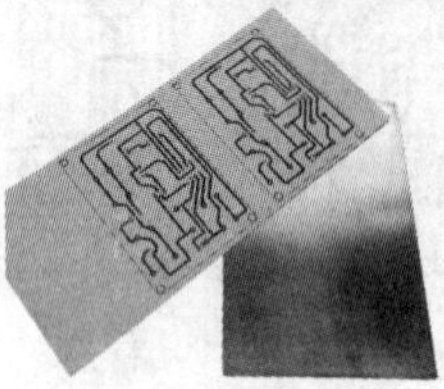	按照实际尺寸，裁剪打印好的转印纸，边界留取少量余量
固定		把打印好的转印纸有电路的一面平铺到覆铜板有铜箔的一面上。 　将覆铜板的边缘与热转印纸上的印制图的边缘对齐
		将热转印纸按左右和上下弯折 180°，然后在交接处用透明胶带粘接
		固定好转印纸的单面覆铜板

7. 加热转印

通过加热，使打印纸上的碳粉融化粘到覆铜板上。加热设备一般使用家用电熨斗或热转印机。

1) 电熨斗加热转印

使用电熨斗加热的时候，电熨斗开始发热时应先用其在板子上进行预热 1～2 分钟，从粘胶带的一边开始慢慢的过渡到另一边，移动速度不要太快，以 1 cm/s 的速度进行(如图 5-3-15 所示)。移动时一定要朝一个方向，不要来回移动，否则会出现皱纹，影响转印效果。当电熨斗完全加热后，再用预热时的手法，将电熨斗在板子上过 3～5 遍就可以了，然后让其自然冷却。

图 5-3-15　电熨斗加热转印

 注意

在使用电熨斗给纸张加热时，特别要注意的一点就是加热要均匀。初学者的一个问题就是边缘加热不到位。本来中间转印的很好，结果边上什么也没转印下来。

电熨斗温度最好设定在180℃。一般加热到纸张颜色略黄即可，时间长了碳粉融化，边界就模糊了。

2）热转印机转印

热转印机是用来将打印在热转印纸上的印制电路图转印到覆铜板上的专用设备，这里以 DM-2100B 型快速制版机为例，说明热转印过程(如表 5-3-9 所示)。

表 5-3-9　热转印机转印

步骤	图　　解	操 作 说 明
开机		① 将制版机放置平稳，接通电源，轻触电源启动键两秒，电机和加热器将同时进入工作状态； ② 按下【温度】键，同时再按下"上"或"下"键，将温度设定在 150℃
预热		印制板放入制版机转印前要预热，PCB 没有预热时吸附油墨能力很差，转印效果较差。通常，预热方法就是把 PCB 置于制版机的铁皮隔热罩上边。因为制版机预热一般需要 10 分钟左右的时间，刚好达到制版机设定的温度时 PCB 也得到了预热
加热转印		当显示器上的温度显示在接近 150℃时，将贴有热转印纸的覆铜板放进DM-2100B 型快速制版机中进行热转印
		一般在制版机里过 3～5 遍左右即可，根据制版机的温度自行取舍

注意

　　使用快速制版机进行热转印时，在转印纸未与铜箔充分结合时最好是单方向过，即每次都以边上贴有透明胶带的那一边推入制版机，以免错位。

　　制版机的温度控制到 150℃ 左右比较合适，一定要温度够了才能放进 PCB 板，否则热转印效果较差。

8．热转印后 PCB 图的处理

　　(1) 转印后，刚完成后的 PCB 还很烫，这时千万不能马上去揭转印纸，待其温度下降后如图 5-3-16 所示将转印纸轻轻掀起一角进行观察，此时转印纸上的图形应完全被转印在覆铜板上。转印好的 PCB 如图 5-3-17 所示。

图 5-3-16　观察转印效果

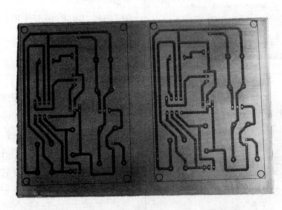

图 5-3-17　转印成功的 PCB 板

　　(2) 如果有较大缺陷，应将转印纸按原位置贴好，送入转印机再转印一次。

　　(3) 如有较小缺陷，请用油性记号笔进行修补。

9．PCB 板的腐蚀

　　将三氯化铁溶液倒入塑料盒或快速腐蚀机中，转印成功后的 PCB 板将铜皮面向上，不断均匀摇动，边摇边观察，直到腐蚀完成。能否快速地腐蚀成功，诀窍就在于不断地摇动。腐蚀完成后的 PCB，用水清洗干净擦干即可。

　　PCB 板腐蚀的步骤如表 5-3-10 所示。

表 5-3-10　PCB 板腐蚀

步骤	图　　解	操 作 说 明
FeCl$_3$ 溶液的配制		① 戴好乳胶手套，按 4∶6 的比例混合好的三氯化铁溶液； ② 将配置好的腐蚀液倒入塑料容器中，以不超过腐蚀平台为宜
腐蚀		将 PCB 放在支架上，打开加热电源及气泵开关，开始腐蚀。如在塑料盒腐蚀，PCB 铜箔面应向上，且不断均匀摇动，边摇边观察
清洗	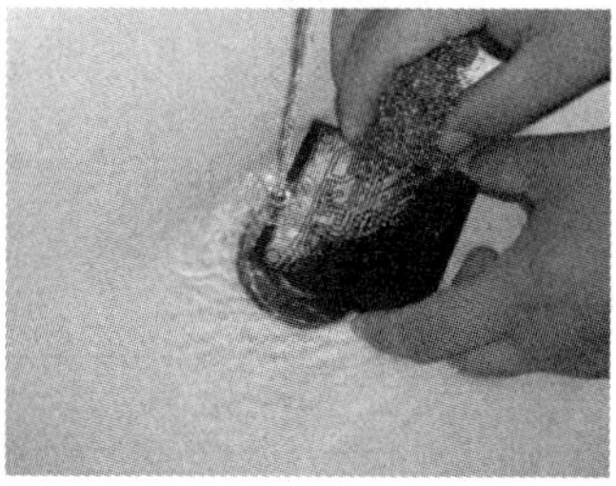	① 取出腐蚀完成后的 PCB，用湿的细砂纸去掉表面的墨粉； ② 使用流水清洗腐蚀后的 PCB，将水吹干
	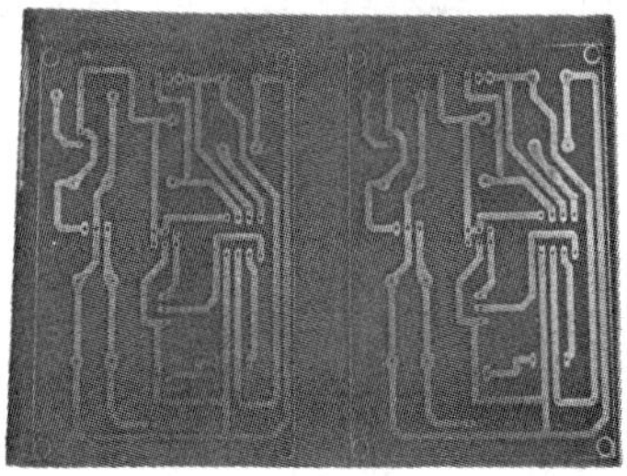	清洗完后的 PCB

10. 钻孔

　　一般情况下，对 PCB 进行钻孔，要视元件引脚的大小，通常会用到 0.7～1.4 mm 范围内的钻头。钻头夹最好是多备几只，经常换钻头的话，这个小夹子会很容易坏的。钻孔步骤如表 5-3-11 所示。

表 5-3-11　钻　孔

步骤	图　解	操 作 说 明
定位		用锥子在需要钻孔的铜箔上扎出一个凹痕，或用尖头冲子(或铁钉)在需要钻孔处冲一个小坑，防止钻孔时钻头出现滑动
打孔	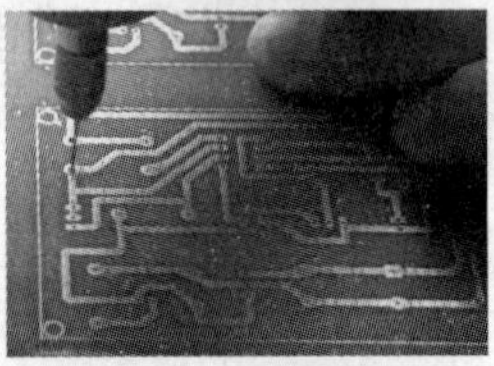	钻头要对准铜箔上的凹痕，钻头要和电路板垂直，并适当施加压力
	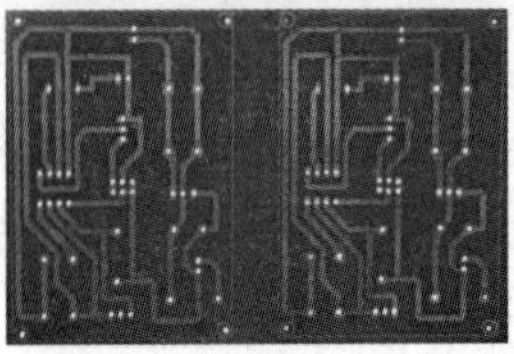	打好孔的印制电路板

11．涂抹助焊剂

对钻完孔的印制电路板，用细砂纸轻轻打磨(或用粗橡皮擦擦)后，用松香酒精液均匀涂布在印刷板的铜箔面上，要满涂，然后晾干，也可以晒太阳催干。几小时后可以用电吹风吹一下催其干透。这样处理过后的印刷板的铜箔面被松香层隔绝了空气不会氧化，其可焊接性能是很好的。涂抹助焊剂步骤如表 5-3-12 所示。

表 5-3-12　涂抹助焊剂

步骤	图　解	操 作 说 明
打磨		用细砂纸轻轻打磨(或用粗橡皮擦拭)，去除铜箔表面的污物和氧化层
涂刷		用小刷子在铜箔面上均匀地涂刷上一层松香酒精溶液，并让其风干
完成		这样一块漂亮的热转印印制电路板就做好了

5.3.8 感光法制作印制电路板实例

感光法制作印制电路板不但具有操作简便，制作时间短的特点，而且能完全依照自己设计的 PCB 走线，所制作的印制电路板线条较为精细，在大面积接地和粗线条电路上比热转印效果更好，有时还可用来检验 PCB 设计上的错误。下面通过图解的方式介绍感光法制作印制电路板的制作过程。

1．需要准备的材料和工具

感光法制作印制电路板需要的材料和工具主要有：感光电路板、两块大小适中的玻璃、透明菲林(或半透明硫酸纸)、显影剂、三氯化铁、钻孔工具，如表 5-3-13 所示。

表 5-3-13 感光法制作印制电路板所需的主要材料和工具

名称	实 物 图	用 途
感光电路板		感光电路板是一种专用的覆铜板，其铜箔层表面预先涂布了一层感光材料，可根据需要选取不同规格的电路板
显影剂	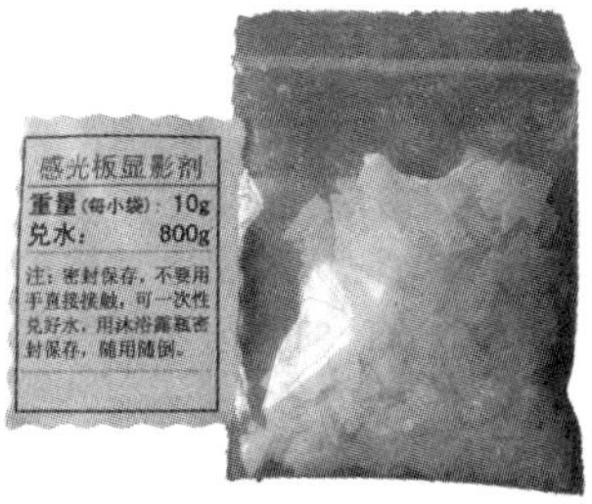	按比例配置成显影液，进行电路显影
透明菲林 (或半透明 硫酸纸)	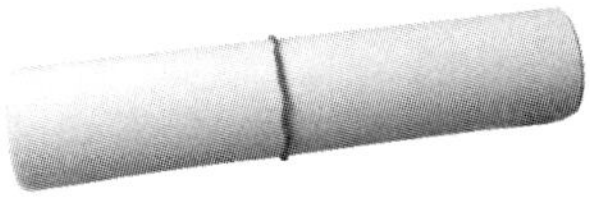	用来打印设计好的电路图。 菲林纸要使用激光打印机进行打印；喷墨式打印机就要用半透明硫酸纸
三氯化铁		配置成三氯化铁溶液，腐蚀电路板

名称	实 物 图	用 途
钻孔工具	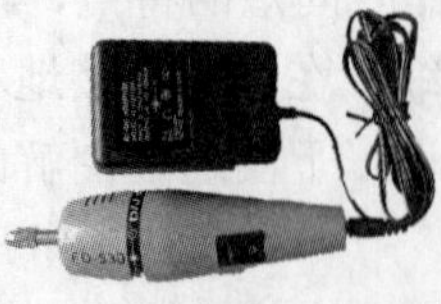	进行电路板的钻孔
钢锯		根据电路图的大小裁剪感光电路板
两块玻璃		曝光时,固定感光电路板和菲林纸(半透明硫酸纸)

2. 准备 PCB 原稿图及打印

在电脑中设计好电路板图并进行 PCB 打印的相关设置(可参考热转印制作印制电路部分),根据打印机来选择是使用透明菲林纸还是硫酸纸。准备 PCB 原理图及打印步骤如表5-3-14 所示。

表 5-3-14　准备 PCB 原稿图及打印

步骤	图 解	操 作 说 明
准备 PCB 原稿图	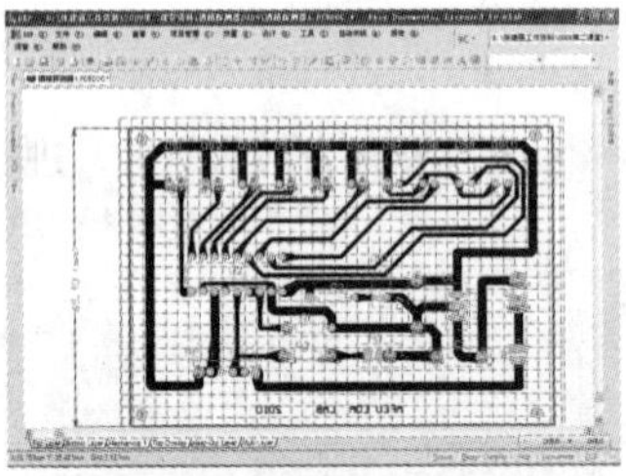	根据实际情况选择用 EDA 软件去画图,这一步的主要目的是为了能打印出电路板 1:1 的菲林
打印	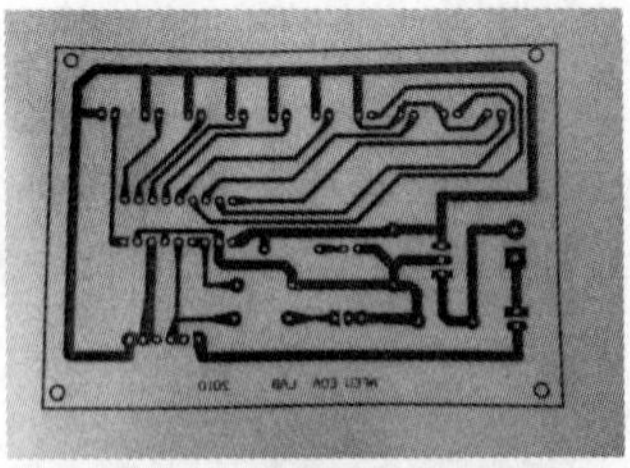	取一张透明的菲林纸(半透明硫酸纸),通过激光打印机将 PCB 图打印在菲林纸上,如果是喷墨式打印机就要用半透明硫酸纸
修版		仔细查看刚打印完成的菲林纸(半透明硫酸纸)上的线条,如果发现有线条不完整或断裂,则应该立即使用油性笔进行修版

注意

打印的时候要注意，Top 层就要选择镜像打印，Bottom 层直接打印就可以了，这样做的目的是为了让菲林的打印面(碳粉面/墨水面)紧贴着感光板的感光膜。

3. 切割感光板

为了节省感光板，要对感光板进行切割，切成和 PCB 一样大小。先在感光板上用笔画出 PCB 的外形尺寸，用钢锯条沿笔迹切割。切割时尽量轻，不要损坏了感光板上的保护膜，没有钢锯条也可以用文具刀把电路板切成需要的尺寸痕迹，用力一掰，就可以掰出需要的尺寸。切割感光板步骤如表 5-3-15 所示。

表 5-3-15　切割感光板

步骤	图　　解	操 作 说 明
画线		按照稍大于 PCB 图的实际尺寸，在感光板上画出裁取线
裁取	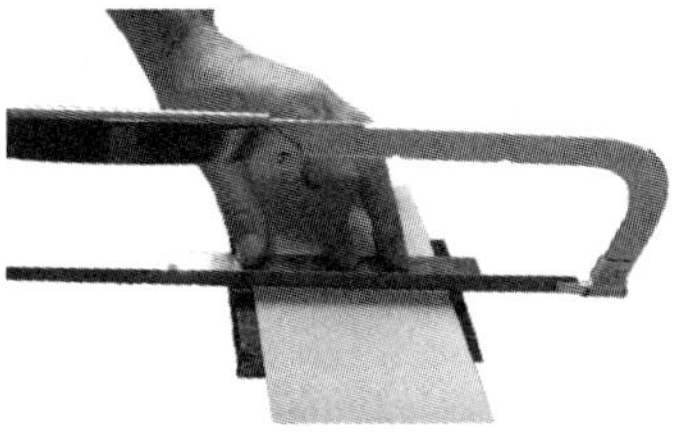	根据画出的裁取线，用手钢锯沿画线的外侧锯得所用感光板
打磨		用细砂纸(或砂布)将感光板的边缘打磨平直光滑

4. 感光

感光是整个制作过程中最关键的步骤，在做感光前应先准备好两块比 PCB 大的玻璃，用来固定感光板和打印了电路图的菲林纸。感光步骤如表 5-3-16 所示。

表 5-3-16　感　光

步骤	图　解	操 作 说 明
撕掉保护膜	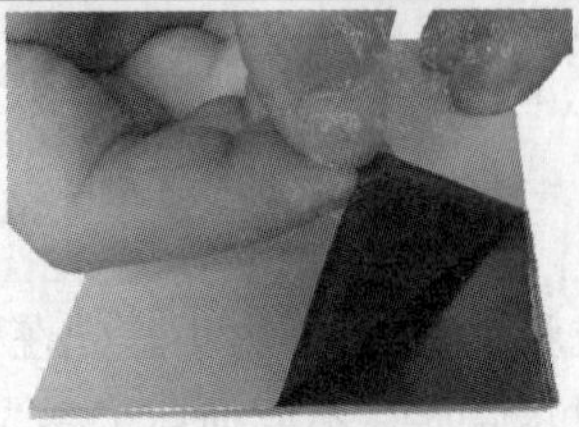	没使用过的感光板铜皮面会有一层白色不透明的保护膜，将保护膜撕掉
感光		去掉保护膜的感光板铜皮面被一层绿色的化学物质所覆盖，这层绿色的物质就是感光膜； 　先将其中一块玻璃放在较平的台面上，然后把感光板放在玻璃上，绿色曝光面朝上
	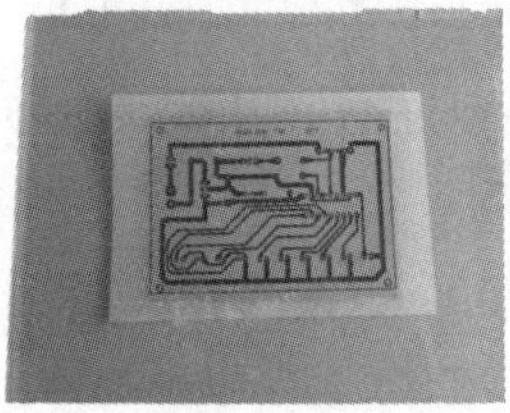	将打印好的菲林(半透明硫酸纸)轻轻铺在感光板上，并对好位置； 　注意把菲林(半透明硫酸纸)上有碳粉的打印面与感光电路板接触，以取得最高的分辨率
		将另外一块玻璃压上，利用上面那块玻璃本身的自重使曝光板和菲林(半透明硫酸纸)紧贴在一起
		曝光的方法有几种:太阳照射曝光、日光灯曝光、专用的曝光机曝光，可以根据情况灵活选择。 　这里采用的是日光台灯来曝光，台灯和感光板的距离大概是 10 cm 左右

 注意

　　曝光的时间要根据曝光光源的照射强度，以及不同厂家生产的感光板对曝光时间要求的不同，具体时间请参考厂家的说明。

　　一般在强烈的阳光下曝光 3~5 分钟即可，如果阳光强度不大，就延长一点时间，延长时间根据阳光的强度估算。在日光灯下，感光板距日光灯 10 cm 左右，曝光时间为 8~10 分钟。

　　曝光的具体时间根据实际情况而定。一般做上两三块板子就可以得出一个适合自己的时间值，曝光完毕后保存好制版胶片，以便以后制作同样的电路板时使用。

5．显影

显影也是很关键的。显影前要配制显影剂，将粉末显影剂一包与水混合放入容器，粉末显影剂和水的质量比为 1：20，加入水后轻轻摇晃，使显影剂充分溶解于水中。在配置过程中不要使用金属材料的容器，不要使用纯净水，用一般的自来水即可。

将曝光后的感光板放入容器里，绿色感光膜面要向上，并且不停地晃动容器。在显影充分后，取出电路板，就会看到电路已经附在上面了。显影步骤如表 5-3-17 所示。

表 5-3-17　显　　影

步骤	图　　解	操　作　说　明
配置显影液		将显像剂和水按 1：20 的比例调好，用筷子在水中不断地搅拌，使显影剂充分溶解于水中
显影		将曝光后的感光板放入调制好显像剂的盆中，绿色感光膜面要向上，并且不停地晃动盆子
		此时会有绿色雾状冒起，线路也会慢慢显露出来
	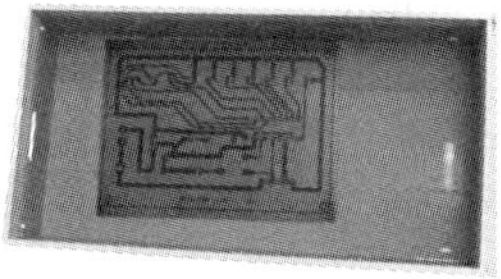	直到铜箔清晰且不再有绿色雾状冒起时即显像完成，此时需再静待几秒钟以确认显像百分百完成
清洗	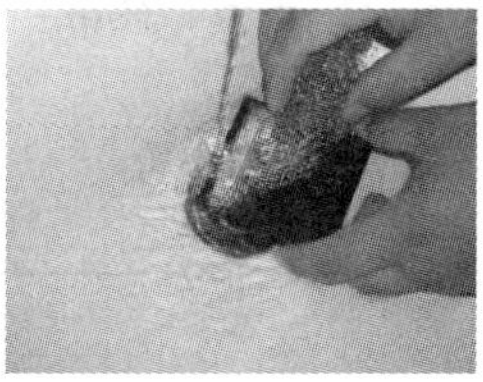	使用流水清洗腐蚀后的 PCB，将水吹干
		显影完毕清洗过的板子。 检查线路是否有短路或开路的地方，短路的地方用小刀刮掉，断路的地方用油笔修补

6. 腐蚀

将三氯化铁放入塑料容器中加水进行调配，用热水可加快蚀刻速度，节约时间，待三氯化铁充分溶于水中后，即可将已显影的电路板放入容器中进行蚀刻，蚀刻的过程中要不停地晃动容器，使蚀刻均匀并可加快蚀刻速度。腐蚀步骤如表 5-3-18 所示。

表 5-3-18　腐　　蚀

步骤	图　解	操作说明
配置腐蚀液		在塑料容器中，按 250 g 三氯化铁配 1500 cc $(1 \text{ cc} = 1 \text{ cm}^3) \sim 2000 \text{ cc}$ 的水进行调配，用筷子在水中不断地搅拌，使三氯化铁充分溶解于水中
蚀刻		蚀刻的过程中不停晃动容器，使蚀刻均匀并可加快蚀刻速度
		大约十几分钟即可完成蚀刻过程，蚀刻完成后将电路板取出用水轻轻冲洗即可
	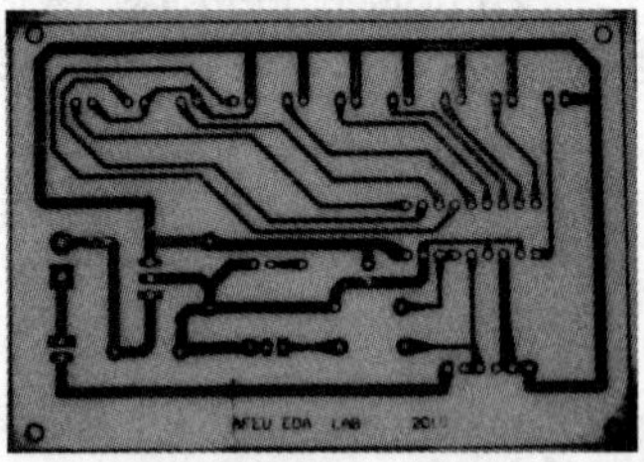	蚀刻好的 PCB 电路板

7. 钻孔

用小手电钻选择合适的钻头尺寸对零件孔或需要钻孔的地方进行钻孔，钻孔后的电路板就可以进行零件装配焊接了。钻孔过程中，有可能会出现钻头打滑的情况，这时可以先用锤子和小锥子在焊盘和过孔上打一个小孔，不要用力，只要在焊盘和过孔的中央打凹一点就可以了，这样再用电钻来钻孔就不会打滑了。钻孔步骤如表 5-3-19 所示。

钻孔后的感光板可以直接焊接，绿色的感光膜不必去除，如需去除可用酒精等进行擦洗。

表 5-3-19　钻　　孔

步骤	图　解	操作说明
定位		用锥子在需要钻孔的铜箔上扎出一个凹痕，或用尖头冲子(或铁钉)在需要钻孔处冲小坑，防止钻孔时钻头才滑动
打孔	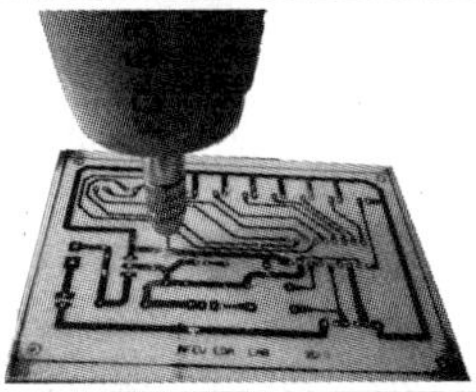	钻头要对准铜箔上的凹痕，钻头要和电路板垂直，并适当施加压力
	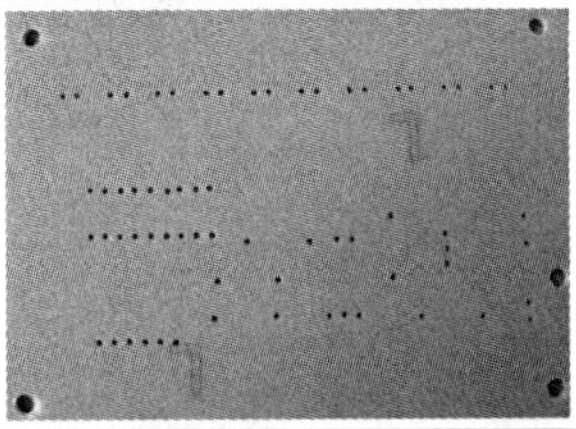	钻孔后的背面
完成	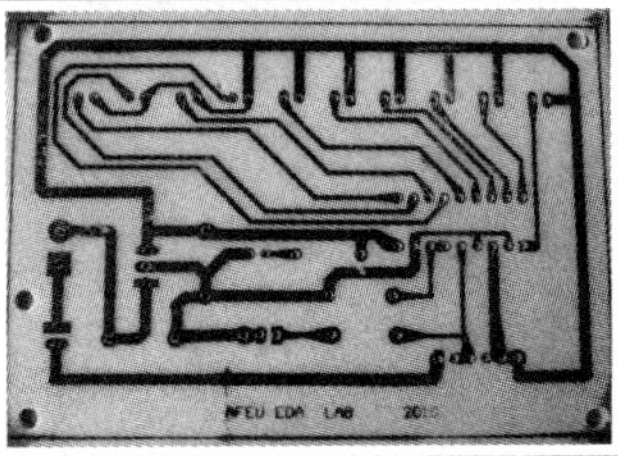	打好孔的印制电路板

注意

在使用感光板制作印制电路板时，应注意下面几点：

(1) 如果采用菲林胶片做图稿来曝光，曝光时间稍为长点没有多大关系，最主要就是胶片要紧贴感光药膜，不要让药膜受光。

(2) 如果用半透明纸、硫酸纸做图稿来曝光，时间比较重要，因为非线路部分需要更长的曝光时间，而这种图稿的线路部分的阻光性能又不是很好(取决于纸的平整度和图稿的清晰度、对比度)，如果打印机碳粉不足，墨盒缺水，这样的图稿就不要用了。

(3) 如果曝光严重过度(超过正常一倍)，这时显影会很快，几秒到十几秒钟就可以完成，时间稍长就会将药膜全部溶解，制作失败。

(4) 如果曝光严重不足(不到正常一半)，这时显影会很慢，甚至需要几分钟才可以完成，这时一定要有耐心，千万不要再去重复曝光，否则制作一定失败。

(5) 显影剂的浓度和富裕度也有非常大的关系。浓度一般按一包 10 g 配 1000 mL 水配制，如果显影液较少，显影到中途后就变得很慢或者停止显影，造成感光膜不能溶解，时间拖得太长就会制作失败。这时的补救方法就是立即用新药水继续显影。

5.4　LPKF S103 型雕刻机制作印制电路板

雕刻机是利用物理化雕刻过程，通过计算机控制，在空白的覆铜板上把不必要的铜箔铣去，形成用户定制的线路板。使用时只需在计算机上完成 PCB 文件设计并根据其生成加工文件，然后，通过 RS-232 或 USB 通信接口传送给雕刻机的控制系统，雕刻机就能快速自动完成钻孔、雕刻、割边，制作出一块精美的线路板。下面介绍在实验室使用 LPKF S103型雕刻机制作印制电路板的方法步骤。

5.4.1　LPKF S103 型雕刻机简介

LPKF S103 型雕刻机是一种机电、软件、硬件互相结合的高科技产品，使用简单、精度高、省时、省料，可在覆铜箔板上自动完成钻孔、雕刻、割边；多孔径钻孔一次完成，省却了频繁的换刀工序。该机正常工作还要连接电脑、空气压缩机、吸尘器，电脑控制整个雕刻过程；空气压缩机可使雕刻机加工头的气动深度传感装置正常工作，吸尘器可吸掉加工粉尘，并吸附覆铜板紧贴工作面保证加工精度。各设备如图 5-4-1～图 5-4-4 所示。

图 5-4-1　LPKF S103 型雕刻机

图 5-4-2　雕刻机夹具

图 5-4-3　空气压缩机

图 5-4-4　吸尘器

5.4.2　LPKF S103 型雕刻机制作印制电路板的步骤

LPKF S103 型雕刻机制作印制板的步骤如表 5-4-1 所示。

表 5-4-1　　LPKF S103 型雕刻机制作印制板的步骤

步骤	图　解	操 作 说 明
数据处理	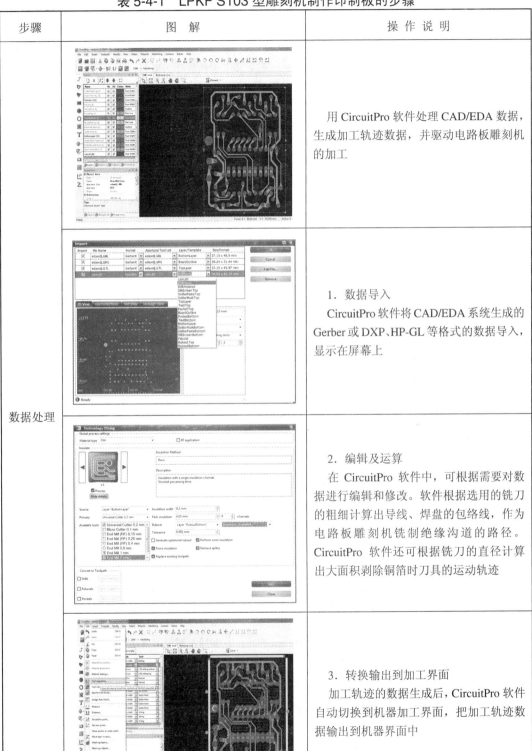	用 CircuitPro 软件处理 CAD/EDA 数据，生成加工轨迹数据，并驱动电路板雕刻机的加工
		1. 数据导入 CircuitPro 软件将 CAD/EDA 系统生成的 Gerber 或 DXP、HP-GL 等格式的数据导入，显示在屏幕上
		2. 编辑及运算 在 CircuitPro 软件中，可根据需要对数据进行编辑和修改。软件根据选用的铣刀的粗细计算出导线、焊盘的包络线，作为电路板雕刻机铣制绝缘沟道的路径。CircuitPro 软件还可根据铣刀的直径计算出大面积剥除铜箔时刀具的运动轨迹
		3. 转换输出到加工界面 加工轨迹的数据生成后，CircuitPro 软件自动切换到机器加工界面，把加工轨迹数据输出到机器界面中

步骤	图 解	操 作 说 明
用电路板雕刻机钻孔	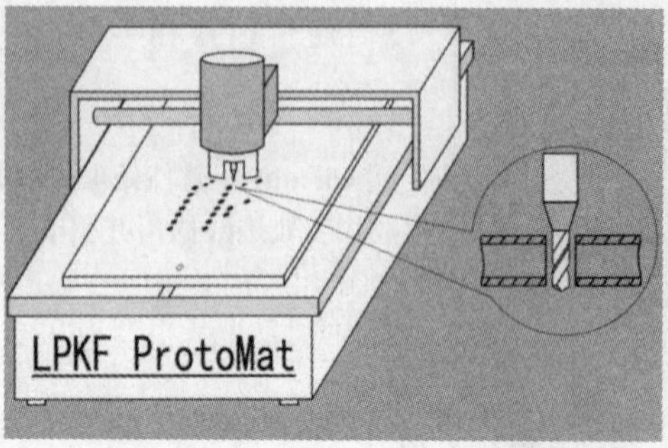 LPKF ProtoMat	拿一块比所设计的电路板尺寸略大的覆铜箔板作为原料，先在覆铜箔板上钻两个定位孔，这两个定位孔是将来一系列加工的定位标准。雕刻机上有可沿 X 轴移动的定位销钉，调整定位销，使其插入定位孔中并将覆铜板固定在雕刻机工作台面上。CircuitPro 软件给出钻孔命令，雕刻机 X、Y 系统带动钻/铣头运动，到达指定位置后，装卡有钻头的高速马达向下运动，钻出孔
孔金属化	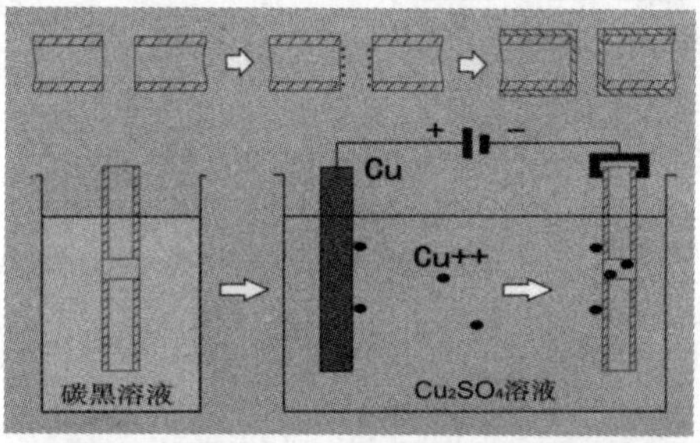 Cu Cu++ 碳黑溶液 Cu₂SO₄溶液	根据软件操作提示,将钻完孔的覆铜板从雕刻机上取下，在孔金属化设备中通过物理和电化学手段在孔壁上沉积上金属铜，使覆铜板两面通过孔壁实现电气连接
焊接面电路图形刻制	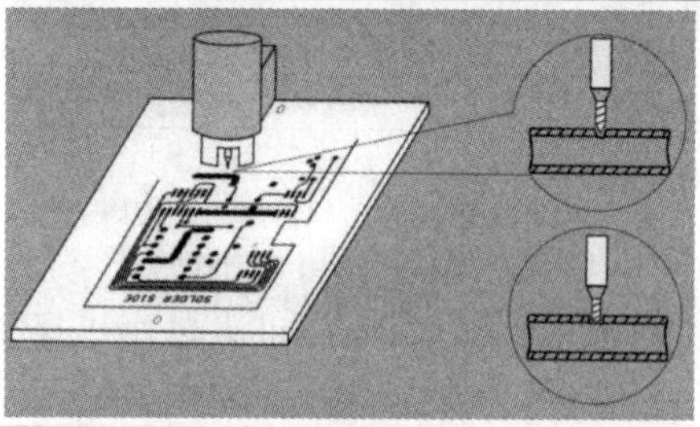	CircuitPro 软件根据生成的雕刻数据自动换取相应刀具，调节好刀深后铣制出焊接面的绝缘沟道，剥掉不需要的铜箔
元件面电路图形刻制	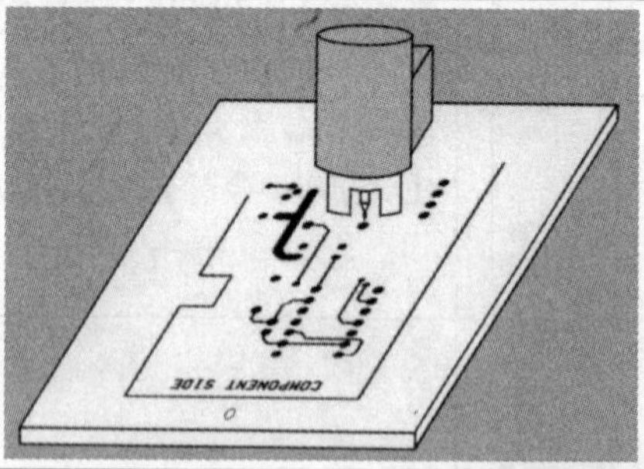 COMPONENT SIDE	根据软件提示将电路板翻面，用同样位置的定位销钉和定位孔将电路板固定在雕刻机工作台上。软件会自动调整计算机内的图形，使其位置与覆铜箔板上已有的孔和图形相对应。软件自动换取相应刀具，调节好刀深后铣制出组件面的绝缘沟道，剥掉不需要的铜箔
透铣取下电路板	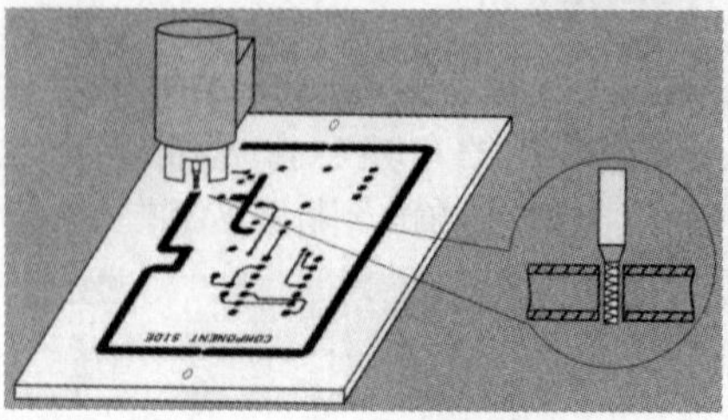 COMPONENT SIDE	加工头自动换上侧面有刃的透铣铣刀，高速旋转的铣刀先向下运动，穿透电路板，然后被 X、Y 运动系统带动，沿电路板外轮廓线运动，把电路板与覆铜板其他部分分离。取下电路板，直接使用或贴阻焊膜、在焊盘上涂覆助焊材料后使用

5.4.3　LPKF S103 型雕刻机制作印制电路板实例

本例以数字温度计电路为例，介绍使用 LPKF S103 型雕刻机制作一个双面印制电路板的操作过程。

1．PCB 文件准备

使用 CAD/EDA 软件制作好需要的 PCB 文件，使用双面覆铜板设计 PCB，如图 5-4-5 所示。

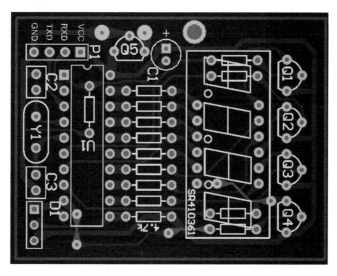

图 5-4-5　数字温度计 PCB 图

2．生成加工数据文件

以 Altium Designer 环境为例，介绍输出 Gerber File 资料和 NC Drill 加工文件的过程具体操作如表 5-4-2 所示。

表 5-4-2　生成加工文件

步骤	图　　　解	操 作 说 明
Gerber File 属性设置		在 Altium Designer 软件中打开要制作的双面板 PCB 文件，单击菜单　File → Fabrication Outputs→GerBer Files

续表一

步骤	图　　解	操　作　说　明
Gerber File 属性设置	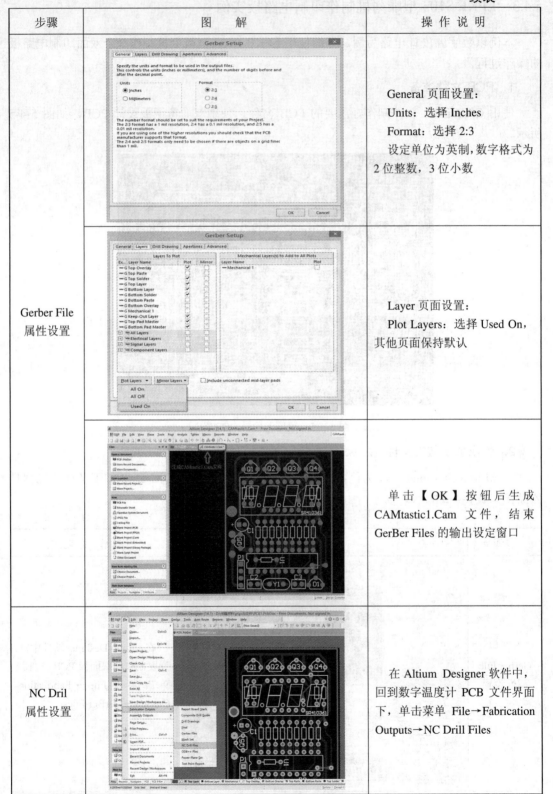	General 页面设置： Units：选择 Inches Format：选择 2:3 设定单位为英制，数字格式为 2 位整数，3 位小数
		Layer 页面设置： Plot Layers：选择 Used On，其他页面保持默认
		单击【OK】按钮后生成 CAMtastic1.Cam 文件，结束 GerBer Files 的输出设定窗口
NC Dril 属性设置		在 Altium Designer 软件中，回到数字温度计 PCB 文件界面下，单击菜单 File→Fabrication Outputs→NC Drill Files

步 骤	图　　解	操 作 说 明
NC Dril 属性设置	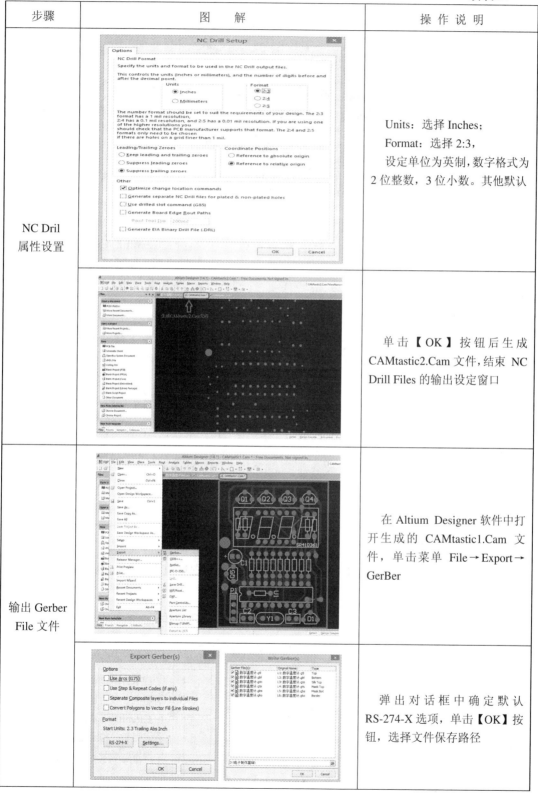	Units：选择 Inches； Format：选择 2:3， 设定单位为英制，数字格式为 2 位整数，3 位小数。其他默认
		单击【OK】按钮后生成 CAMtastic2.Cam 文件，结束 NC Drill Files 的输出设定窗口
输出 Gerber File 文件		在 Altium Designer 软件中打 开生成的 CAMtastic1.Cam 文 件，单击菜单 File→Export→ GerBer
		弹出对话框中确定默认 RS-274-X 选项，单击【OK】按 钮，选择文件保存路径

续表三

步骤	图解	操作说明
输出 NC Drill 文件	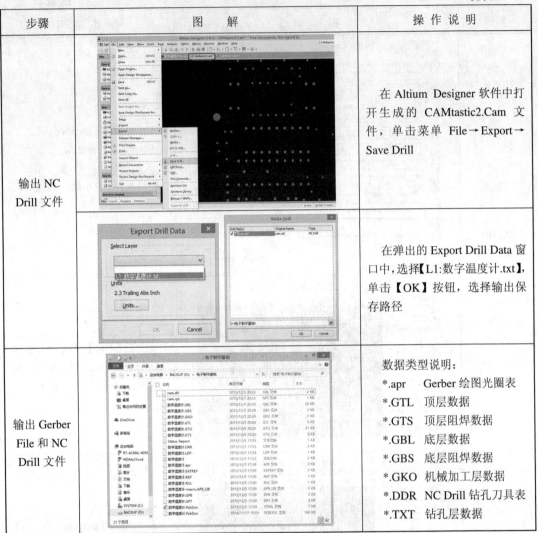	在 Altium Designer 软件中打开生成的 CAMtastic2.Cam 文件，单击菜单 File→Export→Save Drill
		在弹出的 Export Drill Data 窗口中，选择【L1:数字温度计.txt】，单击【OK】按钮，选择输出保存路径
输出 Gerber File 和 NC Drill 文件		数据类型说明： *.apr Gerber 绘图光圈表 *.GTL 顶层数据 *.GTS 顶层阻焊数据 *.GBL 底层数据 *.GBS 底层阻焊数据 *.GKO 机械加工层数据 *.DDR NC Drill 钻孔刀具表 *.TXT 钻孔层数据

3. 雕刻机数据处理

打开机器电源开关，单击桌面上的 LPKF CircuitPro 图标进入程序。雕刻机数据处理设置如表 5-4-3 所示。

表 5-4-3　雕刻机数据处理设置

步骤	图解	操作说明
开机自检	Connection steps Connecting the machine. Checking the machine, machine type, firmware. Reading settings from the machine. Synchronizing the settings. Checking if there was an abnormal termination and fixing it. Referencing the machine. Moving to the startup position. Connecting the camera.	LPKF 雕刻机与计算机、空气压缩机、吸尘器正确连接后，打开 CircuitPro 软件，雕刻机进行系统自检，检查雕刻机型号、同步设置、摄像头连接是否正确等

续表一

步骤	图　　解	操 作 说 明
模板选择	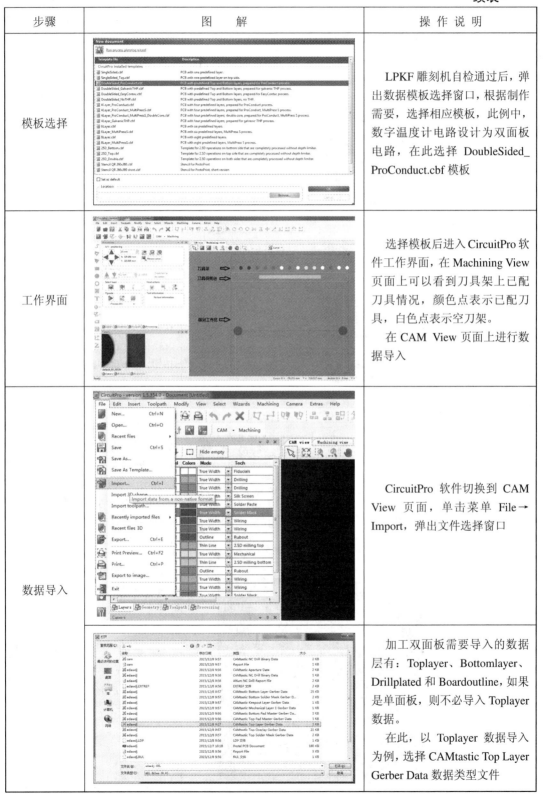	LPKF 雕刻机自检通过后,弹出数据模板选择窗口,根据制作需要,选择相应模板,此例中,数字温度计电路设计为双面板电路,在此选择 DoubleSided_ProConduct.cbf 模板
工作界面		选择模板后进入 CircuitPro 软件工作界面,在 Machining View 页面上可以看到刀具架上已配刀具情况,颜色点表示已配刀具,白色点表示空刀架。 在 CAM View 页面上进行数据导入
数据导入		CircuitPro 软件切换到 CAM View 页面,单击菜单 File→Import,弹出文件选择窗口
		加工双面板需要导入的数据层有:Toplayer、Bottomlayer、Drillplated 和 Boardoutline,如果是单面板,则不必导入 Toplayer 数据。 在此,以 Toplayer 数据导入为例,选择 CAMtastic Top Layer Gerber Data 数据类型文件

续表二

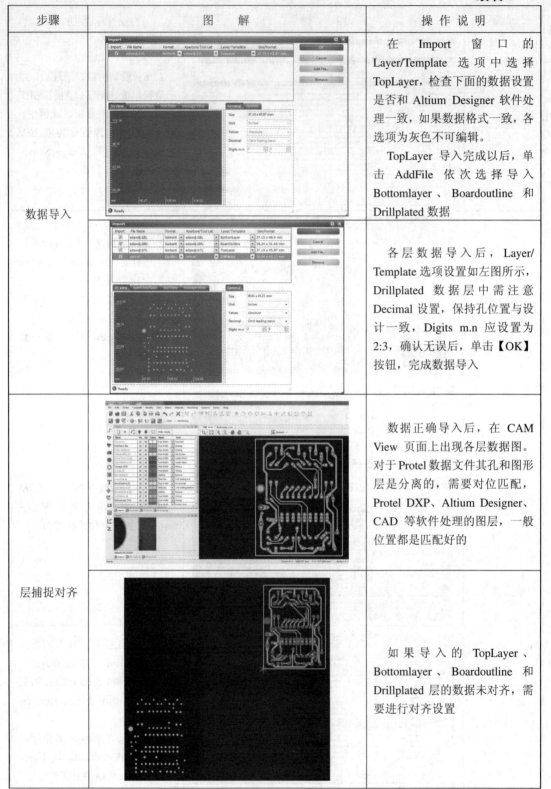

步骤	图　　解	操作说明
数据导入		在 Import 窗口的 Layer/Template 选项中选择 TopLayer，检查下面的数据设置是否和 Altium Designer 软件处理一致，如果数据格式一致，各选项为灰色不可编辑。 　　TopLayer 导入完成以后，单击 AddFile 依次选择导入 Bottomlayer、Boardoutline 和 Drillplated 数据
		各层数据导入后，Layer/Template 选项设置如左图所示，Drillplated 数据层中需注意 Decimal 设置，保持孔位置与设计一致，Digits m.n 应设置为 2:3，确认无误后，单击【OK】按钮，完成数据导入
层捕捉对齐		数据正确导入后，在 CAM View 页面上出现各层数据图。对于 Protel 数据文件其孔和图形层是分离的，需要对位匹配，Protel DXP、Altium Designer、CAD 等软件处理的图层，一般位置都是匹配好的
		如果导入的 TopLayer、Bottomlayer、Boardoutline 和 Drillplated 层的数据未对齐，需要进行对齐设置

续表三

步骤	图　　解	操 作 说 明
层捕捉对齐	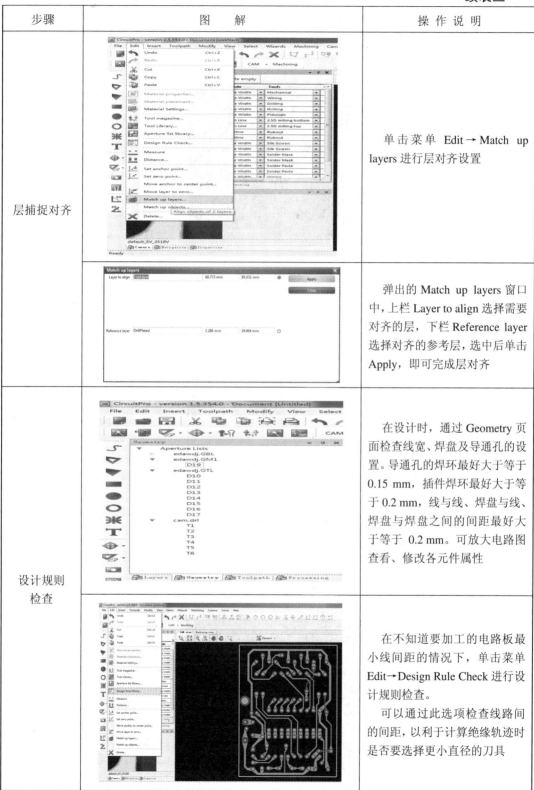	单击菜单 Edit → Match up layers 进行层对齐设置
		弹出的 Match up layers 窗口中，上栏 Layer to align 选择需要对齐的层，下栏 Reference layer 选择对齐的参考层，选中后单击 Apply，即可完成层对齐
设计规则检查		在设计时，通过 Geometry 页面检查线宽、焊盘及导通孔的设置。导通孔的焊环最好大于等于 0.15 mm，插件焊环最好大于等于 0.2 mm，线与线、焊盘与线、焊盘与焊盘之间的间距最好大于等于 0.2 mm。可放大电路图查看、修改各元件属性
		在不知道要加工的电路板最小线间距的情况下，单击菜单 Edit→Design Rule Check 进行设计规则检查。 可以通过此选项检查线路间的间距，以利于计算绝缘轨迹时是否要选择更小直径的刀具

步骤	图　解	操　作　说　明
边框检查	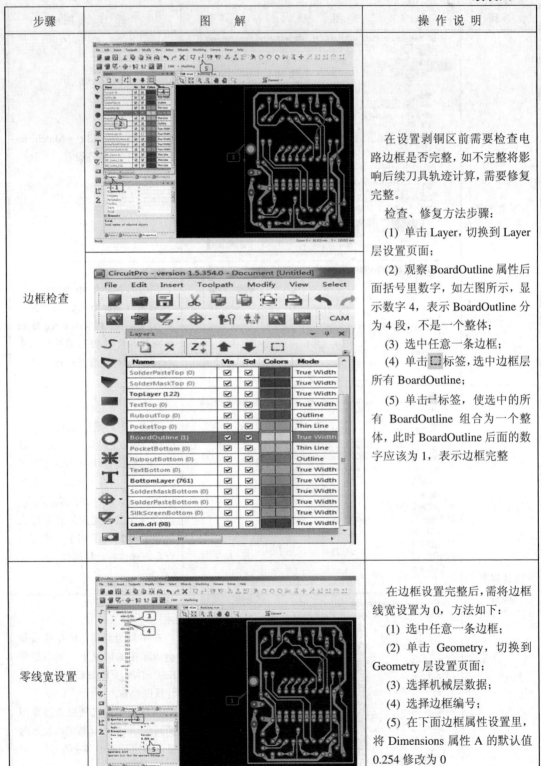	在设置剥铜区前需要检查电路边框是否完整，如不完整将影响后续刀具轨迹计算，需要修复完整。 　　检查、修复方法步骤： 　　(1) 单击 Layer，切换到 Layer 层设置页面； 　　(2) 观察 BoardOutline 属性后面括号里数字，如左图所示，显示数字 4，表示 BoardOutline 分为 4 段，不是一个整体； 　　(3) 选中任意一条边框； 　　(4) 单击 ▭ 标签，选中边框层所有 BoardOutline； 　　(5) 单击 ▭ 标签，使选中的所有 BoardOutline 组合为一个整体，此时 BoardOutline 后面的数字应该为 1，表示边框完整
零线宽设置		在边框设置完整后，需将边框线宽设置为 0，方法如下： 　　(1) 选中任意一条边框； 　　(2) 单击 Geometry，切换到 Geometry 层设置页面； 　　(3) 选择机械层数据； 　　(4) 选择边框编号； 　　(5) 在下面边框属性设置里，将 Dimensions 属性 A 的默认值 0.254 修改为 0

续表五

步骤	图　　解	操 作 说 明
设置剥铜区域	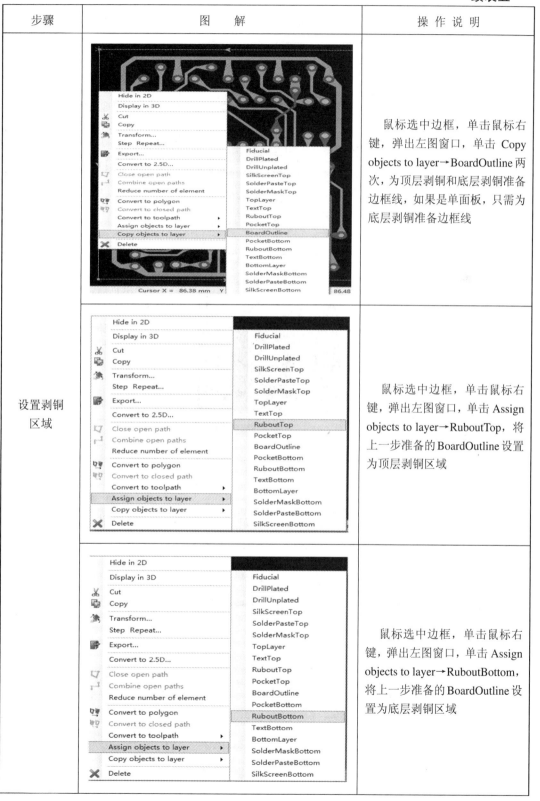	鼠标选中边框，单击鼠标右键，弹出左图窗口，单击 Copy objects to layer→BoardOutline 两次，为顶层剥铜和底层剥铜准备边框线，如果是单面板，只需为底层剥铜准备边框线
		鼠标选中边框，单击鼠标右键，弹出左图窗口，单击 Assign objects to layer→RuboutTop，将上一步准备的 BoardOutline 设置为顶层剥铜区域
		鼠标选中边框，单击鼠标右键，弹出左图窗口，单击 Assign objects to layer→RuboutBottom，将上一步准备的 BoardOutline 设置为底层剥铜区域

续表六

步骤	图　　解	操 作 说 明
靶标设置	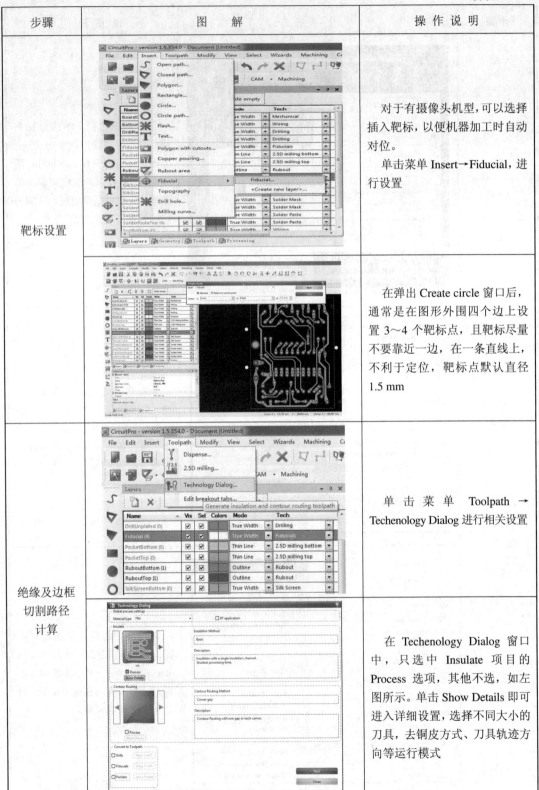	对于有摄像头机型，可以选择插入靶标，以便机器加工时自动对位。 单击菜单 Insert→Fiducial，进行设置
		在弹出 Create circle 窗口后，通常是在图形外围四个边上设置 3～4 个靶标点，且靶标尽量不要靠近一边，在一条直线上，不利于定位，靶标点默认直径1.5 mm
绝缘及边框切割路径计算		单击菜单 Toolpath → Techenology Dialog 进行相关设置
		在 Techenology Dialog 窗口中，只选中 Insulate 项目的 Process 选项，其他不选，如左图所示。单击 Show Details 即可进入详细设置，选择不同大小的刀具，去铜皮方式、刀具轨迹方向等运行模式

续表七

步骤	图　解	操作说明
Insulate 设置	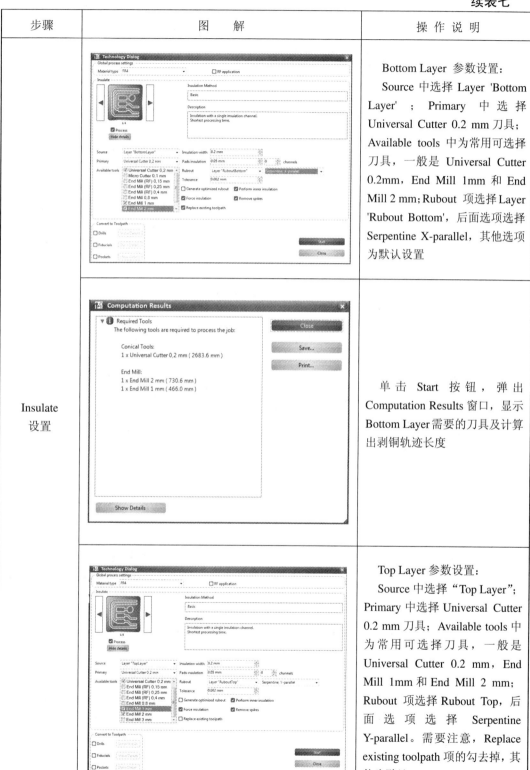	Bottom Layer 参数设置： 　Source 中选择 Layer 'Bottom Layer'；Primary 中选择 Universal Cutter 0.2 mm 刀具；Available tools 中为常用可选择刀具，一般是 Universal Cutter 0.2mm，End Mill 1mm 和 End Mill 2 mm；Rubout 项选择 Layer 'Rubout Bottom'，后面选项选择 Serpentine X-parallel，其他选项为默认设置
		单击 Start 按钮，弹出 Computation Results 窗口，显示 Bottom Layer 需要的刀具及计算出剥铜轨迹长度
		Top Layer 参数设置： 　Source 中选择 "Top Layer"；Primary 中选择 Universal Cutter 0.2 mm 刀具；Available tools 中为常用可选择刀具，一般是 Universal Cutter 0.2 mm，End Mill 1mm 和 End Mill 2 mm；Rubout 项选择 Rubout Top，后面选项选择 Serpentine Y-parallel。需要注意，Replace existing toolpath 项的勾去掉，其他为默认

续表八

步骤	图　解	操 作 说 明
Insulate 设置	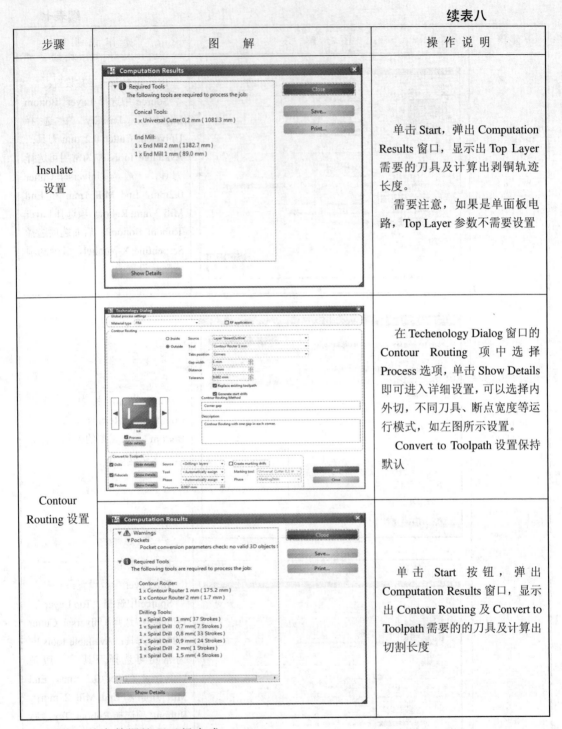	单击 Start，弹出 Computation Results 窗口，显示出 Top Layer 需要的刀具及计算出剥铜轨迹长度。 需要注意，如果是单面板电路，Top Layer 参数不需要设置
Contour Routing 设置		在 Techenology Dialog 窗口的 Contour Routing 项中选择 Process 选项，单击 Show Details 即可进入详细设置，可以选择内外切，不同刀具、断点宽度等运行模式，如左图所示设置。 Convert to Toolpath 设置保持默认 单击 Start 按钮，弹出 Computation Results 窗口，显示出 Contour Routing 及 Convert to Toolpath 需要的的刀具及计算出切割长度

到此，整个数据处理已经完成。

4. 雕刻前的准备

数据加工文件生成后，就要根据加工文件需要的刀具提示进行配刀，调整机器，放置覆铜板来加工设计好的电路板。雕刻机使用前的准备如表5-4-4所示。

表 5-4-4　雕刻机使用前的准备

步骤	图　　解	操 作 说 明
检查刀具状态	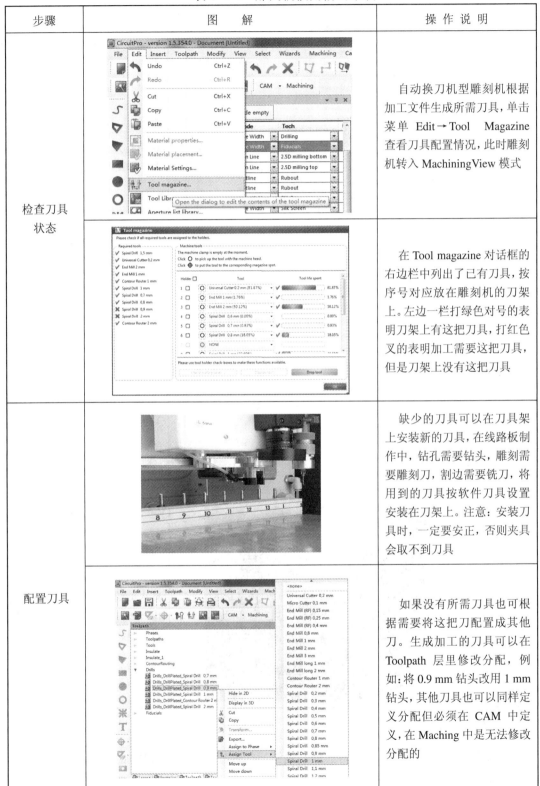	自动换刀机型雕刻机根据加工文件生成所需刀具，单击菜单 Edit→Tool Magazine 查看刀具配置情况，此时雕刻机转入 MachiningView 模式
		在 Tool magazine 对话框的右边栏中列出了已有刀具，按序号对应放在雕刻机的刀架上。左边一栏打绿色对号的表明刀架上有这把刀具，打红色叉的表明加工需要这把刀具，但是刀架上没有这把刀具
配置刀具		缺少的刀具可以在刀具架上安装新的刀具，在线路板制作中，钻孔需要钻头，雕刻需要雕刻刀，割边需要铣刀，将用到的刀具按软件刀具设置安装在刀架上。注意：安装刀具时，一定要安正，否则夹具会取不到刀具
		如果没有所需刀具也可根据需要将这把刀配置成其他刀。生成加工的刀具可以在 Toolpath 层里修改分配，例如：将 0.9 mm 钻头改用 1 mm 钻头，其他刀具也可以同样定义分配但必须在 CAM 中定义，在 Maching 中是无法修改分配的

步骤	图　解	操 作 说 明
配置刀具	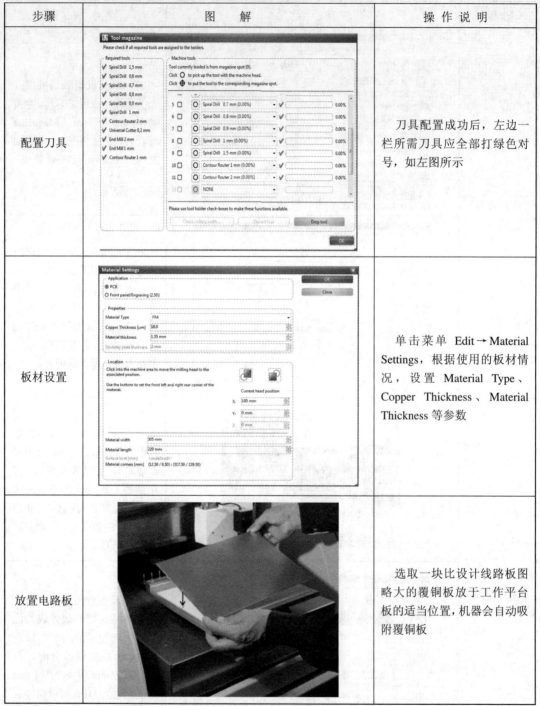	刀具配置成功后，左边一栏所需刀具应全部打绿色对号，如左图所示
板材设置		单击菜单 Edit → Material Settings，根据使用的板材情况，设置 Material Type、Copper Thickness、Material Thickness 等参数
放置电路板		选取一块比设计线路板图略大的覆铜板放于工作平台板的适当位置，机器会自动吸附覆铜板

5. 雕刻机加工刻板

雕刻的过程，即把板上除线路部分的铜铣掉的过程。加工分顺序加工所有、单一加工两种模式，具体操作如表 5-4-5 所示。

表 5-4-5　雕刻机加工刻板

步骤	图　解	操 作 说 明
顺序加工所有模式	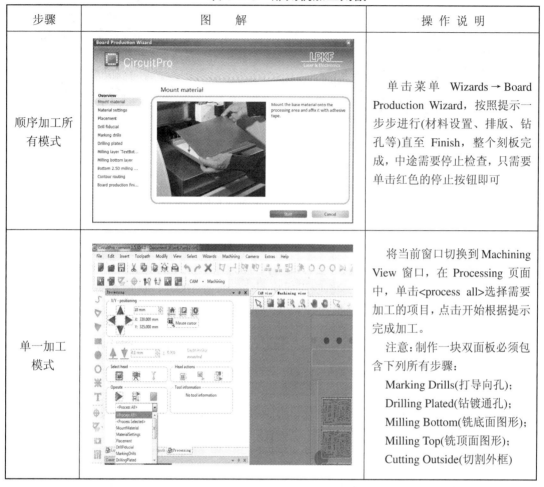	单击菜单 Wizards → Board Production Wizard，按照提示一步步进行(材料设置、排版、钻孔等)直至 Finish，整个刻板完成，中途需要停止检查，只需要单击红色的停止按钮即可
单一加工模式		将当前窗口切换到 Machining View 窗口，在 Processing 页面中，单击<process all>选择需要加工的项目，点击开始根据提示完成加工。 注意：制作一块双面板必须包含下列所有步骤： Marking Drills(打导向孔)； Drilling Plated(钻镀通孔)； Milling Bottom(铣底面图形)； Milling Top(铣顶面图形)； Cutting Outside(切割外框)

雕刻好的线路板如图 5-4-6 所示。

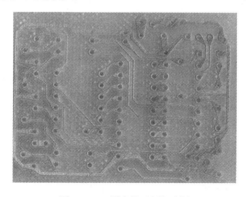

图 5-4-6　雕刻好的线路板

6. 线路板孔金属化操作步骤

线路板孔金属化工艺分为除油、喷淋、黑孔、微蚀、镀铜、OSP(喷涂有机可焊保护膜，增加可焊性)六个步骤，具体设备如图 5-4-7 和图 5-4-8 所示。

图 5-4-7　孔金属化设备

图 5-4-8　待镀孔线路板

线路板孔金属化工艺步骤如下：

(1) 准备：将钻孔后的电路板用细砂纸去掉毛刺，并用清水清洗灰尘，确保孔不被堵住。

(2) 除油：去除孔内钻孔时产生的油渍。温度调至 55℃(使用前机器先预热到 55℃)，定时 15 分钟。

(3) 喷淋：本步骤可手工完成。先用自来水清洗，特别是孔里要洗净；再用去离子水清洗，用壶对着孔冲洗；然后用吹风机吹干；再用烤箱设置 100℃，烘烤 4 到 5 分钟。

(4) 黑孔：常温下 15 分钟，直接用吹风机吹干。注意：黑孔液中不允许有任何杂质，上一步骤中电路板上的水渍一定要烘干。

(5) 微蚀：去掉表面黑孔液，常温下 2 分钟，然后用清水冲洗，再用吹风机吹干。

(6) 镀铜：A4 纸张大小的覆铜板一般电流设定为 9～10 A，时间为 60～90 分钟。完成后用清水清洗，吹干，烤干。

注意：若电镀支架(电源负极)处氧化，可用砂纸打磨，去除氧化膜。长时间不用需要补加 20～30 ml 光亮剂(提高阴极电位)。

7．线路板表面处理

给制作好的线路板印上绿油阻焊需要的设备：小型 UV 曝光机、恒温烤箱、600 dpi 激光打印机；材料：感光绿油+固化剂、显影剂、显影盆、激光打印投影胶片、小毛刷、涂覆绿油滚轮、高温手套、小透明胶带、小剪刀、绿油搅拌小盆、一次性塑料手套。环境要在暗室或较暗的房间。

线路板表面处理的操作方法和流程：

(1) 阻焊菲林的打印：把 Gerber 文件的两面阻焊层 SolderMasktop 和 SolderMaskbottom 层错开并排好版，按 1：1 的比例设置好打印比例、打印方向(纵向或横向)，纸张大小 A4，输出分辨率设置为 600 dpi，纸张设成投影片，颜色设置成全黑色。放入投影片到打印机内点击打印即可。

(2) 把绿油主剂和固化剂充分搅拌混和(按 3：1 的比例)均匀。

(3) 把加工好的 PCB 板清洗干净并用热吹风机吹干。

(4) 用涂覆滚轮把准备好的绿油均匀地滚涂到 PCB 板面上，保证板面均匀且不要堵住通孔。

(5) 把涂覆好绿油的 PCB 板放入恒温烤箱烤干(温度为 80℃，时间为 10～15 分钟)。

(6) 拿出 PCB 板冷却至室温(感觉不粘手)。

(7) 将准备好的菲林片按照焊盘位置对好菲林并用透明小胶带贴在 PCB 板上。

(8) 将贴好的 PCB 板放入曝光机曝光(LPKF 曝光机曝光时间为 60 秒)。

(9) 将 4～5 匙显影剂放入 1000 mL 40～50℃ 的热水中，搅拌均匀(显影剂的多少根据实际显影效果添加)并倒入显影盆内。

(10) 撕掉曝光后的 PCB 板上的菲林并把 PCB 板放入显影液中开始显影，显影过程中用小毛刷刷 PCB 板的表面并不停地晃动 PCB 板，待焊盘上未曝光区域上的绿油脱落干净即可。显影时间过长会导致曝光区域的绿油脱落，操作过程中注意 PCB 板面情况。

(11) 将显影好的 PCB 板用自来水清洗干净并吹干(注意元件通孔不能被绿油堵住，若有堵住需清理干净)。

(12) 将检查好的 PCB 板放入恒温烤箱固化(温度为 160℃，时间为 30 分钟)。

(13) 除去固化好的 PCB 板上焊盘区域的氧化层(可用弱碱性药液浸泡)。

到此，带有绿油阻焊层及丝印层的线路板已制作好了，如图 5-4-9 所示。

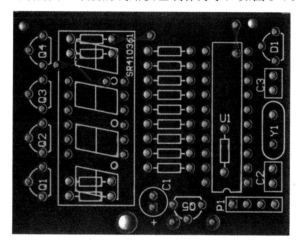

图 5-4-9　制作好的有绿油阻焊层及丝印层的线路板

 注意

(1) 铣制深度：调整铣制深度时宁可深一些，不要太浅，以免刀具损伤过快。对加工碎屑抽真空也有助于精确铣制。

(2) 铣制深度不规则：确认工作台面平整! 残留的粘胶或钻孔和铣制颗粒残留在工作台面与板材中间也会降低精度。

(3) 基材变形：对有翘曲的板材，用力掰平，并在板材边缘用胶带固定。

(4) 绝缘沟道之间的细铜丝：绝缘沟道之间的细铜丝可能由不正确的铣制顺序导致，尤其是圆形的铣制线路。当一把顺时针旋转的刀具沿着逆时针方向铣制一个圆的时候，重叠的铣制沟道之间可能产生细小的铜丝。这是由于在铣制沟道的外缘切割速度变小产生的。解决办法就是定义正确的铣制顺序。

(5) 铣制毛刺：由钝的刀具或不正确的进给速度所导致。如果电路图形允许，可加深铣制深度，否则换新刀。

(6) 切割毛刺：由钝的刀具或不正确的进给速度所导致。

(7) 铣制沟槽的颜色：铣制沟槽的颜色可以指示出刀具和板材的一些信息。对于树脂基材，深色的绝缘沟槽意味着刀具较新，反之，刀具较钝。

(8) 钻孔毛刺：钻头变钝可能产生毛刺，这时要换刀。另外加工头下落太快也会导致毛刺。

(9) 钻孔偏差：这种钻孔位置的偏差会在刀具变钝时产生，尤其是细小的刀具。但是这与板材的表面结构也有关系。比如，在 FR4 基材的玻璃纤维上都覆盖有铜箔的情况下，即使用比较尖锐的钻头，钻孔位置的偏差也不可避免。如果 FR4 板材上有额外的可去除的铜箔(FR4 上的铜箔 0.009 mm 或 0.005 mm 厚)，钻孔偏差就很小，可以采用预先在孔中心的位置打一个导向坑的方式(Marking Drill)削减钻孔偏差。

(10) 孔内过于光滑：由于钻头在钻孔时停留时间过长，导致基材融化产生光滑内壁，这会影响孔金属化的成功。可以减小钻孔停留时间消除这一现象。

(11) 钻头折断：当钻孔垫板使用次数过多时，钻头有可能折断。钻孔垫板最好在做新电路板时更换，如果钻头钻到垫板上已经存在的一个孔的边缘，折断就难以避免。应当经常更换钻孔垫板和旧钻头。

(12) 铣制沟槽不平坦：铣制薄膜时，薄膜底下有空气会使沟槽不平坦。如果固定薄膜的粘胶带容易延展也会造成凹凸不平。这里尤其重要的是铣制基材的平整。

(13) 铣制薄膜的毛刺：由于刀具变钝和下刀太深导致。

第6章 焊 接 技 术

6.1 焊接的基础知识

任何电子产品，从几个零件构成的整流电路到成千上万个零部件组成的计算机系统，都是由基本的电子元器件和功能部件，按一定的电路工作原理，用一定的工艺方法连接而成的。虽然连接方法有多种(例如铆接、绕接、压接、粘接等)，但使用最广泛的方法是锡焊。

焊接的种类很多，针对电子制作初学者，本章主要介绍小规模焊接技术，使大家熟悉焊接工具、材料和基本原则。

6.1.1 焊接工具

1. 电烙铁

电烙铁是手工电路焊接的主要工具，通电后，是通过加热电阻丝或使 PTC 元件发热，再将热量传送给烙铁头来实现焊接的。

电烙铁的基本组成如图 6-1-1 所示。

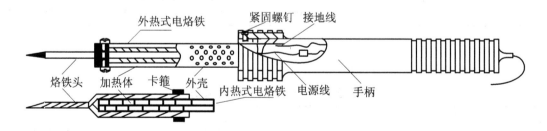

图 6-1-1 电烙铁的基本组成

1) 电烙铁分类

常见的电烙铁分类如表 6-1-1 所示。

电烙铁的功率越大，可焊接的元器件体积也越大。业余电子制作时以选用 16~25 W 的电烙铁比较合适。内热式电烙铁的特点是体积较小、发热快、耗电小，而且更换烙铁头和发热芯子也比较方便。常用的内热式电烙铁的功率和端头工作温度对应关系见表 6-1-2。

表 6-1-1　常见的电烙铁分类

名　称	图　片	说　明
外热式电烙铁		烙铁头安装在烙铁芯内,用以热传导性好的铜为基体的铜合金材料制成。烙铁头的长短可以调整(烙铁头越短,烙铁头的温度就越高),且有凿式、尖锥形、圆面形、圆形和半圆沟形等不同的形状,以适应不同焊接面的需要
内热式电烙铁		烙铁芯安装在烙铁头的里面(发热快,热效率高达85%~90%以上)。烙铁芯采用镍铬电阻丝绕在瓷管上制成,一般 20 W 电烙铁其电阻为 2.4 kΩ 左右,35 W 电烙铁其电阻为 1.6 kΩ 左右
恒温电烙铁		恒温电烙铁的烙铁头内装有磁铁式的温度控制器,来控制通电时间,实现恒温的目的。在焊接温度不宜过高、焊接时间不宜过长的元器件时,应选用恒温电烙铁,但它价格高
吸锡电烙铁		吸锡电烙铁是将活塞式吸锡器与电烙铁溶于一体的拆焊工具,它具有使用方便、灵活、适用范围宽等特点。不足之处是每次只能对一个焊点进行拆焊

表 6-1-2　常用的内热式电烙铁的功率和端头工作温度对应关系

烙铁功率/W	20	25	45	75	100
端头温度/℃	350	400	420	440	455

2) 电烙铁的选用

(1) 选用电烙铁的原则如表 6-1-3 所示。

表 6-1-3　电烙铁的选用原则

原　则	说　明
烙铁头的形状要适应被焊件物面要求和产品装配密度	焊接物面较小、装配密度大应用锥形烙铁头,反之用铲形或斜劈形,小功率电烙铁常用直头锥形为多
烙铁头的顶端温度要与焊料的熔点相适应	一般要比焊料熔点高 30~80℃(不包括在电烙铁头接触焊接点时下降的温度)
电烙铁热容量要恰当	烙铁头的温度恢复时间要与被焊件物面的要求相适应。温度恢复时间是指在焊接周期内,烙铁头顶端温度因热量散失而降低后,再恢复到最高温度所需时间。它与电烙铁功率、热容量以及烙铁头的形状、长短有关

(2) 选择电烙铁的功率原则如表 6-1-4 所示。

表 6-1-4　电烙铁功率的选用原则

焊 接 元 件	选 用 原 则
集成电路, 晶体管及其他受热易损件的元器件	考虑选用 20 W 内热式或 25 W 外热式电烙铁
较粗导线及同轴电缆	考虑选用 50 W 内热式或 45～75 W 外热式电烙铁
较大元器件	如金属底盘接地焊片, 应选 100 W 以上的电烙铁

3) 烙铁头修整及镀锡

新买的电烙铁一般有紫铜烙铁头及合金烙铁头两种, 修整方法如表 6-1-5 所示。

表 6-1-5　烙 铁 头 修 整

烙铁头	镀　锡	修　整	注意事项
紫铜烙铁头	使用前要"镀锡", 方法是先用挫刀或细砂纸把烙铁斜面的氧化层处理掉, 然后接上电源预热, 当烙铁头温度升至能熔锡时, 很快粘上松香, 再均匀地沾上锡。这样在烙铁头上就会附着一层银白色的锡	烙铁头在使用一段时间后, 会出现表面凹凸不平, 而且氧化严重的现象, 这种情况下需要修整。一般方法是将烙铁头拿下来, 夹到台钳上粗挫, 修整为自己要求的形状, 然后再用细挫修整, 最后用细砂纸打磨光	电烙铁通电后一定要立刻蘸上松香, 否则表面会生成难以镀锡的氧化层
合金烙铁头	采用了镀有保护层(如锌)的铜头, 具有极强的抗腐蚀能力, 使用前不需要"镀锡"	磨损后可报废处理	在初次使用时, 不能用砂纸或钢锉打磨烙铁头, 如将其表面的镀层磨掉, 就会使烙铁头不再耐腐蚀

🐝 **注意**

为延长烙铁头的使用寿命, 必须注意以下几点:

① 经常用湿布、浸水海绵擦拭烙铁头, 以保持烙铁头能够良好挂锡, 并可防止残留焊剂对烙铁头的腐蚀。

② 进行焊接时, 应采用松香或弱酸性助焊剂。

4) 烙铁头长度的调整

选择电烙铁的功率大小后, 已基本满足焊接温度的需要, 但是仍不能完全适应印制电路板中所装元器件的需求。如焊接集成电路与晶体管时, 烙铁头的温度就不能太高, 且时间不能过长, 此时便可将烙铁头插在烙铁芯上的长度进行适当地调整, 进而控制烙铁头的温度。

5) 电烙铁的常见故障及其维护

电烙铁在使用过程中的常见故障及其维护如表 6-1-6 所示。

表 6-1-6　　电烙铁的常见故障及其维护

故障现象	故障判断		故障处理
电烙铁通电后不热	用万用表的欧姆挡测量插头的两端，如果为无穷大，则说明有断路故障	万用表的欧姆挡测量烙铁芯两根引线，如果为无穷大，则说明烙铁芯损坏	应更换新的烙铁芯
		万用表的欧姆挡测量烙铁芯两根引线电阻值为 2.5 kΩ 左右，说明烙铁芯是好的，引线断路	故障为引线断路，更换引线
	如果万用表的测量值接近 0 Ω，则说明有短路故障	故障点多为插头内短路，或者是防止电源引线转动的压线螺丝脱落，致使接在烙铁芯引线柱上的电源线断开而发生短路	重新接线，拧紧螺丝
烙铁带电	烙铁电源线错接在接地线的接线柱上，或电源线从烙铁芯接线柱上脱落后，又碰到了接地线的螺丝上，从而造成烙铁头带电。这种故障最容易造成触电事故，并损坏元器件，为此，要随时检查压线螺丝是否松动或丢失。(压线螺丝的作用是防止电源引线在使用过程中由于拉伸、扭转而造成的引线头脱落)		压线螺丝如有丢失、损坏应及时配好
烙铁头不吃锡	烙铁头经长时间使用后，就会因氧化而不沾锡，这就是"烧死"现象，也称做不"吃锡"		烙铁头重新修整、镀锡

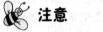 注意

当发现有短路故障时，应及时处理，不能再次通电，以免烧坏保险丝。

2. 其他常用工具

为了方便焊接，操作常采用尖嘴钳、镊子和小刀等作为辅助工具。初学者应学会正确使用这些工具(见表 6-1-7)。

表 6-1-7　　其他常用工具

工具名称	说　明
烙铁架	用来放置电烙铁，一般下部底盘为铸铁的较好
台灯放大镜	用于照明，并可放大焊点，对检查焊接缺陷非常有用
吸锡器	是锡焊元件无损拆卸的必备工具，和电烙铁配合使用
尖嘴钳	头部较细，焊接中用于夹持小型金属零件或弯曲元器件引线
平嘴钳	小平嘴钳钳口平直，焊接中可用于弯曲元器件管脚及导线。因为钳口无纹路，所以对导线拉直、整形比尖嘴钳适用，但因钳口较薄，不宜夹持螺母或需施力较大的部位
斜嘴钳	焊接后剪掉元器件管脚或线头，也可与尖嘴钳合用，剥导线的绝缘皮
剥线钳	专用于剥有包皮的导线。使用时注意将剥皮放入合适的槽口，剥皮时不能剪断导线。剪口的槽并拢后应为圆形
平头钳(克丝钳)	其头部较宽，适用于螺母紧固的装配操作。一般适用于紧固螺母，但不能代替锤子敲打零件
镊子	有尖嘴镊子和圆嘴镊子两种。焊接中镊子用于夹持较细的导线，圆嘴镊子还可用于弯曲元器件引线，用镊子夹持元器件焊接还起散热作用
螺丝刀	有"一"字式和"十"字式两种，专用于拧螺钉。根据螺钉大小可选用不同规格的螺丝刀，但在拧时不要用力太猛，以免螺钉滑口

6.1.2 焊料与焊剂

焊接中所需的焊接材料有焊锡和助焊剂。用电烙铁进行焊接时常用的焊锡如图 6-1-2 所示。

图 6-1-2 常用焊锡

1．焊接材料

凡是用来熔合两种或两种以上的金属面，使之成为一个整体的金属或合金都称做焊料。这里所说的焊料只针对锡焊所用焊料。

焊锡是焊接的主要材料，焊锡宜选用市售的焊锡丝，它的熔点较低，内芯含有松香，使用方便。常用锡焊材料有管状焊锡丝、抗氧化焊锡、含银的焊锡、焊膏。

2．助焊剂

在焊接过程中，由于金属在加热的情况下会产生一薄层氧化膜，这将阻碍焊锡的浸润，影响焊接点合金的形成，容易出现虚焊、假焊现象。使用助焊剂可改善焊接性能。

由于松香对元器件没有腐蚀作用，又能清除金属表面轻度氧化物，因此常用松香作为助焊剂(如图 6-1-3 所示)，帮助焊接和清除氧化层。松香可以直接使用，也可以捣碎后放入适量酒精中，制成松香酒精溶液(20%的松香粉末加 80%的纯酒精)，装入瓶中备用。

普通焊锡膏是酸性助焊剂(如图 6-1-4 所示)，去氧化能力强，但对金属有腐蚀性，焊后要把残余焊膏去净。一般只在用常规方法难以焊接的金属时才使用焊膏。

图 6-1-3 常用助焊剂

图 6-1-4 普通焊锡膏

 注意

元器件引脚镀锡时应选用松香作助焊剂。印制电路板上已涂有松香溶液的，元器件焊入时不必再用助焊剂。

6.2 手工焊接技术

6.2.1 焊接前的准备工作

1. 电烙铁的准备

实际使用时，为了防止电烙铁烫坏桌面、自身引线等，加热后的电烙铁必须放在如图6-2-1所示的烙铁架上。可以购买如图6-2-1所示的成品烙铁架，也可用铁皮或粗铁丝等弯制。成品烙铁架底座上配有一块耐热且吸水性好的圆形海绵，使用时加上适量的水，可以随时用于擦洗烙铁头上的污物等，保持烙铁头光亮。

使用电烙铁时要特别注意安全，必须认真做到以下几点：电烙铁的外壳应可靠接地。每次使用前，都应认真检查电源插头和电源线有无损坏，烙铁头有无松动。使用过程中严禁敲击、摔打电烙铁。烙铁头上焊锡过多时，可用布擦掉。焊接过程中，电烙铁不能到处乱放，不焊接时应将电烙铁放在烙铁架上，严禁将电源线搭在烙铁头上，以防烫坏绝缘层而发生事故！使用结束后，应及时切断电烙铁电源，待完全冷却后再收到工具箱里。

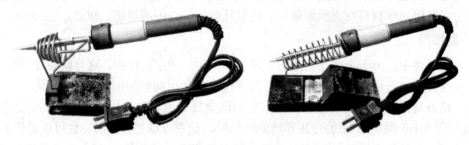

图 6-2-1　烙铁及烙铁架

2. 上锡

上锡是焊接的重要步骤之一，包括烙铁头、导线和元器件的上锡。

1）烙铁头的上锡

新电烙铁在使用前，必须先给烙铁头挂上一层锡，俗称"吃锡"。具体方法是：先接通电烙铁的电源，待烙铁头可以熔化焊锡时用湿毛巾将烙铁头上的漆擦掉，再用焊锡丝在烙铁头的头部涂抹，使尖头覆盖上一层焊锡。也可以把加热的烙铁头插入松香中，靠松香除去尖头上的漆，再挂焊锡。对于紫铜烙铁头，可先用小刀刮掉烙铁头上的氧化层，待露出紫铜光泽后，再按上述方法挂上焊锡，如图6-2-2所示。给烙铁头挂锡的好处是保护烙铁头不被氧化，并使烙铁头更容易焊接元器件。一旦烙铁头"烧死"，即烙铁头温度过高使烙铁头上的焊锡蒸发掉，烙铁头被烧黑氧化，元器件焊接就很难进行，这时要用小刀刮掉氧化层，重新挂锡后才能使用。因此当电烙铁较长时间不使用时，应拔掉电源防止电烙铁"烧死"。

松香   锡丝

图 6-2-2 烙铁头的上锡

 注意

当电烙铁、工作环境或电网电压变化后，必须注意调节电烙铁的工作温度，实际标准是：在不烧死烙铁头的情况下尽量将温度调高些，一定要让烙铁头尖端的工作部位永远保持银白色的吃锡状态。

2) 导线及元器件引线的上锡

导线及元器件引线的上锡方法如表 6-2-1 所示。

表 6-2-1 导线及元器件引线的上锡方法

上锡元件	图　　示	步 骤 说 明
漆包线的上锡		① 先用小刀将漆包线表面的漆层刮掉； ② 将漆层刮掉的漆包线放在松香上； ③ 再将电烙铁碰锡，把电烙铁放在漆包线上来回移动，同时也转动漆包线，使漆包线四周都上好锡，即漆包线上锡的位置变为银白色，就可使用了
塑料导线的上锡		塑料导线分为单股和多股软芯导线两种，方法是： ① 把塑料导线的一端紧贴在热的烙铁头上，同时转动塑料线，将塑料外层某处的一圈烫断； ② 烫软的塑料外层稍凉后，顺势用手一拉，即可露出金属线； ③ 如果是多股铜芯导线，还要捻成"麻花状"； ④ 捻成"麻花状"的金属导线如果没有氧化，可直接将金属导线放在松香上，用带有锡的烙铁头放在其上来回移动，同时也转动导线，使导线四周都上好锡； ⑤ 金属导线如果已氧化，那么其上锡的方法与漆包线上锡的方法相同
元器件引线的上锡		① 先刮除引线的氧化层(如果引线很新，可不刮除氧化层)； ② 然后上锡，方法同上

注意

① 在进行上锡操作时，要特别注意安全用电，每次操作前首先检查工具的绝缘情况，操作时人体不能接触 220 V 交流电源，发现问题要及时切断电源。

② 在操作时，还要防止划伤、烫伤等，在刮除导线氧化层、漆层时，不要刮伤桌面，操作时要养成良好的习惯。

6.2.2 正确的焊接姿势及操作步骤

1. 焊接操作的正确姿势

1) 电烙铁的拿法

电烙铁的拿法有三种，如表 6-2-2 所示。

表 6-2-2 电烙铁的拿法

电烙铁拿法	图 示	说 明
反握法	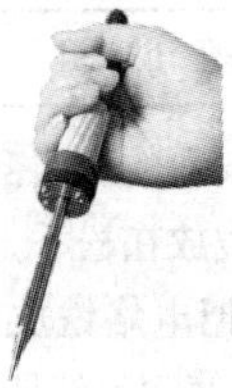	动作稳定，长时操作不易疲劳，适于大功率烙铁的操作
正握法		适于中等功率烙铁或带弯头电烙铁的操作
握笔法		这种握法类似于写字时手拿笔一样，易于掌握，但长时间操作易疲劳，烙铁头会出现抖动现象，因此适用于小功率的电烙铁和热容量小的被焊件。一般在操作台上焊印制板等焊件时多采用

 注意

焊剂加热挥发出的化学物质对人体是有害的，如果操作时鼻子距离烙铁头太近，则很容易将有害气体吸入。一般烙铁离开鼻子的距离应不小于 30 cm，通常以 40 cm 时为宜。

2) 焊锡丝的拿法

手工焊接中一手提电烙铁，另一手拿焊锡丝。拿焊锡丝的方法有两种：连续锡丝拿法(正握法)和断续锡丝拿法(握笔法)，如表 6-2-3 所示。

表 6-2-3 焊锡丝的拿法

拿 法	图 示	说 明
正握法		用拇指和食指握住焊锡丝，其余三手指配合拇指和食指把焊锡丝连续向前送进，适用于成卷(筒)焊锡丝的手工焊接
握笔法		用拇指、食指和中指夹住焊锡丝，采用这种拿法，焊锡丝不能连续向前的送进，适用于用小段焊锡丝的手工焊接

 注意

① 由于焊锡丝成分中铅占一定比例，因此操作时应带手套或操作后洗手，避免食入。

② 使用电烙铁要配置烙铁架，烙铁架一般放置在工作台右前方，电烙铁用后一定要稳妥放于烙铁架上，并注意导线等物不要碰烙铁头。

2. 焊接操作的基本步骤

焊接技术是电子产品制作过程中的重要技能，焊接质量的好坏直接影响到产品的质量，是保证制作优质电子产品的关键性操作之一。初学者必须严格要求自己，苦练基本功，使自己掌握过硬的技能，以保证制作电子产品的质量。一个好的焊点，应该是表面光亮、锡量适中、牢固可靠且呈凹面形(即浸润型)。合格的焊点如图 6-2-3 所示。

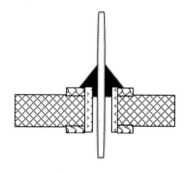

图 6-2-3　合格的焊接点

在学习焊接的过程中，应该牢记：凡是要焊接的部位，必须先上锡(已上锡或很光亮的元件可不必上锡)，没有上锡就不要焊接。

电子产品常用的焊接方法有两种：一是送锡焊接法，二是带锡焊接法。

当操作者的一个手拿了电烙铁后，如果另一个手可腾出来拿锡丝时，最好采用送锡焊接法，这样可比较容易保证焊点的质量；如果另一个手需要拿镊子夹元件等时，那么就只能采用带锡焊接法。

1) 送锡焊接法

将上了锡的元器件从电路板的元件面插入，使元器件的金属引线垂直覆铜面，并调整好元件的高度，准备焊接。在电路板上用送锡焊接法进行焊接的步骤是：加热、送丝和移开，其过程如表 6-2-4 所示。

表 6-2-4 送锡焊接法

焊接步骤	图 例	说 明
准备施焊	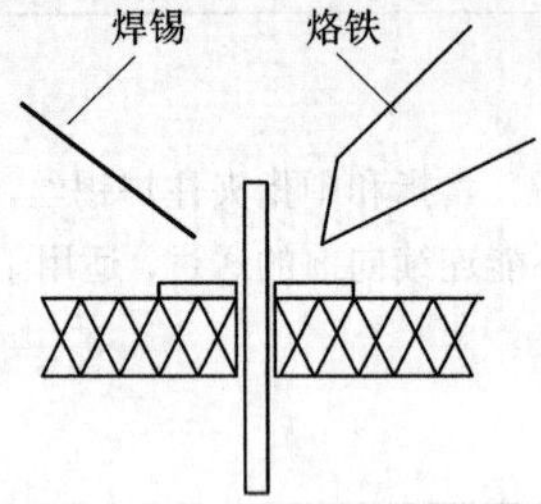	准备好焊锡丝和烙铁。此时特别强调的是烙铁头部要保持干净，即可以沾上焊锡(俗称吃锡)
加热焊件	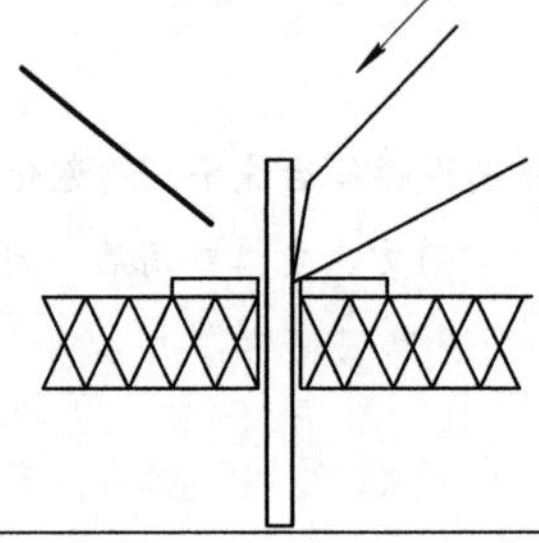	① 将烙铁头的刃口以与印刷电路板 45° 的角度同时加热被焊接面(焊盘)和元器件的引线； ② 加热时间大约是 3 秒钟，注意加热时间不宜过长，否则就会因烙铁高温氧化覆铜板，造成不好焊接
熔化焊料	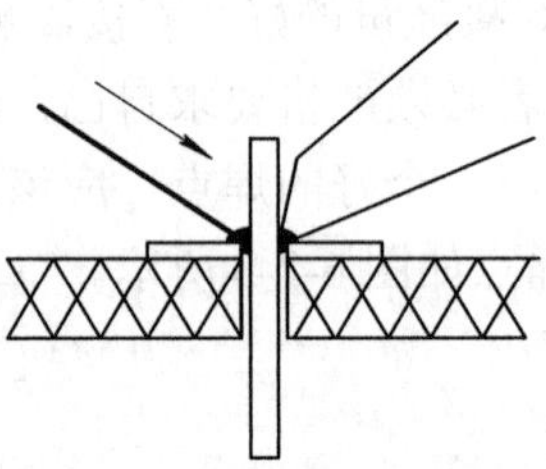	① 加热后，保持烙铁头的角度不变，焊锡丝应从烙铁头对面接触被焊接的引线和焊盘，当看到锡丝溶化并开始向四周扩散后，就进行下一步(即移开)； ② 送丝时注意印刷电路板尽量要放置平稳，并保持元器件引线的稳定，送丝的时间与焊锡丝的质量、覆铜的光亮度、电烙铁的温度等因素有关
移开焊锡	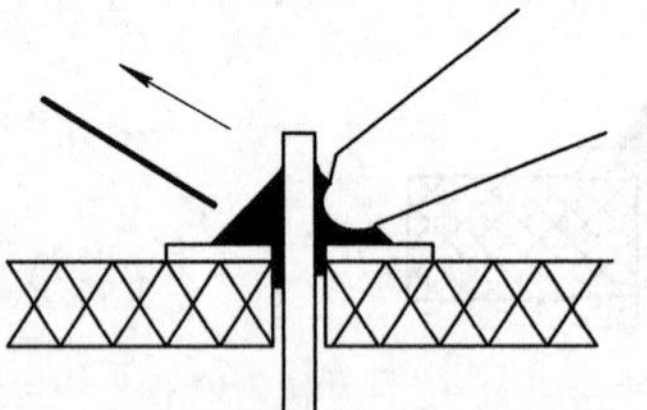	当看到焊锡丝溶化并开始向四周扩散后，把锡丝移开
移开烙铁	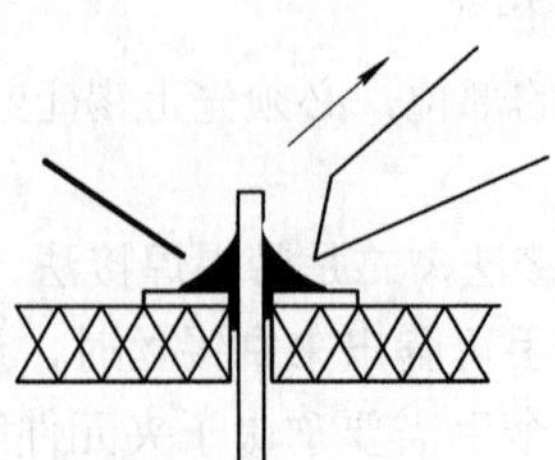	看到锡丝充分熔化并浸润被焊接的引线和焊盘时，电烙铁再顺势沿着元器件的引线向上移开，注意移开烙铁的方向应该是大致 45° 的方向。 焊锡凝固前，被焊物不可晃动，否则易造成虚焊，从而影响焊接质量

注意

① 耳机插座、双联电容器焊接时，一定要注意焊接时间不要过长，否则过高的温度容易通过引线传导至塑料而使其烫坏，造成整个器件的损坏。

② 话筒、三极管等元件焊接时，焊接时间也不宜过长，否则也会损坏器件。

③ 集成电路(含音乐片)、场效应管焊接时，电烙铁的外壳应有良好的接地，如果无条件将电烙铁外壳接地，即焊每个点时必须把电烙铁的插头拔下才能进行，这样才能防止集成电路在焊接时被损坏。

④ 焊接五步法具有普遍性，是掌握手工烙铁焊接的基本方法。特别是各步骤之间停留的时间对保证焊接质量至关重要。初学者只有通过实践才能逐步掌握。

2) 带锡焊接法

焊接前，将准备好的元器件插入印刷电路板的规定位置，经检查无误后，就可用带锡焊接法进行焊接，如图 6-2-4 所示。带锡焊接法的焊接步骤如表 6-2-5 所示。

图 6-2-4　带锡焊接法

表 6-2-5　带 锡 焊 接 法

焊接步骤	说　　明	注 意 事 项
沾锡	用烙铁头的刃口沾带上适量的焊锡	烙铁头的刃口上带的锡量的多少，要根据焊点的大小而定
加热焊接	再将烙铁头的刃口接触被焊接元件的引线和焊盘，当看到锡丝充分熔化并浸润被焊接的引线和焊盘时，进行第三步移开	烙铁头的刃口与焊接电路板的角度最好是 45°。角度小，则焊点就小；角度大，则焊点就大
移开	将烙铁头移开，这样就可以焊出牢固的焊点	焊接时注意烙铁头不要轻轻点几下就离开焊接位置，这样虽然在焊点上也留有焊锡，但这样的焊接是不牢固的，容易影响焊接的质量

 注意

操作者不要认为焊锡量越多越好，锡量过多，不但浪费焊锡，而且焊点内部也不一定焊透，焊点的牢固性反而变差，过多的焊锡，还会溢向附近的覆铜从而造成短路；当然，锡量太少，会焊接不牢，使元器件易脱离印刷电路板。

6.2.3　手工焊接的要领和技巧

在保证得到优质焊点的目标下，具体的焊接操作手法可以有所不同，但表 6-2-6 所示的这些操作要领和技巧，对初学者学习焊接有很大的指导作用。

表 6-2-6　手工焊接要领和技巧

方 法	说 明
工具准备	针对被焊物的大小，准备好电烙铁、镊子、剪刀、斜口钳、尖嘴钳、焊剂等
清洁处理	① 凡需要焊接的部位都要清洁处理，去掉氧化层，露出新的表面，随即涂上焊剂和沾上锡。它是焊接质量的基本保证。如果清洁工作不彻底，即使勉强把焊锡"糊"上，其结果也会形成虚焊。 ② 凡是铜质物的表面可用刀刮或砂纸擦净，对很细的导线，可将其用沾锡的烙铁按在有松香的木板上，边烫边轻擦，直到导线吃上锡。 ③ 大多数晶体管和集成电路的管脚镀有金、锡等薄层，以便焊接，但存放时间过长，也要做清洁处理。因管脚一般是铁镍铬合金，与管脚面材料的热胀系数相同，本身不易焊接，清洁处理时不能将镀层刮去，否则难焊或易造成虚焊。清洁处理可用橡皮擦亮，无效时适当使用焊膏。 ④ 焊接时，烙铁头长期处于高温状态，又接触助焊剂等弱酸性物质，其表面很容易氧化腐蚀并沾上一层黑色杂质。这些杂质形成隔热层，妨碍了烙铁头与焊件之间的热传导。因此，要注意用一块湿布或湿的木质纤维海绵随时擦拭烙铁头。对于普通烙铁头，在腐蚀污染严重时可以使用锉刀修去表面氧化层；对于长寿命烙铁头，绝对不能使用这种方法
掌握焊接温度	烙铁温度偏低，焊锡流动性差，易凝固，焊锡不能充分熔化，焊剂作用不能充分发挥，焊点不光洁、不牢固，易造成虚焊。温度过高，焊锡容易淌滴，焊点上存不住锡，还可能将焊锡附着邻近导体引起短路。应根据元器件大小选用功率合适的烙铁，适当调节烙铁头的长度，掌握烙铁加热时间，使温度合适，能很快将焊锡熔化
控制焊接时间	① 把带有焊锡的烙铁头轻轻压在焊接处，使被焊物加热，适当停留一会儿，当看到被焊处的焊锡全部熔化，或焊锡从烙铁头自动流到被焊物上时，即可移开烙铁头，留下一个光亮圆滑的焊点。 ② 若移开烙铁后，被焊处沾不上焊锡或沾上很少，则说明加热时间太短，或被焊物清洁处理不好，若移开烙铁前焊锡下淌，则说明焊接时间过长。 ③ 焊接时烙铁头和被焊处要有一定接触面积，切勿成点接触，否则不易传热，可先将烙铁头沾些松香再置于焊点处。 ④ 焊接时间过长，易烫坏元器件或使印刷电路板的铜箔翘起，一次未焊好，应稍停片刻再焊。焊接时不可将烙铁来回移动，不要过分用力下压，更不要像涂浆糊似的多次涂焊
上锡适量	根据焊点的大小来决定烙铁蘸取的锡量，使焊锡正好能包住被焊物，形成一个引线轮廓隐约可见的光滑焊点。焊锡量不易过少，以免焊接不牢或容易脱开，如果一次上锡不够，可再次补焊，但须待前次上的锡一同熔化之后才能移开烙铁。初学者会像堆沙堆一样往上加焊锡，结果焊锡用了很多，焊接质量极差，有的虚焊，有的还焊不上
防止抖动	焊接时，被焊物应扶稳夹牢，尤其在移开烙铁后的焊锡凝固期不可抖动，否则焊点会像豆腐渣一样，容易形成虚焊
先热后焊法	常用的焊接次序是先让烙铁头蘸锡，再蘸上松香，然后迅速进行焊接。而对于已固定的元器件，特别是集成电路及其插座，可先将烙铁头置于焊接处，经过 1～2 秒后，即把低熔点的焊锡丝紧靠烙铁头，使适量焊锡熔化到被焊物上，立即移开焊锡丝和烙铁
焊后检查	焊接后从外观检查焊点是否光滑美观，焊点不能呈凹陷状。检查时可用手或镊子夹住元器件引线，稍用一点力拉动，通过感觉是否松动或拉脱来判断焊接质量，但要注意用力切勿过大过猛。焊接时切忌先将引线弯成90°以后焊接，否则即使虚焊也难以检查

6.3 手工拆焊的常用方法

在元器件焊接错误和检修过程中，都必须更换元器件，也就需要拆卸、拆焊。如果拆焊水平欠佳或方法不当，就会造成元器件的损坏，进一步扩大故障，或造成印制电路板的损坏。特别是在更换集成电路时更容易出现类似情况。拆卸、拆焊工艺是安装、检修的重要技能。

6.3.1 手工拆焊工具和材料

常用的拆焊工具如表 6-3-1 所示。

表 6-3-1 常用的拆焊工具

名 称	用 途
普通电烙铁	用于加热焊点
镊子	用于夹持元器件或借助于电烙铁恢复焊孔。以端头较尖、硬度较高的不锈钢为佳
吸锡器	用于吸去溶化的焊锡，使元器件的引脚与焊盘分离。它必须借助于电烙铁才能发挥作用
吸锡电烙铁	同时用于加热和吸锡的功能，可独立完成熔化焊锡、吸去多余焊锡的任务。操作时，先用吸锡电烙铁加热焊点，等焊锡熔化后，按动吸锡按键，即可把熔化的焊锡吸掉。它是拆焊过程中使用最方便的工具，其拆焊效率高，且不伤元器件
吸锡材料	吸锡材料用屏蔽线编织层、细铜丝网等。使用时，将吸锡材料浸上松香水后，贴到待拆焊的焊点上，然后用烙铁头加热吸锡材料，通过吸锡材料将热传递到焊点上熔化焊锡，吸锡材料将焊锡吸附后，拆除吸锡材料，焊点即被拆开

6.3.2 手工拆焊方法

1. 拆焊的基本原则

拆焊的步骤一般是与焊接的步骤相反的，拆焊前一定要弄清楚原焊接点的特点，不要轻易动手。通常拆焊应遵循如下原则：

(1) 不损坏拆除的元器件、导线、原焊接部位的结构件。

(2) 拆焊时不可损坏印制电路板上的焊盘与印制导线。

(3) 对已判断为损坏的元器件可先将其引线剪断再拆除，这样可减少其他损伤。

(4) 在拆焊过程中，应尽量避免拆动其他元器件或变动其他元器件的位置，如确实需要，应做好复原工作。

2. 拆焊的基本方法

拆焊的基本操作是首先要用电烙铁加热焊点，使焊点上的锡熔化；其次，要吸走熔锡，可用带吸锡器的电烙铁一点点地吸走，有条件的也可用专用吸锡器吸走熔锡；其三，要取下元器件，可用镊子夹住取出或用空心套筒套住引脚，并在钩针的帮助下卸下元器件。

 注意

当没有断定被拆焊的元器件已损坏时，不要将其硬拉下来，不然会拉断或弄坏引脚。而且对那些焊接时曾经采取散热措施的，拆焊过程中仍需要采取散热措施。

表 6-3-2 介绍了几种手工拆焊方法。

表 6-3-2　几种手工拆焊方法

方法	图　示	说　明	注意事项
电烙铁直接拆焊	电烙铁 镊子 编织物	对于一般电阻、电容等管脚不多的元器件，采取的方法是：一边用电烙铁直接加热元件的焊点，一边用镊子或尖嘴钳夹住元件的引线，轻轻将其拉出	这个方法不宜在一个焊点多次进行，因印刷导线和焊盘经多次加热后容易脱落，从而造成印刷电路板损坏
用铜编织线进行拆焊	铜编织线 烙铁	将胶质线中的或其他的铜编织线部分吃上松香助焊剂，然后放在将要拆焊的焊点上，再把电烙铁放在铜编织线上加热焊点，待焊点上的焊锡熔化后它就会被铜编织线吸上	如果焊点上焊锡一次未被吸完，则可进行多次重复操作，直至吸干净
用医用针头拆焊	医用针头 电烙铁	一边用电烙铁熔化焊点，另一边把针头套在焊接的元器件管脚上，当焊点熔化时迅速将针头插入印制电路板的管脚插孔内，使元器件的管脚与电路板的焊接脱开。转动针头，移开电烙铁，使管脚脱焊。当一个元器件的所有管脚都脱焊时，取出元器件，清理焊料，使电路板插孔露出	把医用针头的尖端部分挫平，作为拆焊工具
用气囊吸锡器进行拆焊	气囊 电烙铁	将被拆焊点用电烙铁在一侧加热使焊锡熔化，把气囊吸锡器挤瘪，用吸嘴从另一侧对准熔化的焊锡，然后放松吸锡器，焊锡就会被吸进吸锡器内	及时清空吸锡器内的焊锡

续表

方法	图 示	说 明	注意事项
用吸锡电烙铁拆焊	吸锡电烙铁	吸锡电烙铁是一种专门拆焊元器件的拆焊电烙铁，它能在对焊点加热的同时，把焊锡吸入内腔从而完成元器件的拆卸、拆焊	结构复杂，易损坏，应小心使用
电烙铁毛刷配合拆卸法	毛刷 电烙铁	该方法简单易行，只要有一把电烙铁和一把小毛刷即可。拆卸集成块时先把电烙铁加热，待达到熔锡温度将引脚上的焊锡熔化后，趁机用毛刷扫掉熔化的焊锡，这样就可使集成块的引脚与印制板分离。该方法可分脚进行，也可分列进行，最后用尖镊子或小"一"字螺丝刀撬下集成块	刷熔化的焊锡时，注意要向自己相反的方向刷

 注意

　　电烙铁头加热被拆焊点时，只要焊锡一熔化，就要马上按垂直电路板方向拔出元器件管脚，但不论元器件安装位置怎样，都不能强行硬拉或试图转动元器件拔出，以免损坏元器件和电路板。

　　在插装新元器件前，首先应该把印制电路板插孔中的焊锡清除，使插孔露出，以便插装元器件管脚和焊接。清除方法：用电烙铁对焊点孔加热，待锡熔化时，用一直径小于插孔的元器件引脚或专门的金属丝插穿插孔，直至插孔畅通。

3. 拆焊的操作要点

　　(1) 严格控制加热的温度和时间。因拆焊的加热时间和温度较焊接时间要长、要高，所以要严格控制温度和加热时间，以免将元器件烫坏或使焊盘翘起、断裂。宜采用间隔加热法来进行拆焊。

　　(2) 拆焊时不要用力过猛。在高温状态下，元器件封装的强度都会下降，尤其是塑封器件、陶瓷器件、玻璃端子等，过分的用力拉、摇、扭都会损坏元器件和焊盘。

　　(3) 吸去拆焊点上的焊料。拆焊前，用吸锡工具吸去焊料，有时可以直接将元器件拔下。即使还有少量锡连接，也可以减少拆焊的时间，减少元器件及印制电路板损坏的可能性。如果没有吸锡工具，则可以将印制电路板或能移动的部件倒过来，用电烙铁加热拆焊点，利用重力原理，让焊锡自动流向烙铁头，也能达到部分去锡的目的。

6.4　表面安装元器件的手工贴装焊接技术

　　随着电子产品向小型化、薄型化的发展，表面安装技术得到广泛运用，已成为现在电子生产的主流。要完成贴片元器件的手工贴装，就要掌握手工焊接工具的使用及手工贴装焊接技能。

6.4.1　手工表面安装焊接的相关知识

1．手工表面安装焊接工具

1) 恒温电烙铁

常用恒温电烙铁外形如图 6-4-1 所示。

图 6-4-1　常用恒温电烙铁

2) 电热镊子

电热镊子是一种专用于拆焊 SMC 贴片元器件的高档工具，如图 6-4-2 所示。它相当于两个组装在一起的电烙铁，电热镊子的把手由消除静电的材料制成，可安全拆除小型贴片元器件及 25 mm × 25 mm 以内的扁平 IC。电热镊子可直接与元件接触，不会对附近元器件的影响，特别适合元器件密集的电路板的拆装。

图 6-4-2　电热镊子

3) 热风枪

(1) 热风枪又称贴片电子元器件拆焊台，如图 6-4-3 所示。它专门用于表面贴片安装电子元器件(特别是多引脚的 SMD 集成电路)的焊接和拆卸。

图 6-4-3　热风枪

热风枪由控制电路、空气压缩泵和热风喷头等组成。其中控制电路是整个热风枪的温度、风力控制中心；空气压缩泵是热风枪的"心脏"，负责热风枪的风力供应；热风喷头的作用是将空气压缩泵送来的压缩空气加热到可以使焊锡熔化的温度，其头部还装有可以检测温度的传感器，可以把温度的高低转变为电信号送回电源控制电路板；各种喷嘴用于装拆不同的表面贴片元器件。

(2) 热风枪的使用方法。

① 插上电源，打开电源开关。调节温度旋钮在 3、4 挡之间(350℃左右)，使发热丝预热；调节风速旋钮在 1、2 挡之间。打开电源时，先调大热量，调小风量，等热量达到一定程度时，再开大风量使用。在吹焊较小元器件时，先调好热量和风量。检测时，使枪口距纸张 2 cm 左右，吹大约 3 s，如果纸发黄，则温度适当；如果纸不发黄，则温度过低；如果纸发黑，则温度过高。

② 吹焊贴片元件时，先涂上松香或松香水，一般左手拿风枪，右手拿镊子，慢慢地加热元器件的周围，枪口距元件 2 cm 左右旋转吹焊。这样做的目的有两个：一是使松香渗透到贴片元器件下面加速锡的熔化；二是使电路板和贴片元器件受热均匀，防止电路板起泡和贴片元器件损坏。

③ 吹焊小元器件时，调小热量和风量；吹焊较大元件或芯片时，适当调大热量和风量(也可调整枪口和元件的距离来改变热量和风量)。吹焊时，枪口不要停在一个地方，防止温度过高而损坏元器件。

④ 拆卸带胶集成芯片时，先吹下集成芯片周围的小元件，并按顺序放好。用手术刀除去集成芯片上的胶，放上松香，适当调大热量和风量，旋转吹焊集成芯片边沿部分，待集成芯片处冒烟(松香烟)过后，集成芯片下面的胶已经开始发软(锡已熔化)，则可用镊子轻压集成芯片的四角，这时看到有熔化的锡珠被挤压流出，则可用下述两种方法取下集成芯片：

· 手术刀尖向上倾斜，从集成芯片的一个角慢慢插入，不停地吹焊，缓慢地用刀尖向上挑下集成芯片。

· 镊子夹住集成芯片上面对称的两边，试图左右旋转，开始的时候可能集成芯片不动，继续吹焊，继续旋转，则可看见集成芯片左右活动幅度越来越大，直到集成芯片脱离主板。吹下集成芯片后，滴上松香水，加热主板和集成芯片上的余胶，慢慢用刀片或烙铁拉吸锡线以除去余胶。

⑤ 安装集成芯片时，在焊盘上均匀涂抹松香水，用目测法或把参照物放在集成芯片上并用镊子固定，适当调节热量和风量，旋转吹焊集成芯片边沿部分，等集成芯片处冒烟过后，下面的锡已熔化，慢慢松开镊子，集成芯片会有一个稍微移动的复位过程，用镊子轻推集成芯片一个边缘，集成芯片会滑动回到原位，说明集成芯片安装成功。

⑥ 拆卸塑料排线座、键盘座、振铃和塑壳功放半导体管时，注意掌握温度和风量，若温度过高，则使吹焊变形以致损坏，可选择使用专用的吹塑风枪。

⑦ 热风枪内有热保护电路，当温度达到一定值时便会自动断电。为了不影响正常使用和延长使用寿命，每次使用后，若间隔时间较短，可关闭热量不使发热丝发热，稍开风量把余热吹出，这样可随时使用；如果较长时间不用，可关闭电源，避免不用时常开热量和风量，浪费能量且加速热风枪损坏。

2. 手工表面安装焊接的主要辅助用具

手工表面安装焊接的主要辅助用具如表 6-4-1 所示。

表 6-4-1　手工表面安装焊接的主要辅助用具

名称	实 物 图	用途及注意事项
防静电腕带	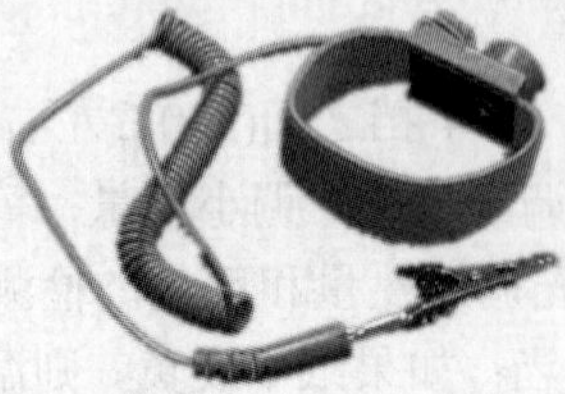	工作时带上腕带，可以有效地消除静电。使用腕带时注意腕带扣紧，否则会造成接触电阻大；操作时不允许断开；腕带应有专门的接地
吸锡带		用于去掉线路板上多余的焊锡点，或拆卸不合格的集成电路块。使用时要紧贴元器件的焊脚根部，加热时应将烙铁压紧吸锡带，使其贴紧焊锡，以利于热传导
注射器	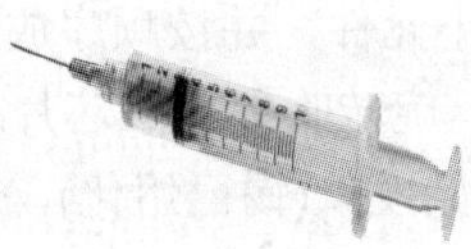	用于取酒精
毛刷		用于清除灰尘
放大镜		用于观察芯片及印制板电路。尽量使用有座和带环形灯管的放大镜，因为有时需要在放大镜下双手操作，手持式会给操作带来不便。放大镜的放大倍数要 5 倍以上，最好为 10 倍

3. 手工贴放元器件的原则

手工贴放元器件主要有拾取和贴放两个动作。手工贴放时，最简单的工具就是小镊子，但最好采用手工贴放机的真空吸管来拾取元件进行贴放。手工贴放元件时主要应掌握好下列几个原则：

(1) 必须避免元器件相混。

(2) 应避免造成元器件上有不适当的张力和压力。

(3) 不应使用可能损坏元器件的镊子或其他工具，应夹住元器件的外壳，而不应夹住它们的引脚和接头端。

(4) 工具头部不应沾带胶粘剂和焊膏。

4．手工表面贴装常见的质量问题现象、原因及预防措施

手工表面贴装常见的质量问题现象、原因及预防措施如表 6-4-2 所示。

表 6-4-2　手工表面贴装质量问题常见的现象、原因及预防措施

现象	原因	预防措施
引脚损坏	放置印制电路板时，不够小心；引脚与焊盘未对齐或放置方向不对	用镊子夹持元件，引脚与焊盘对齐并保证放置方向正确
搭焊	焊锡过量	焊接引脚时，在烙铁头上加焊锡并将引脚涂上焊剂保持湿润，焊接时烙铁头与被焊引脚并行
虚焊	表面贴装元器件质量不好、过期、氧化、变形	看清元器件是否有氧化情况；焊前认真检查修复，引脚正常
湿润不良	焊区表面受到污染，或沾上阻焊剂，或是被接合物表面生成金属氧化物层	除了要执行合适的焊接工艺外，对电路板表面和元器件表面要做好防污措施；选择合适的焊料，并设定合理的焊接温度与时间
桥接	焊料过量，或是电路板焊区尺寸超差，SMD 贴装偏移等	电路板焊区的尺寸设定要符合设计要求；SMD 的贴装位置要在规定的范围内
吊桥	加热速度过快，加热方向不均衡	采取合理的预热方式，实现焊接时的均匀加热

6.4.2　表面安装元器件的手工焊接方法

1．贴片集成块的焊接

贴片集成块的焊接方法如下：

(1) 将脱脂棉团成若干小团，体积略小于 IC 的体积，如果比芯片大了，焊接的时候棉团会碍事。用注射器抽取一管酒精，将脱脂棉用酒精浸泡，待用。

(2) 电路板不干净时，先用洗板水洗净，并在电路板焊接芯片的地方涂上一点点胶水，用于粘住芯片。

(3) 将防静电腕带戴在拿镊子的那只手腕上，接地一端放于地上。用镊子(最好不要用手直接拿集成芯片)将集成芯片放到电路板上，目测并将集成芯片的引脚和焊盘精确对准(如图 6-4-4(a)所示)，当目测难分辨时，可放在放大镜下观察对准。电烙铁上带有少量焊锡并定位集成芯片(如图 6-4-4(b)所示)，这时不用考虑引脚粘连问题，定位两个点即可(注意：这两个点不能是相邻的两个引脚)。定位后的效果如图 6-4-4(c)所示。

(4) 将适量的松香焊锡膏涂于引脚上，并将一个酒精棉球放于集成芯片上，使棉球与集成芯片的表面充分接触以利于集成芯片散热。

(5) 擦干净烙铁头并蘸一下松香使之容易上锡(如图 6-4-5(a)所示)。给烙铁上锡，焊锡丝

融化并粘在烙铁头上，直到融化的焊锡呈球状将要掉下来的时候停止上锡(如图 6-4-5(b)所示)，此时，焊锡球的张力略大于自身重力。

(a)   (b)   (c)

图 6-4-4　贴片集成芯片的定位

(a) 对准焊盘；(b) 定位；(c) 定位后效果

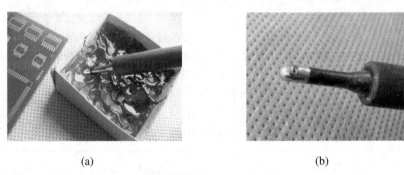

(a)   (b)

图 6-4-5　烙铁上锡

(a) 蘸入松香；　(b) 上锡

(6) 将印制板倾斜放置，倾斜角度大于 70°，小于 90°(如图 6-4-6 (a)所示)，倾斜角度太小不利于焊锡球滚下。在芯片引脚未固定那边，用电烙铁拉动焊锡球沿芯片的引脚从上到下慢慢滚下(如图 6-4-6(b)所示)，滚到头的时候将电烙铁提起，不让焊锡球粘到周围的焊盘上。至此，芯片的一边已经焊完(如图 6-4-6(c)所示)，按照此方法再焊接其他的引脚。

(a)   (b)   (c)

图 6-4-6　贴片集成芯片的焊接

(a) 印制板倾斜放置；(b) 焊接；(c) 一边焊接完成

(7) 用酒精棉球将电路板上有松香焊锡膏的地方擦拭干净，并用硬毛刷蘸上酒精将集成芯片引脚之间的松香刷干净，同时可以用吹气球吹气加速酒精蒸发，如图 6-4-7 所示。

(a)　　　　　　　　　　　(b)　　　　　　　　　　　(c)

图 6-4-7　贴片集成芯片的清洗

(a) 表面有很多松香；(b) 酒精清洗；(c) 清洗完成

(8) 放到放大镜下观察有无虚焊和粘连焊，可以用镊子拨动引脚观察有无松动(注意，要戴上防静电腕带，以防静电)。

2．贴片分立元器件的焊接

采用恒温电烙铁对贴片分立元器件进行焊接，其方法是：

(1) 清洗焊盘。

(2) 贴片。

(3) 焊接。先用烙铁将焊点加热，然后左手拿镊子将元器件固定在相应焊盘的位置上，右手拿烙铁，将烙铁头带上焊料，接触引脚焊盘，等元器件固定后焊接另外一边，完成焊接后将烙铁移开，如图 6-4-8 所示。

  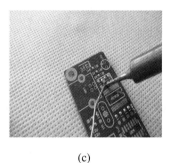

(a)　　　　　　　　　　　(b)　　　　　　　　　　　(c)

图 6-4-8　贴片分立元器件的焊接

(a) 加热焊盘；(b) 固定元器件；(c) 固定后焊接另外一端

 注意

在表面安装元器件手工焊接时应注意以下几点：

(1) 电烙铁的温度一般以 350℃ 为宜。

(2) 助焊剂选用高浓度的，以便焊料完全润湿。

(3) 每次焊接后需放在放大镜下检查焊接质量。

(4) 焊接时要防止静电损坏元器件。

6.5 焊接质量检验

检验焊接质量的方法有多种，比较先进的方法是用仪器进行。而在通常条件下，则采用观察法和用烙铁重焊的方法来检验。

6.5.1 外观观察检验法

一个焊点焊接质量的优劣主要看它是否为虚焊，其次才是外观。经验丰富的人可以凭焊点的外表来判断其内部的焊接质量。

一个良好的焊点其表面应该光洁、明亮，不得有拉尖、起皱、鼓气泡、夹渣、出现麻点等现象；其焊料到被焊金属的过渡处应呈现圆滑流畅的浸润状凹曲面。下面用穿孔插装工艺的焊点剖面图(见图6-5-1)来举例说明。

图 6-5-1(a)是合格焊点的剖面，图 6-5-1(b)所示的焊点外表看似光滑、饱满，但仔细观察就可以发现在焊锡与焊盘及引脚相接处呈现出大于 90° 的接触角，表明焊锡没有浸润它们，这样的焊点肯定是虚焊；图 6-5-1(c)是焊料太少，虽然不算是虚焊，但焊点的机械强度太小；图 6-5-1(d)的焊点表面粗糙无光泽或有明显龟裂现象，表明焊接过程中焊剂用的不够，或至少在焊接的后阶段是在缺少焊剂的情况下结束的，难保不是虚焊。

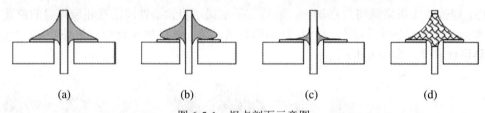

(a)　　　　　　(b)　　　　　　(c)　　　　　　(d)

图 6-5-1　焊点剖面示意图
(a) 合格焊点；(b) 未浸润；(c) 焊锡太少；(d) 外表不光滑

用观察法检查焊点质量时最好使用一只 3～5 倍的放大镜，在放大镜下可以很清楚地观察到焊点表面焊锡与被焊物相接处的细节，而这正是判断焊点质量的关键所在，焊料在冷却前是否曾经浸润金属表面，在放大镜下就会一目了然。

其他像连焊、缺焊等都是相当明显的缺陷，此处不再赘述。

6.5.2 带松香重焊检验法

检验一个焊点虚实真假最可靠的方法就是重新焊一下，即用满带松香焊剂、缺少焊锡的烙铁重新熔融焊点，从旁边或下方撤走烙铁，若有虚焊，其焊锡一定都会被强大的表面张力收走，使虚焊处暴露无余。带松香重焊法是最可靠的检验方法，多次运用此法还可以积累经验，提高用观察法检查焊点的准确性。

6.5.3 通电检查法

通电检查必须是在外观检查及连线检查无误后才可进行的工作，也是检验电路性能的关键步骤。如果不经过严格的外观检查，通电检查不仅困难较多而且有可能损坏设备仪器、造成安全事故的危险。例如，电源连线虚焊，通电时就会发现设备加不上电而无法检查。

通电检查可以发现许多微小的缺陷，例如用目测观察不到的电路桥接，但对于内部虚焊的隐患就不容易觉察。所以根本的问题还是提高焊接操作的技艺水平，不能把问题留给检查工作去完成。图 6-5-2 表示通电检查时可能的故障与焊接缺陷的关系。

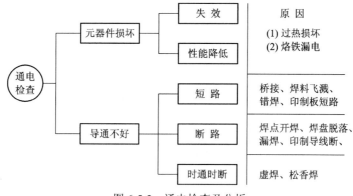

图 6-5-2　通电检查及分析

6.5.4　常见焊点缺陷及质量分析

造房子，一定要把每一块砖砌牢。制作电子产品，一定要保证每个元器件的焊接质量，即焊点要表面光亮、锡量适中、牢固可靠且呈凹面形(即浸润型)。在初学焊接时，焊点容易出现缺陷，会给电子产品带来隐患，因此焊接时一定要保证质量。

造成焊接缺陷的原因很多，在材料(焊料与焊剂)与工具(烙铁、夹具)一定的情况下，采用什么方式方法以及操作者是否有责任心就是决定性的因素。表 6-5-1 列出了常见焊点缺陷的外观、特点、危害及产生原因，可供焊点检查、分析时参考。

表 6-5-1　常见焊点缺陷的外观现象和特点、危害及原因分析

焊点缺陷	外观现象和特点	危 害	原 因 分 析
虚焊-1	元器件引脚未完全被焊料润湿，焊料在引脚上的润湿角大于90°	电路工作不正常，信号不通或时断时通，噪声增加	① 元器件引线可焊性不良； ② 元器件热容大，引线未达到焊接温度； ③ 助焊剂选用不当或已失效； ④ 引线局部被污染
虚焊-2	印制板焊盘未完全被焊料润湿，焊料在焊盘上的润湿角大于90°		① 焊盘可焊性不良； ② 焊盘所处铜箔热容大，焊盘未达到焊接温度； ③ 助焊剂选用不当或已失效； ④ 焊盘局部被污染

焊 点 缺 陷	外观现象和特点	危 害	原 因 分 析
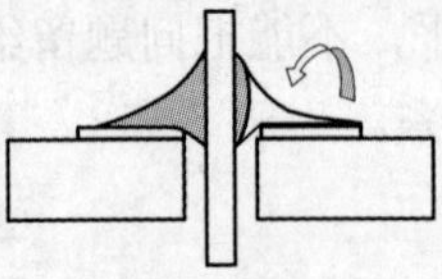 半边焊	元器件引脚和印制板焊盘均被焊料良好润湿，但焊盘上焊料未完全覆盖，插入孔时有露出	强度不足	① 器件引脚与焊盘孔间隙配合不良； ② 元器件引脚包封树脂部分进入插入孔中
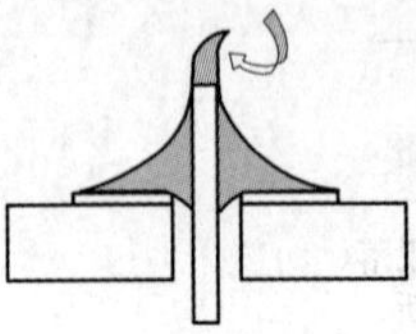 拉尖	元器件引脚端部有焊料拉出呈锥状	外观不佳、易造成桥接现象；对于高压电路，有时会出现尖端放电的现象	① 烙铁头离开焊点的方向不对； ② 电烙铁离开焊点太慢； ③ 焊料中杂质太多； ④ 焊接时的温度过低
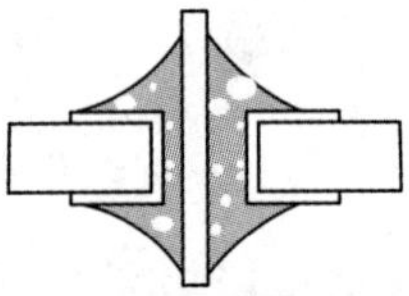 气孔	焊点内外有针眼或大小不等的孔穴	暂时导通，但长时间容易引起导通不良	① 引线与焊盘孔间隙过大； ② 引线浸润性不良，通孔焊接时间过长； ③ 空气膨胀
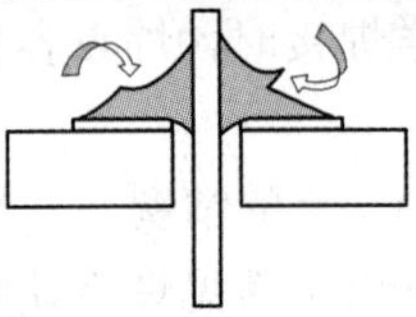 毛刺	焊点表面不光滑，有时伴有熔接痕迹	强度低，导电性不好	① 焊接温度或时间不够； ② 选用焊料成分配比不当，液相点过高或润湿性不好； ③ 焊接后期助焊剂已失效
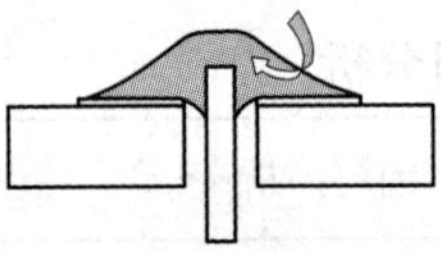 引脚太短	元器件引脚没有伸出焊点	机械强度不足	① 人工插件未到位； ② 焊接前元器件因震动而位移； ③ 焊接时因可焊性不良而浮起； ④ 元器件引脚成型过短
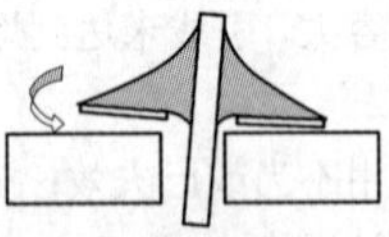 焊盘剥离	焊盘铜箔与基板材料脱开或被焊料熔蚀	电路出现断路或元器件无法安装，甚至整个印制板损坏	① 烙铁温度过高； ② 烙铁接触时间过长
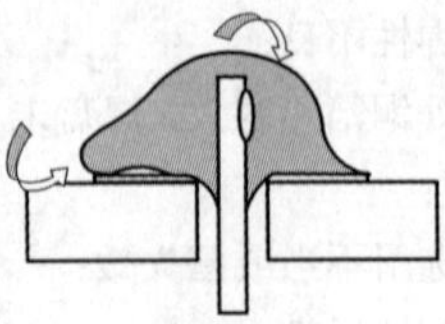 焊料过多	元器件引脚端被埋，焊点的弯月面呈明显的外凸圆弧	浪费焊料，可能包藏有缺陷	① 焊料供给过量； ② 烙铁温度不足，润湿不好，不能形成弯月面； ③ 元器件引脚或印制板焊盘局部不润湿； ④ 选用焊料成分配比不当，液相点过高或润湿性不好

续表二

焊 点 缺 陷	外观现象和特点	危 害	原 因 分 析
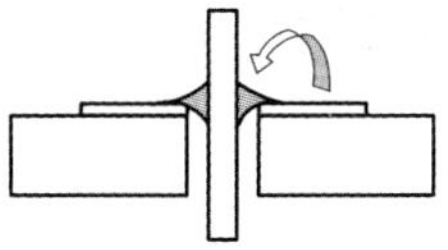 焊料过少	焊料未形成平滑过渡面,焊接面积小于焊盘 80%	过 机械强度不足	① 焊锡流动性差或焊锡丝撤离过早; ② 助焊剂不足; ③ 焊接时间太短
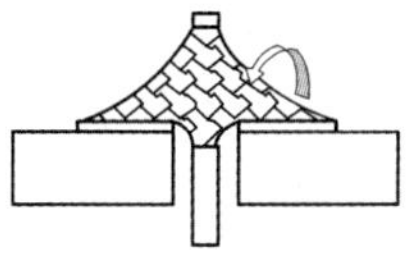 焊料疏松无光泽	焊点表面粗糙无光泽或有明显龟裂现象	焊盘易剥落,强度降低,元器件失效损坏	① 焊接温度过高或焊接时间过长; ② 焊料凝固前受到震动; ③ 焊接后期助焊剂已失效
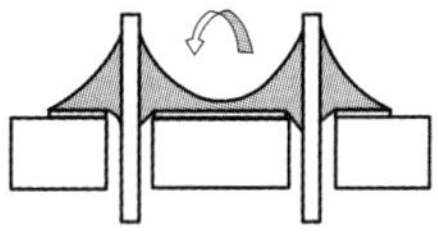 桥接	相邻焊点之间的焊料连接在一起	导致产品出现电气短路、有可能使相关电路的元器件损坏	① 焊锡用量过多; ② 电烙铁使用不当; ③ 导线端头处理不好; ④ 自动焊接时焊料槽的温度过高或过低
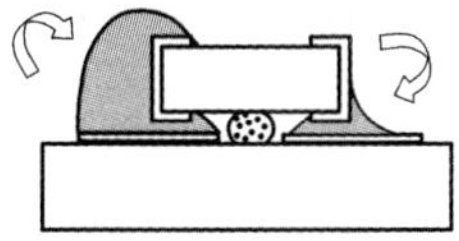 两端焊点不对称	两端焊点明显不一致,易产生焊点应力集中	强度不足	① 焊料流动性不好; ② 助焊剂不足或质量差; ③ 加热不足
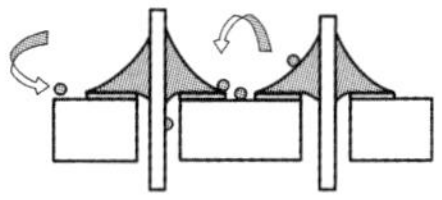 焊料球	焊料在焊盘和引脚上呈球状	有可能导致电路出现电气短路	① 焊料含氧高且焊接后期助焊剂已失效; ② 在表面安装工艺中,焊膏质量差,焊接曲线预热段升温过快,环境相对湿度较高造成焊膏吸湿
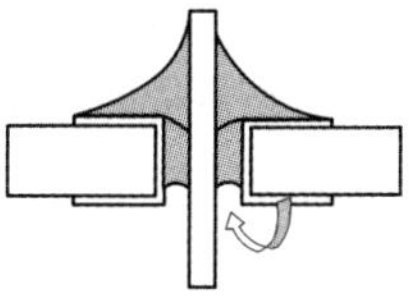 凹坑	焊料未完全润湿双面板的金属化孔,在元件面的焊盘上未形成弯月形的焊缝角	机械强度不足	① 元器件引脚或印制板焊盘在化学处理时化学品未清洗干净; ② 金属化孔内有裂纹且易受潮气侵袭; ③ 焊接中焊料供给不足
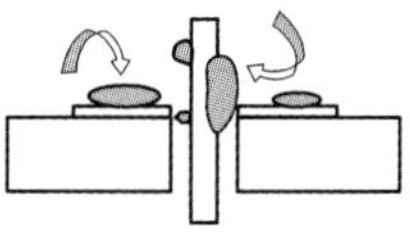 不润湿	元器件引脚和印制板焊盘未完全被焊料润湿,焊料在焊盘和引脚上的润湿角大于 90° 且回缩呈球形	强度低,不通或时通时断	① 焊盘和引脚可焊性均不良; ② 助焊剂选用不当或已失效; ③ 焊盘和引脚被严重污染

第7章 电子产品的组装与调试

当元器件准备妥当，所需的电路板也准备好以后，下一步就可以对元器件进行组装和调试了。组装是将各种电子元器件、机电元件及结构件，按照设计要求，装接在规定的位置上，组成具有一定功能的完整的电子产品的过程。电子产品组装完成后，并不代表它已经完全制成了，还需要进行调试检测，检测通过以后，才可认为制作真正完成了。

7.1 电子产品组装的技术与技巧

7.1.1 电子产品组装的方法和原则

1. 电子产品组装的方法

如表 7-1-1 所示，目前，电子产品的组装方法从组装原理上可以分为功能法、组件法和功能组件法三种。

表 7-1-1 电子产品的组装方法

组装方法	说　明	应　用　场　合
功能法	功能法是将电子设备的一部分放在一个完整的结构部件内。该部件能完成变换或形成信号的局部任务(某种功能)，从而得到在功能上和结构上都已完整的部件，便于生产和维护	这种方法广泛用在采用电真空器件的产品上，也适用于以分立元件为主的产品上
组件法	组件法是制造出一些在外形尺寸和安装尺寸上都统一的部件，这时部件的功能完整性退居到次要地位。根据实际需要，组件法又可以分为平面组件法和分层组件法	这种方法广泛用于统一电气安装工作中并可以大大提高安装密度
功能组件法	功能组件法兼顾了功能法和组件法的特点	这种方法用以制造出既能保证功能完整又有规范的结构尺寸的组件

2. 电子产品组装的原则

电子产品组装的基本原则是：先轻后重、先小后大、先铆后装、先里后外、先低后高，易碎后装，上道工序不能影响下道工序的安装、下道工序不改变上道工序。一般电子产品组装的流程如图 7-1-1 所示。

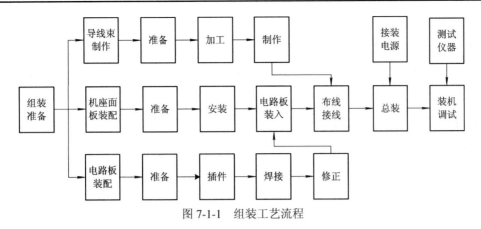

图 7-1-1　组装工艺流程

7.1.2　组装前的准备工作

1. 元器件的检查和筛选

准备元器件之前，最好对照电路原理图列出所需元器件的清单。为了保证在电子制作的过程中不浪费时间，减少差错，同时也保证制成后的产品能长期稳定地工作，待所有元器件都备齐后，还必须对其进行检查和筛选，具体内容如表 7-1-2 所示。

表 7-1-2　元器件的检查和筛选

序号	检查和筛选	说　　明
1	外观质量检查	拿到一个电子元器件之后，应看其外观有无明显损坏。如变压器，看其所有引线有无折断，外表有无锈蚀，线包、骨架有无破损等；对于三极管，看其外表有无破损，引脚有无折断或锈蚀，还要检查一下器件上的型号是否清晰可辨；对于电位器、可变电容器之类的可调元件，还要检查在调节范围内，其活动是否平滑、灵活，松紧是否合适，应无机械噪声，手感好，并保证各触点接触良好。 各种不同的电子元器件都有自身的特点和要求，各位电子制作爱好者平时应多了解一些有关各元件的性能和参数、特点，积累经验
2	电气性能的筛选	要保证试制的电子产品能够长期稳定地通电工作，并且经得起应用环境和其他可能因素的考验，对电子元器件的筛选是必不可少的一道工序。所谓筛选，就是对电子元器件施加一种应力或多种应力试验，暴露元器件的固有缺陷而不破坏它的完整性。对于业余爱好者来说，在电子制作过程中，大多数情况下，采用自然老化的方式。例如使用前将元器件存放一段时间，让电子元器件自然地经历夏季高温和冬季低温的考验，然后再来检测它们的电性能，看是否符合使用要求，优存劣汰。对于一些急用的电子元器件，也可采用简易电老化方式，可采用一台输出电压可调的脉动直流电源，使加在电子元器件两端的电压略高于元件额定值的工作电压，调整流过元器件的电流强度，使其功率为 1.5～2 倍额定功率，通电几分钟甚至更长时间，利用元器件自身的特性而发热升温，完成简易老化过程
3	元器件的检测	经过外观检查以及老化处理后的电子元器件，还必须通过对其电气性能与技术参数的测量，以确定其优劣，剔除那些已经失效的元器件。常用元器件的检测方法见本书第 1 章

2. 元器件的预处理

电子产品在组装过程中使用的元器件要考虑其通用性，或者由于包装、储藏的需要，采购来的元器件，其形态不会完全适合于组装的要求，因此，有些元器件在组装前必须进行预处理，具体内容如表7-1-3所示。

表 7-1-3　元器件的预处理

序号	元器件的预处理	说　明
1	印制电路板(PCB)的预处理	电路板通常不需要处理即可直接投入使用。应检查板基的材质和厚度，铜箔电路腐蚀的质量，焊盘孔是否打偏，贯孔的金属化质量怎样，有的还需要进行打孔、砂光、涂松香酒精溶液等工作
2	元器件引脚的预处理	成形元器件的安装方式分为卧式和立式两种。卧式安装美观、牢固、散热条件好、检查辨认方便；立式安装节省空间、结构紧凑，只是电路板的安装面积受限制，一般在不得已情况下才采用。集成电路的引脚一般用专用设备进行成形；双列直插式集成电路引脚之间距离也可利用平整桌面或抽屉边缘，手工操作来调整
3	元器件引脚上锡	由于某些元器件的引脚或由于材料性质，或因长时间存放而氧化，可焊性变差，必须去除氧化层，上锡(亦称搪锡)后再装，否则极易造成虚焊。去除氧化层的方法有多种，但对于少量的元器件，用手工刮削的办法较为易行可靠

3. 导线的加工

每个电子产品都会使用到绝缘导线，以便通过绝缘导线中的芯线，对电路中的某些元器件进行连接，从而使之符合电子产品电路的设计要求。导线加工工具主要有剥线钳、剪刀、尖嘴钳和斜口钳，具体的使用方法见第2章。

1) 绝缘导线加工的步骤及方法

绝缘导线加工的步骤及方法如表7-1-4所示。

表 7-1-4　绝缘导线加工的步骤及方法

序号	步　骤	方　法
1	剪裁	根据连接线的长度要求，将导线剪裁成所需的长度。剪裁时，要将导线拉直再剪，以免造成线材的浪费
2	剥头	将绝缘导线去掉一般绝缘层而露出芯线的过程叫剥头。剥头时，要根据安装要求选择合适的剥点。剥头过长会造成线材浪费，剥头过短，会导致不能用
3	捻头	将剥头后剥出的多股松散的芯线进行捻合的过程叫捻头。捻头时，应用拇指和食指对其顺时针或逆时针方向进行捻合，并要使捻合后的芯线与导线平行，以方便安装。捻头时，应注意不能损伤芯线
4	涂锡(搪锡)	将捻合后的芯线用焊锡丝或松香加焊锡进行上锡处理(叫涂锡)。芯线涂锡后，可以提高芯线的强度，更好地适应安装要求，减少焊接时间，保护焊盘焊点

2) 绝缘导线加工的技术要求

绝缘导线加工的技术要求如下：

(1) 不能损伤或剥断芯线；

(2) 芯线捻合要又紧又直；

(3) 芯线镀锡后，表面要光滑、无毛刺、无污物；

(4) 不能烫伤绝缘导线的绝缘层。

4．安装工艺中的紧固和连接

电子产品的元器件之间，元器件与机板、机架以及与外壳之间的紧固连接方式，主要有焊接，插接，螺钉、螺栓紧固，压接，粘接，绑扎和卡口扣装等。安装工艺中的紧固和连接的内容如表 7-1-5 所示。

表 7-1-5　安装工艺中的紧固和连接

序号	紧固连接方式	说　　　明
1	焊接	焊接是电子产品中主要的安装方法，焊接方法见第 5 章
2	插接	插接是利用弹性较好的导电材料制成插头、插座，通过它们之间的弹性接触来完成导电和紧固的。插接安装主要用于局部电路之间的连接以及某些需要拆卸更换的零件的安装。插接安装应注意如下几个问题：① 必须对号入座；② 位置对准再插；③ 注意锁紧装置；④ 适当增加润滑
3	螺钉、螺栓紧固	用螺钉、螺栓来紧固几乎是任何机器都要使用的安装手段，具有连接牢固、载荷大、可拆卸等优点。在电子产品中多用于底板、机壳的装配，变压器、开关等受力较大的元器件安装以及某些特殊接头的电气连接
4	压接	压接是利用导线或零件的金属在加压变形时，本身所具有的塑性和弹性来保持连接的。特点是简单易行，无需加热，也无需加入第三种材料。压接用在各种接线端子与导线的连接中，比如多芯插头线中每一根导线与插接芯的连接大多就采用的是压接
5	粘接	粘接是将合适的胶粘剂涂覆在被粘物表面，因胶粘剂的固化而使物体结合的方法。由于粘接可以在不同的材料之间使用，适应范围广，施工时几乎不受空间位置的限制，灵活方便，操作简单，还具有密封性，因而在电子产品安装中被广泛地采用。一般用于零部件之间的永久性结合
6	绑扎	绑扎主要用来整理、束紧机件间的软导线以及固定个别较重的元器件。稍复杂的电子产品中，除了电路板上的铜箔线路外往往还有很多游离于电路板之外的连接线穿行于不同的零部件之间，因此要把它们整理束缚成扎。现在大多是先安装，焊接好以后再用塑料扎扣来绑扎。另外，个别较重的元器件安装时也需要用绑扎法来加固
7	卡口扣装	现代电子产品中越来越多地使用卡口锁扣的方法代替螺钉、螺栓来装配各种零部件，这充分利用了塑料的弹性和模具加工的便利。卡装有快捷可靠、成本低、耐震动等优点

7.1.3 元器件的安装

1. 元器件安装的次序

电路板上元器件的安装次序应该以前道工序不妨碍后道工序为原则，一般是先装低矮的小功率卧式元器件，然后装立式元器件和大功率卧式元器件，再装可变元器件、易损元器件，最后装带散热器的元器件和特殊元器件。

插件次序是：先插跳线，再插卧式 IC 和其他小功率卧式元器件，最后插立式元器件和大功率卧式元器件；而开关、插座等有缝隙的元器件以及带散热器的元器件和特殊元器件一般都不插，留待上述已插元器件整体焊接以后再由手工分装来完成。

2. 常用元器件的安装

各种常用元器件的安装如表 7-1-6 所示。

表 7-1-6　常用元器件的安装

序号	元器件	安 装 说 明
1	电阻	安装电阻时要注意区分同一电路中阻值相同而功率不同、类型不同的电阻，不要插错。安装大功率电阻时要注意使之与底板隔开一定的距离，最好使用专用的金属支架支撑，与其他零件也要保持一定的距离，以利于散热。小功率电阻大多采用卧式安装，并且要紧贴底板安装，以减少引线形成的分布电感。安装热敏电阻时要让电阻紧靠发热体，并用导热硅脂填充两者之间的空隙
2	电位器	电位器从结构上分为旋轴式和直线推拉式两种。相同阻值的电位器，按阻值变化的特性又分为直线式、对数式和反对数式。它们在外形上没有什么差别，完全靠标注来区分，安装时不要搞混，必要时可以用仪表测试来分辨。固定在面板上的旋轴式电位器安装时要将定位销子套好后再锁紧螺母
3	电容	瓷介电容安装时要注意其耐压级别和温度系数。铝质电解电容、钽电解电容的正极所接电位一定要高于负极所接电位，否则将会增大损耗，尤其是铝质电解电容，极性接反时将会急剧发热，引起鼓泡、爆炸。可变电容、微调电容安装时也有极性问题，要注意让接触人体的动片那一极接"高频低电位"焊盘，不能颠倒，否则，调节时人体附加上去的分布电容将使得调节无法进行。安装有机薄膜介质的可变电容时，要先将动片全部旋入后再焊接，要尽量缩短焊接时间。穿心电容、片状电容安装时要注意保持表面的清洁
4	电感	固定电感外形犹如电阻一般，其引脚与内部导线的接头部位比较脆弱，安装时要注意保护，不能强拉硬拽。没有屏蔽罩的电感安装时要注意与周围元器件的关系，要避免漏感交联。高频空芯线圈安装时要注意插到位，摆好位置，焊完后要保持调整前的密绕状态。选用和定制空芯线圈时，除了线径、匝数、线筒直径等参数外还有左、右旋的绕向要注意区分，若绕向不对，插装后电感的磁场指向会大不相同。多绕组电感、耦合变压器，在分清初、次级以后还要进一步分辨各绕组间的"同名端"，亦即定出各绕组对高频信号而言的"冷端"、"热端"。可变电感安装的焊接时间不能太长，以免塑料骨架受热变形影响调节

序号	元器件	安 装 说 明
5	晶体管	各种晶体管在安装时要注意分辨它们的型号、引脚次序和正负极性；要注意防止在安装焊接的过程中对它们造成损伤。 　　小功率的三极管、场效应管和可控硅，封装外形有时完全相同，有些微型封装的器件，表面只能印一两个标注字，容易混淆，应该尽量与它们的原包装一道拿取，一旦用不完，要及时地放回原包装中去。 　　有时即使是同一种型号的器件，由于生产厂家不同，其引出脚的次序也有变化，一定要认准其排列，不要相互插错。二极管的引出脚也有正负极之分，不能插反。 　　安装塑封大功率三极管时，要考虑集电极与散热器之间的绝缘问题。紧固螺钉和晶体管之间用耐热的工程塑料做成的套筒子(又叫绝缘珠)绝缘，晶体管和散热器之间垫以云母片、聚酯薄膜或一种专用的散热材料——散热布。也可以反过来将绝缘珠套在螺栓与散热器之间。安装绝缘栅型场效应管(MOS 管)等器件时，与安装 IC 时一样应该注意被静电击穿和电烙铁漏电击穿的危险，除了实施中和、屏蔽、接地等措施以外，焊接时应顺序焊接漏、源、栅极，最好采用超低压电烙铁或储能式电烙铁
6	继电器	要注意区分其规格、型号，注意核对驱动线圈的工作电压值、电阻值和触点的荷载能力。驱动绕组和各被控触点一般分别工作在不同的回路，有时两者之间电压相差很大，要注意电路的绝缘。要注意分辨常开触头与常闭触头的引出脚位置。小继电器驱动绕组的线径很细，其与引出脚相接的部位易出问题，要注意保护。另外，焊接插装继电器的插座时要把继电器插在上面再焊接，以免插座的插接点在焊完以后位置歪斜。这一类继电器一般都有一个固定用的卡簧，安装时不能遗忘。有的继电器安装时有方位要求，要注意满足。凡是继电器都不宜安装在有强磁场或强震动的地方
7	集成电路 (IC)	安装时应该注意以下几点： 　　① 拿取时必须确保人体不带静电； 　　② 焊接时必须确保电烙铁不漏电。 　　焊接时要预先接好电烙铁的安全地线，必要时可以临时拔掉电烙铁的电源插头
8	IC 插座	尽管插座本身在电气上并无极性可言，但错误的安装方向将会对以后 IC 的插入造成误导。另外，特别要注意每个引脚的焊接质量，因为 IC 插座引脚的可焊性差，容易出现虚焊，焊接时可以适当地采用活性较强的焊剂，焊接后应加强清洗

7.1.4　面包板的组装

面包板是专为电子电路的无焊接实验设计制造的。由于使用面包板搭接电路时，各种电子元器件可根据需要随意插入或拔出，免去了焊接，节省了电路的组装时间，而且元件可以重复使用，因此非常适合电子电路的组装、调试和训练。

1．面包板的结构

SYB-120 型面包板如图 7-1-2 所示。插座板中央有一凹槽，凹槽两边各有 60 列小孔，每一列的 5 个小孔在电气上相互连通。集成电路的引脚就分别插在凹槽两边的小孔上。插座上、下边各一排(即 X 和 Y 排)在电气上是分段相连的 50 个小孔，分别作为电源与地线插孔用。对于 SYB-120 插座板，X 和 Y 排的 1～15 孔、16～35 孔、36～50 孔在电气上是连通的，但这 3 组之间是不连通的，若需要连通，必须在两者之间跨接导线。

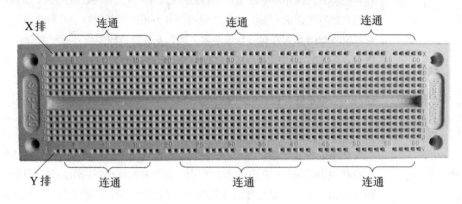

图 7-1-2　SYB-120 型面包板

目前，面包板有很多种规格。但不管是哪一种，其结构和使用方法大致相同，即每列 5 个插孔内均用一个磷铜片相连。这种结构造成相邻两列插孔之间分布电容大。因此，面包板一般不适用于高频电路实验中。

2．安装工具和导线

面包板安装时所需的工具主要有剥线钳、斜口钳、扁嘴钳和镊子。斜口钳与扁嘴钳配合用来剪断导线和元器件的多余引脚。斜口钳的刃面要锋利，将钳口合上，对着光检查时应合缝不漏光。剥线钳用来剥离导线的绝缘皮。扁嘴钳用来弯直和理直导线，钳口要略带弧形，以免在勾绕时划伤导线。镊子是用来夹住导线或元器件的引脚送入面包板指定位置的。

面包板宜使用直径为 0.6 mm 左右的单股导线。根据导线的距离以及插孔的长度剪断导线，要求线头剪成 45°斜口，线头剥离长度约为 6 mm，要求全部插入底板以保证接触良好，裸线不宜露在外面，防止与其他导线短路。

3．电路的布局与布线

为避免或减少故障，面包板上的电路布局与布线，必须合理而且美观。表 7-1-7 列出了面包板布线的一般原则。

表 7-1-7　面包板的布局与布线

序号	电路的布局与布线	要　求
1	按电路原理图中元器件图形符号的排列顺序进行布件	多级电路要成一直线布局,不能将电路布置成"L"或"π"字形。如果受面包板面积限制,非布成上述字形不可,则必须采取屏蔽措施
2	集成块和晶体管的布局	一般按主电路信号流向的顺序在一小块面包板上直线排列。各级元器件围绕各级的集成块或晶体管布置,各元器件之间的距离应视周围元件多少而定。 对多次使用过的集成电路的引脚,必须修理整齐,引脚不能弯曲,所有的引脚应稍向外偏,这样能使引脚与插孔可靠接触。要根据电路图确定元器件在面包板上的排列方式,目的是走线方便。为了能够正确布线并便于查线,所有集成电路的插入方向要保持一致,不能为了临时走线方便或缩短导线长度而把集成电路倒插
3	安装分立元件	应便于看到其极性和标志,将元件引脚理直后,在需要的地方折弯。为了防止裸露的引线短路,必须使用带套管的导线,一般不剪断元件引脚,以便于重复使用。一般不要插入引脚直径大于 0.8 mm 的元器件,以免破坏插座内部接触片的弹性
4	布线前,要弄清管脚或集成电路各引出端的功能和作用	尽量使电源线和地线靠近电路板的周边,以起到一定的屏蔽作用
5	导线的使用	所用导线的直径应和插件电路板的插孔粗细相配合,太粗会损坏插孔内的簧片,太细导线接触不良;所用导线最好分色,以区分不同的用途,即正电源、负电源、地、输入与输出用不同颜色导线加以区分,例如,习惯上正电源用红色导线、地线用黑色导线等
6	根据信号流程的顺序,采用边安装边调试的方法	元器件安装之后,先连接电源线和地线,然后按信号传输方向依次接线并尽可能使连线贴近面包板,尽量做到横平竖直,如图 7-1-3 所示。 输出与输入信号引线要分开,还要考虑输入、输出引线各自与相邻引线之间的相互影响,输入线应防止邻近引线对它产生干扰(可用隔离导线或同轴电缆线),而输出线应防止它对邻近导线产生干扰;一般应避免两条或多条引线互相平行;所有引线应尽可能地短并避免形成圈套状或在空间形成网状;在集成电路上方不得有导线(或元件)跨越。 最好在各电源的输入端和地之间并联一个容量为几十微法的电容,这样可以减少瞬变过程中电流的影响。为了更好地抑制电源中的高频分量,应该在该电容两端再并联一个高频去耦电容,一般取 0.01~0.047 μF 的独石电容
7	合理布置地线	为避免各级电流通过地线时互相产生干扰,特别要避免末级电流通过地线对某一极形成正反馈,故应将各级单独接地,然后再分别接公共地线

实践证明，虽然元器件完好，但由于布线不合理，也可能造成电路工作失常。这种故障不像脱焊、断线(或接触不良)或器件损坏那样明显，多以寄生干扰形式表现出来，很难排除。合理的布线如图 7-1-3 所示。

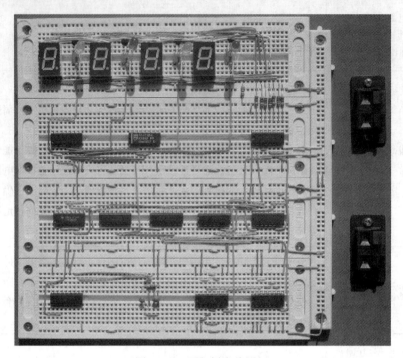

图 7-1-3 面包板布线图例

7.1.5 万能板的组装

1. 万能板的分类及特点

目前市场上出售的万能板主要有两种：一种是焊盘各自独立的(如图 7-1-4 所示，简称单孔板)；另一种是多个焊盘连在一起的(如图 7-1-5 所示，简称连孔板)。单孔板又分为单面板和双面板两种；万能板按材质的不同，又可以分为铜板和锡板。不同种类万能板的分类、特点及应用如表 7-1-8 所示。

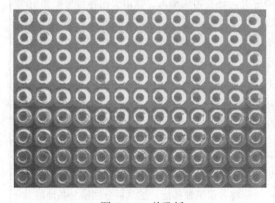

图 7-1-4 单孔板

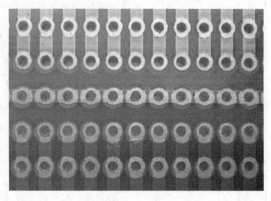

图 7-1-5 连孔板

表 7-1-8 万能板的分类、特点及应用

分 类	特 点 及 应 用
单孔板	单孔板较适合数字电路和单片机电路,因为数字电路和单片机电路以芯片为主,电路较规则
连孔板	连孔板则更适合模拟电路和分立电路,因为模拟电路和分立电路往往较不规则,分立元件的引脚常常需要连接多根线,这时如果有多个焊盘连在一起就要方便一些
铜板	铜板的焊盘是裸露的铜,呈现金黄色,平时应该用报纸包好保存以防止焊盘氧化,万一焊盘氧化了(焊盘失去光泽、不好上锡),可以用棉棒蘸酒精清洗或用橡皮擦拭
锡板	焊盘表面镀了一层锡的是锡板,焊盘呈现银白色,锡板的基板材质要比铜板坚硬,不易变形

2. 万能板的焊接

1) 焊接前的准备

在焊接万能板之前需要准备足够的细导线用于走线。细导线分为单股的和多股的:单股硬导线可将其弯折成固定形状,剥皮之后还可以当作跳线使用;多股细导线质地柔软,焊接后显得较为杂乱。万能板具有焊盘紧密等特点,这就要求烙铁头有较高的精度,建议使用功率为 30 W 左右的尖头电烙铁。同样,焊锡丝也不能太粗,建议选择线径为 0.5~0.6 mm 的焊锡丝。

2) 万能板的焊接方法

万能板的焊接方法一般是利用细导线进行飞线连接的,飞线连接没有太大的技巧,但要尽量做到水平和竖直走线,整洁清晰(见图 7-1-6)。还有一种方法叫做锡接走线法,如图 7-1-7 所示,这种方法工艺不错,性能也稳定,但比较浪费锡。而且纯粹的锡接走线难度较高,受到锡丝、个人焊接工艺等各方面的影响。如果先拉一根细铜丝,再随着细铜丝进行拖焊,则简单许多。

图 7-1-6 飞线连接

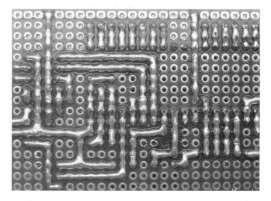

图 7-1-7 锡接走线法

3) 万能板的焊接技巧

很多初学者焊的板子很不稳定,容易短路或断路。除了布局不够合理和焊工不良等因素外,缺乏技巧是造成这些问题的重要原因之一。掌握一些技巧可以使电路的复杂程度大

大降低，减少飞线的数量，让电路更加稳定。表7-1-9列出了万能板的焊接技巧。

表7-1-9　万能板的焊接技巧

序号	焊接技巧	说　　明
1	初步确定电源、地线的布局	电源贯穿电路始终，合理的电源布局对简化电路起到十分关键的作用。某些万能板布置有贯穿整块板子的铜箔，应将其用作电源线和地线；如果无此类铜箔，则需要对电源线、地线的布局有个初步的规划
2	善于利用元器件的引脚	万能板的焊接需要大量的跨接、跳线等，不要急于剪断元器件多余的引脚，有时候直接跨接到周围待连接的元器件引脚上会事半功倍。另外，本着节约材料的目的，可以把剪断的元器件引脚收集起来作为跳线用
3	善于利用排针	排针有许多灵活的用法。比如两块板子相连，就可以用排针和排座，排针既起到了两块板子间的机械连接作用，又起到电气连接的作用
4	充分利用双面板	双面板的每一个焊盘都可以当作过孔，灵活实现正反面电气连接
5	充分利用板上的空间	芯片座里面隐藏元件，既美观又能保护元件(见图7-1-8)
6	跳线技巧	当焊接完了一个电路后发现某些地方漏焊了，但是漏焊的地方却被其他焊锡阻挡了，则应该用多股线在背面跳线，如果是焊接前就需要跳线，那么用单股线在万能板正面跳线

图7-1-8就是充分利用芯片座内的空间隐藏元件，从而节省了空间。

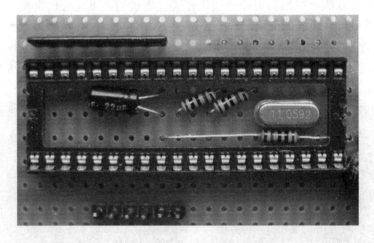

图7-1-8　芯片座内隐藏元件

7.2　调　试　技　术

电子产品不经过调试很难达到设计要求，而不同的产品，调试的方法也不同。本节主要介绍一些常用调试方法，在调试过程中，少不了使用各种仪器仪表，具体的使用方法可参照前面章节。

7.2.1　调试前的准备工作

在调试电路时，首先要对电路进行初步认识，也就是要做些调试电路前的准备工作。先观察电路的表面情况，看电路板焊接是否有问题；其次轻微晃动电路板，听听是否有异常响动；再次如果不是自己设计的电路，要先弄清楚电路原理；最后检查芯片等器件是否插牢，有些不易观察的焊点是否焊接牢靠。这些基本的检查做完后，也不易直接通电，还需进行认真检查，具体的检查内容如下：

(1) 电路连线是否正确。检查电路连线，看是否有错线(元件两端是否有连接错误的情况)、少线(漏掉的线)和多线(原设计中没有而电路板上却存在的线)的情况。检查方法有两种：一种是按照电路图检查安装的线路；另一种是按照实际线路来对照原理图进行查线。查线时，可以在已检查过的元器件上做上标记，最好用指针式万用表的"Ω×1"挡或者数字式万用表的蜂鸣挡来测量，而且直接测量元器件的引脚，还可以发现接触不良的地方。

(2) 元器件安装情况。检查元器件引脚之间是否有短路现象；连接处是否有接触不良的情况；二极管、三极管、集成块及电解电容等器件的极性是否连接正确。

(3) 电源、信号源等是否连线正确，极性是否正确。

(4) 电源端对地是否存在短路。

在通电前，断开一端电源线，用万用表检查电源端对地是否存在短路。

7.2.2　调试的一般方法

调试可以说是测试和调整，而所谓的电子电路调试，就是以达到电路设计要求为目的而进行的一系列的测量—判断—调整—再测量的不断反复过程。为了调试的方便，应提前在电路图上标上各点的电位、波形及各种参数。

调试不但要使电子电路达到规定的指标，还要发现设计中存在的缺陷并进行及时的调整。调试的方法一般是先局部后整体，先静态后动态。根据这个方法，也可以把调试分为两种情况，其调试步骤如下：

简单系统：电源调试—单板调试—联调；

复杂系统：电源调试—单板调试—分机调试—主机调试—联调。

可见，无论是简单系统还是复杂系统，调试都要从电源开始。下面介绍几种常用的调试方法。

1. 测量法

测量法是指用万用表测量电路中的电压、电流、电阻等值，判断故障的方法。测量法可分为电压检查法、电流检查法、电阻检查法。下面以列表的形式介绍每种检查法。

1) 电压检查法

电压检查法的具体情况如表 7-2-1 所示。

表 7-2-1 电压检查法

关键词	说　明
原理	电压检查法通过检测电路某些测试点工作电压的值，来判别产生电压的原因，从而判定故障的原因
适用范围	电压检查法主要适用于各种有源电路，可检查直流电路故障，也可检查交流电路故障，对其他电路也有良好的效果
特点	① 测量时万用表是并联连接，无需对元器件、线路做任何调整，操作方便； ② 电路中的电压数据很能说明问题，对故障的判断可靠； ③ 详细、准确的电压测量需要整机电路图中的有关电压数据
测量项目	① 交流市电压，220 V，50 Hz； ② 交流低电压，几伏到几十伏，50 Hz，不同情况下不同； ③ 直流工作电压，不同电路有所不同，具体情况具体分析； ④ 音频信号电压，几毫伏至几十伏
测量交流市电压	测量方法很简单，采用万用表交流挡，测电源变压器初级线圈两端的电压应为 220 V，若没有，测量电源插口两端的电压应为 220 V
测量交流低电压	用万用表交流电压挡的适当量程，测电源变压器次级线圈的两个输出端，若有多个次级线圈，则先要找出所要测量的次级线圈，再进行测量。 在交流市电压输入正常的情况下，若没有低压输出，则绝大多数是电源变压器的初级线圈开路了，次级线圈因线径较粗，断线的可能性很小
测量直流工作电压	测量直流工作电压应使用万用表的直流电压挡，测量项目很多：一是整机直流工作电压(指整流电路输出电压)；二是电池电压；三是某一放大级电路的工作电压或某一单元电路工作电压；四是晶体管的各电极直流工作电压；五是集成电路各引脚工作电压；六是电动机的直流工作电压等。 在没有特殊说明情况下，根据实际情况分析，以下给出一般测量的正确结果： ① 整机直流工作电压在空载时比工作时要高出许多(几伏)，越高说明电源的内阻越大，所以，在测量直流电压时要在机器进入工作状态后进行； ② 全机中整流电路输出端直流电压最高，沿 RC 滤波、退耦电路逐节降低； ③ 电解电容器两端的电压，正极端应高于负极端； ④ 测得电容器两端电压为 0 时，只要电路中有直流工作，说明该电容器已经短路了； ⑤ 当电路中有直流工作电压时，电阻器工作时两端应有电压降，否则电阻器必有故障； ⑥ 测量电感器两端的直流电压不为 0 时，说明该电感器已经开路
测量音频信号电压	音频信号是一种交变量，与交流电相同，但工作频率很高，需要交流毫伏表来测量。通常，做如下测量： ① 测量功率放大器的输出信号功率； ② 测量每一级放大器输入、输出信号电压，以检查放大器电路的工作状态； ③ 测量话筒输出信号电压，以检查话筒工作状态

注意

① 测量交流市电压时注意单手操作，安全第一；测量交流市电压之前，先要检查电压量程，以免损坏万用表。

② 测量前要分清交、直流挡，对直流电压还要分清极性，红、黑表笔接反后表针方向偏转，数字万用表示数前带负号。

③ 在测量很小的音频信号电压时，如测量话筒输出信号电压，要选择好量程，否则测不到或测不准，影响正确判断。使用交流毫伏表一段时间后要校零，以保证低电平信号测量的精度。

④ 在有标准电压数据时，将测得的电压值与标准值对比，在没有标准数据时电压检查法的运用有些困难，要根据各种具体情况进行分析和判断。

2) 电流检查法

电流检查法的具体情况如表 7-2-2 所示。

表 7-2-2　电 流 检 查 法

关键词	说　　明
原理	电流检查法通过测量电路中流过某一测试点的直流电流的值，来判断电路的工作情况，从而找出故障原因
适用范围	电流检查法主要适用于各种晶体管电路，可检查直流电流，也可检查交流电流
特点	① 在电压检查法失效时，电流检查法能起决定性作用，如对一只推挽管开路的检查等； ② 电流表必须串接在回路中，所以需要断开测试点线路，操作比较麻烦； ③ 电流法可以迅速查出三极管和其他元器件发热的原因； ④ 在测量三极管集电极直流电流、集成电路直流工作电流时，如果输入音频信号，电流表指针将忽左忽右地摆动，这能粗略估计三极管、集成电路的工作状况，表针摆动说明它们能够放大信号，表针摆动幅度越大，信号越大； ⑤ 电流检查法需要了解一些资料，当有准确的电流数据时，可以迅速地判断出故障的位置，没有资料时确定故障的能力比较差
测量项目	① 测量集成电路的静态直流工作电流； ② 测量三极管集电极的静态直流工作电流； ③ 测量整机电路的直流工作电流； ④ 测量电动机的直流工作电流； ⑤ 测量交流电流
测量集成电路静态直流工作电流	万用表直流电流挡串联在集成电路的电源引脚回路中(断开电源引脚的铜箔线路，黑表表接已断开的集成电路电源引脚)，不给集成电路输入信号，此时所测得的电流为集成电路的静态直流工作电流

关键词	说　明
测量三极管集电极静态直流工作电流	测量三极管的集电极静态直流工作电流能够反映三极管当前的工作状态。断开集电极回路，串入直流电流表(万用表的直流电流挡)，使电路处于通电状态，在无输入信号情况下所测得的直流电流为三极管的静态直流工作电流。 　　关于电流测量检查还说明以下几点： 　　① 测量电流要在直流工作电压正常的情况下进行； 　　② 当所测得的电流为 0 时，说明三极管在截止状态；若得的电流很大说明三极管饱和，这两者都是故障，重点检查偏置电路； 　　③ 具体工作电流大小应查找有关标准资料，在有这方面资料的情况下，将所测得的电流数据与标准资料相比较，偏大或偏小均说明测试点所在电路出了故障； 　　④ 在没有具体电流资料时，要了解前级放大器电路中的三极管直流工作电流应比较小，以后各级逐级略有增大； 　　⑤ 功放推挽管的静态直流工作电流在整机电路各放大管中最大，约为 8 mA，两个推挽管的直流电流相同
测量整机直流工作电流	修理中，有时需要通过测量整机直流工作电流的大小来判断故障性质，因为电流能够大体上反映出机器的工作状态。当工作电流很大时，说明电路中存在短路现象；工作电流很小时，说明电路存在开路故障。 　　测量整机工作电流大小应在机器直流工作电压正常的情况下测量
测量交流工作电流	测量交流工作电流主要是检查电源变压器空载时的损耗，一般是在重新绕制电源变压器和电源变压器空载发热时才去测量，测量时用交流电流表串在交流市电回路上，测量交流电流时表笔没有极性

 注意

　　① 因为测量中要断开线路，有时是断开铜箔线路，测量完毕要焊好端口，否则影响下一步的检查。

　　② 在测量大电流时要注意表的量程，以免损坏电表。

　　③ 测量直流电流时要注意表笔的极性，在认清电流流向时再串入电表，红表笔是串入电流的，以免极性接反，打弯电流表指针。

　　④ 对于发热、短路故障，测量电流时要注意电流时间，越短越好，做好各项准备工作后再通电，以免烧坏元器件。

　　⑤ 由于电流测量比电压测量麻烦，因此应该是先用电压检查法检查，必要时再用电流检查法。

　　3) 电阻检查法

　　电阻检查法的具体情况如表 7-2-3 所示。

表 7-2-3 电阻检查法

关键词	说　明
原理	一个工作正常的电路在常态时(未通电)，有些线路应呈通路，有些应呈开路，有的则有一个确切的电阻值。电路工作失常时，这些电路阻值状态将发生变化，可根据这些变化判断故障位置
适用范围	电阻检查法适用于所有电路类故障检查，不适合机械类故障的检查，对确定开路、短路故障有特效
特点	① 检查线路通与断有良好效果，判断结果十分明确，对插口、接插件的检查很方便、可靠； ② 可以在电路板上直接检测，使用方便； ③ 修理中大量用到测量通、断时的电阻值，电阻法全部可以胜任； ④ 当使用能发出响声的数字式万用表时，查通路时很方便，不必查看表头，只听其声； ⑤ 可以直接找出故障部位
检测项目	① 开关件的通路与断路检查； ② 接插件通路与断路检查； ③ 铜箔线路的通路与断路检查； ④ 元器件质量的检测
铜箔线路通与断的检测	铜箔线路较细又薄，常有断裂故障，而且发生断裂时肉眼很难发现，此时要借助于电阻检查法。测量时，可以分段测量。当发现某一段铜箔线路开路时，先在其 2/3 处划开绝缘层，测量两段铜箔线路，再在存在开路的那一段继续测量或分割后测量。断头一般在元器件引脚焊点附近，或在电路板容易弯曲处。 电阻检查法还可以确定铜箔线路的走向。由于一些铜箔线路弯弯曲曲而且很长，凭肉眼不易发现线路从这端走向哪一端，可以用测量电阻检查法来确定。电阻为 0 表示为同一铜箔线路，不为 0 表示不是同一根铜箔线路
元器件质量检测	这是最常用的检测手段，当检测到电路板上某个元器件损坏后，也就找到了故障部位

 注意

① 严禁在通电情况下使用电阻检查法。

② 测通路时用 R×1 Ω 挡或 R×10 Ω 挡。

③ 在电路板上测量时，应测量两次，以两次中电阻大的一次为准(或作参考值)，在使用数字式万用表时不必测量两次。

④ 在对检测元器件质量有怀疑时，可从电路板上拆下该元器件后再测，对多引脚元器件则要另用其他方法检查。

⑤ 表笔搭在铜箔线路上，铜箔线路是涂上绝缘漆的，要用刀片先刮去绝缘漆。

⑥ 在检测接触不良故障时，表笔可用夹子夹住测试点，再摆动电路板。如果表针有断续表现电阻值大，说明存在接触不良故障。

2. 观察法

观察法有很多种，最基本的就是直观观察法，可以发现电路的一些表面问题。这里主要是通过观察信号波形来找出电路故障，观察信号波形使用示波器，称为示波器检查法。示波器的使用及几种波形失真如表 7-2-4 所示。

表 7-2-4   观   察   法

关键词	说　　明
原理	利用示波器能够直观查看放大器输出波形的特点，根据示波器上所显示信号波形的情况(有还是没有，失真与否，Y 轴幅度大还是小，噪声的有无及频率高低)，判断故障部位
适用范围	示波器检查法主要适用于电路类失真故障的检查，此外，还可以用来检查：一是无声故障，二是声音轻，三是噪声大故障，对检查振荡器电路也是有效的
特点	① 非常直观，能直接观察到故障信号的波形，易于掌握； ② 示波器检查法在测量法的配合下，可以进一步缩小故障范围； ③ 为检查振荡器电路提供了强有力的手段，能客观、醒目地指示振荡器工作状态，比用其他方法检查更为方便和有效； ④ 需要一台示波器及相应的信号源
纯阻性负载上截止、饱和失真	这是非故障性的波形失真，可适当减小信号，使输出波形刚好不失真，再测此时的输出信号电压，然后计算输出功率，若计算结果基本上达到或接近机器的不失真输出功率指标，可以认为这不是故障，而是输入信号太大了。 当计算结果表明是放大器电路的输出功率不足时，要检查失真原因，可逐级检查出故障出在哪级放大器电路中。 处理方法是更换三极管，提高放大器电路的直流工作电压等
削顶失真	这是推挽三极管的静态直流工作电流没有调好，或某只放大管静态工作点不恰当。 处理方法是在监视失真波形的情况下，调整三极管的静态工作电流
双迹失真	该失真主要出现在磁带录音机的放音和录音过程中，这是磁带的质量问题，与电路无关
交越失真	该失真出现在推挽放大器电路中。 处理方法是加大推挽三极管静态直流工作电流
梯形失真	该失真是某级放大器电路耦合电容太大，或某只三极管直流工作电流不正常造成的。 处理方法是减小级间耦合电容，减小三极管静态直流工作电流
阻塞失真	该失真是电路中的某个元器件失效、相碰、三极管特性不良所造成的。 处理方法是用元件代换法、直观法查出具体故障部位

续表

关键词		说　　明
半波失真		该失真是推挽放大器电路中有一只三极管开路造成的。当某级放大器中的三极管没有直流偏置电流而输入信号较大时，也会出现类似失真，同时信号波形的前沿和后沿还有类似交越失真的特征。 处理方法是电流检查法查各级放大器电路中的三极管直流工作电流
大小头失真	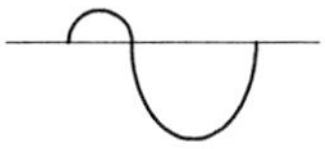	这种失真或是上半周幅度大，或是下半周幅度大。 处理方法是元件代换法检查各三极管，电流检查法查各三极管的直流工作电流
非线性非对称失真	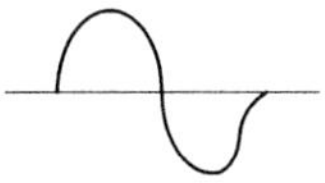	该失真是多级放大器失真重叠造成的，可用示波器查各级放大器的输出信号波形
非线性对称失真	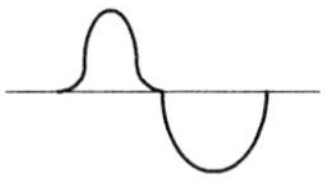	处理方法是减小推挽放大器三极管的静态直流工作电流
另一种非线性对称失真	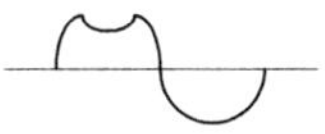	该失真是推挽放大器电路两只三极管直流偏置电流一个大一个小造成的
波形畸变	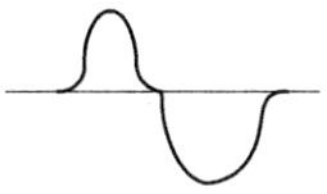	处理方法是更换扬声器
斜削波失真	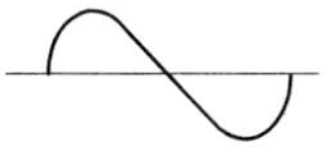	这种失真发生在录音机中，可更换录放磁头

 注意

① 仪器的测试引线要经常检查，因常扭折容易在皮线内部发生断线，会给检查、判断带来困难。

② 要正确掌握示波器操作方法，信号源的输出信号电压大小调整要恰当。输入信号电压太大将会损坏放大器电路，造成额外故障。

③ 示波器检查法的操作过程是比较麻烦的，要耐心、细心。

④ 示波器 Y 轴方向幅度表征信号的大小，幅度大，信号强，反之则弱。

⑤ 要注意射极输出器电路中三极管基极和发射极上信号的电压大小是基本相等的。

3. 元件代换法

元件代换法即万能检查法，它是一种对所怀疑部位进行代替的检查方法。具体情况如表 7-2-5 所示。

表 7-2-5　元件代换法

关键词	说　　明
基本原理	当对某个元器件产生怀疑时，可以运用质量可靠的元器件去替代它工作(更换所怀疑的元器件)，如果替代后故障现象消失，说明怀疑、判断属实，也就找到了故障部位；如果替代后故障仍然存在，说明怀疑错误，同时也排除了所疑部位，缩小了故障范围
适用范围	元件代换法适用于任何一种故障的检查，对疑难故障更为有效
特点	① 能够直接确定故障部位，对故障检查的正确率为百分之百，这是它的最大优点； ② 需要一些部件、元器件的备件； ③ 合理应用、有选择地运用元件代换法能获得最好的效果，否则不但没有收获，反而会进一步损坏线路； ④ 在有些场合下拆卸的工作量较大，比较麻烦
只有两根引脚的元器件代换法	当怀疑某两根引脚的元器件出现开路故障时，可在不拆下所怀疑元器件的情况下，用一只质量好的元器件直接并在所怀疑元器件的两根引脚焊点上。如果怀疑属实，机器在代换后应恢复正常工作，否则怀疑不对。这样代换检查很方便，无须使用电烙铁焊下元器件
贵重元器件代换检查法	为确定一些价格较贵的元器件是否出了问题，可先进行代换法，在确定它们确有问题后再买新的，以免造成浪费
操作方便的元器件代换检查法	如果所需代换的元器件、零部件暴露在外，具有足够的操作空间方便拆卸，这种情况下可以考虑采用代换法，但对那些多引脚元器件不易轻易采用此法
疑难杂症故障的代换检查法	对于软故障，由于检查相当不方便，此时可以对所怀疑的元器件适当进行较大面的代换法，如对电容漏电故障的检查法等
某一部分电路的代换法	在检查故障中，当怀疑故障出在某一级或几级放大器电路中时，可以将这一级或这几级电路作为整体代替，而不是只代替某个元器件，通过这样的代换可以将故障范围缩小

 注意

① 对于多引脚元器件，如多引脚的集成电路、显像管等不要采用代换法，应采用其他方法确定故障。

② 大面积采用代换法是盲目的，带有破坏性的，严禁采纳。

③ 在进行代换时，主要操作是对元器件的拆卸。拆卸元器件时要小心，操作不仔细会造成新的问题。代换完毕后的元器件装配也要小心，否则会留下新的故障部位，影响下一步检查。

④　当所需代换的元器件在机壳底部且操作不方便时，如有其他办法可不用代换法。只得使用代换法时，应作一些拆卸工作，将所要代换的元器件充分暴露在外，以便有较大的操作空间。

⑤　代换法若采用直接并联的方法，可在机器通电的情况下直接临时并上去，也可以在断电后用电烙铁焊上。对需要焊下元器件的代换，一定要在断电下操作。

⑥　代换法应该是在检查工作的最后几步才采用，即在故障范围已经缩小的情况下使用，切不可检查一开始就用。

⑦　除有利于使用代换法的情况外，其他情况应首先考虑采用其他检查法。

4. 短路法

短路法是指有意使电路中某测试部位短接，不让信号从测试点通过加到后级电路中，或是通过短接使某部分电路暂时停止工作，然后根据扬声器中的响声进行故障部位的判断，对于视频电路则在短路后通过观察图像来判断故障部位。具体情况如表 7-2-6 所示。

表 7-2-6　短　路　法

关键词	说　明
基本原理	短路法通过对电路中一些测试点的短接(主要是信号传输端与地端之间的短接)，有意地使这部分电路不工作。当它们不工作时，噪声也随之消失，扬声器中也就没有噪声出现了。这样便能发现噪声的部位
使用范围	短路法适用于检查电路类故障中的噪声大和图像类的杂波大故障
特点	①　短路法对啸叫故障无能为力。因为啸叫故障发生在环路电路中，当短接这一环路中的任一处时，都破坏了产生啸叫的条件而使叫声消失； ②　能够直接发现故障部位，或将故障部位缩小范围； ③　使用方便，只用一把镊子或一只隔直电容器； ④　在无电路原理图、印制图的情况也能进行检查，此时只短接三极管的基极与发射极； ⑤　用镊子直接短接结果准确，用电解电容短接有时只能将噪声输出大大降低，但不能消失，有误判的可能； ⑥　电路处于通电的工作状态，短路结果能够立即反映出来，具有检查迅速的特点； ⑦　无须给电路施加信号源，噪声本身就是一个被追踪的"信号源"
实施方法	短路法一般是将检测点对地短接，检查三极管时，将基极与发射极之间短接。短接一般是用镊子直接将电路短接。 在高电位对地短接时，对于音频放大器电路要用 20 μF 以上的电解电容去短接，对于高频电路可以用容量很小的电容(如 0.01 μF)去短路。用电容短路，由于电容的隔直作用，此时只是交流短接而不影响直流。短路法是从后级向前级逐点短接检查。 在检查时，要给电路通电，使之进入工作状态，但不输入信号，这时只有噪声出现

🐝 注意

①　短路法一般只需要检查电位器之前或之后的电路，无须对两部分电路都检查。

②　短路法也有简化形式，即只短路放大管的基极与发射极，当发现具体部位后再进一步分析短接点，修理中为提高检查速度往往是这样做的。

③ 电路中的高电位点对地短接检查时，不可用镊子进行短接，要用隔直电容器对地短接交流通路，以保证电路中的直流高电位不变，所用隔直电容器的容量大小与所检查电路的工作频率有关，能让噪声呈通路的电容器即可。用电解电容器去短接时要分清电容器的正、负极，负极接地。另外，采用电容器短接时要注意噪声变化，因为电容不一定能够将所有噪声信号短接到地端，噪声有明显减小就行，如果做不好，就不能达到预期检查目的。

④ 对电源电路(整流、滤波、稳压)切不可用短路检查法检查交流声故障。

⑤ 短路检查时可以在负载(如扬声器)上并接一只毫伏表，用来测量噪声电平的输出大小改变情况，从量的角度上进行判断。

⑥ 对于时有噪声时无噪声故障的检查，短路点用导线焊好，或焊上电解电容器，然后再检查故障现象是否还存在。

⑦ 短路法对啸叫故障无能为力，也不能用于检查失真、无声等故障。

⑧ 短路法一般是从后级向前级检查。当然也可以倒过来，但这样不符合人们的习惯。

7.2.3 单元电路调试技术

所谓单元电路，就是电路中的一些常用电路，例如音频放大器、单级放大器、多级放大器、电源电路等。在检测电路时，通常先逐个检查这些单元电路，最后再将它们联起来，这样比较方便，而且更节省时间。

单元电路检查具有很好的针对性，但是每个不同的单元电路有不同的检查方法，利用万用表来对单元电路进行检查也是一个很好的方法，可根据不同的单元电路用万用表测量电压、电阻并在开路、短路情况下来排除故障。表 7-2-7 介绍的是单元电路调试技术的基本原理及特点等。

表 7-2-7　单元电路调试技术

关键词	说　明
基本原理	单元电路具有一定的工作特性，特别是直流工作特性和未通电状态下的元器件电阻特性，检查电路的变异情况是检查单元电路的主要目的
适用范围	单元电路调试技术适用于各种电路类故障
特点	① 电压、电流和电阻测试等的综合运用； ② 能够直接查出故障原因； ③ 主要运用万用表进行检查； ④ 在给放大器电路通电、不通电情况下分别检查有关项目，测试比较全面，针对性很强

 注意

① 在已经将故障缩小到某一个单元电路之后，再使用该检查方法，才能迅速、准确地查出具体的故障原因。

② 通电时只能测量电压、电流，测电阻时要断电。

③ 一般应先测量电压，后测量电流或测量电阻，配合运用直观检查法，最后再进一步证实。

④ 对有源网络可以按上述顺序进行，对无源网络不测电压、电流。

7.2.4　用万用表调试检修电路实例

本节介绍几个用万用表调试检修日常电路的实例，以供参考。

1.　调光台灯的调试检修

调光台灯是初学者比较喜欢制作的实用电路之一。调光台灯的亮度可在大范围内调节，对保护视力和节省能源都有很大作用。调光台灯比一般台灯多了一个电子调光电路板，其原理图如图 7-2-1 所示。表 7-2-8 介绍的是调光台灯调修的工作原理。

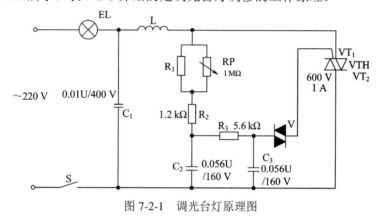

图 7-2-1　调光台灯原理图

表 7-2-8　调光台灯调修

关键词	说　明
工作原理	主电路由白炽灯泡 EL、电感线圈 L 和双向晶闸管 VTH 串联组成。调光电路由变阻器 RP、电阻器 R_1、R_2、R_3，电容器 C_2、C_3 及双向触发二极管 V 组成。变阻器 RP 用来调节触发信号的大小，也就是台灯的亮度
故障：通电后即最大亮度，不能调节灯光的强弱	双向晶闸管是一个易损坏的器件，如果击穿短路，灯泡发光最亮且不能调节。用万用表交流电压 10 V 挡测 VTH 的 VT_1、VT_2 两极间的电压，将红表笔接 VT_1，黑表笔接 VT_2。晶闸管正常工作时，VT_1、VT_2 两极间的电压应为 0.7～1 V。如果此电压值为 0 V，说明 VTH 已击穿短路；如果此电压值大于 1 V，说明 VTH 没有完全导通。拆下 VTH，用万用表的电阻挡测 VT_1、VT_2 间的电阻值，若为 0 Ω，说明 VTH 确已击穿，此时应更换双向晶闸管 　如果 VTH 的 VT_1、VT_2 极间电压为 0.7 V，说明 VTH 未坏，而电路中电阻器电容器不易损坏，但是双向触发二极管 V 的击穿也可使 VTH 一直导通，所以将 V 取下，用万用表的电阻挡测其电阻值，若接近于 0 Ω，说明 V 已击穿，更换双向触发二极管，也可用耐压值大于 400 V 的两只普通二极管反向并联代替

2.　多功能加湿器的调试检修

一般称频率在 20 kHz 以上的声波为超声波。超声波具有频率高、能量大的特点，并对液体有雾化作用。超声波加湿器根据这些特点用来提高环境湿度，净化空气。某型号加湿器电路原理图如图 7-2-2 所示。表 7-2-9 介绍的是多功能加湿器调修的工作原理。

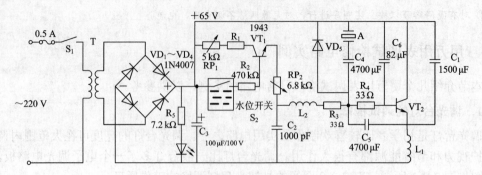

图 7-2-2　加湿器电路原理图

表 7-2-9　多功能加湿器调修

关键词	说　明
工作原理	加湿器储水器中放入一定量的水后，水位开关 S_2 自动闭合。接通电源开关 S_1 后晶体管 VT_1 得到偏置电压并导通。电压经 VT_1、RP_2、L_2、R_3、R_4 加到晶体管 VT_2 的基极。VT_2 与其外围设备构成一个振荡电路，频率在超声波段。一定幅度的振荡电压加到换能器 A 上，使 A 发出超声波，并在喷雾管腔内形成谐振，对水产生雾化作用，使水的形态由液态变成气态。电位器 RP_1 和 RP_2 可调节振荡幅度，从而调节喷雾量
故障 1：闭合开关 S_1 接通但电源加湿器没有雾喷出，调节 RP_2 无效	用万用表直流电压挡测量滤波电容器 C_3 的电压为 65 V，说明整流电路完好。用万用表直流电压挡测振荡晶体管 VT_2 基极与发射极间电压为 0.3 V，说明振荡电路已经起振。怀疑换能器 A 损坏，取下 A，其表面被水封压住的地方发黑，呈环状，这是被腐蚀后的现象，用万用表电阻挡测量环内外表面间的阻值在 1 MΩ 以上，说明 A 已损坏，需更换新品
故障 2：加湿器喷雾量小，调节 RP_2 效果不明显	根据现象可知电路基本工作，是由于振荡器振荡幅度不足，能量不够大，使得换能器 A 得不到足够的能量，所以喷雾量小。重点检查振荡晶体管 VT_2 及其偏置电路和电容器、电阻器等元件。检查发现电位器 RP_1 的一个引脚已经锈蚀，使 RP_1 两端的电阻值非常大(正常值为 5 kΩ)，需更换 RP_1

3. 冷热饮水机的调试检修

　　冷热饮水机由于使用方便且卫生，得到广泛应用，其电路图如图 7-2-3 所示。表 7-2-10 介绍的是饮水机调修的工作原理。

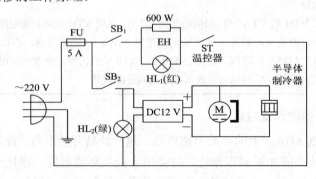

图 7-2-3　饮水机电路原理图

表 7-2-10　饮水机调修

关键词	说　　　明
工作原理	按下制冷开关 SB$_2$ 时，绿灯 HL$_2$ 亮，电源经整流输出 12 V 直流电压供半导体制冷器工作，使制冷器内水温维持在 5～15℃之间。永磁直流电动机 M 主要给半导体制冷器通风散热。 　按下开关 SB$_1$ 时，红灯 HL$_1$ 亮，电热管 EH 发热，热水胆的水温开始升高，升至 90℃时温控器 ST 触点断开，自动切断电源，EH 停止发热。当水温下降至 85℃时，ST 自动接通电源，EH 发热。使水温保持在 85～90℃之间
故障 1：按下开关 SB$_1$ 时红灯不亮，不产生热水	用万用表的电阻挡测量电热管 EH 的阻值为 80 Ω，则电热管正常。若测出温控器的电阻值为无限大，则说明温控器已经损坏，需更换新品。因为温控器在常温下，触点应是闭合的，电阻值应为 0 Ω
故障 2：按下开关 SB$_2$ 绿灯亮但不制冷	用万用表直流电压挡测整流器的输出电压，发现无 12 V 电压，说明整流器已坏，需更换新品。值得注意的是，半导体制冷器功率不太大，约为 70 W，制冷较慢，而且不使用制冷功能时，要将制冷开关 SB$_2$ 关闭

第 8 章　电子制作实例

8.1　来客提醒器的制作

本节介绍的来客提醒器电路工作电压低、安装简易，适合初学者自制。图 8-1-1 为来客提醒器的实物图。

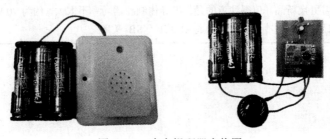

图 8-1-1　来客提醒器实物图

8.1.1　来客提醒器的识图

来客提醒器电路原理图如图 8-1-2 所示。

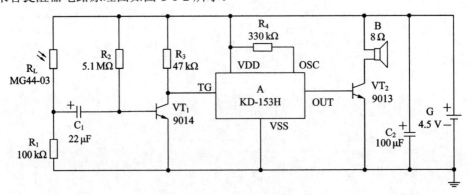

图 8-1-2　来客提醒器电路原理图

来客提醒器巧妙地利用了环境自然光线突然变暗这一传感信号来触发模拟声电路工作。光敏电阻器 R_L、三极管 VT_1 和周围阻容元器件等构成了感光式脉冲触发电路，模拟声集成电路 A、功率放大三极管 VT_2 和扬声器 B 等构成了音响发生电路。

平时，从店铺门口照射进来的自然光线稳定地照到 R_L 上，使其光电阻呈低阻值且基本稳定不突然变化。电容器 C_1 两端亦保持一定的左正右负的直流电压。由于 VT_1 的集电极电

阻器 R_3 取值比较大，尽管其基极偏流电阻器 R_2 取值更大，但此时 VT_1 仍然处于比较深度的导通状态，与 VT_1 集电极相接的 A 的触发端 TG 处于低电平(<1/2 VDD)，A 因得不到正脉冲触发信号而不工作，VT_2 截止，B 不发声。

当有客人进入店铺时，照射到 R_L 上的光线因受人体遮挡而显著减少，R_L 两端光电阻值突然增大，导致 C_1 的正极端电位突然降低，C_1 经 R_1、VT_1 的 e、b 结放电，抵消 R_2 的正偏电流，使 VT_1 反偏失去合适偏流而截止，其集电极输出正脉冲($\geqslant 1/2$ VDD)触发信号。于是，A 内部电路受触发工作，其 OUT 端连续输出三遍(约 4 秒)内储的"叮—咚"声电信号，经 VT_2 功率放大后，推动 B 发出响亮的提醒声。客人进入店铺(即离开 R_L 正前方)后，R_L 恢复稳定的低电阻值，电池 G 通过 R_L 和 VT_1 发射结对 C_1 快速正向充好电，为下一次探测到客人后触发模拟声电路做好准备。

电路中，C_2 为交流旁路电容器，在电池电能快用尽、内阻增大时，可有效地避免 B 发声时产生的畸变(严重时会产生寄生振荡，无法正常发声)，相对延长电池的使用寿命。事实上，C_2 的加入会使 B 发声更加清脆、响亮。

8.1.2　来客提醒器元器件的选择

该制作需用到六种主要电子元器件，它们的实物外形如表 8-1-1 所示。

A 选用 KD-153H 型"叮—咚"门铃专用模拟声集成电路。该集成电路用黑塑胶封装在一块尺寸约为 24 mm × 12 mm 的小印制板上，并设有插焊外围元器件的孔眼，安装使用很方便。KD-153H 的主要参数：工作电压范围 1.3～5 V，触发电压大于等于 1/2 VDD(正脉冲和高电平均有效)，触发电流小于等于 40 μA；当工作电压为 1.5 V 时，实测输出电流大于等于 2 mA、静态总电流小于 0.5 μA；工作温度范围 −10～+60℃。

VT_1 选用 9014 型小型塑封硅 NPN 小功率三极管，要求电流放大系数 $\beta > 120$；VT_2 用 9013 型小型塑封硅 NPN 晶体三极管，要求电流放大系数 $\beta > 100$。

R_L 宜选用 MG44-03 型塑料树脂封装光敏电阻器，亮阻小于等于 5 kΩ、暗阻大于等于 1 MΩ 的普通光敏电阻器也可直接代替。R_1～R_3 均用 RTX-1/8W 型碳膜电阻器。C_1、C_2 均用 CDl1-16V 型电解电容器。

B 用 Φ57 mm、8 Ω、0.25 W 小口径动圈式扬声器。

G 用三节 5 号干电池串联(需配套塑料电池架)而成，电压为 4.5 V。因整个电路平时耗电甚微，故无需设置电源开关。所选用的主要元件如表 8-1-1 所示。

表 8-1-1　来客提醒器元器件

序号	名　称	实　物	型　号	数　量
1	专用模拟声集成电路		KD-153H	1
2	三极管		9014	1
			9013	1

续表

序号	名 称	实 物	型 号	数 量
3	光敏电阻器		MG44-03	1
4	动圈式扬声器		Φ57 mm、8 Ω、0.25 W	1
5	碳膜电阻(金属膜)		100 kΩ，±5%，1/8 W	1
			5.1 MΩ，±5%，1/8 W	1
			47 kΩ，±5%，1/8 W	1
			330 kΩ，±5%，1/8 W	1
6	电解电容器		100 μF，16 V	1
			22 μF，16 V	1

8.1.3 来客提醒器印制电路板的制作

1. 刀刻印制板

根据图 8-1-3 所示来客提醒器的印制板接线图，使用刀刻法在单面覆铜板上刻出印制电路板(如图 8-1-3 所示左边)，参考尺寸为 40 mm × 25 mm。图 8-1-3 右边所示为带芯片的语音集成电路板。

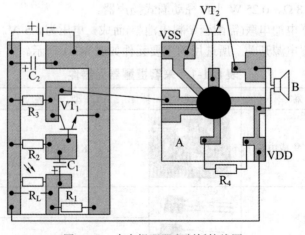

图 8-1-3　来客提醒器印制板接线图

2．钻孔与后续处理

刀刻完后，对电路板进行钻孔和磨边处理。图 8-1-4 为已经制作好的来客提醒器的印制电路板实物图。

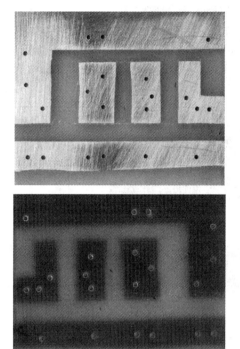

图 8-1-4　用刀刻法制作的来客提醒器的印制电路板实物图

8.1.4　来客提醒器的装配

1．元器件测试

全部元器件安装前必须进行测试(见表 8-1-2)。

表 8-1-2　元 器 件 测 试

元器件名称	测试内容及要求
专用模拟声集成电路	判断各个引脚功能，明确引脚序号
三极管	确认三极管类型，判断三个管脚极性
光敏电阻器	型号是否正确
碳膜电阻	阻值是否合格
电解电容器	用万用表判断是否漏电，并判断极性
动圈式扬声器	检查阻值、功率是否正确

2．印制板的焊接

来客提醒器电路板由两部分组成，在焊接的时候应分别进行。安装与焊接步骤如表 8-1-3 所示。

表 8-1-3　印制板的焊接

步　骤	图　解	焊 接 说 明
安装阻容元件	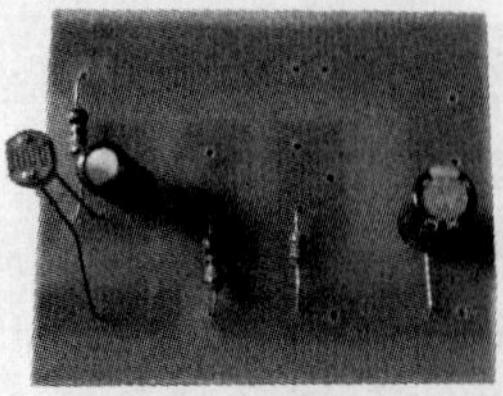	由孔距确定元件的安装方式，电阻器采用卧式安装，电解电容器采用立式安装，并都要求紧贴电路板，注意电解电容极性是否装配正确。光敏电阻器安装高度距离电路板约为 20 mm
安装晶体管		安装晶体管时注意晶体管的极性
安装音乐集成电路和扬声器		将音乐集成电路和扬声器焊接好以后，再按照印制板上的标识，用导线将音乐集成电路芯片和印制板连接起来
焊接检查	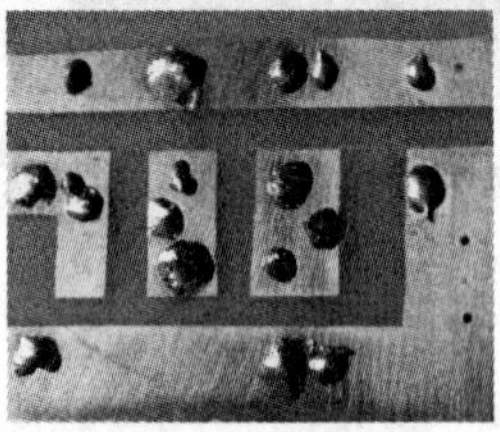	全部完成后，仔细检查一下各个焊点是否牢靠，不要存在短路、断路的现象。必要时可以把板子朝着光亮，查看焊接情况
焊接电源线	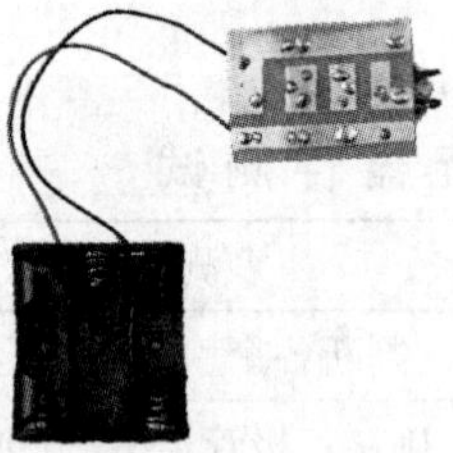	确定无误后把电池引线焊上，注意区分正负极引线

8.1.5　来客提醒器的检测与调试

1. 检测

1) 目视检测

　　根据电路原理图，检查各个电阻、电容值是否与图纸相符，光敏电阻器型号是否正确，各三极管极性及位置是否正确，语音集成电路管脚排列顺序是否正确，焊接时有无焊锡造成的短路现象。

2) 通电检查

本制作电路较为简单，安装好后成功率很高。若不能正常工作，则应逐个检查各个元件是否正常工作。

2. 调试

来客提醒器的调试比较简单：从电路板上焊下 R_3，用一只 100 kΩ 的电位器代替 R_3，在电池架装好干电池、R_L 感受环境自然光线稳定不变的条件下，由大往小缓慢地调节电位器的阻值，使扬声器 B 处于临界发声状态；然后，焊下电位器，用万用表测量出此时的电阻值，选择一只阻值相同或相近的 RTX-1/8W 型碳膜电阻器作为 R_3，即获得光线突然变暗最佳的触发灵敏度。一般情况下，只要按照图 8-1-2 所标参数选择元器件，无需任何调试便可满意工作。

使用时，将来客提醒器安放在靠近店铺门口的铺柜上，并要求将 R_L 窗口既正对着门口照射进来的自然光线、又正对着门口来人必须经过的方向。这样，一旦有客人进门，来客提醒器便会立即发出三遍"叮—咚"声，提醒主人：有人进来！由于来客提醒器是依靠检测正前方环境光线突然变暗而触发工作的，因此在黑暗的环境中失去功能。如果要求来客提醒器在夜晚开店时仍能够正常工作，可在 R_L 正前方(门口)安装普通照明灯或红外线光源，用以代替自然光线。

由于整个来客提醒器电路平时耗电甚微，实测静态总电流小于 120 μA，报警时的电流小于 150 mA，故用电很节省。

8.2 LM386 集成电路音频功率放大器的制作

功率放大器是电子制作爱好者以及电子制作初学者最先接触到的基本制作。本节介绍的功率放大器主要是通过 LM386 芯片来完成的，可将音频信号进行放大。具体实物图如图 8-2-1 所示。

图 8-2-1 LM386 集成电路音频功率放大器实物图

8.2.1 LM386 集成电路音频功率放大器的识图

LM386 集成电路音频功率放大器单声道原理图如图 8-2-2 所示。

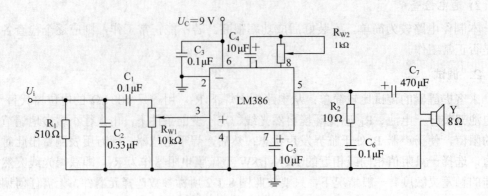

图 8-2-2　LM386 集成电路音频功率放大器单声道原理图

本放大器采取 9 V 电池对其进行供电。C_1 为输入耦合电容，起隔直作用；输入端并联电容 C_2，用于消除干扰；C_4、R_{W2} 组成增益控制网络，R_{W2} 阻值越小增益(放大量)越高；C_5 的接入是避免增益过高时产生自激；C_6、R_2 组成高频成分衰减电路，以消除喇叭中发出的"劈啦"声；C_3 是滤波电容，用以消除放大器静态交流声；C_7 是音频信号输出耦合电容，C_7 容量不可超过 470 μF，否则放重低音乐曲时，喇叭将发生堵塞现象；R_{W1} 用于调节音量；R_1 是阻抗匹配电阻，也可不用，视具体情况决定。

LM386 是美国国家半导体公司生产的低电压小功率音频功率放大集成电路，采用 8 脚双列 DIP 直插封装，⑥脚接电源正极，④脚接地，②、③脚是信号输入端，⑤脚是输出端，①、⑦、⑧脚用以改善放大器性能。其引脚图如图 8-2-3 所示。

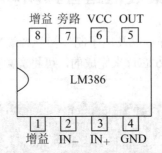

图 8-2-3　LM386 芯片引脚图

图 8-2-3 中，③脚是同相输入端，②脚是反相输入端，信号 U_i 可以从任意一端输入，而将另一端接地即可。

LM386 的主要电参数如下：

(1) 工作电压范围：4～12 V；

(2) 静态电流典型值：4 mA；

(3) 失真度典型值：0.2%；

(4) 电压增益在 20～200 倍(26～46 dB)范围内可调；

(5) 最大输出功率：660 mW；

(6) 带频宽度：330 kHz。

8.2.2　LM386 集成电路音频功率放大器元器件的选择

该制作需用到 7 种元器件，这些元器件都是常用器件，电子市场中都很容易买到。表 8-2-1 为元器件清单。

表 8-2-1　LM386 集成电路音频功率放大器清单

序号	名称	实　物	型　号	数量
1	集成芯片		LM386	1
2	碳膜电阻	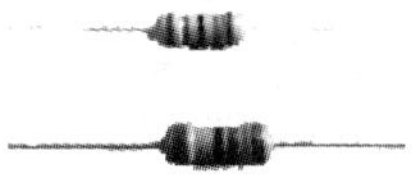	510 Ω，±5%，1/8 W	1
			10 Ω，±5%，1/8 W	1
3	电位器	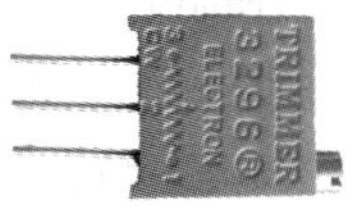	1 kΩ，	1
4	电容	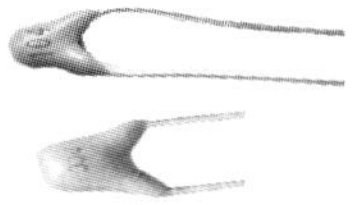	0.1 μF，16 V	3
			0.33 μF，16 V	1
5	电解电容		10 μF，25 V	2
			470 μF，25 V	1
6	双排电位器		10 kΩ	1
7	电源插头			1

8.2.3　LM386 集成电路音频功率放大器印制电路板的制作

在电路板制作前可进行电路仿真，在 4.2.4 节中给出了以 Protues 软件仿真该电路的例子，读者在仿真时可供参考。

用热转印法制作印制电路板，制作过程如下：

(1) 制图。用 Protel DXP 2004 SP2 软件按图 8-2-2 画出原理图，从原理图生成印制电路板图，如图 8-2-4 所示，使用单面覆铜板，参考尺寸为 60 mm × 40 mm。

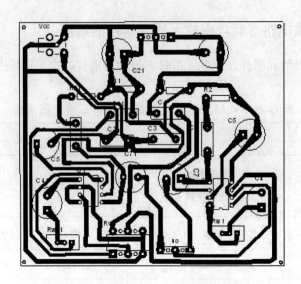

图 8-2-4　LM386 音频功放印制电路板图

(2) 打印。用激光打印机将印制电路板图打印在热转印纸上。

(3) 加热转印。用细砂纸擦干净覆铜板，磨平四周。将打印好的热转印纸覆盖在覆铜板上，用电熨斗加热(调到 150~180℃)，使融化的墨粉完全吸附在覆铜板上。

(4) 腐蚀。覆铜板冷却后揭去热转印纸，放到 FeCl₃ 溶液中腐蚀后即可形成做工精细的印刷电路板。

(5) 钻孔与后续处理。腐蚀完后，对电路板进行钻孔和磨边处理，再用湿的细砂纸去掉表面的墨粉。图 8-2-5 为已经制作好的 LM386 音频功率放大器印制电路板实物图。

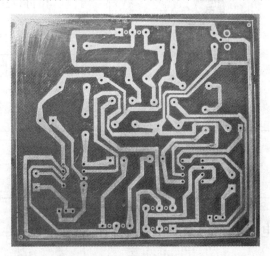

图 8-2-5　用热转印法制作的 LM386 音频功率放大器印制电路板实物图

8.2.4　LM386 集成电路音频功率放大器的装配

　　元器件的安装应遵循先小后大、先低后高、先里后外、先易后难、最后安装集成电路的原则，具体应按表 8-2-2 所示的步骤进行安装与焊接。

表 8-2-2　LM386 集成电路音频功率放大器装配步骤

步　骤	图　解	安 装 说 明
安装阻容元件	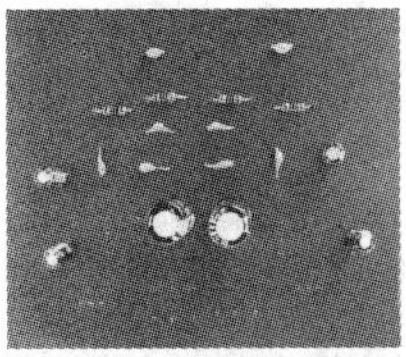	由孔距确定元件的安装方式，电阻器采用卧式安装，电解电容器采用立式安装，并都要求紧贴电路板，并注意电解电容极性是否装配正确
安装集成电路插座、电位器		由于集成芯片拆卸不方便，一般可以焊接集成芯片的插座，将集成芯片插到插座中。安装插座、电位器，按标识位置焊接
安装检查	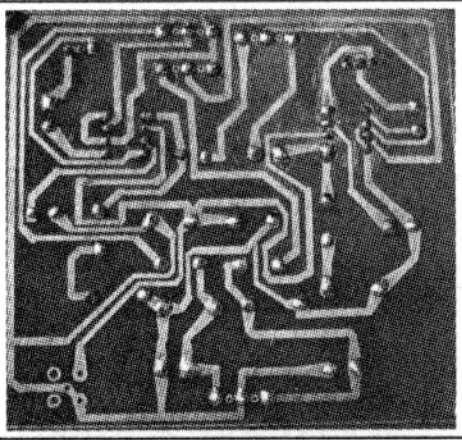	全部完成后，仔细检查一下各个焊点是否牢靠，不要存在短路、断路或者虚焊的现象。必要时可以把板子朝着光亮，查看焊接情况
焊接电源部分	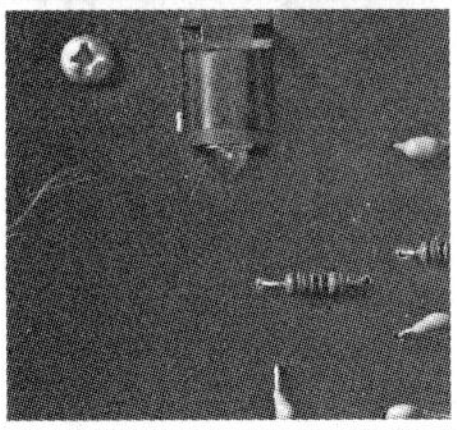	该制作采用外接电源的形式供电，可直接接入 9 V 稳压电源，接入时注意插头正、负极。若在电源部分设计一个 9 V 的稳压电路，则可选用交流电源供电

8.2.5　LM386 集成电路音频功率放大器的调试

　　LM386 集成电路音频功率放大器制作好后，就需要调试了，这里利用波形观察法来检测，在输入端接入一个 1 kHz 的信号，输出端接示波器，逐渐增大幅值，观察其波形，找出最大不失真输出电压，这时可计算出其最大输出功率。

　　在调试过程中，时刻注意集成块的温度，如果未加输入信号集成块就发热，同时示波器显示出幅度较大、频率较高的波形，说明电路有自激现象，应立即关机，进行检查。

8.3　简易气体烟雾报警器

　　目前城市居民使用煤气、液化石油气等作为燃料的越来越多，如果使用不当或发生泄漏，就有可能危及人身安全，甚至酿成火灾或爆炸事故。本制作介绍了一种实用的气体烟雾报警电路。它由电源电路、气敏探测电路、音响报警电路等几部分组成。其电路原理简单，易于实现，价格便宜，又能给人们的生活带来便利，具有一定的应用价值。图 8-3-1 为简易气体烟雾报警器的实物图。

图 8-3-1　简易气体烟雾报警器实物图

8.3.1　简易气体烟雾报警器的识图

简易气体烟雾报警器电路原理图如图 8-3-2 所示。

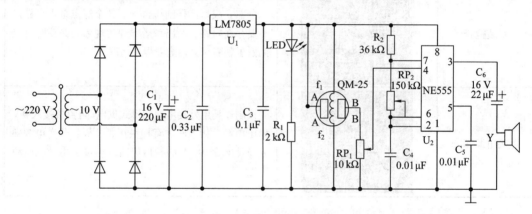

图 8-3-2　简易气体烟雾报警器电路原理图

该报警器由降压整流与稳压电路、气敏传感元件和触发、报警音响电路等组成。降压整流与稳压电路由变压器、桥氏整流电路、集成稳压电路 LM7805 等组成。触发、报警音响电路由可控多谐振荡器(NE555、R_2、RP_2、C_4)和扬声器 Y 等组成。

正常情况下，气敏元件 QM 不接触可燃性气体或烟雾时，其 A～B 极间电导率很低，呈现高阻抗，该电阻与 RP_1 的分压减小，相应使 NE555 的④脚处于低电平，NE555 停振，扬声器 Y 不工作。

当气敏元件 QM 接触到一定浓度的可燃性气体或烟雾时，其内部的电导率将急剧增高而呈现低阻抗，其 A～B 间的电阻降低，从而使该电阻与 RP_1 的分压上升，相应 NE555 的④脚电位上升，当④脚的电位上升到 1 V 以上时，555 起振，其振荡频率为 $f = 1.44 / (R_2 + 2RP_2)C_4$。图中所示参数对应的频率约为 0.4～4 kHz。调节电位器 RP_1，使其频率为 1.5kHz 即可。相应 NE555 的输出端③脚的输出信号推动扬声器 Y 发出报警声。

8.3.2　简易气体烟雾报警器元器件的选择

该制作共用到 9 种电子元器件，它们的实物外形如表 8-3-1 所示。

半导体气敏元件采用国产 QM-25 型或 MQ211 型，它们是良好的气电转换传感器，可对煤气、天然气、汽油、醇、醚类及各种烟雾进行检测。半导体气敏元件共有 6 只引脚：⑤脚与⑥脚为热丝，①脚与②脚为测量极，③脚与④脚构成另一测量极；U_1 采用 LM7805 三端固定稳压集成电路；U_2 采用 NE555 时基集成电路；LED 用 Φ5 mm 圆形绿色发光二极管；RP_1 选用 10 kΩ、RP_2 选用 150 kΩ，均采用有机实心微调电阻器；R_1 选用 2 kΩ，R_2 选用 36 kΩ，均为 RJ-1/4W 型金属膜电阻器；C_1 选用 220 μF，C_6 选用 22 μF，均为 CD11-16V 型电解电容器；C_2 选用 0.33 μF，C_3 选用 0.1 μF，C_4、C_5 选用 0.01 μF，均为瓷介电容器；Y 可用 8 Ω 小型电动扬声器，如 YD57-2 型等。简易气体烟雾报警器所选用的元器件如表 8-3-1 所示。

表 8-3-1　简易气体烟雾报警器元器件

序号	名　称	实　物	型　号	数量
1	气敏元件传感器		QM-25	1
2	三端固定稳压集成电路		LM7805	1
3	时基集成电路		NE555	1
4	发光二极管		Φ3 mm 或 Φ5 mm	1
5	碳膜电阻(金属膜)		2 kΩ，±5%，1/8 W	1
			36 kΩ，±5%，1/8 W	1
6	微调电阻器		10 kΩ	
			150 kΩ	
7	电解电容器		220 μF，16 V	1
			22 μF，16 V	1
8	瓷介电容器		0.33 μF	1
			0.1 μF	1
			0.01 μF	2
9	电动扬声器(蜂鸣器)		Φ57 mm、8 Ω、0.25 W	1

8.3.3 简易气体烟雾报警器印制电路板的制作

用热转印法制作印制电路板，制作过程如下：

(1) 制图。用 Protel DXP 2004 SP2 软件按图 8-3-2 画出原理图，从原理图生成印制电路板图，如图 8-3-3 所示，使用单面覆铜板，参考尺寸为 85 mm × 60 mm。

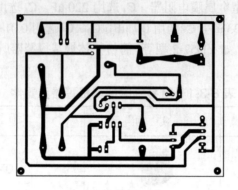

图 8-3-3　简易气体烟雾报警器印制电路板图

(2) 打印。用激光打印机将印制电路板图打印在热转印纸上。

(3) 加热转印。用细砂纸擦干净覆铜板，磨平四周。将打印好的热转印纸覆盖在覆铜板上，送入快速制版机(调到 150~180℃)来回压几次，使融化的墨粉完全吸附在敷铜板上。

(4) 腐蚀。覆铜板冷却后揭去热转印纸，放到双氧水 + 盐酸 + 水(2：1：2)混合溶液中腐蚀后即可形成印制电路板。

(5) 钻孔与后续处理。腐蚀完后，对电路板进行钻孔和磨边处理，再用湿的细砂纸去掉表面的墨粉。图 8-3-4 为已经制作好的简易气体烟雾报警器印制电路板实物图。

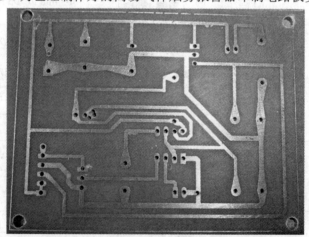

图 8-3-4　用热转印法制作的简易气体烟雾报警器印制电路板实物图

8.3.4 简易气体烟雾报警器的装配

1. 元器件测试

简易气体烟雾报警器的全部元器件在安装前必须进行测试(见表 8-3-2)。

表 8-3-2　元器件测试

元器件名称	测试内容及要求
气敏传感器	根据器件资料，确认各个引脚功能
三端固定稳压集成电路	确认输入端、输出端及接地端
时基集成电路	明确管脚排列顺序及功能
发光二极管	用万用表判断极性及好坏
碳膜电阻(金属膜)	判断阻值是否合格
微调电阻器	判断型号是否正确，阻值是否合格
电解电容器	用万用表判断是否漏电，并判断极性
瓷介电容器	判断容量是否合格
电动扬声器	检查阻值功率是否正确

2. 印制板的焊接

简易气体烟雾报警器的安装与焊接步骤如表 8-3-3 所示。

表 8-3-3　印制板的焊接

步　骤	图　解	焊接说明
安装小体积阻容元件	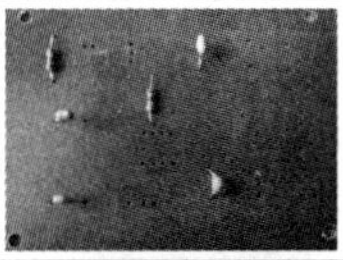	由孔距确定元件的安装方式，电阻采用卧式安装，瓷介电容器采用立式安装，并都要求紧贴电路板
安装时基集成电路		时基集成电路安装时，应先安装集成电路插座，然后再插入集成电路芯片，避免直接焊接对集成电路的损坏
安装发光二极管	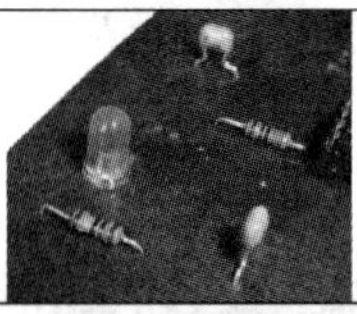	发光二极管采用立式安装，安装时应确认二极管的极性是否正确
安装大体积元件		体积较大的可调电位器、电解电容器、蜂鸣器及三端固定稳压集成电路全部采用立式安装，焊接前确认稳压集成电路管脚位置及电解电容的极性
安装气敏传感器引线插座		气敏传感器在这里不直接安装在印制板上，需通过软排线和印制板电路连接
焊接检查	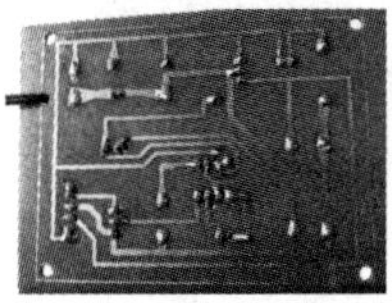	全部完成后，仔细检查各个焊点是否牢靠，不要存在短路、断路的现象。必要时可以把板子朝着光亮，查看焊接情况。确定无误后把电池引线焊上，注意区分正、负极引线

8.3.5　简易气体烟雾报警器的检测与调试

1. 检测

1) 目视检测

根据电路原理图，检查各个电阻、电容值是否与图纸相符，气敏传感器型号是否正确，发光二极管极性及位置是否正确，三端固定稳压集成电路输入输出位置及 555 集成电路管脚排列顺序是否正确，焊接时有无焊锡造成的短路现象。

2) 通电检查

本制作电路较为简单，通电后观察 LED 是否发光，若不能正常工作，则应重点检查稳压电路部分，然后再逐个检查各个元件是否正常工作。

2. 调试

将元器件装配在自制的印制电路板上，由于气敏元件刚通电使用时，在开始一段时间里，其元件阻值会急剧下降，经 10 min 左右的预热，其阻值才逐渐增大，最终恢复到原来的稳定状态，所以，在进行调试时，必须先通电预热一段时间后，方可进行调试工作。

调试时，通过对 RP_1 的阻值进行调整，来调节报警器的灵敏度，调节电位器 RP_2，使多谐振荡器输出频率为 1.5 kHz 左右，推动扬声器发出报警声。

气敏元件的安装，应根据需要监视的可燃性气体的比重来确定安装位置的高度。如果使用一般煤气，可将气敏元件装在高通风口处；如果使用石油液化气，则应将气敏元件装在低处，这样可以提高报警灵敏度。报警器使用一段时间以后，会发现灵敏度有所下降，不能按规定的可燃性气体浓度实现报警，其原因主要是在气敏探头的防爆网罩上，由于时间较长后网罩上积满了污垢和灰尘，从而堵住了气敏探头的通气孔，致使气敏元件不能像初期使用那样灵敏。因此，不要将气敏元件安装在油烟、灰尘较严重的地方，并且要定期清除气敏元件网罩上的油垢和灰尘。使用了一段时间后，还要进行灵敏度试验，重新进行校准，以防报警器失效。

8.4　家用震动报警器的制作

地震一般发生在夜晚，人们难以预防。现在设计制作一种简易地震报警器，其特点是：当发生地震时，它能自动发出尖锐报警声，有助于唤醒睡梦中的人们，提醒人们迅速转移至安全地带。家用震动报警器实物图如图 8-4-1 所示。

图 8-4-1　家用震动报警器实物图

8.4.1 家用震动报警器电路的设计

U₁(CD4013BP)为双 D 触发器接成开关延时电路,当开关 S₁ 闭合时电源通过发光二极管 VD₃ 向 U₁ 和三极管 V₁(9015)供电,经 20 s 延时后 U₁ 处于待机状态。当振动传感器 J₁ 接到振动信号时 U₁ 打开,13 脚输出高电平,通过 R₃ 加到音乐集成电路 U₂ 的 1 脚,U₂ 产生音频振荡信号由 3 脚输出经 R₄ 加到三极管 V₂(8050)的基极,经 V₂ 进行功率放大推动压电蜂鸣器 J₂ 发出报警响声。

家用震动报警器原理电路图如图 8-4-2 所示。

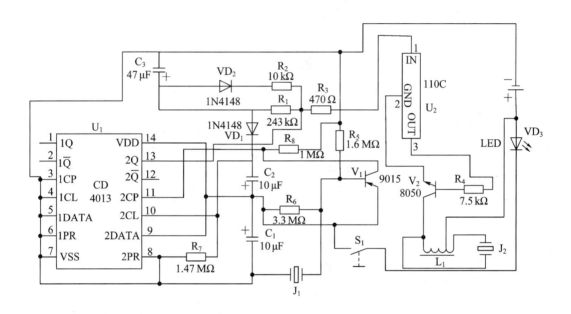

图 8-4-2 家用震动报警器原理图

8.4.2 家用震动报警器元器件的选择

该制作共用到 11 种电子元器件,它们的实物外形如表 8-4-1 所示。

震动传感器和发声元件均采用压电陶瓷片,这种电声元件简单可靠,特别适用于此类小电路,它的原理在第 1 章中的电声器件已有详细介绍。U₁ 采用双 D 触发器 CD4013BP。U₂ 用 110C 音乐集成块,这种音乐集成块有 3 个引脚,1 个触发管脚,1 个接地,1 个输出,非常好用。

LED 用 Φ3 mm 红色发光二极管,C₁、C₂、C₃ 用普通电解电容器。电阻用 1/8 W 金属膜电阻。电池用 1 节 9 V 干电池。开关用小型拨动式或按钮式开关,触点额定电流大于 0.2 A。

家用震动报警器所选用的元器件如表 8-4-1 所示。

表 8-4-1　家用震动报警器元器件

序号	名　称	实　物	型　号	数　量
1	双 D 触发器		CD4013	1
2	音乐集成块		110C	1
3	开关			1
4	晶体管		9015	1
			8050	1
5	发光二极管		Φ3 mm	1
6	电感		180 mH	1
7	碳膜电阻(金属膜)	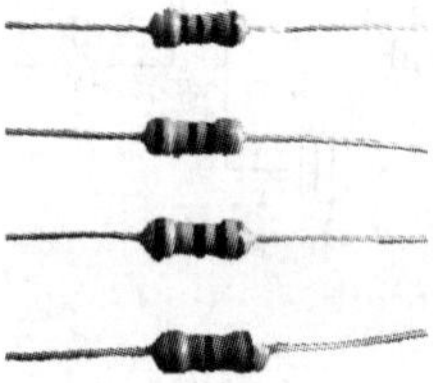	470 Ω，±5%，1/8 W	2
			7.5 kΩ，±5%，1/8 W	15
			10 kΩ，±5%，1/8 W	2
			243 kΩ，±5%，1/8 W	
			1 MΩ，±5%，1/8 W	
			1.47 MΩ，±5%，1/8 W	
			1.6 MΩ，±5%，1/8 W	
			3.3 MΩ，±5%，1/8 W	
8	二极管		1N4148	2
9	电解电容器	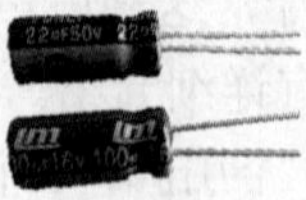	47 μF，16 V	1
			10 μF，16 V	2
10	压电陶瓷片	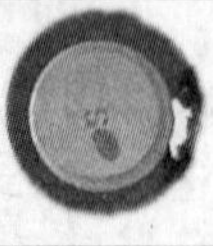		2
11	电池扣			1

8.4.3　家用震动报警器印制电路板的制作

用热转印法制作印制电路板，制作过程如下：

(1) 制图。用 Protel DXP 2004 SP2 软件按图 8-4-2 画出原理图，从原理图生成印制电路板图，如图 8-4-3 所示，使用单面覆铜板，参考尺寸为 50 mm × 100 mm。

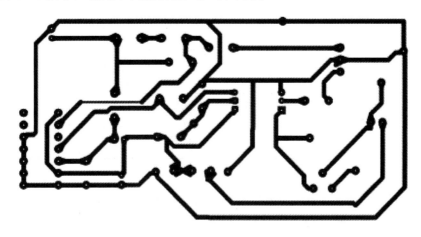

图 8-4-3　家用震动报警器印制电路板

(2) 打印。用激光打印机将印制电路板图打印在热转印纸上。

(3) 加热转印。用细砂纸擦干净敷铜板，磨平四周。将打印好的热转印纸覆盖在单面覆铜板上，送入快速制版机(调到 150～180℃)来回压几次，使融化的墨粉完全吸附在覆铜板上。

(4) 腐蚀。覆铜板冷却后揭去热转印纸，放到双氧水 + 盐酸 + 水(2∶1∶2)混合液或 $FeCl_3$ 溶液中腐蚀后即可形成做工精细的印制电路板。

(5) 钻孔与后续处理。腐蚀完后，对电路板进行钻孔和磨边处理，再用湿的细砂纸去掉表面的墨粉。图 8-4-4 为已经制作好的家用震动报警器印制电路板实物图。

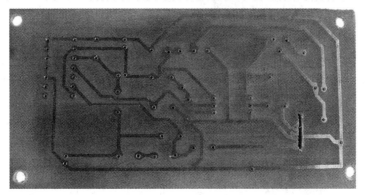

图 8-4-4　用热转印法制作的家用震动报警器印制电路板实物图

8.4.4　家用震动报警器的装配

1. 元器件测试

家用震动报警器的全部元器件在安装前必须进行测试(见表 8-4-2)。

表 8-4-2　元器件测试

元器件名称	测试内容及要求
双 D 触发器	判断各个引脚功能，明确引脚序号
音乐集成块	判断各个引脚功能，明确引脚序号
开关	用万用表判断好坏
晶体管	判断各个引脚功能，明确引脚序号
电容	用万用表判断是否漏电，并判断极性
发光二极管	用万用表判断极性及好坏
电感	用万用表判断好坏
碳膜电阻(金属膜)	用万用表测量阻值是否合格
压电陶瓷片	用万用表欧姆挡接触，听是否有声
二极管	用万用表判断极性及好坏

2. 印制板的焊接

元器件焊接应遵循先小后大、先低后高、先里后外、先易后难、最后安装集成电路的原则，具体步骤如表 8-4-3 所示。

表 8-4-3　印制板的焊接

步　骤	图　解	焊接说明
安装电阻、二极管和集成电路管座	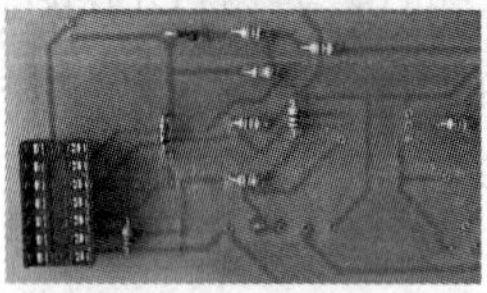	由孔距确定元件的安装方式，电阻器采用卧式安装，要求紧贴电路板
安装电容、三极管、LED	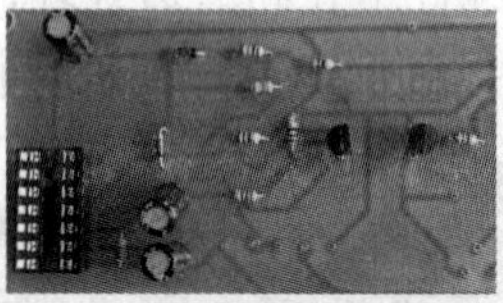	电解电容器采用立式安装，并都要求紧贴电路板，注意电解电容极性是否装配正确。三极管安装要注意 E、B、C 三极位置。安装 LED 时注意发光二极管有正、负极之分，如果装反了，发光二极管将不亮，高度距离电路板约为 10 mm
安装开关、电感		按照印制板上的标识，分别将集成电路芯片插在印制板上。开关、电感、音乐集成块、传感器、集成电路要注意方向和管脚
安装音乐集成块、压电陶瓷片、电源线，并插上芯片，装上电池		按照电路图焊上音乐集成块、压电陶瓷片、电源线，并插上芯片，装上电池
安装检查	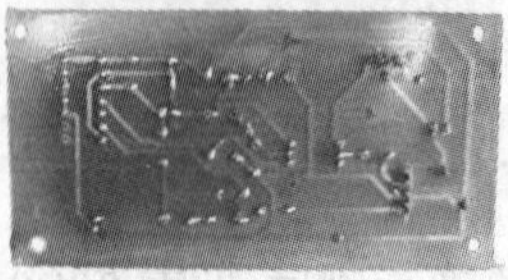	全部完成后，仔细检查一下各个焊点是否牢靠，不要存在短路、断路的现象。必要时可以把板子朝着光亮，查看焊接情况

8.4.5　家用震动报警器的检测与调试

1. 检测

1) 目视检测

根据原理电路图，检查各个元件是否与图纸相符，各二极管极性及位置是否正确，集成电路管脚排列顺序是否正确，用三用表检测有无焊锡造成的短路现象。

2) 通电检查

本制作电路较为简单，安装好后成功率很高。若不能正常工作，则应根据原理图使用仪器检测电路。

2. 调试

调试时，应将压电陶瓷片紧贴桌面，打开电源后发光二极管逐渐变亮，有 20 s 延时，然后拍击桌面模拟震动，警报器就发出叫声。

8.4.6　家用震动报警器的制作总结

通过本制作，了解了运用简单电路制作日常生活中所需的产品，经过设计、组装、调试等步骤，锻炼了思维方式与动手能力，为复杂设计奠定了基础。完成设计与制作大致需要以下几步：

(1) 根据要求用简单电路完成功能；

(2) 根据所要达到的效果选择传感器；

(3) 合理布置元件位置；

(4) 连线、焊接；

(5) 通电调试。

制作时，考虑到可靠触发用到了双 D 触发器芯片 CD4013，用该芯片触发电路简单可靠。本实例给出了家用震动报警器的简单解决方案，抛砖引玉，为设计其他报警器提供了参考意见。

8.5　酒精探测仪的制作

本探测仪采用酒精气体敏感元件作为探头，由一块集成电路对信号进行比较放大，并驱动一排发光二极管按信号电压高低依次显示。酒精探测仪实物如图 8-5-1 所示。刚饮过酒的人，只要向探头吹一口气，探测仪就能显示出酒精气体的浓度高低。若把探头靠近酒瓶口，它也能轻而易举地识别出瓶内盛的是白酒还是黄酒，能相对地区分出酒精含量的高低。该探测仪电路简单，易于调试，性能可靠，适合电子爱好者制作使用。

图 8-5-1　酒精探测仪实物图

8.5.1 酒精探测仪的识图

酒精探测仪电路原理图如图 8-5-2 所示。

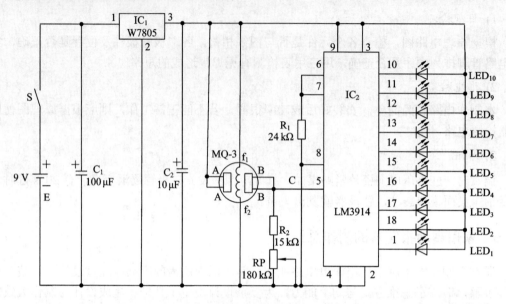

图 8-5-2 酒精探测仪电路原理图

该电路采用干电池供电，并经三端稳压器 IC_1 稳压，输出稳定的 5 V 电压作为气敏传感器 MQ-3 和集成电路 IC_2 的共同电源，同时也作为 10 个共阳极发光二极管的电源。因此，外部电路就相当简单。

气敏传感器的输出信号送至 IC_2 的输入端(5 脚)，通过比较放大，驱动发光二极管依次发光。10 个发光二极管按 IC_2 的引脚(10～18、1)次序排成一条，对输入电压作线性 10 级显示。输入灵敏度可以通过电位器 RP 调节，即对"地"电阻调小时灵敏度下降；反之，灵敏度增加。IC_2 的 6 脚与 7 脚互为短接，且串联电阻 R_1 接地。改变 R_1 的阻值可以调整发光二极管的显示亮度，当阻值增加时亮度减弱，反之更亮。IC_2 的 2 脚、4 脚、8 脚均接地，3 脚、9 脚接电源+5 V(集成稳压器 IC_1 的输出端)。分别并联在 IC_1 输入与输出端的电容 C_1、C_2 防止杂波干扰，使 IC_1 输出的直流电压保持平稳。

发光二极管集成驱动器 LM3914 结构图如图 8-5-3 所示。其内部的缓冲放大器最大限度地提高了该集成电路的输入电阻(5 脚)，电压输入信号经过缓冲器(增益为零)同时送到 10 个电压比较器的反相(−)输入端。10 个电压比较器的同相(+)输入端分别接到 10 个等值电阻(1 kΩ)串联回路的 10 个分压端。因为与串联回路相接的内部参考电压为 1.2 V，所以相邻分压端之间的电压差为 $1.2\ \text{V} \div 10 = 0.12\ \text{V}$。为了驱动 LED_1 发光，集成电路 LM3914 的 1 脚输出应为低电平，因此要求电压比较器反相(−)端的输入电压不小于 0.12 V。同理，要使 LED_2 发光，反相端输入电压应大于 $0.12 \times 2 = 0.24\ \text{V}$；要使 LED_{10} 发光，反相端输入电压应大于 $0.12 \times 10 = 1.2\ \text{V}$。

IC_2 的 9 脚为点、条方式选择端，当 9 脚与 11 脚相接时为点状显示；9 脚与 3 脚相接则为条状显示。本设计电路中是采用条状显示方式。

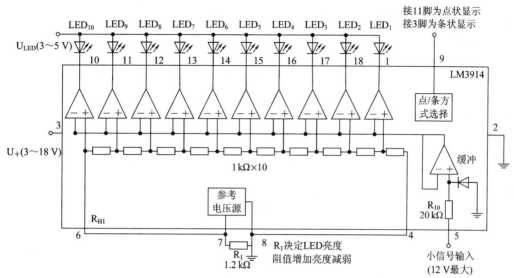

图 8-5-3　发光二极管集成驱动器 LM3914 结构图

8.5.2　酒精探测仪元器件的选择

该制作共用 8 种电子元器件，它们的实物外形如表 8-5-1 所示。

表 8-5-1　酒精探测仪元器件

序号	名　称	实　物	型　号	数　量
1	酒精气敏传感器		MQ-3	1
2	集成稳压器		W7805	1
3	发光二极管		Φ3 mm 或 Φ5 mm	10
4	发光 LED 集成驱动器		LM3914	1
5	碳膜电阻(金属膜)		2.4 kΩ，±5%，1/8 W	1
			15 kΩ，±5%，1/8 W	1
6	电位器		WS-2-0.25 W	1
7	电解电容器		100 μF，16 V	1
			10 μF，16 V	1
8	开关			1

酒精气敏传感器采用国产的 MQ-3 型，它属于 MQ 系列气敏元件的一种。IC_1 采用三端固定输出集成稳压器 W78M05 或 W7805。它们的额定最大输出电流不同，但静态电流均为 8 mA。IC_2 用 LM3914 型发光二极管集成驱动器。

$LED_1 \sim LED_{10}$ 用 Φ3 mm 或 Φ5 mm 红色发光二极管，根据实际需要也可采用 5 个绿色、5 个红色显示方式。C_1、C_2 用普通电解电容器。R_1 用 1/8W 金属膜电阻。RP 采用半锁紧型的小型有机实心电位器，如 WS-2-0.25 W。E 用 6 节 5 号干电池串联，也可用输出整流电压为 9 V 的桥式整流电源代替，但此时应将 C_1 的容量增至 450～1000 μF 为宜。S 用小型拨动式或按钮式开关，触点额定电流大于 0.2 A。酒精探测仪所选用的元器件如表 7-5-1 所示。

8.5.3　酒精探测仪印制电路板的制作

用感光法制作印制电路板，制作过程如下：

(1) 制图。用 Protel DXP 2004 SP2 软件按图 8-5-2 画出原理图，从原理图生成印制电路板图，如图 8-5-4 所示，使用单面覆铜板，参考尺寸为 95 mm × 65 mm。

(2) 打印。用激光打印机将印制电路板图在透明胶片、半透明硫酸纸上打印出底图。

(3) 曝光。撕掉感光板上的保护膜(不要刮伤感光膜面)，将透明或半透明的原稿放在感光板上，将有碳粉的打印面与感光电路板接触，用玻璃紧压原稿及感光板，越紧密解析度越好。

(4) 显影。将粉末显影剂一包与水混合放入容器，粉末显影剂和水的质量比为 1∶20，加入水后轻轻摇晃，使显影剂充分溶解于水中。将曝光后的感光板放入容器里，绿色感光膜面要向上，并且不停地晃动容器。在显影充分后，取出电路板，就会看到电路已经附在上面了。

(5) 腐蚀。将显影后的电路板放到 $FeCl_3$ 溶液中，蚀刻的过程中要不停地晃动盆子，使蚀刻均匀并可加快蚀刻速度。腐蚀后即可形成做工精细的印制电路板。

(6) 钻孔与后续处理。腐蚀完后，对电路板进行钻孔和磨边处理。图 8-5-5 为已经制作好的酒精探测仪印制电路板实物图。

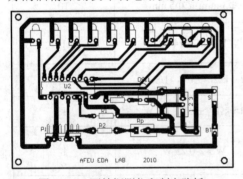

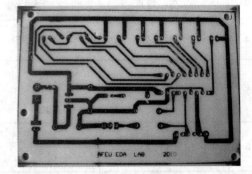

图 8-5-4　酒精探测仪印制电路板　　　图 8-5-5　用热转印法制作的酒精探测仪印制电路板实物图

8.5.4　酒精探测仪的装配

1. 元器件测试

酒精探测仪的全部元器件在安装前必须进行测试(见表 8-5-2)。

表 8-5-2　元 器 件 测 试

元器件名称	测试内容及要求
酒精气敏传感器	判断各个引脚功能，明确引脚序号
集成稳压器	确认输入、输出及接地端
发光二极管	用万用表判断极性及好坏
发光 LED 集成驱动器	判断各个引脚功能，明确引脚序号
碳膜电阻	判断阻值是否合格
电位器	判断型号是否正确，阻值是否合格
电解电容器	用万用表判断是否漏电，极性是否正确
开关	检查通断是否可靠

2．印制板的焊接

元器件焊接应遵循先小后大、先低后高、先里后外、先易后难的顺序进行。酒精探测仪的安装与焊接步骤如表 8-5-3 所示。

表 8-5-3　印制板的焊接

步　骤	图　解	焊　接　说　明
安装电阻、LED 元件		由孔距确定元件的安装方式，电阻器采用卧式安装，LED 采用立式安装。安装 LED 时注意发光二极管有正、负极之分，如果装反了，发光二极管将不亮，高度距离电路板约 10 mm
安装集成电路		按照印制板上的标识，将集成电路芯片管座先焊接在印制板上，然后将 LM3914 插接在管座上。插接时注意集成电路芯片引脚排列顺序
		三端集成稳压电路芯片采用立式安装，安装时确认输入、输出管脚顺序
安装电解电容、可调电位器		电解电容、可调电位器采用立式安装，并都要求紧贴电路板，注意电解电容极性是否装配正确

步　骤	图　解	焊接说明
安装气敏传感器		气敏传感器可直接安装在印制板上，也可通过软排线和印制板相连
焊接开关、电源线		全部完成后，仔细检查一下各个焊点是否牢靠，不要存在短路、断路的现象。必要时可以把板子朝着光亮，查看焊接情况。确定无误后再把电池引线焊上，注意区分正、负极引线

8.5.5　酒精探测仪的检测与调试

1. 检测

1) 目视检测

根据原理电路图，检查各个电阻、电容值是否与图纸相符，各二极管极性及位置是否正确，集成电路管脚排列顺序是否正确，焊接时有无焊锡造成的短路现象。

2) 通电检查

本制作的电路较为简单，安装好后成功率很高。在通电之前，用数字万用表的三极管通断挡测量电源正、负接入点之间的电阻，应该是高阻态。如果出现短路现象，应立即排查，防止通电后烧毁元件的事故。

2. 调试

1) 电压直接调节

本设计主要是通过电阻分压电路测量酒精气体浓度变化的，而 LM3914 也是根据输入电压的大小决定点亮 LED 的数量的，因此可以先调试传感器，观察电路是否正常。使用一组电压为 5 V 的稳压电源，系统通电后，将可调稳压电源的另一组输出调至 0.2 V 左右，其电源正极通过一个 1 kΩ 的电阻接入图 8-5-2 中的 C 点，其电源负极与系统电源负极短接。再调节电源从 0.2～5 V，观察输出 LED 的变化。正确的变化应该是，LED_1～LED_{10} 逐个被点亮，如果没有一个 LED 被点亮，可能是 LM3914 的周边电路没有配合好，或者是电路某点有开路；如果最终有几个红色 LED 未被点亮，可能是电位器 RP 的阻值偏小，这时调大一些 RP 的阻值再试。

2) 酒精液体校准

调试探测仪时，应事先准备一只口径约为 40 mm、高约为 70 mm 的有盖小瓶，瓶内盛放一小块浸过酒精的药棉，平时盖紧瓶盖不让酒精气体外逸。调试时调节 RP 至最大值，然后打开瓶盖，逐渐靠近已经预热的 MQ-3 探头，可以看到安装在探测仪上的 10 个发光二极管 $LED_1 \sim LED_{10}$ 将依次点亮。因为从瓶口附近直至瓶内存有不同浓度的酒精气体，越接近药棉处，酒精气体浓度越高。调节电位器 RP 的阻值可以调整探测仪的灵敏度，RP 阻值较小时灵敏度较低，反之阻值较大时灵敏度较高。在业余条件下，可先将 RP 阻值调至较大使用。若有条件，最好送标准检测部门校准并将 RP 锁住。

在业余条件下可以这样进行：取容量大于 1000 mL 的饮料空瓶 5 只，洗净后注满水，用量筒测定每只瓶的实际容量并记录，然后倒去水擦干瓶子内壁后将其一一编号备用。取含量 97% 的乙醇与空气按体积比为 0.1/100、0.2/100、0.3/100、0.4/100、0.5/100，在 20℃ 的环境中分别与 5 只瓶中的空气充分混合(瓶口盖紧不漏气)，就成为酒精气体样本。

探测仪在无酒气环境中预热 5～10 min 后，$LED_1 \sim LED_{10}$ 应均不发光，否则需适当调节 RP；然后将探头 MQ-3 伸入 0.5% 酒精气体中，调节 RP 使 $LED_1 \sim LED_5$ 发光，其余不发光，调好后锁定 RP；再将探头重新置于无酒气环境中时，LED 应全部熄灭，而后将探头伸入 0.2% 酒精气体中，只有 LED_1 和 LED_2 发光，说明工作正常。

3) 电位器调节灵敏度

调试完成，根据具体的需要调节电位器 RP，控制系统测试的灵敏度，要注意传感器的电阻参数。

8.6　电子烟花的制作

烟花，这个利用四大发明之一的火药创造出来的美丽精灵，凭借绚烂的身姿，为喜庆佳节增添了缤纷色彩。在北京奥运会开、闭幕式上，各种新颖绚丽的烟花更是向全世界人民展现了我们的热情和文化。烟花虽然美丽但生命短暂，数秒的华丽绽放后，随之生成的废气、废物却对环境造成了污染。同时储存燃放烟花也存在安全隐患，人们在发展烟花制造技术的同时，也在寻求更先进的产品来替代传统的火药型烟花，希望能享受烟花带来的快乐又能消除其负面影响。可以预见，随着人们环保意识逐渐增强，具有环保理念，且可反复燃放的电子烟花将被大家推崇。本节制作的电子烟花可以很好地满足人们的这一需求，图 8-6-1 为制作好的电子烟花实物图。

图 8-6-1　电子烟花实物图

8.6.1　电子烟花电路的设计

1．设计思想

电子烟花因具有寿命长、可反复使用、环保、存储使用安全等特点，故具有很大的发展潜力。电子烟花的形状由发光二极管的摆放决定。如图 8-6-1 所示，电路板中部的两个发光二极管组成炮筒；左上角如同绳子形状的三个发光二极管是导火线；右侧一圈 10 个二极管代表烟花开放出来的花朵。

当电子烟花通电后，炮筒一亮一灭，被点火后，光开始沿着导火索从下至上燃烧到完，继而烟花喷出炮筒。移位寄存器依次移位，二极管亮、灭，以达到烟火上升的效果。而且，此过程会不断循环，使观赏效果更佳！

2．电路原理

本节提供了一种用数字电路实现的电子烟花设计实例，此电子烟花以时钟控制和驱动电路为基础。用移位寄存器芯片来控制发光二极管的亮、灭次序，产生动感，从而实现了从点火到烟花绽放全过程的模拟。电子烟花由电源电路、点火电路、导火线燃烧控制电路、烟花绽放控制电路、时钟电路和复位电路组成。其总体电路框图如图 8-6-2 所示。下面分别介绍电子烟花电路的各个功能模块。

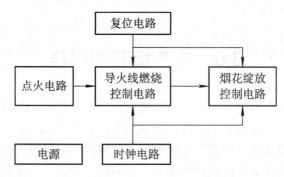

图 8-6-2　电子烟花电路原理图

1) 时钟电路

模拟电子烟花绽放，需要控制点火后引线燃烧和烟花绽放的速度。为了更清楚地模拟和展现烟花点燃和绽放的过程。根据彩灯的数目，设定引线燃烧时间为 1/8 s(即每个灯亮间隔频率为 8 Hz)。烟花上升和绽放时间为 1/4 s(即每个灯亮间隔频率为 4 Hz)。

选择 CD4060 构建时钟电路。采用 32.768 kHz 的晶振作为原始时钟输入，经 CD4060 分频成所需的时钟信号。经 1 脚输出 212 分频后的 8 Hz 时钟信号，经 2 脚输出 213 分频后的 4 Hz 时钟信号。

2) 复位电路

为了使电路可靠工作，在给电路加电时需要进行 Reset 动作，以保证清除原有状态，实现初始设置。本设计使用一个电容和电阻实现了简单有效的上电复位功能。如图 8-6-3 所示，+5 V 电源通过串联的电容 C_3 和电阻 R_3 接地，在电阻与电容中间的分压点输出 Reset 信号，连接各芯片的 RST 管脚。

其复位原理为：电路未通电前，RESET 信号电位为 0 V。当 +5 V 通电后，电容 C_3 两端压降不能突变，此时 RESET 为 5 V 高电平。各芯片开始复位。随着时间的推移 C_1 开始充电，由 0 V 充满至 5 V，充电电流截止，电阻两端压降降为 0 V，RESET 信号变为 LOW，芯片结束复位。

由于 74LS194(移位寄存器)芯片的清零端为低电平有效，它的复位还需要将 Reset 信号反向。使用时将复位电路得到的高电平脉冲通过一个与非门 74LS00 变成低电平脉冲，来实现成功复位。

为了真实再现烟花点燃至绽放的过程，本实例设计了点火、导火线燃烧、烟花喷射与绽放三个步骤，由以下三部分电路分别实现。

3) 烟花点火电路

烟花给人们带来的不仅是观看时的美感，更是有亲身去点火的刺激。为了增强电子烟花的真实感，特别设计了一个"点火"装置。本实例使用光敏传感器电路作为电子开关模拟"点火"装置。使用者点燃火柴或者打火机靠近电子开关，既可触发电路。

采用光敏电阻作为传感器，将使用者给出的光信号转换成电信号。光敏电阻的特性为阻值与光照强度呈反比，照到光敏电阻的光越强，光敏电阻的阻值越小，光越弱，光敏电阻的阻值越大。将 +5 V 电压经光敏电阻 LDR 和 R_2 分压，分压所得信号输入至移位寄存器 74LS194 的 S_1 脚。合理选择 R_2 的阻值，来实现光敏电阻对移位寄存器的控制。本设计中使用的是 10 kΩ 电位器进行实际调试。

光敏电阻的控制原理：无较强光源照射时，光敏电阻阻值很大(> 10 倍 R_2)，R_2 分得的压降较小(< 5 V)，S_1 引脚为 LOW，74LS194 芯片处于初始状态。当将光源靠近光敏电阻时，光敏电阻阻值变小($< R_2/10$)，R_2 分得的压降较大(> 4.5 V)，S_1 引脚为 HIGH，触发 74LS194 开始工作。

4) 导火线燃烧控制

点火后，导火线开始均匀燃烧至炮筒引燃，此状态的模拟采用 74LS194 和 CD40106 实现。

设置 $VD_1 \sim VD_5$ 5 组发光二极管。VD_1、VD_2 构成炮筒，由 CD40106 控制。$VD_3 \sim VD_5$ 构成导火线，由 74LS194 控制。

炮筒灯由 CD40106 芯片驱动闪亮。CD40106 包括 6 组施密特触发器。CD40106 输入信号为 CD4060 提供的 8 Hz 时钟，输出 8 Hz 驱动信号，使发光二极管闪烁。系统通电复位后，炮筒灯开始闪烁。

点火前，74LS194 初始状态 S_0 为 HIGH，S_1 为 LOW，A、B、C、D 的输入为 1、0、0、0。点火信号发出后，S_1 为 HIGH，此时 S_1、S_0 为 "11" 芯片执行并行置数，OA、OB、OC、OD 置为 "1000"，VD_3 灯亮。光源移开后，S_1 为 LOW，进入右向移位模式，VD_4、VD_5 依次闪亮。当 VD_5 为 HIGH 后，此信号输入 74LS00，反向后输出至 S_0，将 S_0 置 LOW，此时 S_1、S_0 为 "00" 芯片进入保持模式，即 VD_5 保持点亮。

5) 烟花绽放电路

用发光二极管搭配出烟花上升和绽放路径，使用 CD4017 芯片完成这些二极管的控制和驱动：CD4017 是十进制计数/分频分配器，输出端 $Q_0 \sim Q_9$ 控制 10 组发光二极管。

由于 CD4017 较 74LS194 具有更多的输出状态。可以更细致地模拟烟花绽放的形态,当 VD_5 点亮后,芯片的 $\overline{CKEN}$ 由 HIGH 变为 LOW。芯片开始计数。$Q_0 \sim Q_9$ 依次输出高电平脉冲。

合理布置发光二极管的数量和位置。安排好驱动顺序,即可实现多朵烟花的循环绽放。例如,使用同一个驱动信号控制代表第二朵烟花上升状态的彩灯和代表第一朵烟花绽放状态的彩灯,即能达到第二朵烟花较第一朵稍后绽放的效果。

6) 电源电路

为实现户外燃放,电源必须设计成便携式即电池供电。电路中用了一块 9 V 电池,经 7805 稳压成为 +5 V 给整个电路供电。

此电子烟花的总电路图如图 8-6-3 所示。

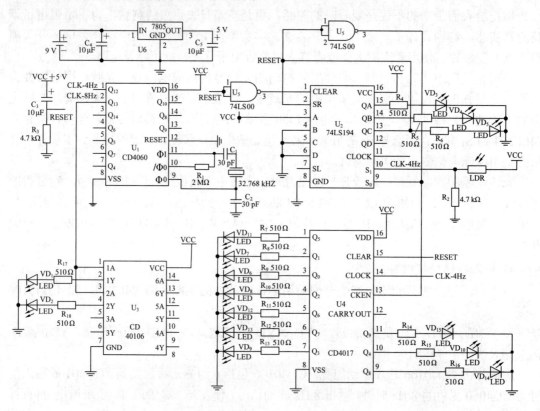

图 8-6-3　电子烟花的总电路图

8.6.2　电子烟花元器件的选择

该制作共用 12 种电子元器件。$LED_1 \sim LED_{15}$ 用 Φ3 mm 或 Φ5 mm 发光二极管,根据实际需要也可采用 5 个绿色、5 个红色、5 个黄色。C_3、C_4、C_5 用普通电解电容器,如 CDⅡ-16V。$R_1 \sim R_{18}$ 用 1/8 W 金属膜电阻。电池用 1 节 9 V 电池。S 用小型拨动式或按钮式开关,触点额定电流大于 0.2 A。

电子烟花所选用的元器件如表 8-6-1 所示。

表 8-6-1　电子烟花元器件

序号	名　　称	实　　物	型　　号	数量
1	集成电路	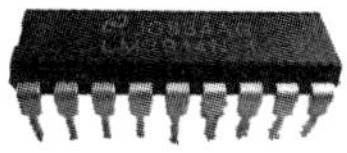	2 输入端四与非门 74LS00	1
			14 位二进制计数器和振荡器 CD4060	1
			六位施密特触发器 CD40106	1
			十进制计数器 CD4017	1
			四位移位寄存器 74LS194	1
2	集成稳压器		LM7805	1
3	光敏电阻器		MG44-03	1
4	发光二极管		Φ3 mm 或 Φ5 mm	15
5	碳膜电阻(金属膜)	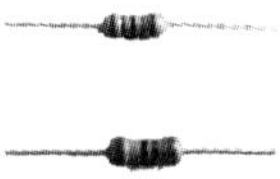	1 kΩ，±5%，1/8 W	1
			510 Ω，±5%，1/8 W	15
			4.7 kΩ，±5%，1/8 W	1
6	电位器	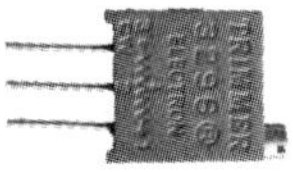	WS-10-0.25W	1
7	电解电容器		10 μF，16 V	3
8	电容器		30 pF	2
9	晶振		32.768 kHz	1
10	开关		GA125AC	1
11	电池扣			1
12	9 V 电池			1

8.6.3　电子烟花印制电路板的制作

用热转印法制作印制电路板，制作过程如下：

(1) 制图。用 NI UItiboard 软件按图 8-6-3 画出原理图，从原理图生成印制电路板图，如图 8-6-4 所示，使用单面覆铜板，参考尺寸为 160 mm × 100 mm。

(2) 打印。用激光打印机将印制电路板图打印在热转印纸上。

(3) 加热转印。用细砂纸擦干净覆铜板，磨平四周。将打印好的热转印纸覆盖在覆铜板上，送入快速制版机(调到 150～180℃)来回压几次，使融化的墨粉完全吸附在覆铜板上。

(4) 腐蚀。覆铜板冷却后揭去热转印纸，放到 $FeCl_3$ 溶液中腐蚀后即可形成做工精细的印制电路板。

(5) 钻孔与后续处理。腐蚀完后，对电路板进行钻孔和磨边处理，再用湿的细砂纸去掉表面的墨粉。图 8-6-5 为已经制作好的电子烟花印制电路板实物图。

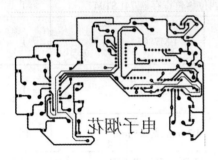

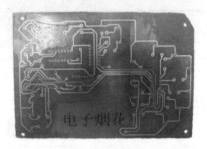

图 8-6-4　电子烟花印制电路板　　　　图 8-6-5　用热转印法制作的电子烟花印制电路板实物图

8.6.4　电子烟花的装配

1．元器件测试

电子烟花的全部元器件在安装前必须进行测试(见表 8-6-2)。

表 8-6-2　元 器 件 测 试

元器件名称	测试内容及要求
2 输入端四与非门	判断各个引脚功能，明确引脚序号
14 位二进制计数器和振荡器	判断各个引脚功能，明确引脚序号
六位施密特触发器	判断各个引脚功能，明确引脚序号
十进制计数器	判断各个引脚功能，明确引脚序号
四位移位寄存器	判断各个引脚功能，明确引脚序号
集成稳压器	确认输入、输出及接地端
发光二极管	用万用表判断极性及好坏
碳膜电阻(金属膜)	通断是否可靠，阻值是否合格
光敏电阻	光源照射，万用表检测阻值是否变化
电解电容器	用万用表判断是否漏电，明确引脚极性
晶振	外观检查，型号是否正确
电容器	外观检查，型号是否正确

2．印制板的焊接

元器件焊接应遵循先小后大、先低后高、先里后外、先易后难、最后安装集成电路的原则。电子烟花的安装与焊接步骤如表 8-6-3 所示。

表 8-6-3　印制板的焊接

步　骤	图　解	焊接说明
安装集成管座		安装集成管座可有效避免焊接过程中对集成块的损坏，特别对于初学者而言，这是必须的
安装跳线、阻容元件、晶振		本制作由于集成块较多，且是单面板布线，所以跳线较多，对照布线图确定跳线位置，进行焊接。电阻器采用卧式安装，电解电容器采用立式安装，并都要求紧贴电路板，注意电解电容极性是否装配正确，晶振焊接要注意烙铁温度
安装 LED、稳压管、电源线		安装 LED 时注意发光二极管有正、负极之分，如果装反了，发光二极管将不亮，高度距离电路板约为 10 mm。确定无误后把电池引线焊上，注意区分正、负极引线
安装集成电路		按照印制板上的标识，分别将集成电路芯片插在印制板上
安装检查	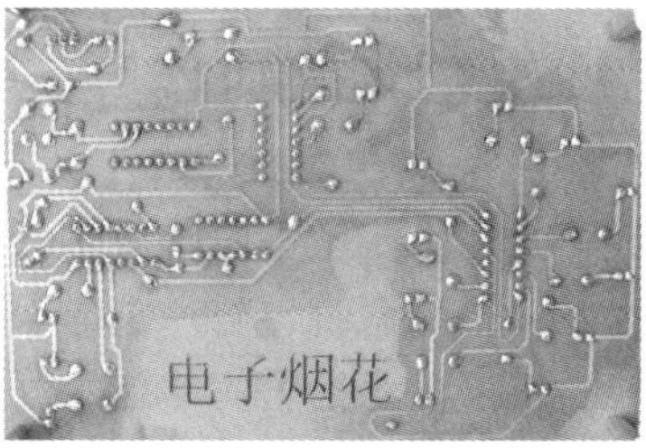	全部完成后，仔细检查一下各个焊点是否牢靠，不要存在短路、断路的现象。必要时可以把板子朝着光亮，查看焊接情况

8.6.5　电子烟花的检测与调试

1．检测

1）目视检测

根据原理电路图，检查各个电阻、电容值是否与图纸相符，电解电容、发光二极管极性及位置是否正确，各集成电路管脚排列顺序是否正确，焊接时有无焊锡造成的短路现象。

2）通电检查

本制作电路较为简单，安装好后成功率很高。若不能正常工作，则应分块逐个检查单元电路。

2．调试

调试电子烟花时，应事先准备一只打火机或手电。调试时先将电源接好，再将光源靠近光敏电阻，观察发光二极管变化，如果不符合设计要求，可根据原理逐级检查。

8.6.6　电子烟花的制作总结

通过本设计，更深刻地了解了数字电路对日常生活的影响，经过设计、组装、调试等步骤，锻炼了设计者的思维方式与动手能力。为复杂设计奠定了基础。完成设计与制作电子烟花大致需要以下几步：

(1) 根据烟火的真实样子设计灯的摆放形式；

(2) 根据所要达到的效果选择所需的芯片；

(3) 放置发光二极管和芯片的位置；

(4) 连线、焊接；

(5) 通电调试。

设计时，考虑到芯片带载能力有限，所以用了少量的发光二极管。若加入驱动电路，则需要增加发光二极管的数量，摆放紧凑，能使烟花的形状更加逼真，实现更佳的观赏效果。

以"绿色奥运，人文奥运，科技奥运"为口号的北京奥运会成功落幕，环保更成为时代的主题，世界关注的焦点。电子烟花的设计做到了环保，同样能带给人们美的享受，具有很大发展潜力。本实例给出了小型电子烟花的简单解决方案，抛砖引玉，为制造更大规模更多彩绚丽的电子烟花提供参考意见。希望未来的电子烟花能够以其更加优越的环保安全特性给人们带来更多美好享受！

8.7　数字温度计的制作

传统的温度检测以热敏电阻为温度敏感元件。热敏电阻的成本低，但需后续信号处理电路，而且可靠性相对较差，测温准确度低，检测系统也有一定的误差。本节介绍一种用单片机 AT89S51 作为主控制器件，以美国 Dallas 公司推出的单总线数字温度传感 DS18B20 作为温度检测元件，通过 LED 数码管实现温度显示的数字温度计。该数字温度计具有读数方便，测温范围广，测温精确，数字显示，适用范围宽等特点。图 8-7-1 为数字温度计的实物图。

图 8-7-1　数字温度计的实物图

8.7.1　硬件电路的设计

图 8-7-2 为数字温度计的硬件组成原理图，由单总线数字温度传感器 DS18B20 把温度信号直接转换成数字信号输入单片机，经单片机处理后，将实时温度显示在 3 个 7 段 LED 数码管显示器上。

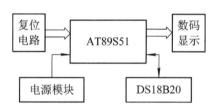

图 8-7-2　数字温度计的硬件组成原理图

1. 电源模块

如图 8-7-3 所示，电源模块的输入为 9 V、1 A 的直流电源，经过 7805 稳压之后输出 5 V 电压给整个系统提供电源。

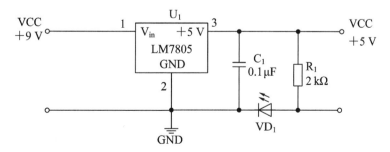

图 8-7-3　电源模块

2．复位电路与振荡电路

复位电路：在单片机的 RST 引脚引入高电平并保持两个机器周期时，单片机内部就执行复位操作。如图 8-7-4 所示，本设计采用上电与按键均有效的复位方式。

振荡电路：本设计采用内部时钟方式，如图 8-7-5 所示，只要在单片机的 XTAL1 脚和 XTAL2 脚外接石英晶体，就构成了所需的振荡器并在单片机内部产生时钟脉冲信号。

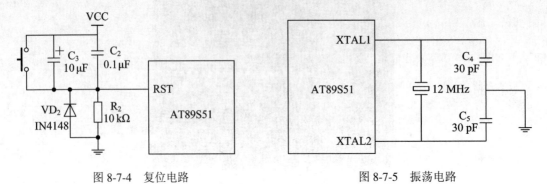

图 8-7-4　复位电路　　　　　　　　　　图 8-7-5　振荡电路

3．温度检测电路

DS18B20 温度传感器是单总线数字温度计，其内部自带 A/D 转换器，通过内部的温度采集、A/D 转换等一系列过程，测量当前的温度并将转换后的结果送入单片机，且 DS18B20 只需占用单片机的一个 I/O 端口位。

DS18B20 的电源供电方式有两种：外部供电方式和寄生电源方式。

外部供电方式是 DS18B20 最佳的工作方式，工作稳定可靠，抗干扰能力强，而且电路也比较简单，可以开发出稳定可靠的多点温度监控系统。如图 8-7-6 所示，本设计采用外部供电方式。

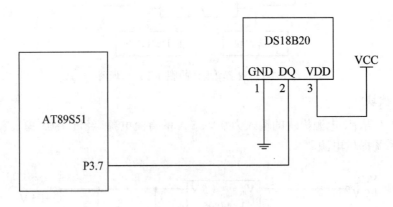

图 8-7-6　温度检测电路

4．显示电路

本设计的显示电路如图 8-7-7 所示，采用三个 LED 数码管来显示测量得到的温度值。数码管显示电路采用静态显示方法，三个数码管的输出端分别和单片机的 P0、P1、P2 端口相连。

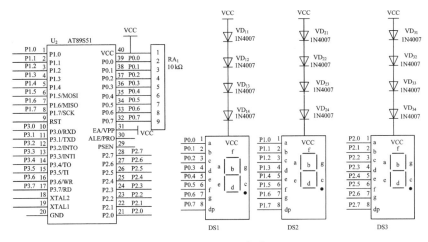

图 8-7-7 显示电路

8.7.2 软件设计

1. 温度计算原理

DS18B20 内部有 8 个字节的暂存存储器，其中头两个字节表示测得的温度读数，数据格式如表 8-7-1 所示。

表 8-7-1 DS18B20 数据格式

S	S	S	S	S	2^6	2^5	2^4	2^3	2^2	2^1	2^0	2^{-1}	2^{-2}	2^{-3}	2^{-4}

当测得温度为正时，S = 0，当测得温度为负时，S = 1；其余低位以二进制补码形式表示。DS18B20 配置为 12 位分辨率时，温度寄存器中的所有位都是有效数据，能分辨的最小温度值为 0.0625℃；当 DS18B20 配置为 11 位分辨率时，温度寄存器中的位 0 无效，能分辨的最小温度值为 0.125℃；当 DS18B20 配置为 10 位分辨率时，温度寄存器中的位 0 和位 1 无效，能分辨的最小温度值为 0.25℃；当 DS18B20 配置为 9 位分辨率时，温度寄存器中的位 0、位 1 和位 2 无效，能分辨的最小温度值为 0.5℃。表 8-7-2 给出了 DS18B20 在 12 位分辨率时温度/数据的对应关系，根据 DS18B20 输出的二进制码及其配置的分辨率，经过简单的计算就能得到测量的温度值。

表 8-7-2 DS18B20 温度/数据对应关系表

温度/℃	输出的二进制码	对应的十六进制
+125	0000 0111 1101 0000	07D0H
+85.00	0000 0101 0101 0000	0550H
+25.06	0000 0001 1001 0010	0191H
+10.13	0000 0000 1010 0010	00A2H
+0.50	0000 0000 0000 1000	0008H
0.00	0000 0000 0000 0000	0000H
−0.50	1111 1111 1111 1000	FFF8H
−10.13	1111 1111 0101 1110	FF5EH
−25.06	1111 1110 0110 1111	FF6FH
−55	1111 1100 1001 0000	FC90H

2. 程序设计

图 8-7-8 为主程序流程图。在程序的主循环中，首先执行测温子程序测量温度，并将测得的温度值在数码管上显示出来。其中的测温子程序主要对 DS18B20 进行操作，包括温度转换和读取温度值等。源程序见 8.7.5 节。

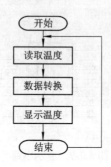

图 8-7-8　主程序流程图

8.7.3　数字温度计元器件的选择

该制作共用 14 种电子元器件，它们的实物外形如表 8-7-3 所示。温度传感器选用美国 Dallas 公司生产的单总线数字温度传感器 DS18B20，DS18B20 有 3 个引脚，GND 接地；DQ 为数字信号输入、输出端；VDD 为外接电源输入端；单片机选用美国 ATMEL 公司生产的 89S51；U_1 采用 LM7805 三端固定稳压集成电路；LED 用 Φ5 mm 圆形绿色发光二极管；R_1 选用 2 kΩ，R_2 选用 10 kΩ，均为 RJ-1/4W 型金属膜电阻器；C_1、C_2 选用 0.1 μF，C_4、C_5 选用 30 pF，均为瓷介电容器；C_3 选用 10 μF，为 CDⅡ-25V 型电解电容器；单片机 P0 端口的上拉电阻选用 10 kΩ 的排阻，9 个引脚；温度显示选用 3 个 7 段 LED 数码管 DS1～DS3。

表 8-7-3　数字温度计元器件

序号	名　称	实　物	型　号	数量
1	三端固定稳压集成电路		LM7805	1
2	发光二极管		Φ3 mm 或 Φ5 mm	1
3	碳膜电阻（金属膜）		2 kΩ，±5%，1/8 W	1
			10 kΩ，±5%，1/8 W	1

续表

序号	名称	实物	型号	数量
4	排阻		10 kΩ	1
5	瓷介电容器	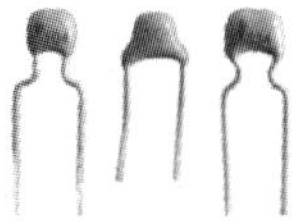	0.1 μF	2
			30 pF	2
6	电解电容		10 μF，25 V	1
7	晶振		12 MHz	1
8	开关二极管		1N4148	1
	整流二极管		1N4007	12
9	数码管			3
10	温度传感器		DS18B20	1
11	51 单片机		AT89S51	1
12	按键			1
13	插座			1
14	插针			2

8.7.4 数字温度计的安装与焊接

1．印制电路板的制作

用 Protel DXP 2004 SP2 软件画出原理图，从原理图生成印制电路板图，印制电路板的实物图如图 8-7-9 所示，使用单面覆铜板，参考尺寸为 80 mm × 90 mm。

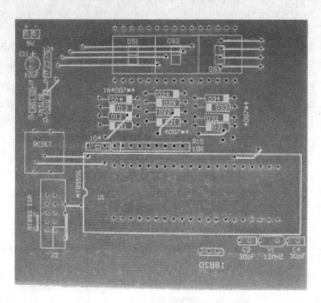

图 8-7-9　印制电路板的实物图

2．元器件测试

数字温度计的全部元器件在安装前必须进行测试(见表 8-7-4)。

表 8-7-4　元 器 件 测 试

元器件名称	测试内容及要求
集成稳压器	确认输入、输出及接地端
发光二极管	用万用表判断极性及好坏
碳膜电阻	阻值是否合格
电解电容器	用万用表判断是否漏电，并判断极性
瓷介电容器	电容容量是否是标称值
阻排、89S51、DS18B20	明确管脚排列顺序及功能
数码管	显示是否正常

3．印制板的焊接

数字温度计的安装与焊接步骤如表 8-7-5 所示。

表 8-7-5 印制板的焊接

步　骤	图　解	焊 接 说 明
安装二极管		二极管采用卧式安装,确认二极管的极性是否正确
安装阻容元件、12M 晶振		由孔距确定元件的安装方式,电阻采用卧式安装,晶振、瓷介电容器、电解电容采用立式安装,并都要求紧贴电路板。焊接前确认电解电容的极性,不能装反
安装 10k 排阻	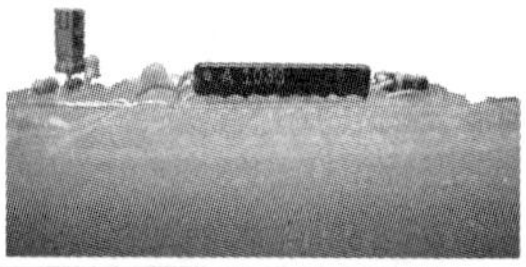	请注意排阻的安装方向,如果插反了会造成上拉电平不一致,导致数据错误
安装温度传感器	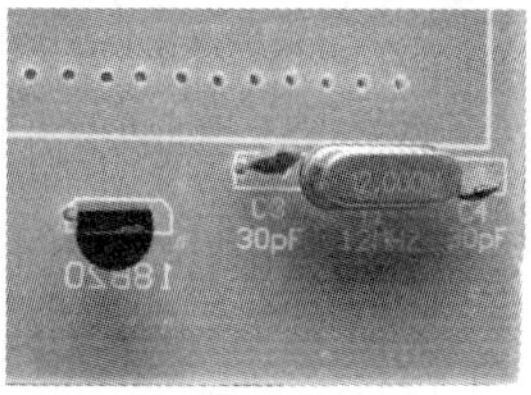	安装温度传感器 DS18B20 时,注意引脚顺序
安装 51 单片机		51 单片机安装时,应先安装集成电路插座,然后再插上已经烧写好监控程序的 AT89S51 芯片(注意安装的方向),避免直接焊接对集成电路的损坏
安装 LED 数码管、按钮、引线插座		安装数码管时,注意方向。电源电路通过软排线与印制板电路连接
焊接检查		全部完成后,仔细检查一下各个焊点是否牢靠,不要存在短路、断路的现象。必要时可以把板子朝着光亮,查看焊接情况。确定无误后把电池引线焊上,注意区分正、负极引线

8.7.5 数字温度计的检测与调试

将写入程序的单片机插入集成芯片插座内，检查温度传感器 DS18B20 连接正常后，接通电源，此时，在三位 7 段 LED 数码管上将会准确地显示环境温度，无需作任何调整。

为了观察温度传感器 DS18B20 对稳定变化的灵敏度，可以用手握住 DS18B20 管，会看到数码管上显示的温度很快上升至人体温度值，再将手离开 DS18B20 管，温度又会很快降至环境温度值，温度传感器 DS18B20 的测量范围为 −55～+125℃，在 −10～+85℃时精度为 ±0.5℃。

下面给出数字温度计的汇编语言程序以供参考。

```
/***********************************************
程序名称：数字温度计
简要说明：DS18B20 的数据脚定义为 P3.7，显示精度为 0.1℃，显示采用 3 位共阳 LED 静态显示测温值。
***********************************************/

TEMPER_L EQU 59H
TEMPER_H EQU 58H
FLAG1 EQU 68H;是否检测到DS18B20标志位
A_BIT EQU 50H ;数码管个位数存放内存位置
B_BIT EQU 51H ;数码管十位数存放内存位置
XS      EQU 30H


;;;;;;;;;;;;程序入口地址;;;;;;;;;;;;;;
        ORG 0000H
        LJMP    MAIN
        ORG 0003H
        RETI
        ORG 000BH                ; 定时器T0溢出中断入口
        RETI
        ORG 001BH
        RETI
        ORG 0030H
MAIN:
LCALL GET_TEMPER          ；调用读温度子程序
        MOV A,29H
        MOV B,A
        CLR C
        RLC A
        CLR C
        RLC A
        CLR C
```

```
RLC A
CLR C
RLC A
SWAP A
MOV 31H,A
MOV A,B
MOV C,40H                ; 将 28H 中的最低位移入 C
RRC A
MOV C,41H
RRC A
MOV C,42H
RRC A
MOV C,43H
RRC A
MOV 29H,A
LCALL DISPLAY           ; 调用数码管显示子程序
AJMP MAIN               ; 这是 DS18B20 复位初始化子程序
INIT_1820:SETB P3.7
NOP
CLR P3.7                ; 主机发出延时 537 μs 的复位低脉冲
MOV R1,#3
TSR1:MOV R0,#107
DJNZ R0,$
DJNZ R1,TSR1
SETB P3.7               ; 拉高数据线
NOP
NOP
NOP
MOV R0,#25H
TSR2:JNB P3.7,TSR3      ; 等待 DS18B20 回应
DJNZ R0,TSR2
LJMP TSR4               ; 延时
TSR3:SETB FLAG1         ; 置标志位，表示 DS18B20 存在
LJMP TSR5
TSR4:CLR FLAG1          ; 清标志位，表示 DS18B20 不存在
LJMP TSR7
TSR5:MOV R0,#117
TSR6:DJNZ R0,TSR6       ; 时序要求延时一段时间
TSR7:SETB P3.7
```

```
        RET                    ; 读出转换后的温度值
        GET_TEMPER:SETB P3.7
        LCALL INIT_1820        ; 先复位 DS18B20
        JB FLAG1,TSS2
        RET                    ; 判断 DS18B20 是否存在? 若 DS18B20 不存在, 则返回
        TSS2:MOV A,#0CCH       ; 跳过 ROM 匹配
        LCALL WRITE_1820
        MOV A,#44H             ; 发出温度转换命令
        LCALL WRITE_1820       ; 这里通过调用显示子程序实现延时一段时间, 等待 AD 转换
                               ; 结束, 12 位为 750 μs
        LCALL DISPLAY
        LCALL INIT_1820        ; 准备读温度前先复位
        MOV A,#0CCH            ; 跳过 ROM 匹配
        LCALL WRITE_1820
        MOV A,#0BEH            ; 发出读温度命令
        LCALL WRITE_1820
        LCALL READ_18200       ; 将读出的温度数据保存到 35H/36H
        RET                    ; 写 DS18B20 的子程序(有具体的时序要求)
        WRITE_1820:MOV R2,#8   ; 一共 8 位数据
        CLR C
        WR1:CLR P3.7
        MOV R3,#6
        DJNZ R3,$
        RRC A
        MOV P3.7,C
        MOV R3,#23
        DJNZ R3,$
        SETB P3.7
        NOP
        DJNZ R2,WR1
        RET                    ; 读 DS18B20 的程序, 从 DS18B20 中读出两个字节的温度数据
        READ_18200:MOV R4,#2   ; 将温度高位和低位从 DS18B20 中读出
        MOV R1,#29H            ; 低位存入 29H(TEMPER_L), 高位存入 28H(TEMPER_H)
        RE00:MOV R2,#8         ; 数据一共有 8 位
        RE01:CLR C
        SETB P3.7
        NOP
        NOP
        CLR P3.7
```

```
        NOP
        NOP
        NOP
        SETB P3.7
        MOV R3,#9
RE10:   DJNZ R3,RE10
        MOV C,P3.7
        MOV R3,#23
RE20:   DJNZ R3,RE20
        RRC A
        DJNZ R2,RE01
        MOV @R1,A
        DEC R1
        DJNZ R4,RE00
        RET
DISPLAY:
        MOV A,29H             ；将 29H 中的十六进制数转换成十进制
        MOV B,#10            ；十进制/10 = 十进制
        DIV AB
        MOV B_BIT,A          ；十位在 A
        MOV A_BIT,B          ；个位在 B
        MOV R0,#4
        CLR C               ；多加的

        MOV DPTR,#NUMTAB1
        MOV A,A_BIT          ；取个位数
        MOVC A,@A+DPTR       ；查个位数的 7 段代码
        MOV P1,A             ；送出个位的 7 段代码

        MOV DPTR,#NUMTAB
        MOV A,B_BIT          ；取十位数
        MOVC A,@A+DPTR       ；查十位数的 7 段代码
        MOV P0,A             ；送出十位的 7 段代码
        JC XSW              ；多加的
        MOV A,31H
        MOV B,#160
        DIV AB
        MOV XS,B
XSW:
```

```
        MOV DPTR,#NUMTAB
        MOV A,XS
        MOVC A,@A+DPTR
        MOV P2,A
        RET
D1MS:   MOV R7,#80
        DJNZ R7,$
        RET
D10MS:      MOV R6,#20
LOOP9:      MOV R7,#250
        DJNZ R7,$
        DJNZ R6,LOOP9
        RET
D5MS:   MOV R6,#10
LOOP8:  MOV R7,#250
        DJNZ   R7, $
        DJNZ   R6, LOOP8
        RET
NUMTAB:     DB 0C0H,0F9H,0A4H,0B0H,99H,92H,82H,0F8H,80H,90H,90H,90H,90H,
                90H,90H,90H
NUMTAB1:    DB 40H,79H,24H,30H,19H,12H,02H,78H,00H,10H
        END
```

8.8 趣味摇字光棒的制作

　　人的眼睛存在视觉暂留现象，正因为眼睛的反应迟钝，才丰富了人的视觉感受。摇字光棒很好地利用了人眼的视觉暂留特性，可以显示英文及中文字符串，它的制作比较简单，趣味性强，适合于单片机的初学者，为将来在单片机的学习中打下基础。图8-8-1为摇字光棒的效果图。

(a)   (b)

图 8-8-1　摇字光棒效果图

(a) "LOVE" 字样；(b) "欢迎使用" 字样

8.8.1　趣味摇字光棒电路的识图

摇字光棒电路的原理图如图 8-8-2 所示。

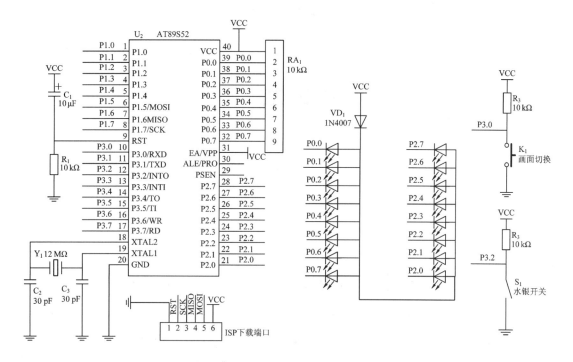

图 8-8-2　摇字光棒电路的原理图

系统电源 VCC 为 5 V，下载程序和调试时一定要保证 5 V 电压，实际使用时用 3 节干电池串联成 4.5 V 即可。AT89S52 单片机作为控制器，在它的 P0、P2 口接有 16 只以共阳方式连接的高亮度 LED，由单片机输出低电平点亮。P0 口的上拉电阻 RA₁ 不能少。串在 LED 公共端的二极管 VD₁ 会产生一定的压降，用来保护 LED，经实测 LED 点亮时两端电压为 3 V 左右，在 LED 的安全承受范围内。K₁ 是画面切换开关，用于切换显示不同内容；S₁ 为水银开关。

水银开关的作用：摇字棒在摇动时，只有朝某一方向摇动时，画面才显示正常，否则会出现镜像字或镜像画面，通过接一只水银开关来控制，使摇摇棒从左向右摇动时将内容显示出来。水银开关里的水银珠很活跃，导致在接通时容易产生抖动，应将水银开关斜向上放置(尖尖朝斜上方 45°角)，靠水银珠自身重力的作用减少抖动。

8.8.2　趣味摇字光棒电路元器件的选择

趣味摇字光棒共选用 12 种器件，用来显示文字的 LED 可选用直径为 3 mm 或 5 mm 的高亮 LED，直径为 5 mm 的 LED 远处看效果较好，近处有些模糊，这里选用直径为 3 mm 的 LED。趣味摇字光棒器件选用器清单如表 8-8-1 所示。

表 8-8-1   趣味摇字光棒器件选用清单

序号	名　称	图　片	型　号	数　量
1	单片机芯片		AT89S52	1
2	电阻		10 kΩ，±5%，1/8 W	3
3	排阻		10 kΩ，	1
4	晶振		12 MHz	1
5	电容		30 pF，16 V	2
6	电解电容		10 μF，16 V	1
7	二极管		1N4007	1
8	高亮 LED		Φ3 mm	16
9	水银开关			1
10	开关			1
11	IC 插座		DIP40	1
12	电池扣			1

8.8.3　趣味摇字光棒电路的制作

由于本制作使用元器件较少，因此直接采用万能板来制作。趣味摇字光棒电路制作步骤如表 8-8-2 所示。

表 8-8-2　趣味摇字光棒电路制作步骤

步　骤	图　解	安　装　说　明
选取万能板	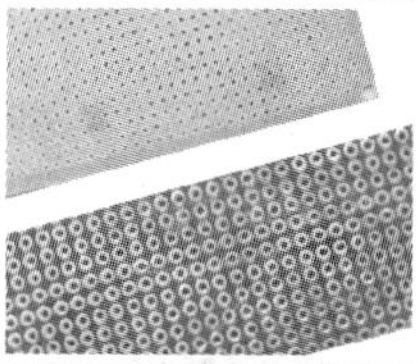	根据所需要电路大小，将万能板剪裁好，可用切板机将板子切成所需要的尺寸。可选用两块板，LED 放在一张细长板子上，这样使用起来效果比较好；其他单片机芯片部分可放置在另一张板子上
焊接安装发光二极管	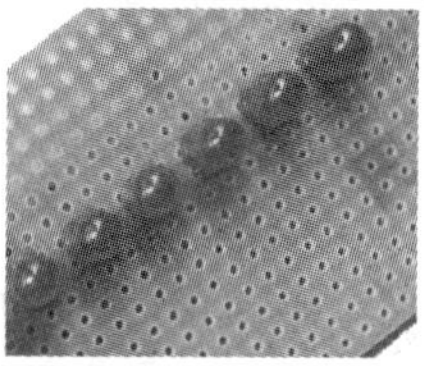	将选好的二极管逐个焊接在电路板上。焊接时需要注意二极管的正、负极，16 个二极管正、负极需要一一对应
焊接元器件		将备好的元器件如图 8-8-2 所示进行焊接，这里需要注意的是，焊接过程中要胆大心细，摆放元件时注意电路板的美观
焊接水银开关	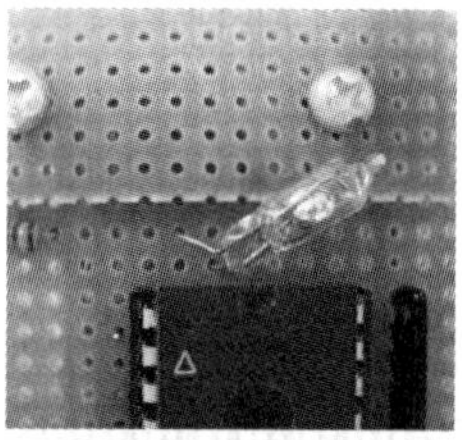	水银开关在焊接安装时，需要注意摆放一定角度，45°角较佳。这样有助于在摇动过程中水银开关的接触
下载单片机程序		将事先仿真成功的程序下载到 AT89S52 中
安装检查		将两块电路板连接起来并且将 AT89S52 安装到电路中，并检查各焊点，看是否有虚焊、短路及断路的现象
焊接电源线	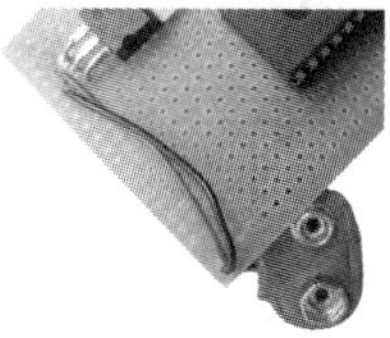	焊接电源线时注意正、负极，一般黑色为负极，红色为正极

8.8.4　趣味摇字光棒电路的检测与调试

1. 检测

(1) 目视检测。检查元器件与电路原理图中的元器件取值是否相符，各导线是否连接正确。

(2) 通电检测。接通电源后，检查其效果。

2．调试

调试摇字光棒时，如果效果不是很好，可适当增加延时时间。如果还想显示其他字符，可在程序中再继续添加。

下面给出摇字光棒的 C 语言程序以供参考。

```
/*******************************************************

程序名称：LED 摇字光棒显示 64*16 像素
简要说明：外部中断方式 INT0 显示；取模方式：纵向取模、字节倒序
*******************************************************/

#include <AT89S52.h>
#define uchar unsigned char
#define uint unsigned int              //宏定义
#define KEY P3_0                       //定义画面切换按键
uchar KY;                              //KY 作用在后面说明
uchar disp;                            //显示汉字指针
uchar pic=0,num=0;                     //pic 为按键次数；num 为中断次数
uchar code love[] = {
    0x00,0x00,0x00,0x00,0x00,0x00,0x00,0x00,0x00,0x00,0x00,0x00,0x00,0x00,0x00,0x00,
    0x00,0x00,0x00,0x00,0x00,0x00,0x00,0x00,0xFE,0x3F,0x00,0x20,0x00,0x20,0x00,0x20,
    0x00,0x20,0x00,0x20,0x00,0x20,0x00,0x20,0x00,0x00,0x00,0x00,0x00,0x00,0xF8,0x0F,
    0x04,0x10,0x02,0x20,0x02,0x20,0x02,0x20,0x02,0x20,0x04,0x10,0xF8,0x0F,0x00,0x00,
    0x00,0x00,0x00,0x00,0xFE,0x07,0x00,0x08,0x00,0x10,0x00,0x20,0x00,0x20,0x00,0x10,
    0x00,0x08,0xFE,0x07,0x00,0x00,0x00,0x00,0x00,0x00,0xFE,0x3F,0x82,0x20,0x82,0x20,
    0x82,0x20,0x82,0x20,0x82,0x20,0x82,0x20,0x82,0x20,0x00,0x00,0x00,0x00,0x00,0x00,
    0x00,0x00,0x00,0x00,0x00,0x00,0x00,0x00,0x00,0x00,0x00,0x00,0x00,0x00,0x00,/*LOVE*/
};
unsigned char code hanzi[] = {
//-- 欢 --
        0x04,0x10,0x34,0x08,0xC4,0x06,0x04,0x01,
        0xC4,0x82,0x3C,0x8C,0x20,0x40,0x10,0x30,
        0x0F,0x0C,0xE8,0x03,0x08,0x0C,0x08,0x10,
        0x28,0x60,0x18,0xC0,0x00,0x40,0x00,0x00,
//-- 迎 --
        0x40,0x00,0x42,0x40,0x44,0x20,0xC8,0x1F,
        0x00,0x20,0xFC,0x47,0x04,0x42,0x02,0x41,
        0x82,0x40,0xFC,0x7F,0x04,0x40,0x04,0x42,
        0x04,0x44,0xFE,0x63,0x04,0x20,0x00,0x00,
//-- 使 --
```

```
        0x40,0x00,0x20,0x00,0xF8,0xFF,0x07,0x00,
        0x04,0x80,0xF4,0x43,0x14,0x45,0x14,0x29,
        0x14,0x19,0xFF,0x17,0x14,0x21,0x14,0x21,
        0x14,0x41,0xF6,0xC3,0x04,0x40,0x00,0x00,
//-- 用 --
        0x00,0x80,0x00,0x60,0xFE,0x1F,0x22,0x02,
        0x22,0x02,0x22,0x02,0x22,0x02,0xFE,0x7F,
        0x22,0x02,0x22,0x02,0x22,0x42,0x22,0x82,
        0xFF,0x7F,0x02,0x00,0x00,0x00,0x00,0x00,
//-- 神 --
        0x08,0x01,0x88,0x00,0x49,0x00,0xEE,0xFF,
        0x58,0x00,0x88,0x00,0x00,0x00,0xF8,0x1F,
        0x88,0x08,0x88,0x08,0xFF,0xFF,0x88,0x08,
        0x88,0x08,0xFC,0x1F,0x08,0x00,0x00,0x00,
//-- 奇 --
        0x40,0x00,0x40,0x00,0x44,0x00,0x44,0x3E,
        0x64,0x12,0x54,0x12,0x4C,0x12,0x47,0x12,
        0x4C,0x3F,0x54,0x42,0x74,0x80,0xC6,0x7F,
        0x44,0x00,0x60,0x00,0x40,0x00,0x00,0x00,
//-- 魔 --
        0x00,0x40,0x00,0x30,0xFE,0x8F,0x4A,0x80,
        0xAA,0x5F,0x9A,0x4A,0xFE,0x2A,0xAA,0x1A,
        0xCB,0x0F,0xAA,0x7A,0xFE,0x8A,0x9A,0xAA,
        0xAA,0x8F,0x6B,0x80,0x22,0xE0,0x00,0x00,
//-- 幻 --
        0x80,0x20,0xC0,0x30,0xA0,0x28,0x98,0x24,
        0x87,0x22,0x80,0x21,0xC4,0x30,0x04,0x60,
        0x04,0x00,0x04,0x20,0x04,0x40,0x04,0x80,
        0x04,0x40,0xFE,0x3F,0x04,0x00,0x00,0x00,
//-- 摇 --
        0x10,0x02,0x10,0x42,0x10,0x81,0xFF,0x7F,
        0x90,0x04,0x54,0x05,0xCC,0xF4,0xB4,0x44,
        0x84,0x44,0xBC,0x7F,0x82,0x44,0xA2,0x44,
        0x9B,0xF4,0x82,0x06,0x00,0x04,0x00,0x00,
//-- 摇 --
        0x10,0x02,0x10,0x42,0x10,0x81,0xFF,0x7F,
        0x90,0x04,0x54,0x05,0xCC,0xF4,0xB4,0x44,
        0x84,0x44,0xBC,0x7F,0x82,0x44,0xA2,0x44,
        0x9B,0xF4,0x82,0x06,0x00,0x04,0x00,0x00,
//-- 棒 --
```

```
        0x10,0x04,0x10,0x03,0xD0,0x00,0xFF,0xFF,
        0x90,0x00,0x54,0x05,0x44,0x12,0xD4,0x15,
        0x74,0x14,0x5F,0xFF,0xD4,0x14,0x54,0x15,
        0x56,0x12,0x44,0x06,0x40,0x02,0x00,0x00,
//-- ！ --
        0x00,0x00,0x00,0x00,0x00,0x00,0x00,0x00,
        0x00,0x00,0x00,0x00,0x7C,0x10,0xFE,0x3B,
        0xFE,0x3B,0x7C,0x10,0x00,0x00,0x00,0x00,
        0x00,0x00,0x00,0x00,0x00,0x00,0x00,0x00
};
/*****函数声明*****/
void display1(void);
void display2(void);
/*****n(us)延时子程序*****/
void DelayUs(uint N)
{
  uint x;
  for(x=0; x<=N;x++);
}
/*****中断服务程序*****/
void intersvr0(void) interrupt 0 using 1
{
  KY=~KY;           //每个摇动来回水银开关会在摆幅两端分别产生下降沿中断，只提取其
                    //中一次(从左向右摇才显示)
  if(KY==0)
  {
    num++;          //计算中断次数
    switch(pic)     //选择画面
    {
      case 0:{display1();}break;
      case 1:{display2();}break;
      default:{display1();}
    }
  }
}
/*****显示子程序 1(汉字)*****/
void display1(void)
{
  uchar i;
  if(num>10){disp++;num=0;}      //12 个汉字分为 3 次显示完(每次显示 4 个)，每中断 10 次切换
```

```
        if(disp>2)disp=0;
        DelayUs(5200);        //此处延时时间依各硬件差别而各不相同，试着调整使得显示内容居中即可
        for(i=0;i<64;i++)
        {
            P0=~hanzi[disp*128+i*2];
            P2=~hanzi[disp*128+i*2+1];
            DelayUs(100);
        }
}
/*****显示子程序 2(LOVE)*****/
void display2(void)
{
    uchar i;
    DelayUs(4000);
    for(i=0;i<64;i++)
    {
        P0=~love[i*2];
        P2=~love[i*2+1];
        DelayUs(120);
    }
}
/*****主函数*****/
void main(void)
{
    IT0=1;
    EX0=1;
    EA=1;                     //开中断，下降沿中断
    KY=0;
    while(1)                  //主程序中只检测按键
    {
      if(KEY==0)              //画面切换键按下
      {
      DelayUs(10000);         //按键去抖
      if(KEY==0);
      pic++;}
      if(pic>1)pic=0;
    }
}
/*****END*****/
```

参 考 文 献

[1] 韩广兴. 电子产品装配技能上岗实训. 北京：电子工业出版社，2008.

[2] 罗小华. 电子技术工艺实习. 武汉：华中科技大学出版社，2003.

[3] 毕满清. 电子工艺实习教程. 2版. 北京：国防工业出版社，2009.

[4] 张晓东. 电子制作从想法到实现. 福州：福建科学技术出版社，2009.

[5] 高平. 电子设计制作完全指导. 北京：化学工业出版社，2009.

[6] 王振红，张常年，张萌萌. 电子产品工艺. 北京：化学工业出版社，2008.

[7] 唐赣. Multisim 10 & Ultiboard 10 原理图仿真与 PCB 设计. 北京：电子工业出版社，2008.

[8] 钟睿. MCS-51 单片机原理及应用开发技术. 北京：中国铁道出版社，2006.

[9] 胡斌. 电子技术三剑客之电路检修. 北京：电子工业出版社，2008.

[10] 朱慧清，等. Proteus 教程——电子线路设计、制版与仿真. 北京：清华大学出版社，2008.

[11] 孙于凯，等. 电子元器件检测·选用·代换手册. 北京：电子工业出版社，2007.

[12] 李长军. 电子产品装配与检测技术. 北京：中国劳动社会保障出版社，2009.

[13] 郑彦，等. 电子元器件选择、使用快速入门. 济南：山东科学技术出版社，2007.

[14] 陈铁山. 教你用指针数字万用表检测元器件. 北京：电子工业出版社，2008.

[15] 万少华. 电子产品结构与工艺. 北京：北京邮电大学出版社，2008.

[16] 李瑞，耿立明. Altium Designer 14 电路设计与仿真从入门到精通. 北京：人民邮电出版社，2014.

[17] 黄杰勇，林超文. Altium Designer 实战攻略与高速 PCB 设计. 北京：电子工业出版社，2015.

[18] 韩雪涛，韩广兴，吴瑛. 电子电路识图·元器件检测速成全图解. 北京：化学工业出版社，2014.

[19] 何宾. Altium Designer 15.0 电路仿真设计验证与工艺实现权威指南. 北京：清华大学出版社，2015.

[20] 王红军. 电子元器件检测与维修从入门到精通. 北京：中国铁道出版社，2014.

[21] Nick Dossis. 科学鬼才：妙趣横生的基础电子制作. 北京：人民邮电出版社，2015.

[22] 张晓东. 爱上电子：玩转电子制作. 北京：中国电力出版社，2014.

[23] 韩雪涛. 电路图与实体电路对照识读全彩演练. 北京：电子工业出版社，2016.

[24] 张大鹏，康晓明，张宪. 我是电工识图高手. 北京：化学工业出版社，2015.

[25] 王学屯，王翠敏. 电子电路识图边学边用. 北京：化学工业出版社，2015.